国家自然科学基金（51378352、51478315）
高等学校博士学科点专项科研基金（20120072120064）

紧凑居住
——集合住宅省地策略研究

贺 永 著

中国建筑工业出版社

图书在版编目(CIP)数据

紧凑居住——集合住宅省地策略研究/贺永著. —北京：中国建筑工业出版社，2016.8
ISBN 978-7-112-19662-3

Ⅰ.①紧… Ⅱ.①贺… Ⅲ.①集合住宅-建筑设计-研究 Ⅳ.①TU241.2

中国版本图书馆 CIP 数据核字(2016)第 185064 号

本书从高密度住区的套密度指标入手研究省地住宅的设计策略及相关问题，可作为城市居住问题研究和高等院校建筑与城市规划专业师生的参考书。

责任编辑：滕云飞
责任校对：李美娜　刘梦然

紧凑居住——集合住宅省地策略研究
贺　永　著
*
中国建筑工业出版社出版、发行（北京海淀三里河路 9 号）
各地新华书店、建筑书店经销
北京科地亚盟排版公司制版
北京云浩印刷有限责任公司印刷
*
开本：787×1092 毫米　1/16　印张：20½　字数：510 千字
2017 年 4 月第一版　　2017 年 4 月第一次印刷
定价：**58.00** 元
ISBN 978-7-112-19662-3
(29177)

作者简介

贺永，男，国家一级注册建筑师，1974 年 8 月生于陕西，2009 年获同济大学工学博士学位并留校任教，2014 年美国圣路易斯华盛顿大学访问学者，现为同济大学建筑与城市规划学院讲师，住区规划与住宅设计团队成员，研究关注高密度住区和保障性住房。

发表教学科研论文 20 余篇；目前主持高等学校博士学科点专项科研基金（项目编号：20120072120064）一项并参与多项国家自然科学基金项目。2011 年获高密度人居环境生态与节能教育部重点实验室和“中央高校基本科研业务费专项资金”基础研究人才培养计划资助；2009～2013 年参与科技部“十一五”国家科技支撑计划重大项目“不同地域特色村镇住宅建筑设计模式研究”。

序　一

密度问题已成为人居环境研究领域的一个焦点，并逐渐具有了统摄性的意味。从“紧凑城市”到“可持续城市”，从“精明城市”到“智慧城市”，尽管研究的视角和切入点存在差异，但密度问题一直是无法回避的贯穿性话题。

在现代城市的发展过程中，集中还是分散，始终是空间发展模式选择和决策差异性构成的本底。无论是霍华德的“田园城市”和赖特的“广亩城市”，还是勒·柯布西耶的“光明城市”与库哈斯的“拥挤文化”，乃至 MVRDV 针对城市密度问题的一系列研究（FARMAX、KM3、垂直村落），都可以看作从不同角度对城市发展模式与城市密度取向的探究和阐述。

住区作为城市中人与物的重要载体，其密度现状和演化趋势对城市密度起着至关重要的影响作用。同样，城市住宅应该集中布局还是分散发展，应该是高层高密度还是低层高密度，也必然是住区研究的重要议题。例如我国住宅发展的“高层与多层之争”，就引起了持续不断的争论和探讨。

人多地少的现实条件和社会发展的阶段特点，决定了我国城市住宅的发展最终选择了高层高密度的方向。在这个特定的语境下，住区密度与适居性问题、住区密度与居住满意度问题、住区密度与公共设施布局等问题，自然都成为了住区及住宅问题研究领域内极具现实针对性和挑战性的热点。与此相应，我们对住区密度问题的研究，大致可以从物理密度和心理密度这两个层面入手。前者以我们常用的容积率、覆盖率、绿化率、停车率等指标和我们不那么常用的套密度、人口密度等指标为表述方式，后者则指向住区的居住满意度、居住舒适性、空间开放度和住宅性能等反映住区环境品质与居住者主观感受的方面。

贺永博士的新著《紧凑居住——集合住宅省地策略研究》，以其博士论文为基础发展而来。本书主要关注高密度住区的物理密度问题，以住区的套密度作为研究的切入点，结合目前我国住区开发仍以容积率控制为主的现实条件，提出住区开发的“容积率与套密度结合的双控体系”，试图在套型设计的自由度、市场需求与政策引导之间取得适度平衡。文中观点的创新性和可操作性，在论文答辩时曾获得评委们的一致肯定。

从论文的完成到出版，因为时间的关系，许多外部条件发生了变化，且伴随着住宅政策的不断调整，书中的一些结论在今天看来有些尚值得商榷，但本书论述问题的视角和展开问题的研究逻辑仍值得大家关注和讨论。希望阅读本书能为大家研究人居环境和城市住宅问题带来启发和助益。

同济大学建筑与城市规划学院教授、博导、副院长

2015 年仲秋

序　二

建设节能省地型住宅一直是我国住宅建设与发展的重要国策，这是由我国的土地制度、国情和人口条件决定的。作为公共资源的土地在使用时需要由国家统一管控，这为土地资源的节约使用提供了可能；同时，为保障粮食供给，必须保证一定的耕地保有面积。在人多地少的条件下，住宅的开发建设必须尽量地节约、集约使用土地。

回溯节能省地型住宅概念的生成和发展，我们会发现省地型住宅问题的提出远远早于节能住宅概念的提出。在新中国建立后不久，土地问题就成为了我国城市建设的重要问题。1975年，以戴念慈先生先后发表在《建筑学报》上的“在住宅建设中进一步节约用地的探讨”和“在住宅建设中进一步节约用地的探讨（续）”两篇文章为肇始，住宅的节地问题成为住宅研究和住宅设计的重要命题，住宅研究与设计界的许多前辈均对此问题进行了深入的研究，不断丰富和深入省地型住宅的设计策略，将省地型住宅设计的理论、策略及基本原理的讨论与住宅设计的实践结合，逐渐形成了与我国基本国情和社会发展阶段相适应的省地型住宅的设计策略和评价方法。

进入市场经济时代，住宅的开发建设基本交由市场来决定，住宅的面积标准和能耗一度远远超出我国能源资源的承受水平。为此，结合我国城市住宅发展已进入高层高密度发展的现状，政府制定了一系列的政策法规，加强政府的监管控制和引导。住宅建设过程中节能省地的问题一度又成为住宅研究和设计的重要话题。

经过几十年住宅建设的高速发展，我国的住宅已从“数量型发展”迈入“质量型发展”阶段。在新的环境条件和市场要求下，如何以“提升住宅的居住品质”为核心，建设适合社会发展和经济条件的省地型住宅，节约、集约地使用住宅用地仍是我国住宅发展的重要课题。

贺永博士的《紧凑居住——集合住宅省地策略研究》，系统回顾了新中国成立后住宅建设发展过程中，住宅管理层和设计界在满足基本居住要求的条件下，为实现住宅设计的节能省地所作的思考和实践，并基于大量集合住区的数据统计，结合社会经济发展条件，提出了将住区套密度与容积率结合来实现对住宅的开发管控的建议。希望这些观点能引起从事住宅管理和住宅设计的同行的思考和讨论。

周静敏

同济大学建筑与城市规划学院教授、博导

住房和城乡建设部建筑设计标准化技术委员会委员

中国房地产业协会人居环境委员会专家

2015年秋于上海

前　言

将节能与省地并置，借以指导住区规划和住宅设计，控制住宅的开发与建设是我国住宅政策的重要导向。故从资源节约和可持续发展的视角研究住宅与能源、住宅与土地的关系就成为居住问题研究的重要课题。

目前对于住宅节能省地问题的研究，往往比较关注住宅的“节能”问题，而对于住宅“省地”问题的研究相对较少。同时，高层高密度正成为城市住宅发展的主导，既有的住宅设计省地策略多基于多层住宅，与当下住宅的发展相比略显滞后，而且一直以来住宅省地问题的研究主要着眼于住区层面的规划与设计，较少从更大尺度的城市层面进行相关问题的讨论。

作为对我国人多地少现实条件的积极回应，本研究尝试将住区密度作为高密度住区省地策略研究的切入点，通过对套密度指标的研究拓展对住宅省地问题的研究。本书首先回顾了既有住宅节地问题的研究，在此基础上提出将住区套密度作为住宅省地问题研究的核心，进而分析影响套密度问题的相关因素，建立套密度与容积率之间的数学模型，提出容积率与套密度（R&T）结合的住宅建设双控体系，并探讨了将套密度作为衡量住宅省地与否的重要指标；然后，考虑到住区套均面积是影响套密度变化的重要因素，本书讨论了以实现紧凑居住为目标的住宅建筑面积参考性标准，同时，论述了在相对紧凑的面积条件下，通过住宅的精细化设计和功能空间的合理取舍来实现住宅使用的基本舒适性要求；最后，针对住区套密度的提高和住宅套型面积的控制所带来的对住区外部环境品质和住宅室内空间品质的影响，提出借助新的计算机模拟技术、住宅性能评价方法、住宅全装修及产业化的政策推进来应对住宅外部和内部空间品质的变化，形成相对完整的、以紧凑居住为核心的集合住宅省地设计策略。

目　录

第1章 绪 论

1.1 研究背景与缘起

1.1.1 研究背景

联合国数据显示，在未来的一个世纪（2000～2100年），世界人口的发展可能会有三种趋势：①高速发展模式，世界人口到2100年可能会达到140亿；②中等速度发展模式，人口可能会达到91亿；③即使按较低速度发展，世界人口在2030～2040年将达到74亿的顶峰，然后在世纪末的2100年回落到55亿（United Nation，2003）。❶ 2014年世界人口状况简要报告显示，未来的生育率轨迹即便出现不大的变动，都会对未来世界人口的规模和结构产生重大影响（图1-1）。

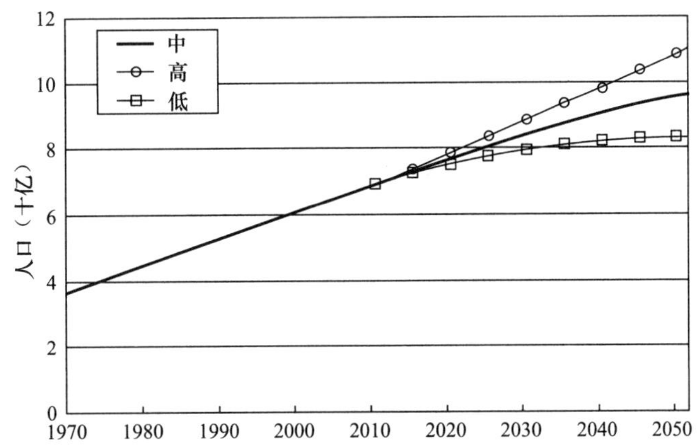

图1-1 1970～2050年期间世界总人口估计和预测（2015年后中、高和低生育率变式）

（图片来源：2014年世界人口状况简要报告，p5）

世界已经步入快速城市化的阶段，城市人口大量聚集。❷ 1900年，10%的人口居住在

---

❶ 如果按照中等速度的发展模式，城市人口占世界总人口的比例将由2004年的46.7%增长到2030年的60%，到2100年，城市人口占世界总人口的80%，城市人口将由现在的28.5亿增加到95亿。见：MVRDV. KM3：excursions on capacity. Actar，2005：27.

❷ 预计2000～2030年间，城市人口的增长率为每年1.8%，几乎相当于全球人口增长率的两倍。不发达地区的人口增长率将达到2.3%，到2017年，大部分将成为城市人口（非洲达到54%，亚洲为55%）。在这个时期几乎所有的人口增长都来源于发展中国家的城市地区。见：United Nations Population Fund. 2004年世界人口状况：21.

城市，2007 年，50％的人口居住在城市，预计到 2050 年，将有 75％的世界人口居住在城市地区（Ricky Burdett、Deyan Sudjc，2007）。

大量人口聚集到城市地区，城市建成区（Built Up Area）人口密度将增加 1.5 倍，由现在的 4.75 人/全球公顷增长到 7.02 人/全球公顷（Living Planet Report，2002）。❶

"在第三个千年伊始，世界变得比以往任何时候都更加拥挤，她要承载越来越多的人口，这些人消耗的更多，需要更多的生存空间和更舒适的生活，他们更加频繁地四处迁移。整个世界，近乎孤注一掷地寻求空间，为了得到更多的产品、水、能源、氧气、生态补偿、安全、更多的缓冲空间以应对可能的灾难，每个人都需要空间。"❷

如此众多的城市人口的居住问题，将是世界面临的重要问题。作为拥有世界上最多人口的国家，中国的人口、能源和土地问题的矛盾更为突出，形势更加紧迫。

1. 我国的背景情况

（1）能源状况

我国能源资源本身就匮乏，加之人口众多的因素，各种能源的人均占有量就更少了。❸虽然我国能源消耗的增长率正逐年下降，但能源消耗总量在逐年上升，能源消耗的绝对值仍相当可观。从 2003 年到 2007 年的 5 年间，能源消耗的增长率由 2003 年的 15.3％下降到 2007 年的 7.8％，能源消耗总量则从 174990 万吨标准煤上升到 265480 万吨标准煤（图 1-2）。

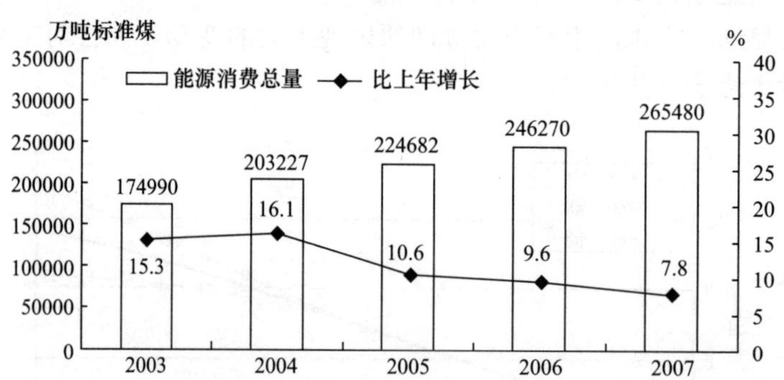

图 1-2　2003-2007 年能源消费总量及其增长速度

（图片来源：中华人民共和国国家统计局：2007 年国民经济和社会发展统计公报. http://www.stats.gov.cn/tjgb/ndtjgb/qgndtjgb/t20080228_402464933.htm）

（2）土地资源

土地是稀缺且不可再生性资源，也是城市住房消费的基础，城镇住宅建设占用了大量

❶ MVRDV. KM3：excursions on capacity. Actar，2005：27.

❷ "At the beginning of the third millennium，the world is denser than ever before. 1t is inhabited by more and more people who consume more，who want to live with more space and more comfort，who can afford to do that，and who can move around more. Such a world seeks space，almost desperately，for extra production，water，energy production，oxygen，ecological compensation，safety，and buffers owing to the increased possibilities for disasters，Everyone wants space."见：MVRDV. KM3：excursionson capacity. Actar，2005：18.

❸ 我国人均占有煤炭为全世界人均占有量的 1/2，石油是 1/9，天然气是 1/23，淡水资源是 1/4，森林资源是 1/6。而我国住宅建设耗能占全国总能耗的 20％，耗水占城市用水的 32％，耗用钢材占全国用钢量的 20％，水泥用量占全国总用量的 17.6％。我国住宅的能源消耗相当于同纬度欧洲国家的 2～4 倍。见：李剑阁，王新洲. 中国房改现状与前景. 中国发展出版社，2009：102-103.

的土地资源。人多地少是我国的基本国情❶，我国耕地面积正不断减少❷，人均耕地面积逐年下降。❸

确保18亿亩耕地保有量是保证我国粮食和农业安全的防守红线。❹ 这就意味着在今后我国的工业化和城市化推进过程中，耕地减少量将被严格控制，城市住宅建设用地也将受到制约。特别是在东部人口密度高的地区和大都市，土地限制将更为严格。

（3）人口形势

与耕地面积急剧减少相对应的却是中国正步入城市化的高峰，城市人口总量多、增长快的事实。到“十一五”期末，我国人口要控制在13.6亿以内，这期间，随着城市化进程的推进，每年还将有800万～1000万人进入城市。❺

城市化水平的推进和人口密度的增大，给城市环境带来了巨大的压力，突出地反映在环境污染和生态环境恶化两个方面。

人口与土地资源的矛盾在北京、上海、广州等特大城市情况更为严峻，而上海在这方面与其他特大城市相比矛盾更为突出。

2. 上海的背景情况

（1）土地资源

1949年，上海的土地面积仅为636.18km^2。1958年，江苏省的嘉定、宝山、上海、松江、金山、川沙、南汇、奉贤、青浦、崇明10个县划归上海市，使上海市的辖区范围扩大到5910km^2。2013年末，上海全市土地面积为6340.5km^2，占全国总面积的0.06%。❻

（2）人口状况

由于大量人口迁入和外来流动人口增长迅速，上海人口总量呈集聚和不断扩大的趋势。开埠时，人口不足10万；1949年末，户籍人口为520万；2013年末，户籍人口已增至1432.34万人。全市常住人口为2415.15万人，其中外来常住人口为990.01万人，户籍常住人口为1425.14万人。❼

（3）高层建筑

发展高层建筑成为上海解决其城市人口与土地矛盾的主要策略。1980年，上海超过8

---

❶ 1997～2004年，全国新增各类建设用地4563万亩，平均每年新增570万亩。见：李剑阁，王新洲. 中国房改现状与前景. 中国发展出版社，2009：102.

❷ 2007年，全年建设占用耕地18.83万hm^2，灾毁耕地1.79万hm^2，生态退耕2.54万hm^2，因农业结构调整减少耕地0.49万hm^2，土地整理复垦开发补充耕地19.58万hm^2，当年净减少耕地4.07万hm^2。http://news.xinhuanet.com/misc/2008-03/14/content_7792027.htm

❸ 新中国成立初期人均耕地为2.71亩，1996年为1.59亩，2006年减至1.4亩，仅为世界平均水平的1/4。2006年，全国耕地面积减至18.31亿亩，10年时间减少了31.2亿亩，下降到历史最低水平。我国耕地总体质量较差，66%的耕地分布在山地、丘陵、高原地区，平原只占12%，而且人口密度大、分布不均匀，自然禀赋较好的长江流域和南部地区的耕地只占全国的38%。李剑阁，王新洲．中国房改现状与前景．中国发展出版社，2009：101-102.

❹ 截至2006年底，全国耕地总计18.27亿亩，人均仅1.39亩，还不到世界人均水平的40%。http://news.xinhuanet.com/misc/2008-03/14/content_7792027.htm

❺ 2005年末，我国总人口为13.07亿，其中城镇人口5.6亿，占总人口的42.99%。“十一五”期间，我国人口预计平均每年增加1000多万人。李剑阁，王新洲. 中国房改现状与前景. 中国发展出版社，2009：102.

❻ 境内辖有崇明、长兴、横沙3个岛屿，其中崇明岛面积1041.21km^2，是我国的第三大岛。http://www.shanghai.gov.cn/shanghai/node2314/node3766/node3773/node4834/index.html（中国上海）；http://www.shanghai.gov.cn/nw2/nw2314/nw3766/nw3773/nw4834/u1aw334.html

❼ http://www.shanghai.gov.cn/nw2/nw2314/nw3766/nw3783/nw3784/u1aw9.html

层的建筑只有121幢，到2000年，增加到3529幢，20年间增加了25倍；到了2005年，超过8层的建筑有10045幢，短短5年间增加近3倍（Deyan Sudjc，2007）。❶

（4）居住密度

上海虽然是位于伦敦、纽约、东京、柏林和芝加哥之后的第六大城市（Xiangming Chen，2007），但上海的居住密度（Residential Density，人/km^2）却最高（图1-3）。上海的老西门的人口密度达到7.6万人/km^2，约为伦敦平均人口密度的10倍（Deyan Sudjc，2007）；黄浦区人口密度将近12.65万人/km^2，不足8m^2/人（Xiangming Chen，2007）。❷

图1-3　上海、纽约、伦敦、柏林的居住密度（Residential Density，人/km^2）比较
（图片来源：Ricky Burdett，Deyan Sudjc. The Endless City. PHAIDON，2007：252）

上海的总面积比纽约（大都市区，Metropolitan Region）、柏林和伦敦（大伦敦地区，Great London）大，但1660万的居住人口使其不论是中心区人口密度还是最高人口密度都是这几个城市中最高的，而上海整个辖区内人口密度却是这几个城市最低的（2590人/km^2），这充分说明了上海人口分布的不均衡，即中心区人口集聚，周边地区人口相对分散的特点（表1-1）。

上海、纽约、伦敦、柏林人口密度比较　　**表1-1**

城市	总面积（km^2）	居住人口（万人）	中心区人口密度（人/km^2）	辖区内人口密度（人/km^2）	最高人口密度（人/km^2）
上海	6234	1660	24673	2590	96200
纽约	830	800	15361	9600	53000
柏林	890	340	7124	3810	21700
伦敦	1600	750	7805	4800	17200

注：纽约指大都市区（Metropolitan Region），纽约地区面积27070km^2，居住人口2100万；伦敦指大伦敦地区（Great London）。

资料来源：Ricky Burdett，Deyan Sudjc. The Endless City. PHAIDON，2007：252.

3. 发展策略背景

针对全球资源紧缺与人口增长之间的矛盾，联合国提出了“可持续发展”（Sustainable Development）模式以应对世界在发展过程中面临的问题。我国在此基础上，结合自己的国情，提出了“科学发展观”的指导思想。在住宅建设层面，发展“节能省地型”住

❶ Ricky Burdett，Deyan Sudjc. The Endless City. PHAIDON，2007：110.

❷ 同上，p122。

宅成为体现“科学发展观”指导思想，实现“资源节约型、环境友好型”社会建设这一目标的重要策略。

(1)“可持续发展”(Sustainable Development)

1987年，曾任挪威首相的布伦特兰夫人在联合国世界环境与发展委员会的报告《我们共同的未来》中，把可持续发展定义为“既满足当代人的需要，又不对后代人满足其需要的能力构成危害的发展”，这一定义得到了广泛的认同，并在1992年联合国环境与发展大会上取得共识。❶

可持续发展包含两个基本要素或两个关键组成部分：“需要”和对需要的“限制”。满足需要，首先是要满足贫困人民的基本需要。对需要的限制主要是指对未来环境需要的能力构成危害的限制，这种能力一旦被突破，必将危及支持地球生命的自然系统如大气、水体、土壤和生物。❷ 可持续发展与环境保护既有联系，又不等同。环境保护是可持续发展的重要方面。可持续发展的核心是发展，但要求在严格控制人口、提高人口素质和保护环境、资源永续利用的前提下进行经济和社会的发展。❸

(2)“资源节约型、环境友好型”社会

党的十六大以来，中央把树立和落实科学发展观作为治党治国的重要指导思想，十六届四中全会通过的《中共中央关于加强党的执政能力建设的决定》提出了“大力发展循环经济，建设节约型社会”的重要方针。❹

(3)“节能省地型”住宅

十届人大三次会议通过的《政府工作报告》提出要鼓励发展节能省地型住宅和公共建筑。❺“节能省地型”住宅的建设是其重要的组成部分，对于落实建设“资源节约型、环境友好型”社会的倡议具有举足轻重的作用。

以上构成本书的主要研究背景，以下几点则是本书选题的主要缘起，决定了本书的主要研究方向与研究内容。

1.1.2 课题缘起

1. 住宅政策的调整与引导

2005年初开始，国家针对过热的房地产市场和盲目的住宅消费模式，实施了一系列

---

❶ 我国有的学者对这一定义作了如下补充：可持续发展是“不断提高人群生活质量和环境承载能力的、满足当代人需求又不损害子孙后代满足其需求能力的、满足一个地区或一个国家需求又未损害别的地区或国家人群满足其需求能力的发展”。

还有学者从“三维结构复合系统”出发定义可持续发展。美国世界观察研究所所长莱斯特·R·布朗教授则认为：“持续发展是一种具有经济含义的生态概念，一个持续社会的经济和社会体制的结构，应是自然资源和生命系统能够持续维持的结构。”

❷ 决定两个要素的关键性因素是：①收入再分配以保证不会为了短期存在需要而被迫耗尽自然资源；②降低主要是穷人对遭受自然灾害和农产品价格暴跌等损害的脆弱性；③普遍提供可持续生存的基本条件，如卫生、教育、水和新鲜空气，保护和满足社会最脆弱人群的基本需要，为全体人民，特别是为贫困人民提供发展的平等机会和选择自由。http://hi.baidu.com/muye519/blog/item/4ca636f21d704017b17ec528.html

❸ http://hi.baidu.com/muye519/blog/item/4ca636f21d704017b17ec528.html

❹ http://zsyz.sei.gov.cn/zsyz/ShowArticle2008.asp? ArticleID=970(2008-07-28)

❺ 同上。

针对房地产市场发展的调整政策和法规，对抑制过热的房地产市场和引导合理的住宅消费模式起到了积极的作用。

2005 年 3 月 26 日，国务院办公厅发出《关于切实稳定住房价格的通知》，业界称之为“旧八条”。4 月 27 日，国务院提出八条措施调控房地产市场，打击炒房、炒地，加强对普通商品房和经济适用房价格的调控，被业界称为“新八条”。2006 年 5 月 17 日，国务院总理温家宝主持召开国务院常务会议，提出了促进房地产业健康发展的六项措施，被业界称为“国六条”。5 月 29 日，国务院办公厅出台《关于调整住房供应结构稳定住房价格的意见》，人称九部委“十五条”。

2006 年 5 月、6 月间颁布的一系列法规政策（“37 号文”，“165 号文”）❶ 提出的住宅建设的“9070”标准❷，明确了套密度、容积率指标的要求和套型建筑面积的概念❸，对住宅的设计产生了较大的影响。许多一直以来不明显的问题又重新凸显出来，需要进行全新的研究和探讨。

“9070”标准的提出和对住区套密度的重视，核心是通过减小套型建筑面积，提高住区套密度标准，达到在同样面积用地条件下建设更多住宅的目的，以解决更多家庭的居住问题。其直接目的在于节约土地，保证基本农田的保有量。探讨省地型住宅的问题，研究社会现在关注的主要问题，对于深入理解住宅新政的核心思想具有重要的意义。

进入 2008 年下半年，受美国次贷危机影响，全球经济下滑。为抵御国际经济环境的不利影响，我国开始实行积极的财政政策和适度宽松的货币政策，以应对复杂多变的形势。11 月 9 日，温家宝总理召开国务院常务会议，明确了进一步扩大内需、促进经济增长的十项措施（被称为“国十条”），首先提出建设保障性安居工程的问题。❹ 11 月 10 日，召集省区市政府和部长们开会，提出落实“国十条”的七项工作（简称“国七项”），仍然关注以廉租房、经济适用房等保障性住房为主的中小户型、中低价位普通商品房的开发建设。❺

---

❶ 2006 年 6 月国务院办公厅转发建设部等部门《关于调整住房供应结构稳定住房价格意见的通知》国办发〔2006〕37 号（简称“37 号文”）与建设部《关于落实新建住房结构比例要求的若干意见》建住房［2006］165 号（简称“165 号文”）。

❷ 建设部颁布《关于落实新建住房结构比例要求的若干意见》建住房［2006］165 号规定：凡新审批、新开工的商品住房建设，套型建筑面积 $90m^2$ 以下住房（含经济适用住房）面积所占比重，必须达到开发建设总面积的 70%以上。简称为“9070”标准。

❸ 建设部颁布《关于落实新建住房结构比例要求的若干意见》建住房［2006］165 号第一条第二款：城市规划主管部门要依法组织完善控制性详细规划编制工作，首先应当对拟新建或改造住房建设项目的居住用地明确提出住宅建筑套密度（每公顷住宅用地上拥有的住宅套数）、住宅面积净密度（每公顷住宅用地上拥有的住宅建筑面积）两项强制性指标，指标的确定必须符合住房建设规划关于住房套型结构比例的规定；依据控制性详细规划，出具套型结构比例和容积率、建筑高度、绿地率等规划设计条件，并作为土地出让前置条件，落实到新开工商品住房项目。第三款：套型建筑面积是指单套住房的建筑面积，由套内建筑面积和分摊的共有建筑面积组成。经济适用住房建设要严格执行《经济适用住房管理办法》，有计划有步骤地解决低收入家庭的住房困难。

❹ 第一条就是加快建设保障性安居工程。加大对廉租住房建设支持的力度，加快棚户区改造，实施游牧民定居工程，扩大农村危房改造试点。国家出台十项措施投 4 万亿元扩大内需．时代报．2008-11-10.

❺ （三）促进房地产市场平稳健康发展。要认真分析和研究房地产市场的形势，正确引导和调控房地产走势。要增加廉租房、经济适用房等保障性住房的投资收购和开发建设；落实和完善促进合理住房消费的政策措施；促进中小户型、中低价位普通商品房开发建设稳定发展；加快发展二手房市场和住房租赁市场。继续整顿房地产市场秩序，规范市场交易。http://www.ynet.com/hbqnb/article.jsp? oid=45722923

因此，省地型住宅问题的研究，以小面积套型为主的社会保障性住房的建设，与国家短期应对经济问题的措施和长远的社会发展政策的根本精神一致。

2. “资源节约型住区规划与建筑设计”课题

为贯彻落实国家关于建设“资源节约型、环境友好型”社会，推动“节能省地型”住宅建设的政策精神，探索适合上海地方特点的“节能省地型”住宅建设方式，2005 年 5 月，上海市科委委托上海市房屋土地资源管理局总负责，组织上海市主要科研单位和高等院校共同组成课题组，进行“资源节约型住宅关键技术与综合示范课题”（课题编号：042112079）的研究工作。

课题于 2005 年 5 月启动，2007 年 7 月结题，前后历时 2 年，最终完成了“资源节约型住宅关键技术与综合示范”课题结题报告的撰写及综合示范项目——万科朗润园节能技术实践的示范工作，形成了多部技术规程、标准图集、导则、技术要点和八个分课题结题报告。❶

同济大学负责子课题“资源节约型住区规划与建筑设计”（子课题编号：042112079-05）的研究工作。该课题由同济大学住区规划与住宅发展学科组、上海地区房地局、上海万科房地产有限公司、上海爱建股份有限公司房地产分公司和同济大学建筑设计研究院组成的课题组共同完成。课题组负责完成《资源节约型住区规划与建筑设计技术要点》和《上海中小套型住宅设计技术要点》的编写。上海资源节约型住宅设计问题的研究是该课题的重要组成部分。

子课题主要研究节能省地型住宅的规划和设计策略，并将住区套密度问题和紧凑型住宅的建筑面积指标作为主要研究对象，以省地型住宅为关键问题的研究构成了课题的主要组成部分。

3. “节能”与“省地”研究的不平衡

建设“节能省地型”住宅已经成为解决我国城市人口与土地资源之间矛盾的重要策

---

❶ 课题成果：

(1)《民用建筑太阳能应用技术规程》(热水系统分册)

(2)《民用建筑太阳能热水系统标准图集》(初稿)

(3)《上海市居住小区雨水利用工程实施导则》

(4)《上海市居住小区水景观工程建设和管理导则》

(5)《住宅性能评定技术标准上海地区评分细则》

(6)《上海地区资源节约型住区规划与建筑设计要点》

(7)《上海地区中小套型住宅设计技术要点》

(8)《上海市节能省地型住宅发展指导意见》(征求意见稿)

最终分报告名称及相关负责单位：

分报告一：上海市“十一五”资源节约型住宅建设目标体系研究，上海市建筑科学研究院，2007

分报告二：上海市“十一五”资源节约型住宅使用技术体系研究，上海市房地产科学研究院，2007

分报告三：资源节约型社区规划与建筑设计研究，同济大学资源节约型住区规划与建筑设计课题组，2007

分报告四：居住区雨水综合利用与景观水设计研究，上海理工大学，2007

分报告五：建筑一体化太阳能应用研究，上海交通大学，2007

分报告六：住宅性能评定技术标准上海地区评分细则，上海市建筑科学研究院，2007

分报告七：上海市节能省地住宅发展政策研究，上海市房屋土地资源管理局住宅建设监督管理处、上海市房地产科学研究院，2007

分报告八：资源节约型生态居住小区综合示范项目总结报告，上海万科置业有限公司，2007。

略。在对于“节能省地型”住宅的研究中，“节能”方面已有明确的总体目标和具体的指标❶，节能技术研究和设计策略的研究已相当深入，并出台了相当多与之相应的技术规范和标准，共同推进节能目标的实现。❷“省地”方面的研究与之相比略显不足，长久以来形成的基于多层住宅的节地策略与当前住宅以高层为主的现实相脱节；对于节地问题的研究多局限在建筑设计的层面，少有较大的突破；住宅节地的衡量多流于定性的描述与判断，少有定量的分析和研究；与节能标准相比，没有统一而行之有效的针对住宅建设省地问题的衡量标准，这些与“省地”问题自身的重要性相比都显得不相适宜。本书拟从宏观的住区层面入手，以住区的套密度问题作为研究的切入点，尝试对这些问题进行初步的探讨。

以上几点是本书将省地型住宅作为主要研究方向的根本出发点，希望通过本研究，引起对这一问题的更多关注，并进一步推进对以上问题的研究和讨论。

1.2 相关研究文献综述

1.2.1 国外研究成果及现状

“省地型住宅”是一个非常中国化的概念，就笔者视野所及，在英文中并没有与之直接对应的词汇，以省地问题为研究对象的词汇也相对较少，不像诸如 New Urbanism（新都市主义）和 Compact City（紧凑城市）等针对城市空间步行和交通问题的词汇，可以直接找到与之对应的相关概念和文献。这一问题带来了对国外文献范围限定的困难，故本书主要通过对以下几方面的文献的整理，来间接反映国外对省地问题的研究。

虽然各国的国情迥然不同，但对于土地节约使用的关注，可以通过一些相关的研究间接反映出来，这些问题主要集中在以下几个方面：

1. 理想城市和未来城市的探索

城市应该集中还是分散发展是现代城市规划思想一直以来讨论的重要问题之一。对于未来的理想城市的大多数构想和探索主要从“集中”角度出发，间接地反映了这些思想对于城市和建筑用地问题的关注。从文艺复兴的达·芬奇开始到 2002 年为纽约世贸中心重建举办的国际竞赛，从同样的角度对这一问题的探索和研究的成果相当可观。❸

不管对于理想城市或者未来城市的探索和研究的初衷是什么，它们产生的作用和结果

---

❶ 总体目标：到 2020 年，我国住宅和公共建筑建造和使用的能源资源消耗水平要接近或达到现阶段中等发达国家的水平。具体目标：到 2010 年，全国城镇新建建筑实现节能 50%；既有建筑节能改造逐步开展，大城市完成应改造面积的 25%，中等城市完成 15%，小城市完成 10%；城乡新增建设用地占用耕地的增长幅度要在现有基础上力争减少 20%；建筑建造和使用过程的节水率在现有基础上提高 20%以上；新建建筑对不可再生资源的总消耗比现在下降 10%。到 2020 年，北方和沿海经济发达地区和特大城市新建建筑实现节能 65%的目标，绝大部分既有建筑完成节能改造；城乡新增建设用地占用耕地的增长幅度要在 2010 年目标基础上再大幅度减少；争取建筑建造和使用过程的节水率比 2010 年再提高 10%；新建建筑对不可再生资源的总消耗比 2010 年再下降 20%。见建设部《关于发展节能省地型住宅和公共建筑的指导意见》建科［2005］78 号，2005.5.31。

❷ 《民用建筑热工设计规范》（GB 50176—93）；《公共建筑节能设计标准》（GB 50189—2005）；《民用建筑节能设计标准》（采暖居住建筑部分）（JGJ 26—95）；《夏热冬冷地区居住建筑节能设计标准》（JGJ 134—2001）。

❸ MVRDV. KM3：excursions on capacity. ACTAR，2005：484-499.

都是对城市和建筑用地问题的节约利用。

对未来城市的探索和研究主要集中在以下几个阶段：

（1）20世纪10年代左右，这一时期主要关注的是城市的形象，城市中的建筑形象仍是古典主义外衣的竖向叠加。

（2）20世纪20～30年代，正是现代主义盛行的时期，建筑形象无一例外地以简洁、挺拔的线条构成，这一时期更加关注城市的问题，也更注重技术的可行性问题。

（3）20世纪50～60年代，正处于资本主义的黄金时期，似乎一切梦想都可以实现。这一时期的探索更注重技术的可行性，更多关注的是建筑层面的问题，城市是无数个类似建筑的简单重复和数量的叠加。

（4）20世纪80～90年代，正是日本经济高速发展时期，这一时期的许多构想都出自日本，从日本的国情出发，设想构筑超级巨型的空中城市，这一阶段的建筑用构造物来描述或许更为确切，体形几十倍甚至几百倍于以前的建筑。

（5）21世纪初左右，主要是围绕世贸双塔在恐怖袭击之后重建所进行的国际竞赛中出现的一系列高层建筑的探讨。这些方案比较具体，更贴近实际，具有更多的现实性和可行性。

这些设想主要集中在欧洲和美洲（主要是美国），其余主要集中在亚洲的日本和新加坡。[1]

由于幻想的成分更多，这些探讨绝大多数只停留于纸面和图像，极少付诸实践。由于无法脱离当时的技术条件，能够建成的也只是一些单体建筑，以当时可以实现的技术进行建设，如1916～1926年Giacomo matte-Trucco的菲亚特汽车厂（FIAT Lingotto）和1945～1952年勒·柯布西耶（Le Corbusier）的马赛公寓（unit d' habitation Marseille）等。[2]

2. 日本的超级建筑计划

20世纪80年代末到90年代初，正是日本经济最为繁荣的时期，东京的地价高昂，用地也十分紧张。为了解决用地需求，日本各大建筑事务所在那个时期先后提出了许多震惊世界的超级建筑计划（Sky City 1000，1989；Millennium Tower，1989；DIB-200，1990；X-Seed 4000，1990；Mother构想，1991；Seiren 21，1992）。

这些计划，最普遍的方法就是将各种功能混合，将现在可以见到的各种高层建筑以数十倍甚至数百倍的方式叠加，构筑一座空中城市，将建筑在垂直方向叠加以达到节约土地的目的。

3. 居住密度（Residential Density）的研究

居住密度是与居住用地密切相关的重要指标，国外对于这一问题的研究主要集中在以下几方面：

（1）住宅类型与居住密度的关系问题

史蒂文·法代（Steven Fader）的《密度设计——住宅开发的新趋势》（Density by Design：New Directions in Residential Development）一书“是一本关于解决方法——如

[1] 统计数据中欧洲国家共有48个，美洲国家（主要是美国）共45个，其他国家（主要是日本）19个。见：MVRDV. KM3：excursions on capacity. ACTAR，2005：484.

[2] MVRDV. KM3：excursions on capacity. ACTAR，2005：485，487.

何使密度恰到好处的书”。❶ 在书中，他探讨了住宅形式与住宅密度的关系，他认为密度与环境条件有关，“每英亩（4046.9m²）4 套住宅单元在蒙大拿（Montana）也许已经显得很密，但在曼哈顿（Man ha ttan），400 套/英亩的密度根本不算什么。换句话而言，圣路易斯城（St. Louis）声名狼藉的公共住宅组群帕鲁依特-埃戈（Pruitt-Igoe）与纽约著名的居住环境舒适的格林尼治村（Greenwich Village）的密度相仿。”❷ 他认为，对于城市的散漫扩展和城市退化的问题，还有宏观经济和政治态势的起起落落带来的土地成本、高速公路开发隐性费用、排他性区域规划以及诸如此类的问题，增加密度是一种方法。❸

Robert Bruegmann 在“Sprawl：a Compact History”一书中就居住密度问题进行了精辟的论述，他在书中指出，居住密度的高低并不取决于人们想象中城市建筑的高低，而是与区域内的平均居住密度水平休戚相关。通过比较美国多个著名大城市（Phoenix、Las Vegas、Los Angeles、New York、Chicago）的居住密度得出结论：从城市的层面来看，城市的密度并不取决于核心区的密度，而是取决于整个城市区域的密度。在美国，洛杉矶（Los Angeles）被认为是城市蔓延的体现，但据官方的统计，在过去的 50 年里，洛杉矶的密度变得越来越高，超过纽约和芝加哥，成为美国人口密度最高的城市。❹ 由于其普遍均匀的居住密度，导致城市整体的居住密度相当高。

Javier Mozas 和 Aurura Fernandez Per 在“Density：New Collection Housing”一书中，从实证的角度出发，以住宅实例为研究对象，归纳了不同类型住宅的套密度（图 1-4）。

图 1-4　不同类型住宅的套密度研究

（图片来源：Javier Mozas，Aurura Fernandez Per. Density：New Collection Housing. a+t Ediciones，2006：18）

---

❶ ［美］史蒂文·法代．密度设计——住宅开发的新趋势．张蕾，林杰文译．北京：北京城市节奏科技发展有限公司，2008：1.

❷ 同上。

❸ 同上。

❹ Robert Bruegmann. Sprawl：a Compact History. Chicago & London：Chicago University Press，2005：5.

该书指出，不同地域和不同类型住区的套密度差别巨大，“在欧洲城市，一块 100m×100m 的方形土地上居住单元的数量在 25 至 100 之间。在一块 $1000m^2$ 的居住用地上零散分布的独立住宅的密度大约为每公顷 10 个居住单元。洛杉矶的平均密度为 15 套/hm^2。能够支撑公共巴士服务的推荐最小标准为 25 套/hm^2。伦敦的平均密度是 42 套/hm^2。电车的服务设施，居住密度应该达到 60 套/hm^2。欧洲城市中心区的平均密度为每公顷 93 个居住单元。在新加坡 1970 年代的发展期曾经有过每公顷 250 个单元的居住密度。今天，在中国香港的九龙地区，这一指数达到了 1250。”❶

就城市密度问题，他们认为：“密度是当前在城市方面争论的主要焦点。越来越多的人认识到土地是珍贵的资源，应该通过恰当的方式保护和使用。”❷“在不久的将来，家庭成员或同居者的数量将降至 2 个人。如果城市设计者还希望保持像当代城市中心这样的活力，就必须增加城市居住区的密度。”❸“高密度是对土地的有效利用。减小农业土地的压力，减少对交通的需求度和交通事故的风险，从而使公共交通变得更加有效，形成具有城市活力的区域。……所有的相关组织、团体、机构都支持高密度开发的想法，赞成稳定的低能耗开发，并认为理想的套密度是每公顷 100 个左右的居住单元。”❹

John G. Ellis 在“Explaining Residential Density”一文中认为，决定住宅密度的主要因素包括：①建筑类型；②停车配置；③结构形式。用数字表达住宅密度的方式往往过于抽象，使得其表达的内容容易引起误解，其接受度也受到一定的影响。利用图片直观地表达住宅密度，建立住宅建筑形式与住宅密度之间的关系，其意义在于可为开发商和居民在解决居住问题时的住宅类型的选择提供形象、直观的参考依据。❺

（2）公交导向发展（TOD）模式与居住密度

“公交导向发展模式”提倡适当高密度并混合使用城市用地，形成公共活动中心并以高质量的公交体系连接它们。❻保持一个合理的居住密度，是 TOD 模式的重要前提，这是其公交系统得以运行的重要支撑；对 TOD 模式中的不同区域（公共交通中转站、TOD

---

❶ Javier Mozas，Aurura Fernandez Per. Density：New Collection Housing. a+t Ediciones，2006：43.

❷ 同上，p41。

❸ Javier Mozas 和 Aurura Fernandez Per 在“Density：New Collection Housing”一书中指出，当前的住宅发展主要应该沿着以下三个不同的方向：首先，通过使城市中心区更加密集和更新损坏的城市结构来重新构成其密度。其次，通过创造一种具有一特定品性小地块的组织的新方式来填充地块，这些组织是混合的、较好融合的以及自给自足的。最后，通过限制对农业土地的占用和发展城市周边的郊区，使得一些特定地区的自然景观得以保护。”见：Javier Mozas，Aurura Fernandez Per. density：New Collection Housing. a+t Ediciones，2006：41.

❹ Javier Mozas，Aurura Fernandez Per. Density：New Collection Housing. a+t Ediciones，2006：41.

❺ Ultimately，perceptions of residential density are as tied to design quality as actual numbers. But even the numbers may be complicated to explain. One reason is that levels of residential densities cannot be considered in a vacuum，they can only be understood with reference to three related factors：building typologies，parking configurations，and construction types. Thus，housing layouts that require parking for two cars per dwelling can produce a completely different density and typology than those that require parking for only one car. Higher density，therefore，doesn't necessarily mean high-rise buildings.

In this article，I would like to provide an illustrated guide to some of these issues. My hope is that this examination of the current building blocks of residential architecture will be of value both to practitioners and citizens as they wrestle with choices for how their communities will meet future housing needs. 见：John G. Ellis. Explaining Residential Density. Research & Debate：36.

❻ 董宏伟，王磊. 美国新城市主义指导下的公交导向发展：批判与反思. 国际城市规划，2008（02）：68.

中心区、TOD配套区）的居住密度的要求各不相同。[1]

（3）国外许多中央政府和地方政府都对住宅的居住密度有着具体的规定（Residential Density Guidelines for Planning Authorities，Government of Ireland，1999；London Borough of Hammersmith and Fulham Local Development framework Background paper：Residential Density Review，2007）

例如在“伦敦地方发展框架”中对伦敦不同地区和不同类型住宅的密度作了不同的规定。[2]

（4）还有一些则从其他角度研究居住密度的影响问题

如 Thomas F. Golob 和 David Brownstone 对居住密度对机动车的使用和能源消耗的影

---

[1] TOD的典型居住密度和距离关系表：

		TOD分区		
		A区	B区	C区
		公共交通中转站	TOD中心区	TOD配套区
至公共交通站或运输中心的步行距离		公共交通站相邻，至多1/8英里	到公共交通站至多1/4英里	到公共交通站的1/4和1/2英里之间
密度		高	高到中	中
主要居住模式		相连的、多层、混合用途带零售和服务用途	相连的、多层的、独立式、在小规模地块上	独立式、在小型或中型地块上
居住密度	套/英亩	30～75	15～30	12～24
	套/公顷	74～185	37～74	30～60

注：套/公顷项指标系作者按 $1hm^2=2.47$ 英亩换算所得。

资料来源：Rick Philips，莱昂纳多・J・霍珀．景观建筑绘图标准．约翰・威利父子出版公司，安徽科技出版社，2007：233.

[2] Table：London Plan Density Matrix：

		Car parking provision	High2－1.5 spaces	Moderate1.5－1 space per unit	Low Less than 1space per unit
		Predominant housing type	Detached and linked houses	Terraced houses and flats	Mostly flats
Location	Accessibility Index	Setting			
Sites within 10mins walking distance of a town centre	6 to 4	Central			650－1100hrh (240－435 uh)
		Urban		200－450hrh (55－175uh)	450－700hrh (165－275uh)
		Suburban		200－300hrh (50－110uh)	250－350hrh (80－120uh)
Sites along transport corridors and sites close to a town centre	3 to 2	Urban		200－300hrh (50－110uh)	300－450hrh (100－150uh)
		Suburban	150－200hrh (30－65uh)	200－250hrh (50－80uh)	
Currently remote sites	2 to 1	Suburban	150－200hrh (30－50uh)		

Note：hrh = habitable rooms per hectare；uh = dwelling units per hectare

Source：London Plan Table 4B.1，p177：GLA Feb 2004

响[1]（The Impact of Residential Density on Vehicle Usage and Energy Consumption）和居住密度与城市儿童虐待的影响[2]（Susan J. Zuravin，Residential Density and Urban Child Maltreatment：An Aggregate Analysis，1986）的研究。

4. 相关研究的特点

（1）国外多数国家的土地和人口的矛盾远不像中国那样突出，所以许多的方法和研究停留于概念的层面，但许多策略对省地住宅的研究和探讨具有拓展思路的作用。

（2）许多设想宏大，其实施的可行性尚不明确，但这些构想从侧面间接地反映了他们对节约土地问题的重视。

（3）国外对节约土地问题的关注是以居住密度为主要指标进行控制的，而套密度作为居住密度的主要指标，对于节约居住用地具有重要的控制意义。可以以此为切入点，进行省地型住宅主要问题的研究。

1.2.2 国内研究成果及现状

1. 对住宅省地问题的探讨

住宅的节地问题，是我国住宅设计中一直关注的问题，这与我国人多地少、经济发展相对落后、城市基础设施薄弱等现实条件相关。我国对于住宅建设中节约土地问题的研究在新中国成立初期即已展开，随着我国城市化进程的加快，城市人口快速增长等新问题出现，决定了我国要长期坚持住宅建设与实践中的节地原则。主要包括以下几个方面：

（1）多层住宅省地问题和策略的探讨

早期主要是对多层住宅节地策略的研究，通过对住宅在规划和建筑设计层面的策略的研究和讨论，达到省地的目的。主要的策略包括：通过增加住宅的层数提高容积率，达到省地的目的（戴念慈，1975；国家建委建科院调研室，1977）；降低住宅层高，进而降低住宅总高度，达到缩小住宅间距，节约住宅用地的效果（戴念慈，1975；崔克摄，1992）；缩小间距（戴念慈，1975；沈继仁，1979）；将住宅东西向布置（戴念慈，1975；张开济，1978）；利用城市道路的宽度，在道路南侧建高层，使住宅的阴影落在道路上，以此达到节约土地的目的（戴念慈，1975；国家建委建科院调研室，1977）；多高层结合（戴念慈，1975；朱亚新，1979）；加大拼接长度（沈继仁，1979）；利用住宅的端单元采光面多的特点，对住宅端单元进行增大套型面积和增加套型数量的特殊设计，可以有效地增加建筑面积，节约住宅用地（沈继仁，1979）；结合地形特点，采取不同的规划形式，达到土地利用的最优化（朱亚新，1979）；院落式布局（戴念慈，1989；张开济，1989，1990）；利用地下空间（李桂文，1987）；在住宅的阴影区域布置对日照要求不高的公共建筑（戴念慈，1989）；住宅交错布置（沈继仁，1979）；多种类型住宅户型搭配，充分利用不规则地块（朱亚新，1979）；加大住宅进深可以显著提高住宅的节地效率（戴念慈，1975；张开济，1978；沈继仁，1979；吕俊华，1984）；减小面宽（戴念慈，1975）；利用设置内天井解决进深过大所带来的中间功能空间无

[1] Thomas F. Golob，David Brownstone. The Impact of Residential Density on Vehicle Usage and Energy Consumption. Institute of Transportation Studies，University of California，Irvine，Irvine，CA 92697-3600，U. S. A. http://www. its. uci. edu

[2] Journal of Family Violence. 1986，1：307-322.

法采光的问题（戴念慈，1975）；在规定容积率的条件下，减少住宅单体的建筑面积，增加住宅套数达到节地的目的（沈继仁，1979）；改进单体设计（戴念慈，1989）；北退台改进（朱亚新，1979；吕俊华，1984；崔克摄，1992）；利用坡屋顶或者将对层高要求较低的功能空间如厨房、卫生间、储藏等空间设置在住宅套型的北部，达到改进住宅剖面设计、降低多层住宅北侧高度的目的（张开济，1978，1989，1990）。

（2）高层住宅的省地问题探讨

随着时代的发展，高层住宅成为我国城市解决人多地少这一矛盾的必然选择。虽然进入 2000 年后才是我国高层住宅大发展的时期，但对于高层住宅的节地问题的研究早在 20 世纪 80 年代初就已展开（吴英凡，1982；贾东明，2005；周燕珉；2006）。后来的“一些策略”研究多是在此基础上的深化，如：板塔结合的方法（周燕珉，2006）；对住宅转角处的套型单元进行特殊设计，可以增加住宅建筑面积（周燕珉，2006）；将板式住宅斜向布置，在满足必要的日照卫生标准的前提下，可以有效减小建筑间距，增加住宅行数，节约住宅用地（周燕珉，2006）。

（3）其他角度的研究

2006 年，董国良、张亦周在《节地城市发展模式——JD 模式与可持续发展城市论》一书中从城市交通的角度，探讨通过城市交通体系的完善，在城市层面实现土地的节约集约利用❶。

2. 既有研究的局限

这些研究对于我国的省地型住宅的建设起到了积极的作用，但由于历史的原因，许多情况已发生了变化，许多策略的探讨已经与现实脱节或显得不相适应：

（1）与对多层住宅省地问题的研究相比，高层住宅省地问题的研究相对较少，而且多数仍停留在沿用多层住宅研究中运用的建筑设计方法的层面。

（2）以多层住宅为研究对象所总结的许多策略和方法已不适应以高层住宅为主的住区，有些省地策略作用已不明显或者与住宅的发展脱节。

（3）许多方法和策略的讨论是以日照间距为前提的，即以住宅的间距作为建筑间距控制的主要因素，而高层住宅的日照标准主要以日照时数进行控制，同时需要考虑太阳的方位角及住宅的视觉卫生距离等因素。标准的变化意味着省地策略和模式的讨论的前提发生了变化。

（4）对住宅省地问题的探讨，多数只关注土地面积的节约问题，而较少关注土地上住宅“量”的问题，即提高住宅单位面积用地上住宅建筑面积和套数的问题。

3. 既有研究的价值

由于受现实条件的限制，当时提出的许多策略并未引起足够的重视。今天，将这些策略放在当前的现实条件下重新审视，就会发现当时提出的许多策略在今天具有重要的研究借鉴和实际参考价值。本书正是从当时提出的一些未引起足够重视的策略入手，将其作为主要研究内容，在此基础上结合上海住区的现状情况，最终形成了全书的研究观点。

（1）减少户均基本用地的方法。这是戴念慈先生在 1975 年的文章中提出的。❷ 如果转

---

❶ 董国良，张亦周. 节地城市发展模式——JD 模式与可持续发展城市论. 深圳维时公司建筑与城市研究中心，北京：中国建筑工业出版社，2006.

❷ 今兹. 在住宅建设中进一步节约用地的探讨（续）. 建筑学报，1975，04（124）：28-32.

换角度，通过提高单位面积土地上的住宅套数，即提高居住用地的套密度标准，以此降低户均基本用地面积，同样可以达到节省住宅建设用地的目的。

（2）降低户均面积标准的方法。1978年，沈继仁先生在其文章中提出降低户均面积标准，对节约用地的作用比较显著。❶ 但由于当时住宅面积标准本身就已经很低，降低住宅面积标准的难度较大，所以未引起足够的重视。而在今天，住宅的面积越来越大，标准越来越高，这一策略的研究具有很强的可操作性，有着重要的现实意义和政策的针对性。

（3）改进住宅的个体平面形式的节地效果显著。戴念慈先生在1989年的文章中对此有比较全面的阐述，他认为住宅的个体平面形式的改进产生的节地效果可能会超过诸如降低层高、增加进深等常用的方法。❷

对住宅平面设计的关注，包括两方面的内容：通过住宅的精心设计，控制紧凑合理的面积标准，增加住宅量，达到节约用地的效果；再者就是在一定的面积条件下，合理的住宅设计可以提升住宅的居住品质，这是住宅省地得以实现的保障，即省地是以不牺牲住宅的基本舒适性或者提高住宅的居住品质为前提的。

（4）建设高层住宅，增加住宅面积，达到节约用地的目的。这一策略和做法受到当时技术条件和经济水平的限制，较难实现。现在，高层住宅已成为城市建设解决人口与土地资源之间矛盾的主要策略，这也是本书研究的重要现实依据和立足点。❸

1.3　研究对象与论文创新点

1.3.1　研究对象的生成

“省地型住宅”是一个综合性、社会性的问题，同时也是政策性很强的问题，绝非本论文所能全部覆盖的，因此，寻求针对此问题的研究的切入点，是本论文的重要问题。论文的写作过程历时两年，在这期间的住宅政策的调整变化，相关规定和条例的相继颁布，都对论文的写作产生了一定的影响。随着研究的深入，对这一问题的认识也不断深入，这些都为具体的研究对象和研究方法的明确起到了重要的作用。

1. 研究问题的展开

本书直接源于导师的研究课题❹，省地型住宅问题的研究是其中的重要组成部分。在该问题的研究过程中，面对省地型住宅在规划与建筑设计层面的庞杂内容，论文首先对影响住区中用地面积的因素进行梳理，在初步研究的基础上，结合上海地区的住宅现状特点，选取其中的关键问题进行重点研究，从而引领整个研究的深入开展。

这些主要的影响因素包括：住区规划层面，如住区区位、容积率、用地面积、绿化率、住宅类型（多层、高层）、住宅规划布局方式、停车率、公共配套设施；建筑层面，

❶ 沈继仁. 关于节约住宅建设用地的途径. 建筑学报，1979，01（125）：49-54.

❷ 戴念慈. 如何加大住宅密度. 建筑学报，1989，07（251）：2-7.

❸ 今兹. 在住宅建设中进一步节约用地的探讨（续）. 建筑学报，1975，04（124）：28-32.

❹ 上海市科学技术委员会重点定向课题“资源节约型住宅关键技术与综合示范课题”（课题编号：042112079）（2005.7-2007.7）

如住宅套均建筑面积、住宅设计策略、套型组合方式等。

随着问题讨论的逐步深入，本研究逐渐认识到套密度问题在住宅省地方面的重要性，它可以成为以上问题之间内在关系的重要纽带，成为整个研究深入展开的重要条件和新的认识方法。同时，2006 年的《关于落实新建住房结构比例要求的若干意见》（建住房［2006］165 号）提出的明确住区套密度指标的要求使得这一问题的现实意义更加明显。至此，住区的套密度问题成为研究的核心问题，与其相关的主要因素对套密度的影响程度也各不相同（表 1-2）。

规划层面的用地面积、容积率与套密度直接相关，是套密度的主要影响因素；住区中住宅类型（多层、高层）配置的不同和住宅规划布局方式会对住区套密度产生一定的影响；住区的区位、停车率和公共配套设施与套密度没有直接的关系，在一定程度上反过来影响住区的套密度；绿化率对住区的省地问题具有重要的影响，但显然与套密度的关系并不直接，只是在一定程度上反过来影响住区的套密度。

在建筑层面，住宅套均建筑面积是住区套密度的决定性影响因素，套型组合方式对套密度会有一定的影响，而住宅设计策略与住区的套密度没有直接的联系。

影响套密度的主要因素 **表 1-2**

		影响因素	影响作用
规划层面	1	住区区位	★
	2	容积率	★★★
	3	用地面积	★★★
	4	绿地率	★
	5	住宅类型（多层、高层）	★★
	6	住宅规划布局方式	★
	7	停车率	★
	8	公共配套设施	★
建筑层面	1	住宅套均建筑面积	★★★
	2	住宅设计策略	○
	3	套型组合方式	★

注：★★★——影响作用非常明显；★★——影响效果一般；★——影响效果不明显；○——对套密度没有影响作用，或者没有明显的效果。

资料来源：本研究整理。

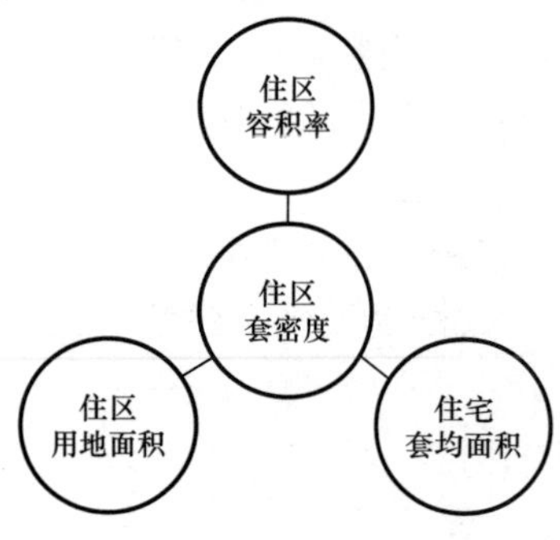

图 1-5 套密度的主要影响因素

（图片来源：本研究整理）

2. 套密度的关键影响因素

由此可以确定，决定住区套密度的主要因素包括：住区容积率、住区用地面积和住宅套均面积。在这三项主要的影响因素中，住区容积率、住区用地面积对于给定的地块来说，是不变的因素，只有住宅套均面积是相对可变因素，也成为针对套密度问题研究的重要方向（图 1-5）。

3. 研究技术路线

本书以套密度问题为核心展开对住宅省地问题的研究，选择影响套密度的主要因素——住宅套均建筑面积作为套密度问题的拓展研究。住宅设计策略对住区的套密度虽然没有直接的影响，但在紧凑面积条件下通过住宅的精细化设计满足住宅的基本舒适性要求是套均面积问题研究的重要支撑。以上几个问题对住宅性能产生的影响需要借助新的手段和工具去认识和解决，在一定程度上缓解这种影响，以此形成本研究的技术路线（图 1-6）。

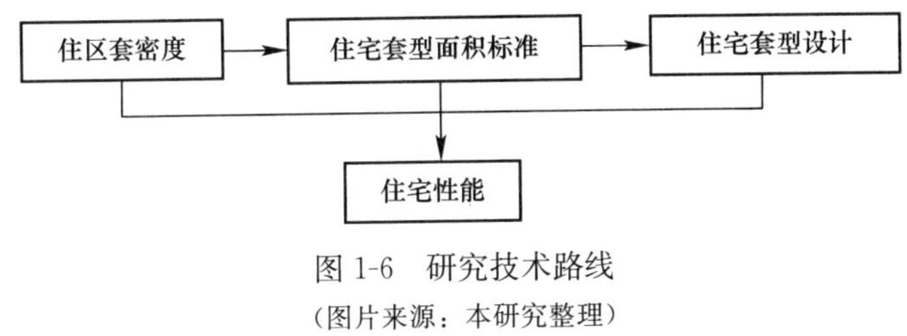

图 1-6　研究技术路线
（图片来源：本研究整理）

1.3.2　研究对象

在明确研究对象的核心问题的基础上，本书针对高层高密度已成为当今住区的主要特征的现实情况，研究省地型住宅在新的条件下的应对策略。在归纳既有研究成果的基础上，本书将以下问题作为研究的主要问题：

1. “省地”型住宅衡量标准的量化问题

高层住宅成为现在住区的主要建筑形式，既有的省地策略和衡量方式就会发生变化。如何评价以高层住宅为主的住区的省地问题，是本文所要探讨的重要问题。在既有省地策略研究的基础上，对其进行归纳分析，本论文认为提高套密度对于高层住宅的“省地”具有重要作用，而以套密度问题为切入点的研究对住宅省地衡量标准的量化具有重要作用。基于此认识，通过对随机抽取的现有住区样本套密度的统计和对影响套密度因素的分析，研究建立了容积率与套密度的数学关系，提出不同类型住区套密度的参考标准，并因套密度指标可直接反映住宅的节地效率而将其作为住宅省地与否重要的衡量标准之一。

2. 紧凑型住宅的参考面积标准

在给定容积率条件下，降低住宅面积标准，可增加住区住宅的总套数，对于节约住区用地具有显著的作用，而目前住宅面积标准普遍偏大的现状，也是这一策略得以实现的现实条件。因此，如何界定紧凑居住的面积标准就成了随之而来的重要问题。本文以满足规范规定的住宅功能空间的最小面积为基础，归纳高层住宅公共部分分摊面积的复杂构成，探讨紧凑型住宅单元套型面积的参考标准，以期为该问题的解答提出建设性的方案。

3. 实现紧凑居住基本舒适度的设计策略

相同面积条件下，精心的设计可使住宅的舒适性有较大的提高。面积紧凑的住宅，要达到使用的基本舒适，建筑设计将是非常关键的环节；同时，如何对住宅的功能空间进行取舍，抓住住宅设计的核心，也是此类住宅设计面对的重要问题。本书通过归纳住宅套型的发展历程，总结住宅的必要空间与非必要空间、核心空间与非核心空间的区别，探讨住宅在面积紧凑条件下实现居住的基本舒适性要求的设计策略问题。

4. 紧凑型住区室内外环境影响的应对策略

提高住区套密度，降低住宅建筑面积标准的策略，在节约了居住用地的同时，会对住区在规划层面的公共设施配置标准和住宅在建筑层面的居住品质产生一定的影响。如何应对这一影响，并通过相应的技术手段和设计手段在一定程度上弱化这种影响，是本论文探讨的主要问题。

1.3.3 创新点

本书尝试突破以往对住宅省地问题的研究——更多地从规划和建筑设计层面入手，转换视角从更宏观的城市和住区的层面，整体地考察住宅的省地问题。以套密度问题作为论文研究的切入点，结合高层高密度已成为城市住宅的主要类型的现状特点，展开对城市住宅在现实条件下的省地问题的策略研究，在此基础上形成以下创新点：

1. 套密度相关影响要素及其比较研究

本书以上海和日本为例，随机抽取1995年以来上海建成或在建的440多个住区，日本的100余个住区，分别对住区的各项指标（总用地面积、建筑面积、容积率、总户数、绿化率、停车位、建成年份、建筑类型、住区所在区位）进行统计。统计分析收集到的数据，对住区套密度与总用地面积、容积率、建成年份、建筑类型等各项指标之间的关系进行探讨，着重分析套密度与各指标之间的相关性问题。

在分析统计数据的基础上，本书比较上海和日本的住区套密度指标的差异和影响套密度的各项指标的相关性，探讨影响住区套密度变化的住区规划指标的共性问题。

2. 基于容积率和套密度的“R&T”控制体系

本书在一定的假设前提条件下，建立了住区容积率和套密度的数学模型，形成了通过这两项指标“双控”的“R&T”（容积率和套密度）控制体系，在同样的土地面积条件下，在相同的容积率指标控制下，以住宅套数的控制达到了住区节能省地的目标要求。

采用套密度结合容积率的“R&T”规划控制方法，以单位居住用地上住宅套数为目标，不对住宅建筑面积标准做过多的具体规定，使其成为隐性要素，可以给建筑师留出更多创作空间，增加设计的自由度，激发住宅设计中的创造性；不作具体的住宅建筑面积标准的限制，还可以避免住宅的类型和标准的同质化等诸多不足，丰富住宅套型的类型；通过保证住区住宅套数的方法实现对用地的节约使用，而不作面积指标和比例的限制，可以给住宅开发企业更多的自由，使之更加适应市场多样化的需求；还可以实现在区域、城市和居住区各个层面对居住用地的开发控制，具有广泛的适用性。

3. 住宅省地控制方法和衡量标准的量化问题研究

在“R&T”控制体系的基础上，可以建立具有明确目标套型面积标准限制的住区套密度指标的控制范围，为规划管理部门执行省地型住宅的控制，提供了简便、可操作性强的控制方法；通过比较在相同规划容积率指标和不同套密度标准要求的条件下，建设相同套数的住宅所需土地面积的不同，可以直接反映一个住区的节地效率，对于反映住宅节地程度、效率和住宅省地问题衡量指标的量化具有重要的意义。

1.4 概念界定与研究意义

1.4.1 概念界定

为了简化研究过程，便于把握研究的侧重，现将研究对象所牵涉的以下几个重要概念作一简单的描述与界定，使问题的研究更具针对性。

1. 紧凑居住（Compact Habitation）

（1）紧凑（Compact）

《韦氏词典》（Merriam-Webster's College Dictionary）对“紧凑”（Compact）一词的释义如下[1]：

1）充满和组成：A. 具有密实的结构，各组成部分和各单位紧密地包裹或结合在一起；B. 不冗长；C. 通过有效地利用空间占有很小的体积；D. 结实，没有多余的肉。由包含有限元素的子集族组成的任意开放集族形成的拓扑空间或者度量空间。

2）联结和组合在一起：A. 绑或者拉在一起；B. 压在一起。

3）类似的事物：A. 小化妆盒（如压缩粉饼）；B. 介于中型和超小型之间的汽车。

4）达成协议。

显然，通过有效地利用空间占有很小的体积正是本论文“紧凑居住”所倡导的住宅设计和建设的主要思想。

（2）紧凑居住（Compact Habitation）

对于紧凑居住（Compact Habitation），可以通过考察“紧凑”（Compact）的基本用法及其潜在内涵，借鉴城市规划中对于“紧凑城市”（Compact City）概念的解释来理解。“紧凑城市”（Compact City）实际上是能够利用较少的城市土地提供更多城市空间，以承载更多高质量生活内容的城市。在这一概念中，不仅要体现“紧凑”基本含义中对“高效”的表达，也要求投射出“紧凑”对于“高质”的追求。因而以“紧凑”形容城市时，它在概念中有两个基本点：①以较少的土地提供更多城市空间；②城市空间承载的生活内容必须是更高质量的。[2]

将目前规划界讨论较多的几个与“紧凑”相关的词语并置及比较，可以帮助我们更好地理解这几个相关词语各自的含义及其相互关系，促进这些较易混淆的概念在研究和使用过程中的精确性。[3]

---

[1] Merriam-Webster's Collegiate Dictionary, Tenth Edition, p233.

[2] 李琳. 紧凑城市中“紧凑”概念释义. 城市规划学刊，2008，03（175）：42.

[3] “紧凑”、“集中（集聚）”和“集约”三个概念的异同：

	概念基本点	共同点	相异点
紧凑 Compact	• 以较少的土地提供更多城市空间 • 城市空间承载的生活内容满足更高的质量标准	• 都可能导致研究区域内相对密度的增加	• 研究主体不同：“集中”是城市所有有形和无形要素的动态集合过程，并可对这一过程进行要素分解；“紧凑”强调城市整体的协同作用，单个要素较少用它形容
集中 （集聚） Concentrate	• 集聚的过程具有一个相对的中心 • 往往导致聚集范围内密度的增加	• 在某些情况下，“紧凑”的结果通过“集中”的过程实现	• “紧凑”过程蕴涵多种可能性，不能仅通过“集中”来实现
集约 Intensive	• 通过增加资本和劳动力投入，而非通过扩大面积和范围来增加产出	• 反映出对效率的追求	• 研究方向上两者相向而行，各有侧重：“集约”概念中土地的属性被抽象化，其研究主要从单位土地的利用效率着手；“紧凑”将主要的注意力放在城市空间的整体运作效率上 • “集约”更多地涉及经济效益，可被较为客观地度量，而“紧凑”承载的内容更为广泛，并涉及了关于城市生活质量的主观评价，在实际研究过程中给度量造成一定的难度

资料来源：李琳. 紧凑城市中“紧凑”概念释义. 城市规划学刊，2008，03（175）：43.

本文借鉴这一概念，认为可以这样理解“紧凑居住”，即能够利用较少的城市土地提供更多的居住空间，以承载更多高质量生活内容的住宅。在概念中也应有这样两个基本点：

1）以较少的土地、空间提供尽可能多的可供居住的空间；

2）居住空间承载的生活内容必须是更高质量的，至少由紧凑带来的居住空间的品质不降低。

2. 省地型住宅（Land-saving Residence）

“节能省地型”住宅是指在保证住宅功能和舒适度的前提下，要坚持开发与节约并举，把节约放到首位，在规划、设计、建造、使用、维护全寿命过程中，尽量减少能源、土地、水和材料等资源的消耗，并尽可能对资源进行循环利用，实现资源节约和循环利用的住宅。我国的“节能省地型”住宅主要定位在节能、节地、节水和节材（简称“四节”）等几个方面。❶

对“节能省地型”住宅的概念可以从两个方面来理解：

（1）广义地理解能源的概念，可将省地的“土地”作为资源来看待，“省地”问题可以纳入“节能”的范畴，“节能省地”住宅就是节约能源的建筑。

（2）狭义地理解能源的概念，“省地”和“节能”是对等的，节能仅指对能源和能量节约利用，“省地”就是对“土地”的节约利用。

本文将“省地”与“节能”对等地理解，着重讨论“节能省地”中省地的问题。

同样，对“省地”问题也有广义和狭义两种理解方式：

（1）广义地理解“省地”，不仅包括土地的尺度层面的用地面积的节约，还包括对土地资源物质层面的土壤的节约使用。

（2）狭义地理解“省地”，则只包括土地的尺度层面的用地面积的节约。

本论文主要关注的是后者，即居住用地在尺度层面的面积和空间上的利用问题。

本书讨论通过合理的住区规划，在保证住宅基本使用功能和基本舒适度条件下，提高单位住宅用地上住宅的套密度，以此达到节约用地的目的。

3. 居住密度（Residential Density）

探讨省地型住宅，就不可避免地要探讨居住用地的开发强度的问题，即用地密度的问题。根据研究对象的不同，用地密度可以分为人口密度（Population Density）、居住密度（Residential Density）和就业密度（Employment Density）。❷ 本文主要关注居住密度的问题。

就笔者视野所及，我国对“居住密度”一词并没有明确的定义，只有一些与居住密度

---

❶ ①节能：一是通过科学的规划布局、合理的功能分区以及住区布置，二是通过建筑朝向、体形系数等规划设计手段，三是通过提高建筑围护结构保温隔热性能以及设备和管线的节能，来减少能源消耗。②节地：一是合理规划住宅建设用地，少占耕地，尽可能利用荒地、劣地、坡地等；二是合理规划居住区，在保证住宅功能和舒适度的条件下，确定居住区的人口规模和住宅层数，提高单位住宅用地的住宅面积密度；三是通过设计的优化，改进建筑结构形式，增加可使用空间，充分利用地下空间，提高土地利用率，延长住宅寿命，减少重复建设，合理控制住宅体形，实现土地资源的集约有效利用；四是合理配置居住区的环境绿化用地，增加单位绿量，减少停车占地并向立体空间发展，以留出更多居住空间。③节水：一是在城乡规划、居住区选址中，充分考虑水资源开采利用与补给的平衡关系以及城市供水与排水系统对节水的有效性；二是在住宅小区中，通过雨水收集利用、生活废水收集与处理回用等住宅节水措施和设备，解决非优质用水的来源；三是在住宅小区中，通过分质供水、推广应用节水器具等住宅节水措施与设备，节约用水。④节材：一是推广可循环利用的新型建筑体系（如钢结构、木结构）；二是推广应用高性能、低材耗的建筑材料（如高强混凝土、高强钢筋等）；三是鼓励各地因地制宜地选用当地的、可再生的材料及产品；四是推行一次装修到位，减少耗材、耗能和环境污染；五是鼓励废弃的建筑垃圾回收与再利用。见：汪光焘. 大力发展节能省地型住宅//涂逢祥. 建筑节能. 44：12.

❷ 董宏伟，王磊. 美国新城市主义指导下的公交导向发展：批判与反思. 国际城市规划，2008（02）：69.

问题相关的术语及概念，从多个角度限定、诠释这一概念。[1] 居住密度是（Residential Density）一个相对笼统的概念，它主要包括三个指标：①居住人口密度；②建筑面积密度；③住宅套数密度。每个指标又可分为毛密度和净密度两类。毛密度指单位面积上的人口数或住房套数与居住区总面积（包括住房用地及公共服务设施，道路和人行道）；而净密度则仅按居住用地计算。

（1）居住人口密度（Density of Registered Inhabitants）

居住区、居住小区或住宅组团中，单位面积内持有正式户口的居住人口数，包括人口毛密度和人口净密度：

1）人口毛密度：每公顷居住区用地上容纳的规划人口数量（人/hm^2）。

2）人口净密度：每公顷住宅用地上容纳的规划人口数量（人/hm^2）。

（2）建筑面积密度（Density of Living Floor Area）

单位用地上拥有的建筑面积，包括住宅建筑面积毛密度、住宅建筑面积净密度、建筑面积毛密度（容积率）、住宅建筑净密度和建筑密度等多项指标：

1）住宅建筑面积毛密度：每公顷居住区用地上拥有的住宅建筑面积（万 m^2/hm^2）。

2）住宅建筑面积净密度：每公顷住宅用地上拥有的住宅建筑面积（万 m^2/hm^2）。

3）建筑面积毛密度：也称容积率，是每公顷居住区用地上拥有的各类建筑的建筑面积（万 m^2/hm^2），或以居住区总建筑面积（万 m^2）与居住区用地（万 m^2）的比值表示。

4）住宅建筑净密度：住宅建筑基底总面积与住宅用地面积的比率（%）。

5）建筑密度：居住区用地内，各类建筑的基底总面积与居住区用地面积的比率（%）。

（3）住宅建筑套密度（Unit Density）

单位用地上拥有的住宅建筑套数（套/hm^2）。

1）住宅建筑套密度（毛）：每公顷居住区用地上拥有的住宅建筑套数（套/hm^2）。

2）住宅建筑套密度（净）：每公顷住宅用地上拥有的住宅建筑套数（套/hm^2）。

（4）本论文主要研究居住密度中的套密度问题，主要出于以下几点考虑：

1）在规划层面，对于人口密度和建筑密度的研究相对较多，而对套密度的研究相对较少。套密度问题的研究可以完善住区规划的控制方法和控制指标。

2）套密度的问题是近期一系列住宅政策中提出的重要问题，研究这一问题具有较强的指导意义和现实意义。

3）套密度不仅可以像容积率一样反映土地利用的“量”的问题，而且可以反映土地的利用效率的问题，即提供多少可供家庭居住的空间的问题。研究套密度问题对于控制住宅的供应结构具有重要意义。

---

[1] 这些术语和概念包括：①人口毛密度：每公顷居住区用地上容纳的规划人口数量（人/hm^2）。②人口净密度：每公顷住宅用地上容纳的规划人口数量（人/hm^2）。③住宅建筑套密度（毛）：每公顷居住区用地上拥有的住宅建筑套数（套/hm^2）。④住宅建筑套密度（净）：每公顷住宅用地上拥有的住宅建筑套数（套/hm^2）。⑤住宅建筑面积毛密度：每公顷居住区用地上拥有的住宅建筑面积（万 m^2/hm^2）。⑥住宅建筑面积净密度：每公顷住宅用地上拥有的住宅建筑面积（万 m^2/hm^2）。⑦建筑面积毛密度：也称容积率，是每公顷居住区用地上拥有的各类建筑的建筑面积（万 m^2/hm^2）或以居住区总建筑面积（万 m^2）与居住区用地（万 m^2）的比值表示。⑧住宅建筑净密度：住宅建筑基底总面积与住宅用地面积的比率（%）。⑨建筑密度：居住区用地内，各类建筑的基底总面积与居住区用地面积的比率（%）。见：GB 50180—93 城市居住区规划设计规范．北京：中国建筑工业出版社，2006：2.

1.4.2 研究意义

发展省地型住宅对于缓解住宅产业发展与土地资源紧缺的矛盾、适应住房消费需求结构、降低住宅成本、保持房地产业可持续发展具有重要作用。❶ 本论文以省地型住宅作为主要研究对象，其研究意义在于：

1. 转换住宅省地问题的思考角度和研究方式

通过对省地型住宅问题的研究，可以引起对该问题的更多关注，逐渐改变当前对建设"节能省地型"住宅这一国策的研究中"节能"问题明显重于"省地"问题研究的状况，突破从建筑设计的层面考察住宅省地问题的思考方式❷，通过视角的转换，从宏观的城市和住区层面来考察住宅省地问题的研究，有助于推进对省地问题的衡量标准和如何进行"省地"量化的研究。

2. 为实现紧凑居住要求的住宅面积标准研究提供参考依据

本书对于紧凑居住住宅的面积标准的研究是通过随机抽样，在统计分析不同类型套型（一室、二室、三室）的使用面积系数的基础上，结合当前住区以高层为主的现实情况，归纳不同高度的高层建筑的公共部分面积分配标准，计算得出不同类型套型的面积变化幅度，为实现紧凑居住要求的住宅面积标准研究提供参考依据，对于类似研究具有一定的指导意义和参考价值。

3. 探讨紧凑面积条件下实现住宅基本舒适性要求的设计策略

通过对住宅套型发展的回顾和总结，本书归纳了住宅功能空间中的必要空间和非必要空间，核心空间和非核心空间的概念，提出住宅设计中功能空间取舍和住宅的精细化设计是实现住宅在紧凑面积条件下基本舒适性要求的重要策略。

4. 引介应对紧凑居住条件下住宅规范适应性问题和住宅室内外环境影响的策略

有针对性地分析提高住区套密度和降低住宅面积标准在规划和建筑层面带来的影响，探讨规范层面不相适应的问题，为规范新的修订提供参考；对于室、内外环境的构建，提出基于计算机模拟技术的室外环境构建策略和基于住宅性能评价、全装修和住宅产业化的室内居住品质的提升策略，为缓解对住区带来的影响和面临的问题提供新的思路。

1.5 研究方法与研究框架

1.5.1 研究框架

1. 研究框架简述

针对上海住宅高层高密度的特点并归纳既有省地策略，在既有研究的基础上，将套密

❶ 陈伯庚. 长三角地区怎样发展节地型住宅. 住宅产业，2006（06）：14.

❷ 例如我国在20世纪70～80年代相当长的一段时间内，判断住宅设计是否节地，一直沿用的技术经济指标是户均面宽，普遍认为，与"老五二"相比，户均面宽在5.3米以上，越大越不经济，在5.3米以下，越小越经济。崔克摄. 住宅尺度与用地的关系. 建筑学报，1992（08）：14.

度作为研究的切入点，选择当时并未引起足够关注、在现实条件下具有重要的借鉴意义的省地策略（减少住宅基本用地，减少套型建筑面积），紧密联系现实条件，探讨省地住宅在现实条件下的应对，形成了“R&T”（容积率与套密度）的双控系统和不同类型住宅套型（一室、二室、三室）使用面积系数。针对住区套密度的提高和套型面积的合理控制所带来的住宅的规范适应性问题和对住宅室内外环境品质的影响，本研究提出借助现代计算机模拟技术，通过对规划设计的调整，将不利影响降到最低，全装修的实现和住宅产业化的推进是实现住宅空间品质的基本保证。

2. 研究框架

本书的研究框架如下（图1-7）：

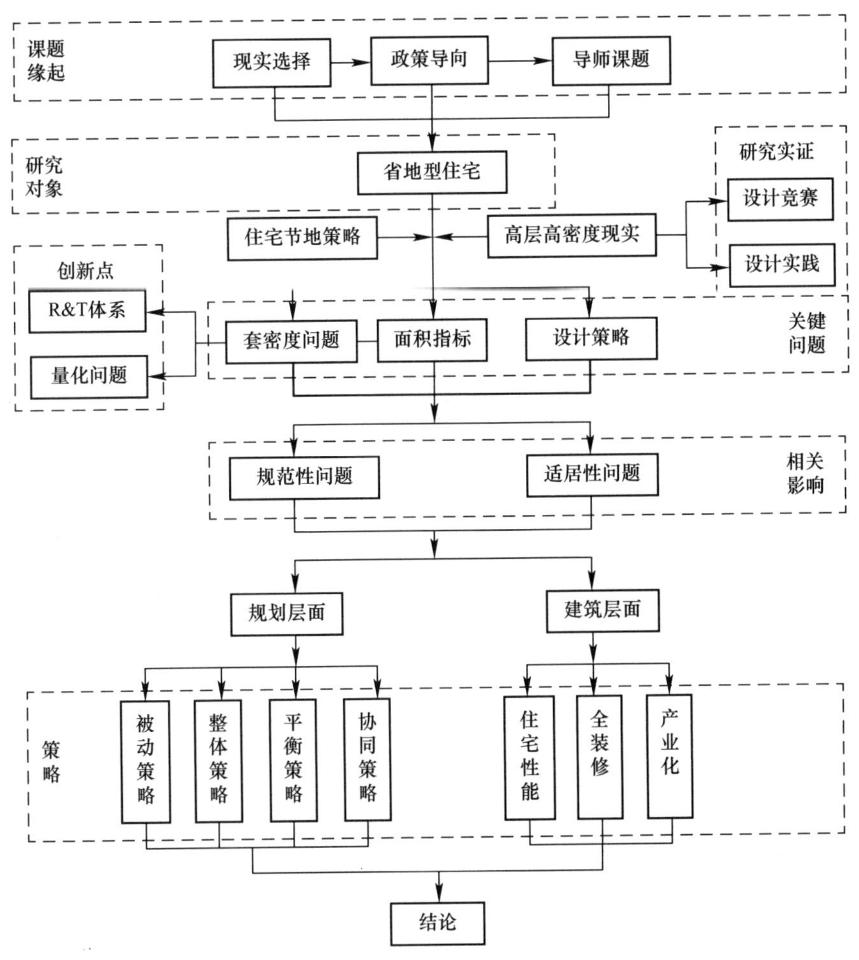

图1-7 研究框架

（图片来源：本研究整理）

1.5.2 研究方法

本研究的主要成果是建立在大量的数据统计分析的基础之上的，因而统计分析是本书的主要研究方法。同时，在文献归纳的基础上，采取定量与定性分析相结合的方法，通过分类比较研究、建立数学模型进行抽象的研究都是本论文对不同的问题所采用的研究方法。这些方法相互贯通、相互交叉、互为辅助，贯穿于全篇论文。

1. 文献研究法

文献研究法主要指搜集、鉴别、整理文献，并通过对文献的研究，形成对事实科学认识的方法。[1] 鉴于本书的研究视角和研究方法，文献基础更多源自于以下几方面的文字资料：

第一，历史资料，包括各类专业志、市志、区县志、上海建设志等。

第二，统计数据资料，包括作者实地调查获取的数据、各年度上海市统计年鉴、上海年鉴以及统计局、房屋土地资源管理局公布的统计公报和通告等。

第三，图集，包括上海市居住区建设图集、上海市各阶段住宅设计图集、上海市历史地图集等。

第四，相关文献、书籍和论文，其中主要包括上海城市发展、上海住房建设发展、上海住房政策沿革的书籍以及国外住房政策等方面的文献资料。

文献分析法主要应用于本书以下内容的研究：

(1) 现代城市规划思想中有关居住密度问题和高密度居住问题的研究；

(2) 我国自20世纪70年代开始到现在对于住宅省地问题策略和方法的研究和探讨；

(3) 联合国和欧洲、英国、日本、新加坡等国家相关住宅面积标准体系和指标的研究；

(4) 日本、新加坡和香港地区公共住宅的建设发展状况，特别是住宅套型的变化和发展的研究；

(5) 针对有限面积条件下的住宅套型设计策略和方法的研究以及国外集合住宅设计中新的思路和方法的研究。

2. 统计分析法

统计分析法应用于以下内容的研究中：

(1) 对上海地区住区的套密度现状的研究以及对作为比较参考对象的日本住区的套密度研究。在统计的基础上，分析套密度与其影响因素的关系以及套密度与住区居住舒适性的关系。

(2) 对不同类型和高度的住宅公摊面积的确定和合理取值，是建立在多个抽样样本的统计基础上的。通过统计得出不同类型住宅的公共部分面积的区间值，以此为基础进行公共部分分摊面积的计算。

(3) 对不同类型套型（一室、二室、三室）的使用面积系数的探讨也是在大量数据的统计分析基础上得出的。

3. 定性研究与定量分析结合

定性分析与定量分析是人们认识事物时用到的两种分析方式。定性分析多采用文献研究的方法，通过文献法收集资料，并依靠主观的理解进行定性分析；定量分析，主要采用统计方法和数理方法，建立假设，收集数据资料，然后进行统计分析和检验。针对不同的研究对象，采用不同的研究方法：

(1) 对住区套密度现状和影响套密度的因素的研究；对紧凑型单元住宅的面积标准的研究；住宅省地衡量标准的量化问题以及套密度与容积率的关系问题的研究都是在建立统

---

[1] http://baike.baidu.com/view/1682460.html

计数据或者数学公式的基础上，采用定量分析的方法。

（2）对紧凑面积条件下住宅的设计问题和住宅省地策略问题的研究以及针对紧凑居住条件下住宅规范适应性问题和住宅室内外环境影响的策略的研究都是在归纳收集文献资料的基础上，进行定性研究。

4. 数学模型法

数学模型（Mathematical Model）是数学理论与实际问题相结合的一门科学。它将现实问题归结为相应的数学问题，在此基础上利用数学的概念、方法和理论进行深入的分析和研究，并为解决现实问题提供精确的数据或可靠的指导。用字母、数学及其他数学符号建立起来的等式或不等式以及图表、图像、框图等描述客观事物的特征及其内在联系的数学结构表达式。[1]

本书对于套密度与容积率的关系、毛套密度与净套密度的关系等问题就是通过建立数学模型进行相对深入的分析和探讨。

5. 分类法

分类法就是将事物的性质、特点、用途等作为区分的标准，将符合同一标准的事物聚类，不同的则分开的一种认识事物的方法。[2] 这一方法在本研究中也被普遍地使用：

（1）对于套密度问题的探讨，进行了多角度的分类：按住区所属区位（内环线以内、内外环线之间、外环线以外）分类，按住区建筑类型（多层、高层、多高层混合）分类，按住区所在行政区域（浦东、虹口、徐汇、黄浦、杨浦、奉贤……）分类等，从各个角度分析套密度的现状及套密度与各影响因素之间的关系。

（2）对于住宅公共部分面积的探讨，将公共部分按住宅的类型及《住宅设计规范》中对于住宅不同高度的不同消防要求划分为多层（1～6 层）、11 层以下、14 层以下、高层及 18 层以上几个范围，分别考虑楼电梯的数量、设施的标准；按所服务户数的不同（一梯两户、一梯三户、一梯四户）分类研究不同类型公共服务部分面积标准及分摊面积标准。

（3）对住宅套型使用面积系数的研究，按构成套型的主要居住空间数量（一室套型、二室套型、三室套型）进行分类，研究不同类型住宅使用面积系数。

（4）对紧凑居住条件下住宅规范适应性问题的研究分为规划和建筑两个层面；对紧凑居住对住宅的居住品质的影响和应对策略的研究分为室内环境、室外环境两部分。

笔者还参加了与此研究相关的多次研讨会，听取政府、开发商、规划建筑学者、社会学者等专家的意见，并对各种意见进行综合归纳，将其融入书中。

1.6　主要研究内容

本书以上海为例，研究在现实条件下省地型住宅的应对策略问题。全文主要由 8 个部分内容组成：

第 1 章是全文的绪论，简要阐述了本书的写作背景与选题依据，在对国内外的相关文

[1] http://baike.baidu.com/view/76167.htm

[2] http://baike.baidu.com/view/555149.htm

献进行综述研究的基础上，确定研究对象和研究核心问题，并对相关概念进行了界定，阐明了研究的意义，提出以统计分析为主的研究方法和研究框架。

第 2 章回顾了现代城市规划思想中有关居住密度和高密度居住的重要观点，论述了美国和新中国成立以来住宅发展过程中的“多层和高层”之争，提出城市住宅走向高层高密度是解决城市面临的人口和土地矛盾的必然选择，然后，以上海为例，论述了我国城市住宅的现状和面临的高层化趋势。

第 3 章是对住宅省地策略问题的讨论。首先回顾了新中国成立以来对（以多层住宅为主）住宅省地问题的研究，在总结这一阶段提出的省地策略的基础上，讨论当前以高层住宅为主的住区的省地策略的适应性问题，并提出突破从住宅规划和设计的角度考察住宅省地问题的思考方式，通过研究视角的转换，从宏观的城市和住区的层面考察住宅的省地问题及其研究。

第 4 章是对住区套密度问题的研究。论文首先介绍了英国、美国、日本和新加坡等国家的居住密度的政策与策略，提出了以套密度为核心的住宅省地标准量化问题的研究。通过对随机抽取的日本和上海现有住区样本套密度的统计分析，研究影响套密度的因素与套密度的相互关系；通过数学模型，建立了容积率与套密度的数学关系，即 R&T（容积率和套密度）控制体系，在此基础上，提出不同类型住区套密度的参考标准。鉴于套密度指标可直接反映住宅的节地效率，本书探讨了将套密度作为反映住宅省地与否的重要衡量标准的可能。

第 5 章是对实现紧凑居住要求的住宅面积参考标准的讨论。介绍了国外住宅面积标准体系及其借鉴意义和上海的住宅面积标准的发展；以满足规范规定的住宅功能空间的最小面积为基础，引入使用面积系数的概念，通过随机抽样，在统计分析不同类型套型（一室、二室、三室）的使用面积系数的基础上，结合当前住区以高层为主的现实情况，归纳不同层数的高层建筑的公共部分面积分配标准，计算得出不同类型住宅套型的面积变化幅度，得出紧凑型住宅单元套型面积的参考标准。

第 6 章主要探讨住宅在面积紧凑条件下实现居住的基本舒适性要求的设计策略问题。回顾日本、中国香港和新加坡的住宅套型设计的发展以及上海住宅套型的变化，归纳住宅套型的发展历程，总结住宅的必要空间与非必要空间、核心空间与非核心空间的区别；总结对有限面积条件下的住宅套型设计策略和方法的研究，借鉴国外集合住宅设计中新的思路和方法的研究，提出住宅设计中功能空间的适当取舍和住宅的精细化设计是实现住宅在紧凑面积条件下基本舒适性要求的重要策略。

第 7 章讨论提高住区套密度和降低住宅建筑面积标准在规划和建筑层面给住宅设计带来的影响。提出基于计算机模拟技术的室外环境构建策略和基于住宅性能评价、全装修和住宅产业化的室内居住品质提升策略。

第 8 章是对主要结论的阐述。

第 2 章　紧凑居住模式的发展与演进

城市 30%～50%左右的土地用于解决城市人口的居住问题，对居住问题的研究及住房建设实践的过程与结果总是或多或少地与密度相关，而对于普通民众居住问题的关注成为了现代城市规划思想区别于此前以宗教和政治为中心、为神权和君权服务的古代城市规划思想的重要标志之一。现代城市规划思想的产生在某种程度上源于对城市住宅“居住密度”的关注❶由此，对于居住问题及“居住密度”的关注或隐或现地贯穿于现代城市规划思想的发展中。

2.1　现代城市规划思想中的密度问题

自现代城市规划思想出现以来，规划师与建筑师对人类适宜的城市形态进行了不断的探索，逐渐形成了集中主义和分散主义两大阵营。❷ 本书主要对其中的集中主义思想的发展和包含集中主义与高密度倾向的规划思潮作简要回顾，考察这些思想关注的内容及以这些思想为蓝本生成的具体成果，阐述现代城市规划思想中对于“居住密度”问题的关注。

2.1.1　相关城市规划思想简述

1. 欧文（R. Owen）：协和新村（Village of New Harmony）与詹姆斯·西尔克·白金汉（Buchkingham）：维多利亚（Cast-iron Victoria）

欧文（1771-1858）是 19 世纪伟大的空想社会主义者之一。他认为未来社会将由公社

---

❶ 现代城市规划形成的历史渊源：①英国关于城市卫生和工人住房的立法；②巴黎针对城市的给水排水设施、环境卫生、公园及墓地等进行的城市改建工作；③莫尔、欧文、傅里叶等人提出的社会改良理论和实践活动等；④欧美等国家为美化城市景观和城市空间进行的实践活动。

英国进行的以建立公共卫生体系为中心的立法，使城市改造在法律的框架下进行。18 世纪 50 年代后，针对各城市都出现了人口激增、住房和公共设施无法与之相适应、城市贫困阶层的居住情况严重恶化、贫民窟中大规模传染性疾病流行等状况，英国在 1832 年成立了政府机构皇家济贫委员会，开始了大规模的城市改造。1848 年，颁布第一部改善工业城镇环境的立法《公共卫生法》；1855 年《首都管理法案》和《消除污害法案》出台第一次为英国建立了新的地方机构体系；1868 年国家颁布了《托伦斯法》，准许英国地方政府命令住房卫生条件不合格的房主自己出钱把房子拆除或加以修理；1875 年，英国议会通过《公共卫生法》，标志着英国公共卫生体系开始建立。1876 年《河流污染防治条例》、1878 年《公共卫生条例》等，基本上建立了完整的水资源防治法体系；1875 年、1882 年、1885 年，英国政府相继颁布了三部《工人阶级住房法》，授予了首都工务委员会清除和改造贫民区的权力。1890 年、1894 年、1900 年先后通过新的《工人阶级住房法》，对地方机构的责任作了明确要求。

❷ 邹颖，寒梅. 在梦想中探索人类未来的家园——评 MVRDV 的新书《KM3》. 建筑师，2007，05（129）：66.

(Community) 组成，其人数为 500～2000 人，土地划归国有，分给各种公社，实现部分的共产主义。❶

1817 年，欧文根据他的社会理想，把城市作为一个完整的经济范畴和生产生活环境进行研究，提出了“协和新村”(Village of New Harmony) 的示意方案（图 2-1)。他在方案中假设居民人数为 300～2000 人（最好是 800～1200 人)，耕地面积为每人 0.4hm^2 或略多。村的中央以四幢很长的居住房屋围成一个长方形大院。院内有食堂、幼儿园与小学等。大院空地种植树木供运动和散步之用。住宅每户不设厨房，而由公共食堂供应全村饮食。❷

欧文的论著中，尽管采用了矩形的模式来规划他的村庄，但仍然提出了集中发展模式和封闭的住宅布局的设想。❸

图 2-1　协和新村示意图

（图片来源：罗小未．外国近现代建筑史（第二版)．北京：中国建筑工业出版社，2004：23)

维多利亚的模型城市 (Cast-iron Victoria) 是詹姆斯·西尔克·白金汉在其《国家的不幸和实践的补救》❹ (National Evil and Practice Remedies, with the Plan of a Model Town, 1849) 一书中提出的，这同样也是一个集中发展的概念。整个镇子是由联排住宅、花园及其他用途的土地混合而成的。最好的住宅靠近镇中心，镇子的边缘规划的是由拱廊连接起来的车间。镇子外坐落着大型的工厂、屠宰场、牲畜市场、公墓和医院（图 2-2 左)。❺

协和新村和维多利亚模型城市显然是从个人的既有理想出发来营造的一座心中的城市，但其集中发展、紧凑布局和相对封闭的空间模式为以后集中紧凑发展的城市模型提供了雏形。两种模式都没有在真正意义上建成，所以后人的关注更多地放在其概念层面，而忽视了其具体形式背后紧凑集中的理念雏形和无用地条件限制下居住密度的合理性问题。

❶ 他认为要获得全人类的幸福，必须建立崭新的社会组织，把农业劳动和手工艺以及工厂制度结合起来，合理地利用科学发明和技术改良，以创造新的财富，而个体家庭、私有财产及特权利益，将随整个社会制度而消灭。见：罗小未．外国近现代建筑史（第二版)．北京：中国建筑工业出版社，2004：23.

❷ 以篱笆围绕村的四周，村边有工场，村外有耕地和牧地，篱内复种果树。村内生产和消费计划自给自足，村民共同劳动，劳动成果平均分配，财产公有。见：罗小未．外国近现代建筑史（第二版)．北京：中国建筑工业出版社，2004：23.

❸ ［英］克利夫·芒福汀．绿色尺度．陈贞，高文艳译．2004：115。

❹ 张勇，史舸．田园城市的思想渊源．住区，2006 (03)：63.

❺ ［英］克利夫·芒福汀．绿色尺度．陈贞，高文艳译．2004：117.

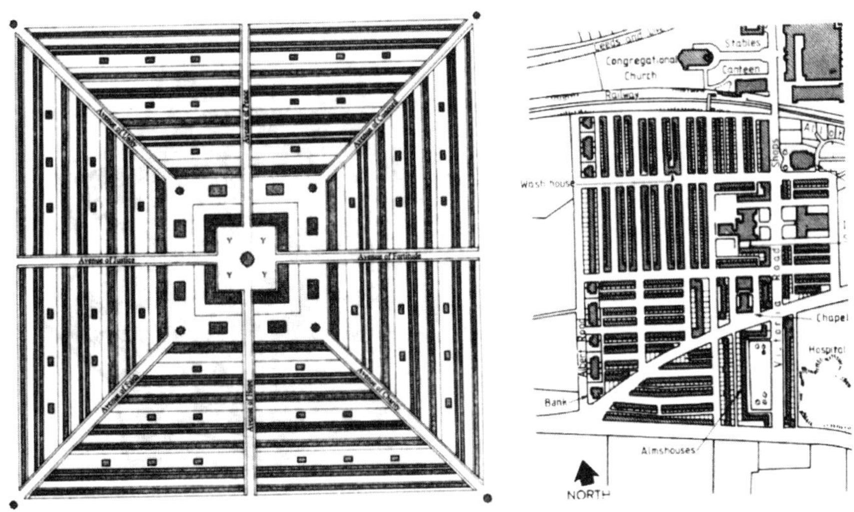

图 2-2　维多利亚模型城市（左）；索尔泰尔平面（右）
（图片来源：［英］克利夫·芒福汀，绿色尺度．陈贞，高文艳译．2004：116）

2. 泰特斯·索尔特（Titus Salt）：索尔泰尔（Saltaire）

1853 年，泰特斯·索尔特（Titus Salt）将许多早期改革家，包括白金汉和欧文的理念付诸实施，在距布拉德福德（Bradford）4 英里的地方，兴建了一座名为索尔泰尔的小城镇来安置他工厂里的 5000 名工人，它是世界上第一个大型工业住宅区（图 2-2 右）。索尔泰尔是座集中发展、独立的城镇，它坐落在艾尔河和利兹到利物浦运河的岸边，位于连接苏格兰和内陆的铁路干线上。索尔泰尔按照严格的格网结构建设，是高度集中发展的内向型城市结构，展现了可持续住区的许多特性。该镇的开发密度相当高，每英亩有 37 栋住宅（大约每公顷 80 栋）。[1]

显然，索尔泰尔在建设的初始，并没有高密度发展和紧凑集中的思想理论作为支撑，但出于资本运作的本能，以节约成本为目的的做法无意中使这一工人新村在实际上达到了相当高的密度。在这里，将理论付诸实践，用实证的方法诠释集中居住的理念的可行性与经济性。

3. 霍华德（Ebenezer Howard）："田园城市"（Garden City ）

1898 年，英国人霍华德（Ebenezer Howard）在《明日的田园城市》（Garden City of Tommorrow）一书中提出了田园城市理论，指出了"城市和乡村相结合"的规划方向，并以一个"田园城市"图解来阐释其理论（图 2-3）。[2]

霍华德的"田园城市"理论对城市规划学科的建立起到了重要的作用，今天一般把霍华德的"田园城市"方案的提出作为现代城市规划的开端[3]，并认为他是当代城市规划思想中分散发展的开创者。[4]

---

[1] ［英］克利夫·芒福汀．绿色尺度．陈贞，高文艳译．2004：117.

[2] 城市部分由一系列同心圆组成，有 6 条大道由圆心放射出去，中央是公园，沿公园是城市公共建筑，它的外圈是公园，公园外圈是商店、商品展馆，再外圈是住宅，住宅外圈是宽 128m 的林荫道，林荫道中有学校及教堂，林荫道另一面又是住宅。见：田野．转型期中国城市不同阶层混合居住研究．北京：中国建筑工业出版社，2008：45.

[3] 田野．转型期中国城市不同阶层混合居住研究．北京：中国建筑工业出版社，2008：45.

[4] 张京祥．西方城市规划思想史纲．南京：东南大学出版社，2005：117.

但也有人认为，霍华德的“田园城市”是集中发展城市形态的良好范例。❶ 他并没有在“花园”上大做文章。他的田园城市示意图上明确写着：“城市用地 1000 英亩，农业用地 5000 英亩，人口 32000 人。”所谓田园城市，显然是城乡一体的。其中城区用地 1000 英亩、30000 人，平均每人城市用地面积约 135m²。彼得·霍尔（Peter Hall）就曾在《城市和区域规划》（Urban & Regional Planning，Penguin Books，1975）中指出：“与一般印象相反的是，霍华德为他的新城所提倡的是相当高的居住密度：大约每英亩 15 户（37 户/hm²）。❷ 按当时一般的家庭人口规模，约相当于 80～90 人/英亩（200～225 人/hm²）。”❸ 尽管由于社会和经济的综合因素，“田园城市”之间是相互分离的，但是，在城市自身的内部结构上却是集中发展和内向的。❹

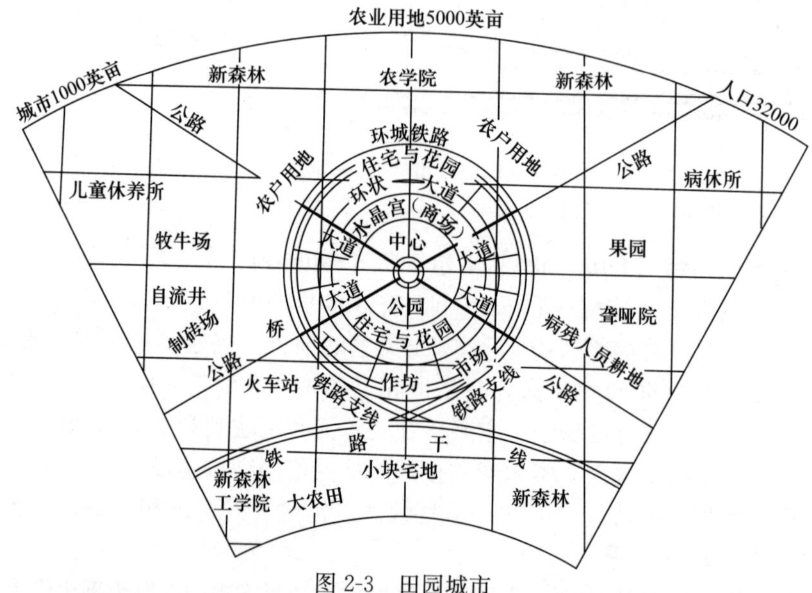

图 2-3　田园城市

（图片来源：［英］埃比尼泽·霍华德．明日的田园城市．金经元译．2002：13）

田园城市的居住密度达到相当高的程度，这应该只是霍华德规划思想的衍生结果，并非其思想的根本。他作为一位社会学者，从为全社会服务的角度出发，关注土地的经济合理利用，形成了这样前瞻性的结果。

4. 勒·柯布西耶（Le Corbusier）：当代城市（Contemporary City）——光明城市（Radiant City）

勒·柯布西耶（Le Corbusier，1887-1966）在现代建筑设计的许多方面都是一个先行者，在现代城市规划及居住问题方面同样也是一位先行者，他对现代城市提出过许多设想，主张用全新的规划和建筑方式改造城市。❺ 柯布西耶在承认大城市危机的同时，认为从根本上改造大城市的出路在于运用先进的工程技术减少城市的建筑用地，提高人口密度，改善城市的环境面貌，以较小的用地创造高居住密度的大城市。

❶ ［英］克利夫·芒福汀．绿色尺度．陈贞，高文艳译．2004：117.
❷ 本文按 1hm²＝2.47 英亩，将原文中的单位每单元数/英亩换算为套/hm²，换算中四舍五入，小数点后不保留。
❸ ［英］埃比尼泽·霍华德、明日的田园城市．金经元译．商务印书馆，2002：18.
❹ ［英］克利夫·芒福汀，绿色尺度．陈贞，高文艳译．2004：120.
❺ 罗小未．外国近现代建筑史（第二版）．北京：中国建筑工业出版社，2004：75.

早在1915年，柯布西耶就已经提出了“架空城市”的构想。❶ 1920年他首次在其理想城市的构想中明确地提出利用高层建筑来构建新的城市。❷ 1922年，柯布西耶提出了一个300万人口的城市规划方案；1925年，他又推出了著名的“伏瓦生规划”（Plan ‘Voisin’ de Paris）；1930年，在国际现代建筑协会（CIAM）会议上展出的“光辉城市”规划集中表达了他的城市规划思想的基本观点。

（1）300万人的当代城市（Contemporary City）

1922年，柯布西耶为巴黎秋季沙龙展提出了一个300万人口的当代城市规划方案。其规划的主要原则包括：城市的中心区是交通港，设有出租飞机起落的平台。东、西、南、北各有一条主干道，用于高速交通（40m宽的高架高速路）；摩天楼的脚下及四周是2400m×1500m（$3.6\times10^6m^2$）的广场，里面有花园、公园和林荫道。摩天楼供商务使用，密度达到3000人/hm^2。中心区的左侧是大型公建，如博物馆、市政厅、公用设施。左侧更远处为英式花园（用于城市中心的合理扩张）。右侧被“主干道”的一个分支穿过，是工业区和带货运站的码头。城市周边是保留区，遍布绿树和草场（图2-4）。❸

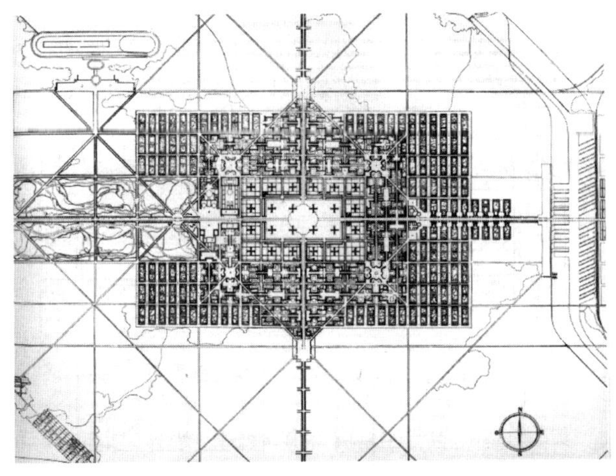

图2-4　300万人的当代城市

（图片来源：［瑞士］W·博奥席耶，O·斯通诺霍．勒·柯布西耶全集：第1卷．北京：中国建筑工业出版社，2005：35）

柯布西耶在“300万人的当代城市”❹ 的设计开始就提出了四条基本原则：①缓解城市中心的壅塞；②提高居住密度；③增加交通方式；④扩大绿化面积。❺

---

❶ 整个城市的地面用立柱升起4～5m高。这部分空间用来布置一切水管、煤气管、电缆、电话线、压缩空气管、下水道、区域供暖管线，以便进行维修和改装。见：［瑞士］W·博奥席耶、O·斯通诺霍．勒·柯布西耶全集：第1卷（1910-1929）．牛燕芳，程超译．北京：中国建筑工业出版社，2005：33.

❷ 他认为可以利用钢筋混凝土技术或钢结构建造60层高的大楼，把人口集中到几个点上，从而使城市拥有极大的绿化面积，人们也因此而能够在建筑内获得更多的阳光。

❸ ［瑞士］W·博奥席耶、O·斯通诺霍．勒·柯布西耶全集：第1卷（1910-1929）．牛燕芳，程超译．北京：中国建筑工业出版社，2005：33。

❹ 尽管方案在展出时引起人们“你们给月球设计的吧”这样的评论，但“没有任何技术上的证据能有效地反驳这个方案的合理性”。见：［瑞士］W·博奥席耶，O·斯通诺霍．勒·柯布西耶全集：第1卷．牛燕芳，程超译．北京：中国建筑工业出版社，2005：29.

❺ ［瑞士］W·博奥席耶，O·斯通诺霍．勒·柯布西耶全集：第1卷（1910-1929）．牛燕芳，程超译．北京：中国建筑工业出版社，2005：33.

城市的居住建筑由两种形式组成：①“进退式”居住区，即豪华居住区，6个跃层，内部不设天井，公寓朝向广袤的大花园，密度达到300人/hm^2。②“闭合式”居住区，5个跃层，带空中花园，朝向广袤的大花园，没有内部天井，公寓大楼设有公共服务系统（租赁住宅的新方式），其密度达到305人/hm^2。如此高的密度，既缩短了距离，又保证了交通的快捷。❶ 其所谓的“闭合式”居住区也称为“别墅大厦”（图2-5）。❷

图2-5　别墅大厦

（图片来源：［法］勒·柯布西耶．走向新建筑，陈志华译．西安：陕西师范大学出版社，2004：215）

（2）巴黎中心区改建方案（Plan ‘Voisin’ de Paris）

1925年，柯布西耶运用现代集中主义的城市思想对巴黎塞纳河畔的中心区进行了大胆的改建设计，❸ 提出了巴黎中心区改建方案，即“伏瓦生”规划（也称巴黎“瓦赞”规划，Plan ‘Voisin’ de Paris）方案（图2-6）。

柯布西耶在类似于抒情散文般的文字中，对其规划的当代“街道”进行了一番速写，表达未来建成城市的景象。❹ 虽然方案最终没有被采纳，但他这些写于近百年前的文字几乎就是今天我们居住的都市的真实写照（图2-7）。

---

❶ ［瑞士］W·博奥席耶，O·斯通诺霍．勒·柯布西耶全集：第1卷（1910-1929）．牛燕芳，程超译．北京：中国建筑工业出版社，2005：33.

❷ “这是一幢五层大楼，共有100所别墅。每所别墅都是两层的，有自己的花园。一个旅馆式的机构管理着全楼的公共服务，解决家务危机（一个刚刚开始的危机，且不可避免）……现代技术用于如此重要的事务，用机器和组织取代了人们的劳累：热水、集中供暖、冷藏、吸尘器、饮水消毒等等。家务不再强制性地加于一户人家；在这里他们也像在工厂里一样，8小时上班，日夜有人值班。生熟食物由采购人员来做，价廉物美。一所大厨房按别墅的要求供应三餐，或者办一所公共食堂。每一所别墅有一间运动室，屋顶上有一间公共的大运动场和三百米跑道。屋顶上还有一间交谊大厅随住户使用。通常住宅里那种只能住一个看门人的狭窄的门厅将被一个宽畅的大厅取代，一位仆役在那里日夜接待来客，引他们进电梯。露天大院里和地下车库的顶上是网球场。院子里、花园里的路旁，满是树木花草。每一层楼的阳台花园里都种着常青藤和花卉。‘标准化’在这里显示了作用。这些别墅代表着合理与明智的经营方式，没有任何夸张，但既充分又实惠。通过租售方式的旧式很糟的房地产经营将不复存在。用不到付租金，房客有股票分享此企业；二十年本利付清，利息相当于很低的房租。在出租大楼企业中，大批生产比在其他任何地方都更重要：廉价。大批生产的精神在一个社会危机的时期带来了多方面的和意想不到的好处：家务经济。”见：［法］勒·柯布西耶．走向新建筑．陈志华译．西安：陕西师范大学出版社，2004：215～217.

❸ 张京祥．西方城市规划思想史纲．南京：东南大学出版社，2005：116。

❹ “你站在树下，草坪使你被一片无垠的青翠所环绕。空气清新，几乎听不到一点声音，也看不到一栋住宅！究竟怎么回事？透过树木的叶，透过它们构成的如此迷人的阿拉伯式图案，在天空中，你们一眼瞧见了水晶般的体块，巨人似的，彼此相距甚远，比你所见过的任何建筑都高大。水晶，在空中闪耀，在冬日灰白的天幕中若隐若现，好似飘在空中而非压在地上，到了晚上它们就会闪闪发光，这是电的魔力。在每个透明的棱柱下方都设有一个地铁站，这指明了它们的间距。它们是办公大厦。城市的密度“比如今”高出3～4倍，经过的距离于是缩短到1/3～1/4，疲劳也减轻到1/3～1/4。建筑仅仅覆盖城市区表面的5%～10%。好了，这就是你们远离高速路、身处大花园的原因。”见：［瑞士］W·博奥席耶，O·斯通诺霍．勒·柯布西耶全集：第1卷（1910-1929）．牛燕芳，程超译．北京：中国建筑工业出版社，2005：104.

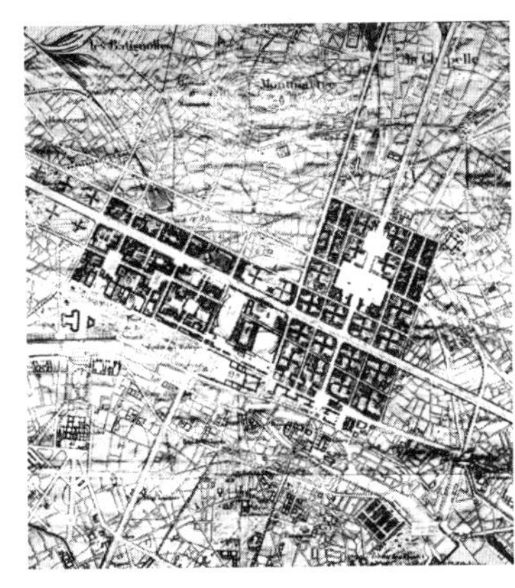

图 2-6　巴黎“伏瓦生”规划 1

（图片来源：[瑞士] W·博奥席耶，O·斯通诺霍．勒·柯布西耶全集：第 1 卷．2005：103；第 2 卷．2005：84）

图 2-7　巴黎“伏瓦生”规划 2

（图片来源：[瑞士] W·博奥席耶，O·斯通诺霍．勒·柯布西耶全集：第 1 卷. 北京：中国建筑工业出版社，2005：115）

（3）光辉城市（Radiant City）

1930 年，他在 CIAM 会议上展出了“光明城市”规划，这一方案是他对以前城市规划思想的进一步深化，是他对现代城市规划和建设思想的最集中体现（图 2-8）。

柯布西耶的“光辉城市”体现了高度的功能与理性，城市的集中与高密度是其关注的重要问题：

1）城市必须是集中的，只有集中的城市才有生命力。他坚决反对霍华德的田园城市模式。❶

2）拥挤的问题可以用提高密度来解决。❷

3）集中主义的城市并不是要求处处高度集聚发展，而是主张通过用地分区来调整城市内部的密度分布，使人流、车流合理地分布于整个城市。

4）高密度发展的城市，必然需要一个新型的、高效率的、立体化的城市交通系统来支撑。

❶ “从社会方面看，田园城市是某种麻醉剂，它软化集体智慧、主动性、激动性、意志力，它把全人类的能量啧成最不定型的细沙砾……”而“大城市是精神工厂，那里可以创造天下最好的作品。”见：张京祥．西方城市规划思想史纲. 南京：东南大学出版社，2005：116.

❷ 高层建筑是柯布西耶心目中关于现代社会的图腾，从技术上讲也是“适应人口集中趋势、避免用地紧张、提供充足的阳光与绿地、提高城市效率的一种极好手段”。见：张京祥. 西方城市规划思想史纲. 南京：东南大学出版社，2005：116.

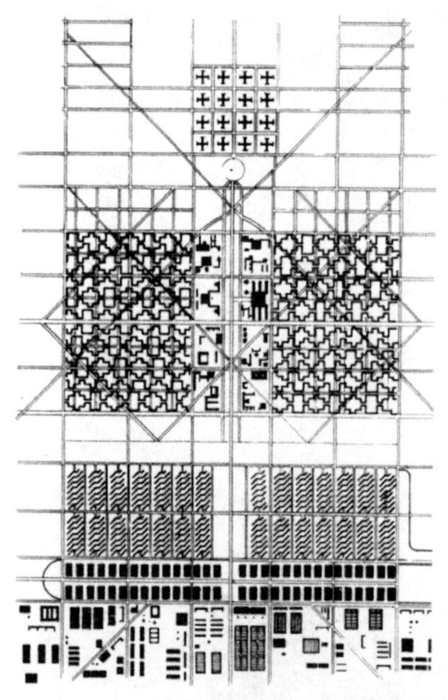

图 2-8 光辉城市设想

（图片来源：［美］肯尼斯·弗兰姆普敦．现代建筑：一部批判的历史．张钦楠译．生活·读书·新知三联书店，2007：197）

柯布西耶希望通过对大城市结构的重组，在人口进一步集中的基础上借助于新技术手段来解决城市问题。他希望以物质空间的改造来改善整个社会，希望通过对既有大城市内部空间的集聚与功能改造，使这些大（特大）城市能够适应现代社会发展的需要。❶

后来的规划理论对柯布西耶的城市规划思想颇多诟病，但此类的批评多出自欧美等土地相对富足的国家，而在亚洲，诸如日本、新加坡等国家和香港、上海以及一些世界性的城市（东京、纽约）正在按照他的设想建设和发展。现在再来审视柯布西耶的思想，他提出以高层建筑解决城市面临的种种问题，特别是在今天城市化进程加快，城市人口剧增，城市土地资源严重不足的情况下，这种方法虽然不是最完美的，但可能是最可行的解决问题的方法。

5. 格罗皮乌斯：低层、多层、高层（Low，Medium or High-rise）

与柯布西耶同为现代建筑的推行者的格罗皮乌斯曾说过，无论从社会、心理还是经济的角度，多层住宅都不如高层公寓或低层小住宅，多层住宅理当消亡。❷

1928 年到 1934 年期间，格罗皮乌斯研究了在大城市中建造高层住宅的问题。他认为“高层住宅的空气阳光最好，建筑物之间距离拉大，可以有大块绿地供孩子们嬉戏”，“应该利用我们拥有的技术手段，使城市和乡村这对立的两极互相接近起来”。❸

1930 年，在布鲁塞尔的 CIAM 第三次会议上，格罗皮乌斯针对会议的主题——“低层、多层和高层”住宅，将探寻最合理的建筑形式而不是最经济的形式作为对该问题的回应。❹

格罗皮乌斯在报告的开篇就指出：“强调‘合理性’与‘经济性’的不同非常重要。正如我们所知，‘合理性’的根本意义是指除了单纯的经济性以外，包括暗含的社会和心理的需求。”❺ 对于什么样的住宅形式（低层、多层、高层）适合城市居民的问题，格罗皮乌斯认为这或多或少取决于居住者的观念、生活习惯和职业。❻

---

❶ 张京祥．西方城市规划思想史纲．南京：东南大学出版社，2005：117.

❷ 吕俊华．台阶式花园住宅系列设计．建筑学报，1984（12）：14.

❸ 罗小未．外国近现代建筑史（第二版）．北京：中国建筑工业出版社，2004：71.

❹ Karl Teige、translated and introduced by Eric Dluhosch. The Minimum Dwelling. MIT，2002：285.

❺ It's important to emphasize that the term ‘rational’ is not the same as ‘economical’. As we understood it，‘rational’ essentially means to be reasonable and，in addition to its purely economiac aspects，impies soial and psychological requirements as well. 见：Karl Teige. The Minimum Dwelling. Eric Dluhosch. MIT，2002：285.

❻ The question as to which dwelling form is the most advantageous for city dwellers is currently decided on the basis of more or less subjective opinions and the inclinations，way of life，employment，and--above all--material means of each individual ihabitation. 见：Karl Teige. The Minimum Dwelling. Eric Dluhosch. MIT，2002：285.

（1）低层独立住宅意味着远离城市的喧嚣，体现了一种乡村风格。低层住宅具有安静的环境、与其他住户隔离、可以在自己的花园里放松自己、方便看护儿童等特点。但这种类型的住宅并不适合于解决满足大量人口使用的小面积住宅的问题，住在这样的独立住宅中，成本是相当高的，家务劳动也无疑比较累人。

（2）高层租赁式住宅可以缩短出行距离，由于公共设施公用，可以降低生活成本、节约时间，家务劳动变得轻松，增进社交也就变成了可能。由于游戏场地距离太远，儿童活动的看护将成为不利的方面。作为解决最小居住问题的方式，高层住宅显然在租金上具有很多的优势。从实践的角度来看，10～12 层的高层住宅是适合于建在距离城市中心不远的地方和地价相对较贵的区域的住宅类型。

（3）多层住宅通常 2～5 层，既没有低层住宅的优点，也没有高层住宅的优势。实际上，除了自身的不足之外，可以说多层住宅将（低层、高层）两者的缺点集于一身。虽然多层住宅在当时是最常见的住宅形式，但格罗皮乌斯认为多层住宅在社会、心理甚至经济上都无法与低层和高层住宅相比。

格罗皮乌斯认为要解决多层住宅存在的这些问题，就要用平行排列并相互间保持一定距离的高层住宅替代多层建筑。他宣称用 10 层左右的高层建筑在达到同样的人口密度的同时，建筑之间的间距可以达到普通独立式住宅间距的 8 倍还多。这样，高层住宅的整个立面，不论在任何角度都可以接受到充分的日照，即使是住在底层的住户也可以透过自家的窗户看到天空（图 2-9）。建筑之间大量的绿化可以将人们心理上形成的城市与乡村之间的差别抹去，用格罗皮乌斯的话说就是“城市与乡村之间的差别问题解决了”。[1]

格罗皮乌斯的报告认为，只有高层住宅可适应市中心人口的真正的需求，低层住宅应当布置在城市的外围，城市的多层住宅已经过时。因为高层住宅在建设的初期总是造价较高，他呼吁政府机构及各类财团支持高层住宅的发展。这也是格罗皮乌斯觉得高层住宅适合年轻富有、尚无小孩的家庭的原因。[2]

格罗皮乌斯关于高层住宅应当建于城市中心地区，而低层住宅分散在城市周边郊区的论断已为日后城市的发展所证明，但其对于取缔多层住宅的倡议却并无依据。特别是在后

---

[1] As a possible alternative to the conventional medium-rise, Gropius recommends high-rise housing slabs, placed in parallel rows at a considerable distance from each other. He claims that the distances between the rows of his ten-story houses can be made eight times larger than the distances between conventional rows of single-story houses while maintaining the same population density and providing full sun access to all facades at any solar angle. As a result, even those living on the lower floors of a high-rise will be able to see the sky from all of their windows. The green areas between the houses and the plantings in the roof gardens will have the psychological effect of eliminating the former difference between city and country. (Gropius's own comment on this is: "The difference between city and country is dissolved." Our comment is that city parks, greenbelts, and green spaces have nothing in common with the contradictions between the city and the country discussed in theories advanced by Marx, Engels, and Lenin on this subject.) 见：Karl Teige. The Minimum Dwelling. translated and introduced by Eric Dluhosch. MIT，2002：286.

[2] According to Gropius, only the high-rise type responds to the actual needs of inner city populations, while low-rise development should be assigned to the periphery. Moreover, he considers urban medium-rise housing an anachronism. Furthermore he demands that state authorities, municipalities, and trade unions should underwrite the building of high-rise houses and support them financially, though he admits that in the beginning they will certainly be more costly to build than conventional housing type. That cost is also why Gropius believes that high-rise housing is at the moment best suited to the dwelling needs of wealthy, young childless couples. 见：Karl Teige. The Minimum Dwelling. translated and introduced by Eric Dluhosch. MIT，2002：286.

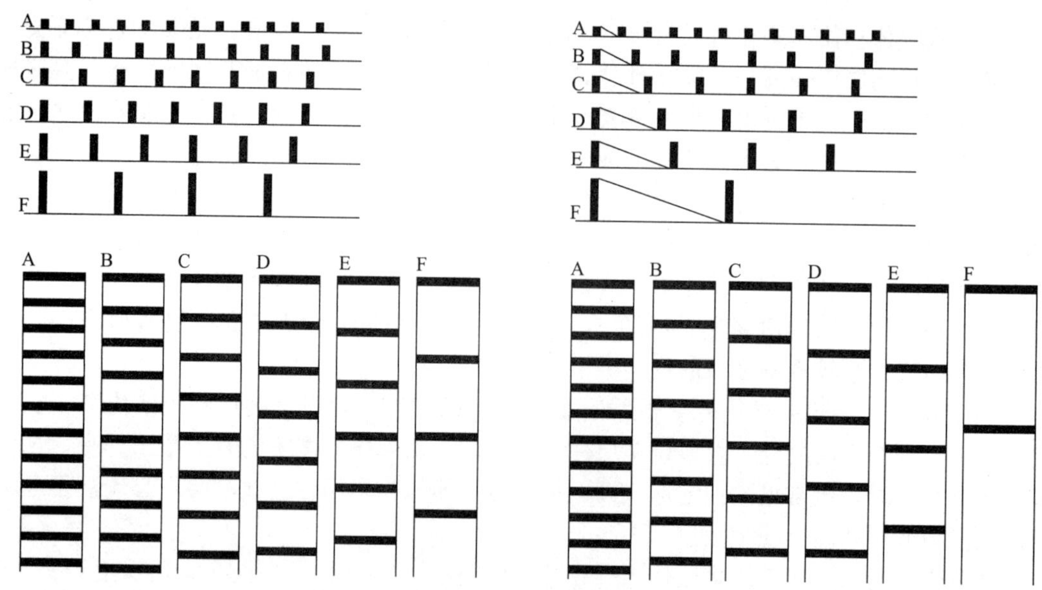

图 2-9 格罗皮乌斯对低层、多层、高层的研究

（图片来源：作者根据 Karl Teige. The Minimum Dwelling. 2002：285 图片绘制）

来城市的发展中，多层住宅大多也安装电梯，其优越性比之于高层住宅则更为明显，而得以成为欧美多数国家的主要住宅形式。

6. 雅典宪章

《雅典宪章》是 1933 年 8 月国际现代建筑协会（CIAM）在雅典会议上制定的一份关于城市规划的纲领性文件，宪章认为："居住、工作、游憩与交通四大活动是研究及分析现代城市设计时最基本的分类"，"居住是城市的第一活动"。❶

宪章认为，当时城市的居住状况并不乐观，主要的问题在于：

（1）城市中心区的人口密度太大。❷

（2）集体住宅和单幢住宅常常建造在最恶劣的地区。❸

（3）当时的法规对于由过度拥挤，空地缺乏，许多房屋败坏及缺乏集体生活所需的设施等所造成的后果并未注意。❹

《雅典宪章》提出的目的就是为了改善甚至改变城市发展面临的种种问题，将城市从困境中"解救"出来。针对当时存在的居住问题提出了以下几点改进建议❺：

（1）住宅区应该占用最好的地区，不但要仔细考虑这些地区的气候和地形的条件，而

---

❶ 张京祥. 西方城市规划思想史纲. 南京：东南大学出版社，2005：247.

❷ 有些地区每公顷的居民甚至超过一千人。见：张京祥. 西方城市规划思想史纲. 南京：东南大学出版社，2005：247.

❸ 无论就住宅功能讲，或是就住宅所必需的环境卫生讲，这些地区都是不适宜于居住的。人烟稠密的地区，往往是最不适宜于居住的地点，如朝北的山坡上，低洼、潮湿、多雾、易遭水灾的地方或过于邻近工业区易被煤烟、声响振动所侵扰的地方。见：张京祥. 西方城市规划思想史纲. 南京：东南大学出版社，2005：247.

❹ 它们亦忽视了现代的市镇计划和技术之应用，在改造城市的工作上可以创造无限的可能性。在交通繁忙的街道上及路口附近的房屋，因为容易遭受灰尘噪声和嗅味的侵扰，已不宜作为居住房屋之用。见：张京祥. 西方城市规划思想史纲. 南京：东南大学出版社，2005：247.

❺ 张京祥. 西方城市规划思想史纲. 南京：东南大学出版社，2005：247-248.

且必须考虑这些住宅区应该接近一些空旷地，以便将来可以作文娱及健身运动之用。

（2）在每一个住宅区中，须根据影响每个地区生活的因素，确定各种不同的人口密度。

（3）在人口密度较高的地区，应利用现代建筑技术建造距离较远的高层集体住宅，这样才能留出必需的空地，作公共设施娱乐运动及停车场所之用，而且使得住宅可以得到阳光、空气和景色。

（4）为了居民的健康，应严禁沿着交通要道建造居住房屋，因为这种房屋容易遭受车辆经过时所产生的灰尘、噪声和汽车放出的臭气、煤烟的损害。

（5）住宅区应该计划成安全、舒适、方便、宁静的邻里单位。

《雅典宪章》对于高层住宅和居住密度的关注无疑受主要起草人柯布西耶的影响。后来《雅典宪章》将城市的功能划分为“居住、工作、游憩与交通”四大部分使得城市的功能简单化，对城市的人性化考虑较少，导致城市历史感丧失而受到批判，但《雅典宪章》的核心——利用高层住宅改善高密度人口的居住问题和利用建筑技术手段提高居住品质的思想是其合理且值得肯定的地方。

7. 未来城市的探索

当代学者对于“未来城市”的探索以美国与日本的成果最为丰富。❶ 其中，以日本建筑师为主要构成的“新陈代谢派”所提出的各种都市居住高层化的提案最为引人注目。其要点是把建筑当作一个活的生物体来理解，在设计时预先考虑了它今后的变化和发展。

日本的国土面积有限，对于城市如何满足众多人口的居住需求和社会的发展这样的问题更加敏感，诸多的建筑师为此进行了不懈的探索与努力，菊竹清训于 1959 年提出的“塔状都市”提案和“海上都市”方案，丹下健三（Kenzo Tango）的东京-1960 规划，矶崎新的“空中都市”方案等最为著名，都试图为解决这一问题寻找答案。黑川纪章（Kisho Kurokawa）的新陈代谢理论、矶崎新（Arata Isozaki）对未来城市的探索都非常具有代表性。矶崎新从 20 世纪 60 年代的“空中城市”，70 年代的“电脑城市”，80 年代的“虚体城市”到 90 年代的“蜃楼城市”，无一不是试图在当时最新的技术条件基础上解决城市面临的主要问题（图 2-10）。❷

不论对何种形式未来城市的探索，其要解决的核心问题都是以前卫的思想探讨未来城市的生成与发展，用当时先进的技术解决城市面临的问题，试图以紧凑的城市和建筑模式化解城市在发展过程中不断出现的种种矛盾。

8. 简·雅各布斯（Jane Jacobs）：美国大城市的死与生（The Death and Life of American Metropolitan）

1961 年，简·雅各布斯（Jane Jacobs）出版了她的专著《美国大城市的死与生》（the

---

❶ 同上，p199。

❷ 矶崎新在 20 世纪 60 年代的“空中城市”和“孵化过程”，采用自由连接核心筒的自生技术体系在最大限度地提高了不同要素自行生成的城市功能以及密度的同时，又将过去的景观和未来的废墟重叠表现出来；70 年代的“电脑城市”通过先进的信息系统对现有的建筑属性进行分解、融化，进而形成分散型的如便利店式的城市，同时，中央集权式的超级大型计算机式的城市也一并共存；80 年代的“虚体城市”，充斥着可以被看作是柏拉图实体或解释为“风水”的几何形状，且通过错综体而非超高层结构系统对办公大楼以及体现民主主义的室内广场提出了提案，是一个明知会落选仍进行了挑战的方案；90 年代的“蜃楼城市”，在被浓缩了的亚洲时空舞台上，探寻了信息资本主义时代网络城市模型的种种可能性。见：Arata Isozaki. UNBUILT. 香港日翰国际文化有限公司、香港科文出版公司，2004：8.

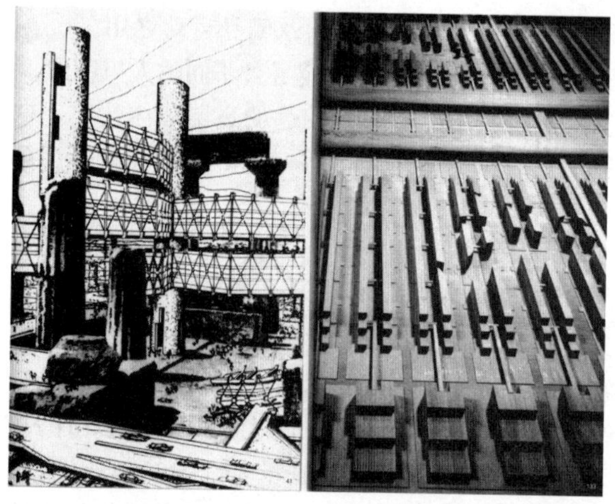

图 2-10 空中城市（1960 年代）与电脑城市（1970 年代）
（图片来源：Arata Isozaki. UNBUILT. 香港日翰国际文化有限公司、香港科文出版公司，2004：8，41，133）

death and life of American metropolitan)，在美国社会引起巨大轰动。❶ 在书中简·雅各布斯对于居住密度问题，有着较多重要的阐述，其主要贡献在于：

（1）简·雅各布斯提出要重视城市住宅密度问题，❷“住宅密度对城市地区以及未来的发展非常重要，却很少有一人注意到它在发挥活力方面的重要作用”。❸

“正是住宅区域占据了城市的大部分地区。这些住宅区里的居民也就是最常使用街道、公园和当地商店的人。如果缺少来自居住在这里的有着一定密度的人口的帮助，那么在这个地区就不会有什么有用的价值或人们所需要的多样性。”❹

“城市住宅，应该集中有效地使用土地，原因不仅仅是因为土地的费用问题。另一方面，有效地使用土地并不是说大家都应该住在配有电梯的公寓楼里，或只能住在一两种类型的住宅里。这样的话就是从另一个角度扼杀了多样性”。❺

（2）简·雅各布斯还论证了高密度住区与问题社区、高密度与贫民区之间并无必然的联系。在书中，简·雅各布斯以确凿的调查数据说明了美国许多大城市中最受欢迎的地区居住密度往往很高，而贫民窟的居住密度相对却很低。❻ 居住密度与问题社区、贫民窟之间并无人们一直以来所认为的那种必然的联系。

---

❶ 其主要成就有以下三点：①唤起人们对城市复杂多样生活的热爱；②对“街道眼”(Street Eye) 的发现；③反对大规模城市改造和建设计划。

❷ 简·雅各布斯提出要在城市街道和街区中产生丰富的多样化，必须注意四个必不可少的条件：

①区域的主要功能必须多于一个，最好是两个以上；②大多数的街段必须较短，也就是说，在街道上能够很容易拐弯；③街区中必须混有不同年代、不同状态的建筑，包括相当大比例的老房子；④密度之需要，人流的密度必须要达到足够高的程度。[加拿大] 简·雅各布斯. 美国大城市的死与生. 金衡山译. 译林出版社，2005.

❸ [加拿大] 简·雅各布斯. 美国大城市的死与生. 金衡山译. 南京：译林出版社，2005：222.

❹ 同上。

❺ 同上。

❻ 美国部分大城市不同居住区居住密度：

城市	居住净密度（户/英亩）/（套/hm^2）	
	受欢迎的居住区	贫民窟
旧金山	北滩-电报山：80-140/198-306	西拉迪逊：55-60/136-148
费城	里豪斯顿：80-100/198-247	北费城：30-45/74-111
布鲁克林	布鲁克林高地：75-174/185-430	瑞德胡克：45-74/111-183
曼哈顿	东城：125-225/309-555	—
波士顿	北城：275/679	罗克斯布里：21-40/49-99

注：套/hm^2 项指标系作者按 $1hm^2=2.47$ 英亩换算所得。

资料来源：[加拿大] 简·雅各布斯. 美国大城市的死与生. 金衡山译. 南京：译林出版社，2005：224.

(3) 简·雅各布斯厘清了以往城市认识上密集和拥挤两个不同却混为一谈的概念。

"高住宅密度和住宅的过于拥挤这两种情况经常被混淆了。高密度是指每英亩土地上住宅的数字大，过于拥挤是指在一个住宅里人口的数量要大大超过房间的数量。人口普查对于拥挤的定义是每个房间 1.5 人。这与在一块土地上建有的住宅数量没有什么关系，就像在实际生活里，高密度与过于拥挤没有关系一样。"❶

(4) 简·雅各布斯还探讨了城市住区合理的密度指标。

"合适的城市住宅区密度是一个根据实际情况判断的问题，不能根据一些抽象的数据来得出密度是多少……"❷

"如果密度高到了开始压抑而不是激发多样性的程度（不管是什么原因造成的），那就是过高了。"❸

"在没有普遍一致的标准的情况下，我认为密度再高也不会高过北城（North End）的每英亩 275 个住宅单元（679 套/hm^2）的密度。对大部分地区来说，那些地方缺少北城固有的历史上遗留下来的不同类型的房屋，强制实行标准化的警戒线必须比北城的密度低得多，应该在每英亩 200（494 套/hm^2）个住宅单元左右。"❹

简·雅各布斯对于住宅套密度的确定是建立在对现状住区的调查统计数据基础之上的，虽然这一方法有其局限性，其准确性尚值得商榷，但这种方法对于我们研究住区套密度问题具有重要的借鉴意义。特别是她将高密度与拥挤的问题区别开来的思想，为住区套密度的研究奠定了重要的理论准备，对于我们认识、研究这一问题具有重要的启示。

9. 新城市主义（New Urbanism）：公交导向型发展模式（TOD）

"新城市主义"（New Urbanism）兴起于 20 世纪 80 年代的美国。❺ 安德烈斯·杜安伊和伊丽莎白·齐贝克（Andres Duany 和 Elizabeth Zyberk）夫妇提出的"传统邻里发展模式"（Traditional Neighborhood Development，TND）与彼得·卡尔索普（Peter Calthorpe）提出的"公交导向型发展模式"（Transit Oriented Development，TOD）是新城市主义规划思想提出的有关现代城市空间重构的典型模式。❻

"公交导向型发展模式"（TOD）提倡适当高密度并混合使用城市用地，形成公共活动中心并以高质量的公交体系连接它们。Peter Calthorpe 认为"公交导向型发展模式"（TOD）应该有一个高密度，由居住、零售、办公和公共空间等多种功能用地组成的一个中心，而公交站是这个中心的核心（图 2-11）。❼

公交导向型发展（TOD）模式理论认为，与居住密度相关因素及主要的关系包括：

---

❶ ［加拿大］简·雅各布斯. 美国大城市的死与生. 金衡山译. 南京：译林出版社，2005：226.

❷ 同上，p230。

❸ 同上，p234。

❹ 简·雅各布斯. 美国大城市的死与生. 金衡山译. 南京：译林出版社，2005：239.

❺ 新城市主义思想的核心，是以现代需求改造旧城市市中心的精华部分，使之衍生出符合当代人需求的新功能，但是强调要保持旧的面貌，特别是旧城市的尺度。见：董宏伟，王磊. 美国新城市主义指导下的公交导向发展：批判与反思. 国际城市规划，2008（02）：67.

❻ 张京祥. 西方城市规划思想史纲. 南京：东南大学出版社，2005：228.

❼ 该中心的高层建筑底层用作零售和服务等商业用途，高层部分可用作居住和办公。另外，该中心的零售和商业等服务设施应该在周边居民步行 10min 可达范围内（约 600m）。在该中心周边 1600m 的范围内，还可以适当分布一些低密度独栋住宅、学校以及一些与居住功能不相冲突的轻工业。见：董宏伟，王磊. 美国新城市主义指导下的公交导向发展：批判与反思. 国际城市规划，2008（02）：68.

（1）为了促使人们从主要使用小汽车转向更多地使用公共交通，公交导向发展的各个中心必须由高质量、高密度的公共交通网络相连，而高密度和混合使用的土地同时也是这种公交网的基础。因此，高密度、混合用地和以此为基础的公交体系构成了公交导向型发展模式的三个主要构成要素（表 2-1）。❶

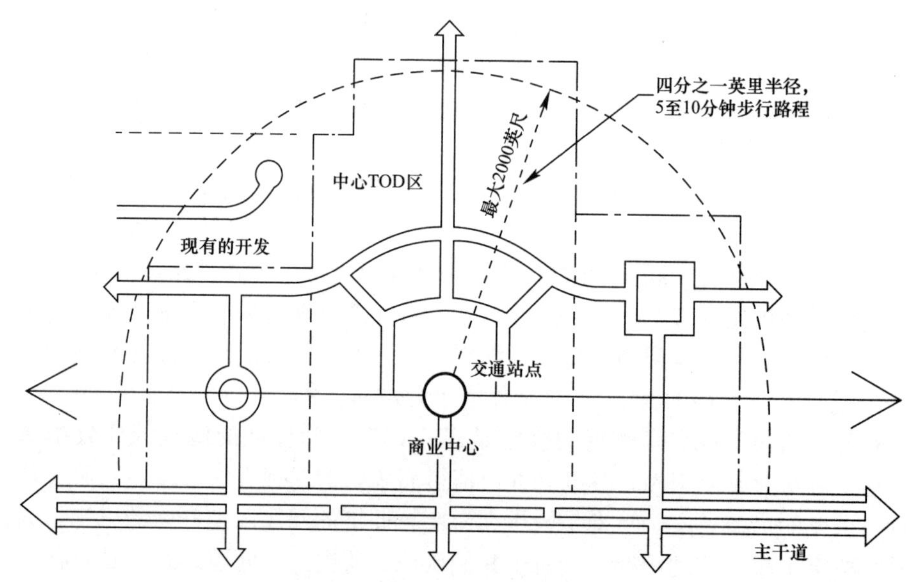

图 2-11 理想“公交导向型发展模式”（TOD）

（图片来源：莱昂纳多·J·霍珀. 景观建筑绘图标准. 约翰·威利父子出版公司，2007：218）

（2）提高用地密度和混合度，可以降低小汽车在可选择交通模式中的比例，同时提高公交和步行在其中的比例，减少人们的平均出行距离和时间，提高行驶速度。❷

中转站的典型居住密度和距离关系表 **表 2-1**

		TOD分区		
		A区	B区	C区
		公共交通中转站	TOD中心区	TOD配套区
至公共交通站或运输中心的步行距离		公共交通站相邻，至多 1/8 英里	到公共交通站至多 1/4 英里	公共交通站的 1/4 和 1/2 英里之间
密度		高	高到中	中
主要居住模式		相连的、多层、混合用途带零售和服务用途	相连的、多层的、独立式、在小规模地块上	独立式、在小型或中型地块上
居住密度	套/英亩	30～75	15～30	12～24
	套/公顷	74～185	37～74	30～60

注：套/公顷项指标系作者按 $1hm^2=2.47$ 英亩换算所得。

资料来源：Rick Philips，莱昂纳多·J·霍珀. 景观建筑绘图标准. 约翰·威利父子出版公司，安徽科技出版社，2007：233.

❶ 董宏伟，王磊. 美国新城市主义指导下的公交导向发展：批判与反思. 国际城市规划，2008（02）：67.

❷ 值得注意的是，虽然大部分的实证回归分析结果都显示密度和混合度等用地特征的确对人们的交通行为有显著影响，但是这里的“显著”（significant）是统计学意义上的，而非通常意义上的。实际上，在这些统计模型的结果中，用地因素的系数都是非常小的，而影响人们出行行为的主要因素，还是家庭收入、家庭规模及结构、是否拥有小汽车及其数量等社会经济因素。这在一定程度上暗示着以用地规划等形体手段来解决如交通行为、城市形态与社会结构等问题的局限。见：董宏伟，王磊. 美国新城市主义指导下的公交导向发展：批判与反思. 国际城市规划，2008（02）：70.

公交导向型发展（TOD）模式提出了应对城市问题的一种新的模式，强调一定的居住人口密度是支撑TOD的公交系统的重要条件，这对于我们深入认识城市的密度与居住的密度问题具有重要的意义，为住区密度问题的讨论提供了重要的理论准备。

10. 雷姆·库哈斯（Rem Koolhaas）："事件高密度"

库哈斯对城市密度的研究或者批判的主要标志是1978年《癫狂的纽约》一书的出版。[1] 他从对高层聚集的纽约曼哈顿区以及由高层建筑所构建的城市生活的研究入手，认为曼哈顿的摩天楼是经济和欲望相互交织的人造物，是各种自相矛盾的极端的混合在无差别的城市网格的前提下建立的各自特异、相互区别的巨型建筑物。在这里，建筑的形式已经被以功能表现为目的的多元性所取代。传统建筑学理论所要求的建筑内部空间与外部形式之间的逻辑关系，由于建筑的体量和高度的不断增长而崩塌。摩天楼内部建筑空间和它的外立面之间失去了相互依存、彼此映照的连续性关系，即其外立面可以完全不反映内部空间和活动。摩天楼的每个楼层都可以用作完全不同的功能，从而表现出功能上极大的多元性特征。建筑不再是可控制的而是不可预期的活动，在摩天楼里拥塞的不是物理上的密度而是个体各种幻象的非理性逻辑的文化。堆积库哈斯的研究是为了获取更大的"事件容积率"。[2]

虽然库哈斯关于城市"事件容积率"的研究与理论较为晦涩难懂，但他是20世纪大多数人尚对城市的高密度、拥挤等问题持批判态度的时候，较早直面现代城市所面临的这些主要问题，并试图以自己的方式认识和解决这些问题的重要人物，而且在一些场合从一种新的角度宣扬现代城市的这些特点，为"正视"城市的这些问题进而解决这些问题开拓了思路。

11. MVRDV：FARMAX & KM3

1998年，MVRDV出版了《FARMAX》一书，着重阐述通过提高容积率的方式解决城市土地紧缺的问题。[3] 2005年11月，MVRDV将以往十几年的积累集结成书，出版了新作《KM3》，[4] 在《KM3》中MVRDV提出了"空间缺口"（Space Gap）的概念，指出当今世界急需空间：在人类迈入第三个千年的时候，世界的密集度前所未有地增加了，地球上居住了越来越多的大量消费并渴望拥有更多空间的人们。[5]

面对资源与需求之间的鸿沟，MVRDV认为弥合空间缺口的关键词是"密度"。对于人类的栖息地是应该继续以当今的方式蔓延还是改变我们的生活建设方式的问题，MVRDV认为应该建立新型城市来解决这些问题。[6] MVRDV以"气候世界"（Climate

---

[1] 这是一部"为曼哈顿谱写的回顾性积极宣言"，是库哈斯对纽约尤其是曼哈顿地区形形色色建筑事件的探索与总结的结果。见：严广超，严广乐，赵婕．控制解释——两个理想城市中高层建筑的两种角色．南方建筑，2006（11）：5.

[2] 汪璞卿．拥挤与间隙——高密度状态下的城市形态的研究［D］．合肥：合肥工业大学，2007：11.

[3] MVRDV．FARMAX：Excursions on Density．Rotterdam：010publishers，1998.

[4] 《KM3》是MVRDV对自己成立15年以来的理论与实践的全方位总结．比MVRDV以往的著作更全面、系统地阐述了他们的建筑观、思想方法、操作模式、设计手法等，并清晰地展现了其建筑及规划作品背后的理论根源。见：邹颖，寒梅．在梦想中探索人类未来的家园——评MVRDV的新书《KM3》．建筑师，2007，05（129）：61.

[5] MVRDV．KM3：Excursions on Capacity．ACTAR，2005：18.

[6] 这个新型城市是一个接受了当今城市扩展现状的城市；是一个持续满足所有要求并使各种要求一体化的城市；是个耸立在现存物质环境下以及人类未使用的空间（如沙漠、森林、海洋、地下甚至天空）之中的发挥人类潜能的城市。见：邹颖，寒梅．在梦想中探索人类未来的家园——评MVRDV的新书《KM3》．建筑师，2007，05（129）：61.

World)、“自由移民世界”（Free Migrition World）以及“超级优化世界”（Hyperoptimized World）这三个假说为基础，提出了立方公里城市模型（KM3）。❶

（1）MVRDV在《KM3》中展示了一种建筑和城市的新型关系，KM3与其说是城市，不如说更像个巨型的建筑，它在相同的面积上通过提高密集度而容纳了更多的可能性。❷

（2）《KM3》倡导以密集紧凑的方式或手段遏制城市的无序蔓延，他们倡导高效使用有限的土地和资源，保护原生环境，以可持续、健康的方式实现经济、环境、社会可持续发展之间的耦合。

和以前的著作相比，《KM3》更加系统地论述了MVRDV在密集度方面的城市理想与解决手段，数据景观的研究方式也更加成熟。虽然仍带有强烈的乌托邦色彩，却在现实的基础上探讨了未来城市的可能发展方向。❸

MVRDV的研究受库哈斯的影响较大，他们不仅正视现代城市面临的种种问题，而且以积极的态度面对这些问题，试图用现代技术手段❹、乐观的心态去解决这些问题，他们倡导以高密度和高容积率的方式解决世界面临的人口与资源之间的矛盾，并不关心现实的城市所具有的社会的、心理的与文化方面的内容，在某种程度上预示了未来城市和人类未来不得不面对的一个事实。

2.1.2 现代城市规划思想的启示

不论有意或无意，密度问题都成为现代城市规划思想中的重要内容；不论关注或是漠视，居住密度都是现代城市规划思想不可回避的问题。特别是在人口与土地的矛盾日益紧迫的今天，直面这些问题，可能才是找到通向解决这一问题的方法的真正途径。

1. 简要回顾

简单归纳现代城市规划思想中有关密度的问题和由此产生的结果，可以发现其对城市密度和居住密度的关注有如下特点（表2-2）：

（1）从1817年欧文提出的协和新村构想到2005年MVRDV的KM3全球城市设想，对密度问题的关注是逐渐发展变化的。开始，并未关注这一问题，或者说认识到这一问题的重要性，由此产生的结果也是无意识的产物；后来，逐渐开始重视这一问题，主动关注和研究这一问题，并意识到这一问题的重要性。

（2）各个时期对密度问题的关注侧重也不相同，其中居住密度是主要关注的对象，包括套密度和人口密度这两个重要的指标。从各个时期的密度值来看，数值相差比较大，而且也很难找到其中发展变化的规律，这说明探讨合理的居住密度是相对比较困难的问题，

---

❶ 这是一个以立方公里为度量单位的立体城市，人类建成区不仅在地球表面上水平延伸，而且向上天和入地两个方向扩展，从而扩大地球的“容量”（capacity）。城市的度量单位应依照新的空间容量的要求予以扩展。见：邹颖，寒梅．在梦想中探索人类未来的家园——评MVRDV的新书《KM3》．建筑师，2007，5（129）：62．

❷ 邹颖，寒梅．在梦想中探索人类未来的家园——评MVRDV的新书《KM3》．建筑师，2007，5（129）：65-66．

❸ 邹颖，寒梅．在梦想中探索人类未来的家园——评MVRDV的新书《KM3》．建筑师，2007，5（129）：61．

❹ MVRDV在《KM3》的研究中沿用了其独创的“数据景观”的方法，即通过计算机处理将现实问题的统计性数据转化为图像，精确地理解复杂系统的逻辑和规则，使结论产生于理性的研究而不是出于似是而非的直觉，所展示给人们的城市和建筑常常与人们普遍接受的模式有所区别，精确的数据操作就有着更大的说服力。见：邹颖，寒梅．在梦想中探索人类未来的家园——评MVRDV的新书《KM3》．建筑师，2007，5（129）：61．

而且是否存在一种合理的居住密度是值得商榷的。

现代城市规划思想中的密度　　**表 2-2**

年代	人物	理论与实践	密度
1817	欧文（R・Owen）	协和新村（Village of New Harmony）	0.40hm²/人
1849	詹姆斯・西尔克・白金汉（Buchkingham）	维多利亚（Cast-iron Victoria）	
1853	泰特斯・索尔特（Titus Salt）	索尔泰尔（Saltaire）	37 套/英亩；80 套/hm²
1898	霍华德（Ebenezer Howard）	田园城市（Garden City）	15 套/英亩；37 套/hm²
1915	勒・柯布西耶（Le Corbusier）	架空城市	
1922		当代城市（Contemporary City）	300 人/hm²
1925		“伏瓦生”规划（Plan ‘Voisin’ de Paris）	
1933		光辉城市（Radiant City）	
1930	格罗皮乌斯	低层、多层、高层	
1933	国际现代建筑协会（CIAM）	《雅典宪章》	
1961	简・雅各布斯（Jane Jacobs）	《美国大城市的死与生》	200 套/英亩；494 套/hm²
1980 年代	新城市主义（New Urbanism）	公交导向型发展模式（TOD）	10 [illegible] 75 套/英亩；[illegible] 185 套/hm²
1978	雷姆・库哈斯（Rem Koolhaas）	事件高密度	
1998	MVRDV	FARMAX	
2005		KM3	

资料来源：笔者整理。

2. 思考与启示

今天回顾这段历史，除了学习其中合理的方法和要素，同时也是对这一发展过程的再认识。居住密度成为现代城市所必须面对的主要问题，是社会和城市发展的必然，在不久的将来，对于人类城市所面临的诸如能源和人口的危机等问题，高密度居住方式可能是解决这些问题切实可行的办法和方向。

针对全球土地、资源、人口、交通之间的矛盾和问题，“紧缩城市”从可持续发展的角度反思和诠释这些问题的集中主义的城市规划思想，在某种程度上正逐渐得到建筑界的广泛响应。而这些问题反映在建筑层面，更多是对城市住宅应该以高密度还是低密度，以高层为主还是以低层为主的争论。

2.2　关于住宅密度与层数的争论

2.2.1　美国住宅密度与层数的争论

20 世纪 60～80 年代，在美国住宅建设中，就曾针对居住密度和住宅的层数进行了一场激烈的争论。争论涉及社会生活的变化、能源短缺、通货膨胀、大城市衰退以及人们传统习惯、爱好等多方面问题。[1]

1. 高密度与低密度

（1）支持住宅建设应当高密度发展的人认为：

1）要节约用地，保护农田。从第二次世界大战后到1960年代初，美国郊区独户小住宅蓬勃发展，形成了低密度郊区住宅，被人们称为“向外爆炸式的城市化”时代。1976年《进步建筑》杂志在社论“住宅选择”中指出“郊区蔓延对农田的冲击开始敲起了警钟”。主张高密度的人提出：“节约用地是美国住宅经济的中心方向，绝对不能偏移这个中心方向”，“密度是人们面对的最苛刻的现实”。[2]这就是一些人提出要节约用地，保护农田，住得集中些为好的重要根据。

2）家庭结构变化的需要。美国社会生活的一个重要变化即家庭变小，户数增多，[3] 需要一些小户型住宅，而小户型住宅适宜于高密度居住。

这个变化的原因很多，如青年离开父母独立生活、老年人平均寿命增长、老年人独居、迟婚、离婚、分居、妇女追求自立等。这些变化对住宅户型提出新的要求，即需要更多的青年公寓、老人住宅、无家眷的小户型。小户型住宅适宜于成团式、多户式布置的高密度居住。

3）高密度可以降低生活开支，提供便利的生活。对一些小型住户来说，取暖费、冷气费、水电费的开销相当大，如果是独立住宅，在这方面的开销就更大。同时，从生活福利设施方面来说，集中居住也方便得多。

（2）持反对居住高密度观点的人则认为：

1）高密度居住容易造成贫民窟。美国许多黑人居住区的人口密度一般为白人居住区的几倍甚至几十倍。[4]

2）高密度会带来过分拥挤。

但一些社会科学家们指出，过分拥挤是一回事，高密度是另一回事。环境的密度、大小及其中的行为是没有联系的。但是，由于社会因素，使高密度难以应付它的使用者。因此，看来它们之间是一致的。[5]

有的主张，对密度的衡量，最重要的是每间居室居住的人数，每幢建筑有多少户不太重要，虽然它比每英亩有多少建筑更有意义。

---

[1] 李德耀. 美国住宅建设中有关密度与层数的争论. 建筑学报，1982（09）：62.

[2] 从1950年到1970年，美国城市内地价平均上升率为8%～10%，1970年到1974年达到15%～20%。1977年美国独户住宅平均价格（包括住宅用地的价格）为4万美元，而在大城市周围还要高3～4倍。当然，美国住宅价格上涨的原因很多，如建筑材料、劳动力费用上涨，但最主要的原因，还是土地价格上涨。例如住宅用地价格占总造价之比1950年为11%，1970年上升为25%。见：李德耀. 美国住宅建设中有关密度与层数的争论. 建筑学报，1982（09）：62.

[3] 由于出生率下降及其他因素，一口人的家庭正迅速增长；此外，美国家庭平均人口从1970年的3.4人减到1980年的2.75人。见：李德耀. 美国住宅建设中有关密度与层数的争论. 建筑学报，1982（09）：62.

[4] 这种观点也遭到一些人的反对，比较有代表性的是美国有名的女建筑师简·雅各布斯（Jane Jacobs）。1961年她在《美国大城市的死和生》（The Death and Life of Great American Cities）一书中认为，把高密度与贫民窟联系在一起的概念是完全不正确的；但是，她认为，也不能就得出结论，即城里所有高密度住宅区都是好的。她提出：“稠密的集中居住是繁荣城市多样化的必要条件之一……城市住宅必须强调其土地利用，这理由比地价还要深刻。”见：李德耀. 美国住宅建设中有关密度与层数的争论. 建筑学报，1982（09）：62.

[5] 简·雅各布斯认为高密度与过分拥挤之间的混淆是一个糊涂概念。过分拥挤的房间与建筑密集用地是两回事。每英亩多少人这个数字不能说明每英亩有多少住房或多少房间。

2. 高层与低层

高低层之间的争论是个复杂的问题，因为这涉及生活方便、传统习惯、个人爱好、社会道德、防卫安全、经济以及建筑设计水平等问题。[1] 关于高低层问题的争论实际是对高层住宅的居住问题的争论，主要集中在几个方面：

1）公共住宅社会问题的争论。许多人反对高层住宅的一个很重要的原因就是高层公共住宅的社会问题很多。但必须注意到，这是由于几乎所有现存的关于社会问题的研究都是"放在公共住宅中，面向贫困人群。"而研究证明，中产阶级对高层住宅的反应与低收入人群的反应明显不同。高层公房研究的各种论点并不等于对其他各种类型高层住宅的看法。

2）住宅的居住品质的问题。住房的品质有着物质和精神两个层面的反映。因此，一些人认为高层中多户住宅相比低层的独户住宅在这些方面显得有些欠缺。

3）围绕住宅的设计水平来讨论。

反对高层的人认为高层住宅是不人道的，容易造成隔绝和无助的感觉，是苛刻、僵硬、惩罚、敌对和压抑形成的原因。他们认为低层有人情味，可以使家庭生活和谐、持久，邻居可以相互关切，接近自然环境。但是，也有人认为，高层住宅的这些问题之所以发生，是由于房产主，包括一部分建筑师认为住宅只是用于解决生活问题、经济问题或其他小问题。他们认为如果把高层住宅作为建筑来设计，特别是高低层结合，并布置大量的公共福利设施，有很好的娱乐休息场地，每家都有美好的景观，那么高层住宅也会富有人情味的。

4）根据建筑经济及用地经济来讨论。

低层住宅的支持者指责高层住宅中有效面积与建筑面积的比值太低，低层同样能达到高密度，造价却相对要低。[2] 主张高层的人指出，高层塔式的密度，每英亩可达 400 户，这是低层所难以达到的。

对高层住宅的反应流行着两种极端的议论。一种认为"高层建筑是可怕的"，另一种认为"高层建筑实在伟大，是未来的一种浪潮"。在 1974 年秋季，高层建筑联合委员会和建筑师学会研究规划所共同发起了一个题为"人们对高层建筑的反应"的讨论会。报告证明，研究结果既支持高层建筑是"可怕的"观点，同时也支持高层建筑是"伟大的"观点。[3]

显然，高层住宅的问题在某种程度上是住宅的共性问题，而与高层住宅自身的关系并不直接。同时，各国的国情不同，其对高层住宅的态度也不相同。[4]

---

[1] 李德耀．美国住宅建设中有关密度与层数的争论．建筑学报，1982（09）：63.

[2] 低层住宅每英亩可达 60～80 户；而造价仅为高层住宅的 3/4。见：李德耀．美国住宅建设中有关密度与层数的争论．建筑学报，1982（09）：69.

[3] 李德耀．美国住宅建设中有关密度与层数的争论．建筑学报，1982（09）：69.

[4] 对高层住宅建设采取积极和消极态度的国家

积极的国家	美国 亚洲诸国（新加坡、日本、中国） 英国（伦敦以外的部分城市）	
消极的国家	欧洲各国 德国、法国（巴黎）、英国（伦敦）	在近年来地价剧增和需求的严峻情况下出现了对未来建设分析的理论

注：日本将 20 层以上或超过 60m 的住宅称为超高层住宅，基本上相当于我国大部分高层住宅的层数和高度要求，所以本文中将原表的超高层住宅改为高层住宅。

资料来源：［日］彰国社．集合住宅实用设计指南．刘东卫，马俊，张泉 译，北京：中国建筑工业出版社，2001：95.

3. 借鉴意义

在美国这样一个地广人稀的国家，尚对住宅密度和住宅高度进行过探讨，可见居住密度问题在住宅问题中的重要性。从美国的经验和结论可以看出：

（1）高密度是一种可以接受的居住模式，在一定程度上也是城市多样性产生的必要条件。

（2）高密度与贫民窟的拥挤不是一个层面的问题，两者之间不存在必然联系。

（3）高层住宅的问题只是住宅问题本身的集中和放大，是不由高层住宅自身决定的。两者之间无法建立必然的联系。

2.2.2 我国的“多层”与“高层”之争

我国可用土地资源有限，而人口众多，所以我国没有对于住宅应该走“高密度”还是“低密度”发展这样的争论，因为现实条件决定我国住宅建设必须走“高密度”的发展道路。但对于是应以“高层高密度”为主还是以“多层高密度”为主的问题，一直是住宅设计中争论的焦点。

特别是近20年来，随着我国高层住宅的大量出现，关于高层住宅的争论有过两个非常重要的阶段：第一次在20世纪70年代末到80年代初，争论的焦点在于要不要建设高层住宅，第二次则在20世纪90年代初，关注的重点是要建造什么样的高层住宅。[1] 这两次争论都对我国高层住宅的建设和发展产生了积极的影响。

1. 关于城市住宅层数问题的调查和意见

“文化大革命”后，由于工业和城市建设的迅速发展，城区范围不断扩大，占用农田大量增加。城市人口不断增长，住房不能满足需要，大量增建住宅与用地紧张的矛盾也随之尖锐。为解决这个矛盾，向高空发展，普遍提高住宅的层数。[2] 为回答在当时的条件下，大中城市住宅究竟建多少层比较经济合理这个问题，1977年，国家建委建筑科学研究院在北京、上海、天津、沈阳、武汉、广州、长沙、南宁、桂林等城市作了一些调查。

调查发现，1958年以前，多为3层以下；60年代提高到3～4层；70年代，发展到了5～6层，有少数大城市正在试建10～12层住宅。[3]

最后得出结论：[4]

（1）在大城市新建住宅应以5～6层为宜，中等城市应以4～5层为宜。要严格控制城市规模，充分利用市区间隙空地，逐步改造低层住宅。

（2）在北京等大城市中，可沿主要街道建设一部分12层左右的高层住宅，以合理利用空间，美化市容，但不是解决居住问题的主要途径，不宜普遍推广。

2. 高层住宅的主要问题

在新中国成立后相当长的一段时间里，我国经济发展水平较低，以发展生产为主的指导思想，导致对于居住生活的投入较少；同时，土地属国家所有，土地的使用由国家直接

[1] 孙建军. 上海高层建筑平面设计要素分析［D］. 上海：同济大学，2007：1.

[2] 国家建委建筑科学研究院调查研究室. 关于城市住宅层数问题的调查和意见. 建筑学报，1977（03）：14.

[3] 同上。

[4] 同上。

划拨，在住宅的建设中，土地价值并未真正地体现出来。限于当时的社会生活水平和建筑技术水平，电梯及高层所需的设备价格较高，“多层高密度”成为这一时期住宅设计中的主要选择，而当时对于不支持发展高层的主要原因，多层高密度主要的倡导者张开济先生有着精辟的论述。❶

（1）高层住宅的突出问题就是很不经济。

1）一次性投资大。和多层住宅相比，它的单方造价高，平面使用系数低。一高一低两个因素加在一起，就使每一户高层住宅的土建投资几乎接近多层建筑的 2 倍，至少是 1.5 倍。

2）建设周期长。高层住宅的建设周期约为多层住宅工期的 2 倍，不利于资金周转，大大降低了投资效益。

3）日常性费用高。高层住宅的管理费用和用电量比多层住宅要高得多，不仅浪费财力，也浪费能源。

（2）高层住宅不适用。

1）不便于老人和儿童的使用，减少了他们和户外接触的机会。

2）电梯的维修、停电和不能全日服务等因素也经常为住户造成不便和困难。❷

3）高层住宅往往形成城市人造风，影响室外环境质量。

（3）高层住宅成本太高。

除了对于高层住宅实用性的问题尚需讨论以外，高层住宅在当时相比多层住宅确实不够经济，主要表现为单方造价高，周期长，日常运行费用高。但这个比较的前提是土地的价值不计入住宅的价格，而且即使要产生一定的转让费用，也未真正反映土地的价值，因此排除土地的因素进行多、高层的优越性的比较是有其历史局限性的。

2.2.3　高层高密度——住宅发展的必然选择

改革开放后，我国大部分城市住宅建设面临两个难题：①由于长期以来的“先生产，后生活”的指导思想，导致在住宅建设方面欠账太多，住房困难是首要问题。随着社会的发展，我国的城市化步伐加快，大量农村人口涌入城市，使本不宽裕的城市住房变得更加窘迫。②城市的发展方方面面都需要土地，土地资源严重紧缺，成为另一个重要问题。人口的激增，使我国土地资源匮乏的现状约束更为明显。

随着改革开放的进一步深入，市场经济成为社会经济模式的主导，土地的价值全面地体现出来，在一些大城市，住宅的单方造价与土地的价格相比逐渐显得微不足道；在一些居住问题比较紧迫的城市，如上海、北京，早在 1970 年代就开始的住宅建设已经积累了大量的经验可供学习借鉴；对于高层的需求，促进了与高层相关的一些技术和设备产品的水平的提高，其反过来又影响高层的建设，两者相辅相成，共同促进高层的发展。

围绕着这些问题，针对应该以“多层高密度”还是“高层高密度”为住宅主要发展方

---

❶ 张开济. 高层化是我国住宅建设的发展方向吗？. 建筑学报，1987（12）：35.

❷ 国外的调查发现高层住宅里的儿童体力和智力发展都要比一般儿童低一些。美国的统计还证明高层住宅里犯罪率是和它的层数成正比例的。

向的问题有过相当激烈的争论。在北京、上海等特大城市，人口与土地的矛盾更为突出，对这一问题也更为关注。上海在这一时期对住宅向“多层高密度”还是“高层高密度”发展的讨论，基本能够比较全面地反映这一过程。回顾这段历史，重新审视这一问题的相关讨论，就会发现大城市的住宅建设由“多层高密度”最终走向“高层高密度”的发展方向是历史与现实的必然选择，在某种程度上也是一种无奈的选择。

本书主要通过对同济大学的校图书馆（CNKI 中国知识资源总库、维普中文科技期刊数据库、万方数据资源系统、超星电子图书数据库）数据库的搜索❶，收集这一时期针对上海住宅发展研究与讨论的绝大部分文献，选择各个时期具有代表性的文章作为研究对象，整理其主要的观点。❷

对于上海的住宅应该朝哪个方向走，是以多层为主还是高层为主，也是在现实条件及经济发展过程中不断认识、清晰的过程。

1. 上海房地局课题组：上海新建高层住宅调查

1980 年，上海市房地局住宅建筑研究室课题小组对上海新建高层住宅进行了调查，对在上海是否要大量发展高层住宅的问题进行了调查，但采取的是比较谨慎的态度。❸

调查认为当时的两种相反的争论颇为激烈的观点，即发展高层住宅还是不倾向发展高层住宅的观点的焦点在于如何解决住房困难和土地紧张的问题。❹

（1）课题组根据对上海的居住用地和人口的分析，对高层住宅和一般 5～6 层住宅进行了比较，得出结论：❺

1）高层住宅作为节约用地的有效手段之一，它在住宅建设中，尤其是旧市区改造中是有重要作用的。

2）在有利的建设地点，如公园、绿地、广场道路边缘，既可借用间距多建高层，又可改善城市面貌；在新建的生活区中心，利用街坊绿地，结合公建，应争取建造高层住宅，即使目前暂不建造，也应保留空地作以后建造高层之用。

3）大量成片的高层住宅为保持一定的间距进行排列，节约用地的效果并不显著，相反要花成倍的资金、材料和时间，在当时的经济技术条件下，不甚相宜。

---

❶ http://www.lib.tongji.edu.cn/e-resources/DBIntro.aspx? QsDBID=68(CNKI 中国知识资源总库)；http://www.lib.tongji.edu.cn/e-resources/DBIntro.aspx? QsDBID=86(维普中文科技期刊数据库)；http://www.lib.tongji.edu.cn/e-resources/DBIntro.aspx? QsDBID=85(万方数据资源系统)；http://www.lib.tongji.edu.cn/e-resources/DBIntro.aspx? QsDBID=157(超星电子图书数据库)；http://www.lib.tongji.edu.cn/e-resources/e-index.aspx(同济大学校图书馆)。

❷ 以“上海高层住宅”为关键词，CNKI 中国知识资源总库共搜索到 143 条，维普中文科技期刊数据库共搜索到 7 条，万方数据资源系统共搜索到 187 条，超星电子图书数据库（读秀学术搜索：http://qk.duxiu.com/searchJour?sw=%C9%CF%BA%A3%B8%DF%B2%E3%D7%A1%D5%AC&channel=searchJour)共搜索到 102 条，与高层与多层争论的问题相关的文章共 14 篇。

❸ 课题组认为：“这是一个重大的方向性问题。因为涉及的因素较为复杂，不可能作出简单的结论。它既取决于高层住宅本身的经济性和适用性，还取决于城市今后发展的情况、人口的趋向以及如何对待旧市区等等。”上海市房地局住宅建筑研究室课题小组．上海新建高层住宅的调查．城市房产住宅科技情报网．城市房产住宅科技动态，1980，5：3．

❹ 上海市房地局住宅建筑研究室课题小组．上海新建高层住宅的调查．城市房产住宅科技情报网．城市房产住宅科技动态，1980，5：3．

❺ 同上。

4）大量的住宅建造仍应以 5～6 层为主。从全市市区的人口和居住平均用地来看，建造 5～6 层住宅可以基本平衡。从当时的经济技术条件看，5～6 层住宅比高层显得优越。

（2）调查肯定了高层住宅对节地的作用，是有效的手段之一，认为其更适用于旧区的改造。但认为高层住宅之间间距太大，节地效果并不明显，经济性较差。显然这样的认识是基于高层住宅的日照标准仍然按照多层的标准来计算，即用日照间距控制住宅间距的方法，这样反而降低了高层的节地效果，这是高层住宅在当时的标准条件下的主要问题。现在以日照时数作为高层的日照标准，高层之间的间距不再由建筑的高度完全决定及由此带来的高层住宅在节地方面的优势，使得高层住宅从既有的评价方式中解放出来，对于高层住宅的发展起到了至关重要的作用。

当时上海土地与人口之间的矛盾用 5～6 层的住宅尚可以平衡。但随着改革开放的深入，大量外来人口涌入上海城区，上海市人口数量急剧上升，这一平衡迅速被打破，解决这一问题的一种途径就是住宅向高空发展。

2. 汪定曾、钱学中：关于在上海建造高层住宅的一些看法

1980 年，汪定曾、钱学中著文认为："对于在上海这样的大城市，是否应发展高层住宅，如何发展高层住宅以及随着建造高层住宅带来的一些问题，是值得探讨的。"[1]"在上海的特定条件下，今后应逐步增加高层住宅的建设比例，同时通过发展高层住宅，给上海的城市建筑面貌带来新的变化，并可促进和推动新建筑材料的生产以及施工技术方面的发展和提高。"[2]

汪定曾和钱学中在文章中显然是赞成上海逐渐发展高层住宅的，只是要逐步向高层过渡，通过循序渐进的建设积累经验，避免高层住宅在短期内过于集中建设所产生的问题。认为高层是城市面貌的重要体现，同时也肯定高层住宅的建设对相关产业（包括材料、设备及施工技术）方面的积极作用。

3. 钦关淦：高层住宅对解决居住紧张问题的效果

1982 年，钦关淦在《高层住宅对解决居住紧张问题的效果》一文中认为：[3] 我国由于资金、材料条件的限制，造高层住宅的缺点更为明显：①造价大幅度提高，同样的投资只能建造半数住户的住宅。②建造工期长，发挥投资效果慢。③建筑材料，特别是缺口严重的水泥钢材耗用量大。④使用标准降低，住户普遍不欢迎。⑤平时能源消耗大，管理维护费用增加。

钦关淦所说的高层的缺点，在当时的经济条件下，与多层住宅相比，确实是主要的问题。但这些观点是在土地成本不计入的情况下的讨论中得出的，而且讨论的角度是就住宅论住宅，是与多层住宅进行比较。如果放入更大的社会背景和城市层面考察，其中的许多问题可能就会显得不再重要了。

4. 江殿理、沈坤：关于上海发展高层住宅一些技术经济问题的初步探讨

1982 年，上海市建筑科学研究所的江殿理、沈坤[4]就上海发展高层住宅的经济合理性问题著文，认为：

---

❶ 汪定曾，钱学中. 关于在上海建造高层住宅的一些看法. 建筑学报，1980（04）：34.

❷ 同上。

❸ 钦关淦. 高层住宅对解决居住紧张问题的效果. 建筑施工，1982（01）：31.

❹ 江殿理，沈坤. 关于上海发展高层住宅一些技术经济问题的初步探讨. 技术经济，1982（02）：44-60.

（1）上海发展高层住宅是必然趋势。

1）上海住房供需矛盾突出，由于欠账太多，远不能满足人民的居住要求，住宅建设将是上海城市建设和城市改造的长期任务。上海大量兴建住宅，涉及问题较多，土地既是首先要解决的问题，又是个根本问题，研究住宅建设，必须把住宅用地放在首位。

2）上海市区人口密集且不断增长。❶ 同时，上海的居住条件亟待改善。❷ 如建多层住宅，就地安排，会入不敷出。

3）市区绿化面积小，且还在不断减少。上海因用地紧张，不少绿化已被逐步蚕食。

4）城市道路狭窄，交通拥挤。

5）城市向外围不断扩大，征地越来越难。❸

6）解决居住问题，不仅要搞住宅建设，还必须注意环境建设。逐步发展高层住宅（包括高层公共建筑），有利于解决住宅建设用地问题，有利于综合解决城市交通、绿化、生活服务设施和文化设施的建设等问题，也有利于改变城市面貌。有计划地建造一定数量的高层住宅（包括高层公用建筑）是一种必然的发展趋势。

（2）高层住宅在经济上也能做到合理。影响高层住宅经济性的主要因素为建筑造价、土地费用、地基处理费用等各种经济因素。

1）高层住宅的建筑造价。结构形式相同并带有地下室的情况下，高层、多层造价相差不大。不论是高层建筑中的箱形基础地下室还是多层建筑的人防地下室，都具有使用价值，都应该同样计算面积，以使用价值来衡量，进行实际造价的分析。上海这样的大城市，节约建设用地，就要使建筑既向高空发展，又向地下发展。

2）关于土地费用。探讨高层住宅的经济问题应该包括土地费用的因素。

我国土地属于公有，但从理论上来说，因所在位置的功能和公共设施的差别，也应同样具有不同的使用价值。在确定建筑造价或房租时，考虑土地费用是必要的。如将其计算在建筑造价之内，则高层住宅比多层住宅的建筑费用反而可以低一些。在市中心建高层住宅将比郊区低得更多。

3）关于工期。高层住宅给人们留下的印象是建设周期太长。这里主要有两个原因：①对于建造高层住宅没有足够的经验，技术水平和管理水平还不适应。②以一幢建筑为单位来衡量工期，不能真正反映建设速度，而采用每月完成的平方米数（指建筑面积）来衡量，则比较确切。预计当上海在建造高层住宅方面取得经验后，在工期方面反映的最终效益将与多层接近。

4）关于维护费用。高层建筑的维护费用较高，其中又以电梯费用为最大。这一费用在多层住宅中并不发生，但对这一费用应作具体分析。

---

❶ 全市平均每平方公里已达 4 万人以上，而南市、卢湾、静安、黄浦、虹口等五个区的人口每平方公里已超过 6 万人。市区每人平均用地仅为 24.5m^2。见：江殿理，沈坤. 关于上海发展高层住宅一些技术经济问题的初步探讨. 技术经济，1982（02）：44.

❷ 当时每人平均居住面积仅 4.4m^2，居民的实有面积相差悬殊。困难户、棚户简屋等为数不少的危房，再加上每年自然增长的困难户和结婚户，落实政策户和复员转业退伍军人用房，需增建住宅 2500 万 m^2 以上。见：江殿理，沈坤. 关于上海发展高层住宅一些技术经济问题的初步探讨. 技术经济，1982（02）：44.

❸ 新中国成立后，上海市区面积不断扩大，占用耕田 6 万余亩，其中包括菜地约 2 万余亩，而近郊菜农收入较高，征地也愈来愈难。见：江殿理，沈坤. 关于上海发展高层住宅一些技术经济问题的初步探讨. 技术经济，1982（02）：45.

① 建议在高层住宅设计中采用简易自控慢速电梯，大小相配，上下班高峰期间两者并用，平时只用小梯，节约能源和开支。

② 从整个交通费用来衡量。住宅向高层发展以后，控制了城市范围的扩大，虽然增加了垂直交通费，但却节约了水平交通费。

5）关于使用效果。高层住宅由于上下交通要受电梯条件（使用时间、完好程度等）的制约，使用上一般不如多层方便。但有些问题，如拓宽道路、增植绿化、开辟儿童游乐场所以及增设服务网点等，是要通过建造高层才有可能实现的。此外，从缩短上下班路程、时间方面看，高层住宅也具有优越性。

6）关于居住区的费用。居住区的费用包括住宅建筑公共设施、绿化、体育游乐场地和城市服务设施费用，因所在地区的不同而异，当土地费用高时，居住区的建设费用主要取决于用地面积，当土地费用低时，主要取决于设施的修建费用。

最后，文章得出结论：在市中心高密度区改建和新建临街建筑，一般建造15层左右，最高不宜超过17层，高度可不大于50m，在近郊新建小区中，可与多层搭配，高层住宅的比例可安排15%～20%，有条件的地区比例还可高些。❶

7）江殿理、沈坤就高层住宅问题的讨论是放在上海整个城市建设的层面上来考虑的。以上海的现实背景为基础，其中几个观点值得我们重视：

① 注意到土地的价值问题以及土地的级差地租的问题，这是讨论住宅节地问题时必须面对的重要问题，将土地的价值与土地的占用面积相结合来探讨住宅的节地问题，是发展的方向。

② 对于高层住宅的建设周期问题，应当引入以平方米来衡量的概念。如果进一步引入住宅套数的概念，关于高层住宅建设周期的问题将更加明确、简单；关于高层住宅的能源问题，引入垂直交通和水平交通的区别，在今天看来，这种区别是微乎其微的，无法成其为理由。

③ 居住区的建设费用分为土地费用和设施修建费用，在今天，设施费用也只占有相当少的比例，不是决定性的因素。

④ 他们提出的住宅向高层和地下发展的建议也值得注意。

5. 陈华宁：浅谈上海的高层住宅建设

1984年，陈华宁分析了高层住宅的优缺点，他认为：

（1）与多层住宅相比，高层住宅的最大特点在于：❷

1）高层住宅层数多，高度高，提高了土地利用率，节约用地的效果十分显著。❸

2）高层住宅的建造有利于留出大片的绿化和活动场地。❹

---

❶ 江殿理，沈坤. 关于上海发展高层住宅一些技术经济问题的初步探讨. 技术经济，1982（02）：49.

❷ 陈华宁. 浅谈上海的高层住宅建设. 住宅科技，1984（01）：12.

❸ 5～6层的多层住宅，其建筑面积密度（即每公顷基地上的建筑总面积）一般为15000m^2，（相当于容积率1.5），而12～16层的高层住宅，其建筑面积密度可达22000～28000m^2，（相当于容积率2.2～2.8），建造高层住宅，建筑面积密度（容积率）至少可以提高30%～50%，塔式的甚至更高。见：陈华宁. 浅谈上海的高层住宅建设. 住宅科技，1984（01）：12.

❹ 上海市人口密集，城市绿地非常少，平均每人所占绿化面积仅0.4m^{2}左右。高层住宅占地面积少，往往可以空出大片空地以供绿化及建造少年儿童活动场地之用。一般3～4层住宅的建筑密度（即一块基地上建筑底层面积之和与基地面积之比）为36%～40%左右，5～6层住宅为30%～35%，而12～16层住宅在25%以下。

3）有利于改变市容，丰富街景。塔式高层住宅挺拔俊秀，板式高层住宅宏伟壮观，点缀于城市的主要干道之侧，形成丰富的街景，居于住宅小区之中，使小区面貌焕然一新。

4）高层住宅还有利于对市区棚户、危房的拆迁改造，有利于节约市政公用设施。

（2）高层住宅的缺点在于：

1）造价较高，一般每平方米造价比多层住宅高出 40%～80%，材料消耗也较大。

2）施工工期长，多层建筑建设周期为一年半左右，而高层住宅建设周期为三年左右。

3）管理费用较大，增加了电梯和供水的日常开支。❶

高层住宅的这些缺点，一方面是由于建筑材料、构配件、施工机械设备跟不上新形势的发展需要；另一方面，高层住宅的建设在国内开始不久，设计水平、施工组织、计划管理、房屋维修等方面还没有经验，随着四化建设的发展、科学技术的进步，这些缺点是可以逐步改进加以克服的。

（3）陈华宁在文中阐述的高层住宅的缺点在当时是由于设施和施工技术落后所导致的，是很重要的观点，这从另一个侧面说明要积极推进住宅的建设，设备与技术的更新是很重要的因素，其与高层住宅的发展是相辅相成，互为促进的。高层住宅发展的技术因素，是其发展的重要条件之一。

6. 陈华宁、陈明康：上海市发展高层住宅建筑的必要性

1986 年，陈华宁、陈明康就上海发展高层住宅建筑的必要性进行探讨，认为发展高层住宅是上海的必然之路：❷

（1）市中心城人口集中，建筑密度大，居住困难，缺房严重。❸

（2）市中心城用地紧张，拆迁困难。

人口高度密集，土地十分狭小是上海城市建设中十分突出的矛盾之一。

不少企业系统集资建房单位，为保证新建住宅中的净增住户套数，在统一规划的指导下，结合旧市区改造，以合理的高层高密度来平衡住宅建设需求量大而用地少，拆迁多的矛盾。

（3）市中心市政基础设施存在严重的问题，城市基础设施陈旧，长期超负荷运行，已极大地影响了上海城市的建设，亟待综合治理，为此必须在市区腾出大量空地来改造更新城市原有的市政基础设施。❹ 因此，高层住宅建设在上海这个特大城市的旧城的改造中将发挥较大的节地效益，为综合治理城市市政基础设施创造了有利的条件。

（4）在市中心城建造高层住宅，追求合理的高密度，其节地效益是十分显著的、具有

---

❶ 平均每月的电梯电费、水泵电费和管理维修人员的工资占当月房租总收入的 40%。见：陈华宁. 浅谈上海的高层住宅建设. 住宅科技，1984（01）：12.

❷ 陈华宁，陈明康. 上海城市发展高层住宅建筑的必要性. 时代建筑，1986（01）：41-43.

❸ 市中心城 10 个区（1983 年未包括新辟的闵行、吴淞两个区的统计资料）的土地面积为 149km²，人口为 607.99 万人，平均人口密度 4.08 万人/km²，某些人口密集地区，甚至超过 15 万人/km²。市中心城居住水平仅每人 4.8m² 居住面积，是国内外大城市中居住水平较低的城市之一。

❹ ①道路狭小，交通拥挤。②污水污染严重。全市水源受到严重污染，市区苏州河终年发臭，黄浦江的黑臭期不断延长。③排水系统不全。④城市垃圾，粪便出路困难。⑤供气、供电、电信设施不能满足需要。道路要拓宽、改道、新辟，地下管网要敷设，加大口径，污水泵房处理厂要新建，煤气厂、供电变压站、环卫站设施等工程建设都需要土地。见：陈华宁，陈明康. 上海城市发展高层住宅建筑的必要性. 时代建筑，1986（01）：42.

较大的经济效益、社会效益和环境效益。[1]

城市人口多，密度大，居住困难，解决居住问题需要土地，解决城市的基础设施问题也需要土地，而征地、拆迁变得越来越难，这些都是上海面临的主要困难。这也是上海发展高层住宅的必然。陈华宁与陈明康在文中提出的以提高居住用地的容积率达到节约用地的方法，即在建设同样面积的住宅时，不同的容积率所用居住用地不同，容积率越高，其所占用的土地越少，如此即等于节约了住宅用地，对于以高层为主的住区的节地问题研究是具一定参考意义的。

7. 吴政同：上海中心城住宅发展战略

1987 年，吴政同就上海中心城住宅发展提出应合理控制高层住宅建设比例，他认为："当地价达到一定的数值时，建造一定数量的高层住宅，经济效益反而高。但从经济角度分析，上海新居住区中不宜建造高层住宅；在旧市区的特级、甲级地段建高层或超高层住宅才能取得更高的经济效益。"作者认为："这两类地段最好是建商业、服务、办公、金融等大楼。因此要严格控制高层住宅的建设比例"。[2]

显然，吴政同提出在旧区的特级、甲级地段建设高层和超高层住宅才能取得较高的经济效益，是在当时土地价格还相对较低的情况下所得出的。在今天即使外环地区土地的价格都不菲的情况下，建设高层同样也可以取得相对较好的经济效益。

8. 杨谋：必须加强对高层住宅建设的宏观控制

1990 年，上海市规划局技术委员会杨谋，从城市规划的角度考察上海的高层住宅，认为必须加强对高层住宅建设的宏观控制。

杨谋认为上海建造过多的高层住宅，不仅超出了当时财力物力人力的要求，而且带来了许多问题：①加剧了市区人口的集中，不符合市区疏解的要求，而且在环境、日照、地区小气候、心理感觉上造成了不良影响；②住宅层数太高，设备条件跟不上，容易造成管理上的许多问题；③高层住宅过多地集中在中山环路内圈，正是基础设施最薄弱的环节，很多高层住宅都会遇到煤气、自来水、雨污水配套的困难。

对于当时的高层住宅过"热"，杨谋认为应采取一定的"降温"措施：

（1）加强高层住宅的宏观控制

在上海这样的特大城市，人口集中，土地紧张，为丰富城市景观，建造一部分还是必要的，高层比例不宜太高，层数也以 12 层为宜，一般不宜超过 18 层。

（2）根据地区条件采取不同措施

对于浦东及中山环路以外地区，一般都是成片开发并且具备较好的基础设施，可以考虑续建，而对于中山环路以内地区见缝插针的高层住宅，应严格审查基础设施条件，对于不具备配套基础设施的，一定要使其具备条件后再续建，不要造成建成后也不能投入使用的情况。

---

[1] 建造高层住宅的节地效益是十分显著的。按上海市城市总体规划要求，按每人居住面积 $8m^2$ 测算则新建住宅的需求量达 6340 万 m^2。若将住宅层数由 6 层提高到 10 层左右（即以居住小区 30%建造高层住宅、70%建造多层住宅计算），住宅建筑面积净密度将由 $18000m^2/hm^2$ 提高到 $22000m^2/hm^2$（容积率由 1.8 提高到 2.2），需要征用土地由 $4700hm^2$ 降至 $3800hm^2$，节约土地 $855hm^2$，是 6 层住宅征地量 $4700hm^2$ 的 18.2%，可见高层住宅的节地效益是十分显著的。

[2] 吴政同．上海中心城住宅发展战略．住宅科技，1987（02）：13.

（3）要根据施工进度来分别安排

集中力量保一部分竣工，避免力量分散，继续竣工的，也要采取降低装修标准、先完成一部分以后再续建等办法，减少施工力量及施工费用。

现在看来，这一建议是比较及时的。高层住宅的发展要进行客观控制的提法，显然是考虑到上海的基础设施相对薄弱，市区中心人口压力大的现实而言的。后来的发展中，虽然高层住宅仍在增长，但与中心的实际情况相适应的发展模式对于高层住宅走向良性的方向起到了重要的作用。

9. 钦关淦：上海建造高层住宅利弊的综合分析

1991 年，钦关淦对上海建造高层住宅的利弊进行了综合的分析：❶

（1）高层住宅与多层住宅的造价差异。

高层住宅的单方造价比多层增加 110%。由于高层住宅面积系数低，按人均造价比，增加 141%。

（2）高层住宅超支的维修费用是个长期的负担。

（3）土地费用对高层住宅经济效益的影响。

土地费用包括两项内容：一是土地本身的价值；二是土地上附着物的补偿和其他开发费用。

我国宪法规定，土地是不能买卖的，但土地是一种资源，利用它可以创造财富，因此必须有偿使用。我国实行的是有计划的商品经济，费用的高低要看这土地是用来建造旅馆、商店、办公楼还是住宅，由政府用政策予以规定。❷

基地征购费用包括征地和前期准备费两项，按当时的土地价值，其所节省的土地费用和开发费用有限。❸

（4）高层住宅对城市环境和居民身心的影响。

1）给生活带来不便。虽有电梯，但有时停电、损坏，加上服务质量差，不能保证随时使用，老人更无法忍受，因此不敢下楼。

2）儿童下楼活动机会少，与同龄儿童接触少，影响智力和体力的发展。

3）居民邻里间几乎不来往，缺少交流，相互间缺乏帮助和照顾，造成居民的孤僻感和闭塞感。

4）火灾危害性更大，一旦发生火灾，会导致数百人死伤。我国消防设施较差，居民常年担惊受怕。

5）犯罪率高。

6）钢筋混凝土墙身像一个大型的金属网，使人失去自然磁场作用，无法保持电磁平衡状态，易使人感到恐慌和不安。

---

❶ 钦关淦．上海建造高层住宅利弊的综合分析．住宅科技，1991（07）：6．

❷ 造住宅没有必要去征用这些土地，最终住宅主要占用的还是农田。上海的农田产出较高，每亩栽培作物 550 元，加上牧、渔等副业收入，总产值可以 110 元计。每年要补偿这些产值，还要考虑产值上涨的因素，折算现值应为每亩 18333 元的补偿费，或每平方米 27 元。

❸ 根据 80 年代建造的上海曲阳、潍坊和长白三个居住区的统计，加上物价上涨系数，每平方米土地的基地征购费为 102 元。其中内容繁多，各地发生的项目数和金额相差很大。征地费用每公顷 20.7 万元，与居住用地有关的前期准备费和居住区内道路管线等费用 30.3 万元，合共 51 万元/hm^2。

7）高层住宅沿马路建造，噪声大，污染多，电车、汽车起动时影响电视收视质量。

8）有些高层住宅进深大，接受阳光少，空气污染浓度高，卫生条件差。

钦关淦认为，在上海建造高层住宅，耗资惊人，而所能节省的土地费和开发费极为有限。高层住宅给居民带来诸多不便，且影响身心健康，在有选择的条件下，很少会有人愿意购买或租用高层住宅，不利于住房制度改革的推行。最后得出结论：不论在旧区还是新区，均应严格控制建造高层住宅，省下资金可以办很多事，或者多造些住宅，使大量困难户能早日从居住困难中解脱出来。

（5）钦关淦认为高层的造价过高是其最主要的问题，少建高层的节约投资可以建造更多的住宅，解决群众的住房困难问题，对这一问题的评价应该有一个长期、短期行为的联合，即是在短期内节约投资多建住宅还是从长远考虑，节约住宅用地，为住宅的可持续发展多作准备。也就是关注的是“经济”问题还是“土地”问题之间的分歧，因为关注问题的不同导致结论的不同。

钦关淦对高层的利弊的分析，还是在土地价格相对比较便宜的情况下，每公顷约合 51 万元，对于现在来说，可以说是无偿使用。所以，土地费用对高层住宅的经济效益的影响不大，高层住宅的优势没有显现出来。至于高层对居民身心的影响，随着电梯设备的改善，出行已不成问题。对儿童和邻里交往的影响显然不是高层住宅独有的问题，多层住宅同样也有此类问题。犯罪率高更是复杂的社会问题，不是仅仅由高层住宅就能导致的。高层住宅的火灾危害性大，疏散困难确实是其主要问题，这主要应在高层的防火设计和消防设备方面改进，减少灾害的可能性。

10. 罗爱芳：上海市区住宅发展展望

1999 年，由于社会和经济的发展，外部条件的变化，罗爱芳对高层住宅的优越进行了集中的论述：

（1）市中心地带，多、高层住宅每平方米综合造价基本趋同。住宅造价高不再是困扰高层住宅的主要问题：

影响住宅综合造价的因素很多，其中主要因素有两条，一是地价，二是建筑造价。高层建筑消防、抗震及墙面防水要求高，电梯、供水加压、消防器材等设施多，地基处理、楼板及承重墙现浇等施工速度慢，使用模板、钢筋、水泥等材料多，因此，高层住宅的建筑造价大大高于多层住宅，对于一般地段来说，高层住宅的每平方米综合造价是多层住宅的两倍。但是，随着土地资源趋紧，地价飞涨，住宅综合造价中地价所占比重越来越大。高层住宅可以在同一块土地上垂直叠加几倍于多层住宅的功能面积，因此，在市中心地带，包括主要商业街沿线和繁华地段，多、高层住宅每平方米综合造价基本趋同。❶

（2）高层住宅相比多层住宅有自己的优势：

1）高层住宅有利于现代化的城市规划。高层住宅可腾出空地发展绿化与交通。底层若采用框架式结构，可进一步缩小商店等公共建筑的占地面积。

2）高层住宅便于实现现代化物业管理。高层住宅居住相对集中，有利于社区建设，方便居民生活与信息交流，有利于提高居住的安全性，有利于物业管理实现智能化。

3）高层住宅可提供舒适优美的居住环境。高层住宅小区拥有较大的绿化率，布置得

---

❶ 罗爱芳．高层为主：上海市区住宅发展展望．上海城市建设学报，1999，8（1）：10.

错落有致，扩大视野。高层住宅均装设电梯，避免了居民爬高之苦，可使居民生活质量得到提高。

4）高层住宅能降低市政工程造价及设施费用。高层住宅由于提高了容积率，市政公用设施管线集中且缩短，地面开挖量减少，从而可相应降低市政设施工程造价和维护费用。

5）高层住宅的使用寿命长。高层住宅的结构抗震、防渗、保温性能好，采光好，私密性好，使用寿命长。

6）高层住宅可带动相关工业的发展。高层建筑增加了电梯、供水加压设备、防水建材、消防器材以及如塔吊等先进机械设备的应用，增加了这些设备和材料的市场需求，从而促进相关产业的发展。

7）高层住宅有利于节能。由于高层住宅的保温隔热性能好，且功能面积垂直集中叠加，有利于集中供热和制冷，有利于节约能耗。单就高层住宅的体形系数而言，高层住宅更容易降低体形系数，满足建筑节能的要求。

8）高层住宅中好的层次多。尤其是相对于多层住宅来说，不受欢迎的顶层和底层的房间比例低。多层（上海一般为6层）的顶层，由于高且上下楼梯不便，加之易渗水，冬冷夏热等原因，很不受欢迎。上海地区气候潮湿，底层住房也难以出售。

9）上海地区高层住宅的建设可为全国各大城市的建设提供经验。上海在建造高层建筑中所发展的工程技术和城市规划中所取得的经验，可供全国各大城市借鉴。

（3）高层住宅存在的不足。高层住宅需要装设电梯，设置消防通道，若按建筑面积售房，则得房率低，而且物业管理费用高，造成目前高层住宅销售困难。但相信随着居民收入的进一步提高和高层建筑优越性的逐步显露，高层住宅将会被广大工薪阶层接受和喜欢。

（4）在此基础上，罗爱芳对上海高层住宅发展提出建议：❶

1）市中心地带及商业繁华地区，只建高层，坚决拆除旧房；

2）内环线以内，只建高层，逐步拆除旧房；

3）内环线以外，以多层为主；

4）外环线附近，多层与别墅并举。

（5）该文章指出了土地在建筑造价中的作用。这一论述对于重新认识住宅的造价问题，尤其是一直以来高层住宅由于造价过高所带来的影响具有重要的作用。这一问题的突破，使住宅的造价不再成为约束高层住宅的主要因素，高层住宅由此走向少有争议的重要阶段。

2.2.4 多、高层住宅讨论的现实意义

1. 观点归纳

针对多层和高层问题的讨论，文章的观点一般都是比较复杂的，多数观点在肯定高层住宅的省地作用的同时，又认为高层住宅不符合当时的经济条件和社会发展的水平，所以如果简单地将文章的观点归纳为赞成或反对是比较粗糙和有失偏颇的，但本文为了便于比较研究，还是将作者的观点简单划分为提倡、反对和应该慎重对待三种，并作简单的归纳

❶ 罗爱芳. 高层为主：上海市区住宅发展展望. 上海城市建设学报，1999，8（1）：10.

和整理（表 2-3）。由此可以看出，大部分文章的观点是提倡发展高层住宅，并将高层住宅作为未来住宅发展的主要方向。

文献主要观点整理　　　　表 2-3

	年份	作者	题目	提倡	慎重	反对
1	1980	上海房地局课题组	上海新建高层住宅调查			√
2	1980	汪定曾、钱学中	关于在上海建造高层住宅的一些看法	√		
3	1982	钦关淦	高层住宅对解决居住紧张问题的效果			√
4	1982	江殿理、沈坤	关于上海发展高层住宅一些技术经济问题的初步探讨	√		
5	1984	陈华宁	浅谈上海的高层住宅建设	√		
6	1986	陈华宁、陈明康	上海市发展高层住宅建筑的必要性	√		
7	1987	吴政同	上海中心城住宅发展战略		√	
8	1990	杨谋	必须加强对高层住宅建设的宏观控制		√	
9	1991	钦关淦	上海建造高层住宅利弊的综合分析			√
10	1999	罗爱芳	上海市区住宅发展展望	√		

资料来源：本研究整理。

2. 借鉴意义

上海这样的特大型城市，高层住宅已成为城市住宅的主要模式，在内环、中环的中心城区如此，就是外环以外的城郊区，高层住宅也正成为主要的建设模式。由此，在这场辩论中，对于那些对高层持积极肯定态度的观点，我们对他们的前瞻性的预示表示由衷的钦佩；而对那些不赞成建设高层住宅的观点，我们也应非常尊重，因为他们同样是想以最经济的方式、以最快的方式解决当时民众居住困难的问题，只是当时的社会经济条件、土地的属性尚不明确，日照标准尚不明确等诸多因素的限制，导致他们对这一问题的判断产生偏差。但他们对高层住宅存在的许多问题的警示，仍值得我们重视。回顾这段争论，对于今天我们认识住宅和住宅问题仍有着积极的借鉴意义与重要的启示。

（1）对住宅和住宅问题的考察，必须放在社会的广阔背景下，放在城市的层面，综合各方面的因素，才能对住宅认识得更为深入、全面、准确。

（2）以“存在即合理”作为现在城市住宅的发展方向的判断有其偏颇之处，但我们显然无法回避这一根本的现实，即我国的住宅，特别是一些大城市的住宅建设走向高层高密度的方向，是不以我们的个人意志为转移的。

（3）我们居住的城市林立的高层成为常态，多层住宅成为住宅的珍品。我们应当理解那些对高层住宅持反对意见的人的良苦用心，高层住宅对环境的影响日益引起人们的重视，这是我们必须面对也要积极对待的问题。

（4）高层住宅的适居性问题仍不明确，其存在着消防、安全等诸多问题，仍是我们今天关注的重要内容。高层住宅已经成为我们必须面对的现实，这是由我国的社会现实条件决定的。

（5）现在看来，关于应当发展高层住宅还是不应该提倡高层住宅的争论，其根本分歧在于关注点的不同，支持者关注的是“土地”的问题，而持反对意见者关注的是“经济”的问题。同样是想尽快改善居民的居住困难的现状，但由于所关注的问题的不同导致了观点的不同。

2.3 上海高层住宅的发展

人多地少，注定了上海的住宅要向空间发展，上海高层建筑的历史可以追溯到 20 世纪初。开始高层建筑的建设是土地私有条件下资本追求土地价值利润最大化的结果；20 世纪初的上海高层建筑呈井喷式发展，则是为改善拥有中国最多人口数量而相比同类的城市却拥有最少土地的这一特大城市在土地公有的前提下，在市场经济条件下最大限度地发挥土地承载力的必需选择。

1998 年后，上海住宅建设完全走上了市场化的道路，在“效率”和“效益”为先的思想主导下的房地产市场，摒弃了对“多层”和“高层”的讨论，市场的接受度、投资回报成为决定住宅开发根本方向的重要推动力。随着房地产业的持续升温、土地的紧缺、土地价格的持续上升，高层高密度已经成为上海商品住宅的主要趋势。特别是近年来农业用地的流失问题日益引起中央政府的重视，节约土地，走可持续发展的建设之路已成共识，这些因素成为上海住宅发展的主要政策导向，进一步推动了上海住宅向高层高密度的方向的发展。

2.3.1 上海的高层建筑

1. 上海高层建筑的发展

上海建造高层始于 1912 年。[1] 许福贵、许岚将上海自 1912 年有高层出现以来至 1995 年的这段时间划分为 5 个时期：①1912～1937 年；②1938～1948 年；③1949～1979 年；④1980～1990 年；⑤1991～1995 年。[2]

陈光济则将 1920～1990 年上海的高层建筑发展划分为 4 个时期：①1920～1937 年；②1938～1948 年；③1949～1979 年；④1980～1990 年。[3]

本文参考以上划分方式，将自上海出现第一幢高层建筑的 1912 年以来到有统计数据资料的 2006 年[4]这一段时间划分为 6 个时期（表 2-4）：

（1）1912～1937 年

上海建造高层建筑的起始阶段，共建有 91 幢高层建筑。[5] 建于 1934 年的上海大厦（原名百老汇大厦），高 76.7m，21 层，是上海最早的高层公寓。

（2）1938～1948 年

高层建筑的休眠期，这一时期上海只建造了 4 幢高层建筑，总建筑面积 3.3 万 m^2，

---

[1] 许福贵，许岚．上海高层建筑发展的历史轨迹．施工技术，1996（11）：38.

[2] 同上。

[3] 陈光济．上海高层建筑综述．上海八十年代高层建筑，上海：上海科学技术文献出版社，1991：目录后第一页.

[4] http://www.stats-sh.gov.cn/2003shtj/tjnj/nj07.htm? dl＝2007tjnj/C1004.htm 表 10.4 主要年份八层以上房屋情况整理。

[5] 这里数据出入较大。据许福贵、许岚的“上海高层建筑发展的历史轨迹”（施工技术．1996，11：38）一文，这一时期上海高层的数量为 38 幢；据陈光济的“上海高层建筑综述”（上海八十年代高层建筑．上海：上海科学技术文献出版社，1991，12：目录后第一页）一文统计，1920～1937 年上海高层住宅共有 91 幢。考虑陈光济的数据分类细致、明确，在本文（即下文）的统计表中采用 91 幢这一数据。

其中 1 幢为综合楼，3 幢为住宅楼。

（3）1949～1979 年

高层建筑的恢复时期和争论时期，30 年时间，建造高层建筑 40 幢，总建筑面积 32.37 万 m^2，其中，建于 1960 年，位于余庆路 189 号的华侨公寓，8 层，高 26m，为新中国成立以后新建的第一幢高层建筑。

（4）1980～1990 年

上海共建造高层建筑 812 幢，总建筑面积 1098.88 万 m^2，其中住宅、公寓 531 幢。1985 年的联谊大厦，31 层，高 108.65m，是新中国成立后上海第一幢超高层建筑。

（5）1991～2000 年

上海共建造高层建筑 2717 幢，总建筑面积 6180 万 m^2，在数量、质量以及建筑高度等各个方面都有新的突破。

（6）2000～2006 年

上海共建造高层建筑 8460 幢，总建筑面积 14821 万 m^2。高层建筑呈井喷的发展态势。

上海高层建筑的发展　　**表 2-4**

年代	高层	建筑	高层	住宅	住宅所占比例
	栋数	万 m^2	栋数	万 m^2	%
1912～1937	91	94.20	32	32.4	34.4
1938～1948	4	3.3	3	1.85	56.0
1949～1979	40	32.37	27	19.88	61.4
1980～1990	812	1098.88	531	605.83	55.1
1991～2000	2717	6180	—	—	—
2001～2006	8460	14821	—	—	—

注：①1912～1937 年数据参考据陈光济“上海高层建筑综述”（上海八十年代高层建筑．上海：上海科学技术文献出版社，1991，12）一文统计数据。②1991～2000 年、2001～2006 年数据系作者根据上海统计网（http://www.stats-sh.gov.cn/2003shtj/tjnj/nj07.htm? d1=2007tjnj/C1004.htm 表 10.4 主要年份八层以上房屋情况）数据整理所得。这两个时期的数据与前面数据的不同在于其包括前一阶段的数值。③1991～2000 年、2001～2006 年暂无高层住宅方面的数据。④住宅所占面积比例为本文整理所得。

资料来源：①许福贵，许岚．上海高层建筑发展的历史轨迹．施工技术，1996，11：38；②陈光济．上海高层建筑综述．上海八十年代高层建筑，上海：上海科学技术文献出版社，1991，12：目录后第一页；③上海统计网（http://www.stats-sh.gov.cn/2003shtj/tjnj/nj07.htm? d1=2007tjnj/C1004.htm 表 10.4 主要年份八层以上房屋情况）。

1978 年以前上海的高层建设只是处于准备时期，这一时期高层建筑的数量和总建筑面积都无法与改革开放后的上海高层建筑的发展相比；1980～1990 年是上海高层建筑发展的起飞阶段，前一时期在高层建筑的建设与设计中积累的经验为这一时期的发展奠定了基础；1990 年以后是上海高层建筑大发展的时期，这一时期每年的建设量都可以超过以往所有高层建筑的建设，由此带来了上海高层建筑在数量和面积上的快速上升，以至于以往所有高层建筑的量的发展都显得微不足道（图 2-12）。

2. 上海高层建筑的分布

上海高层住宅占了上海高层建筑的重要部分，高层住宅的分布在不同的历史时期有着不同的特点。20 世纪 90 年代以前，上海高层住宅的建设主要为上海的旧区改造服务，着力于解决土地紧张的问题和众多人口的居住标准的提高所带来的矛盾，这一时期的高层住宅主要分布在内环线以内，即城市的中心区部分（图 2-13 左）。

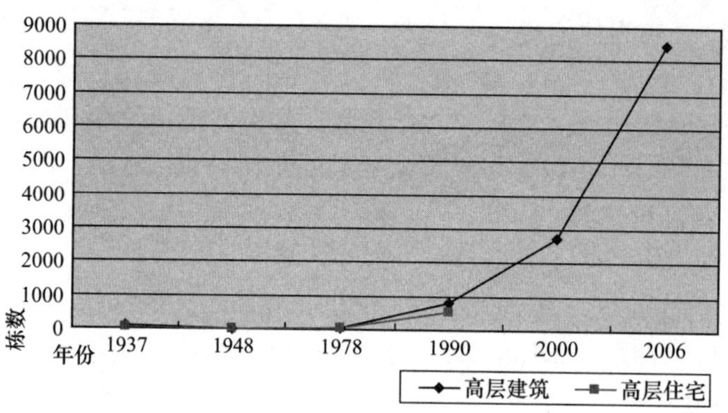

图 2-12　上海高层建筑的发展

（图片来源：本研究整理）

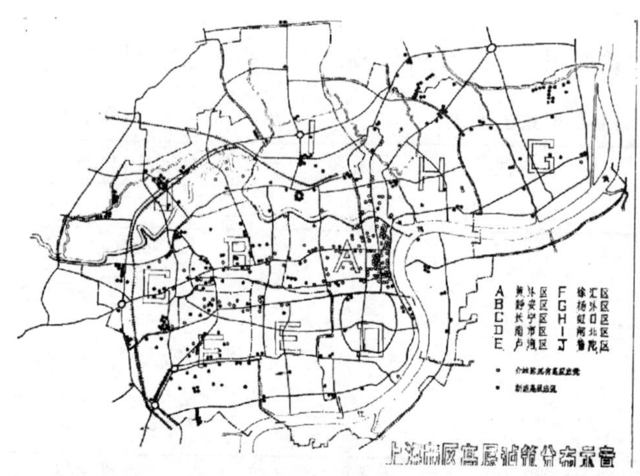

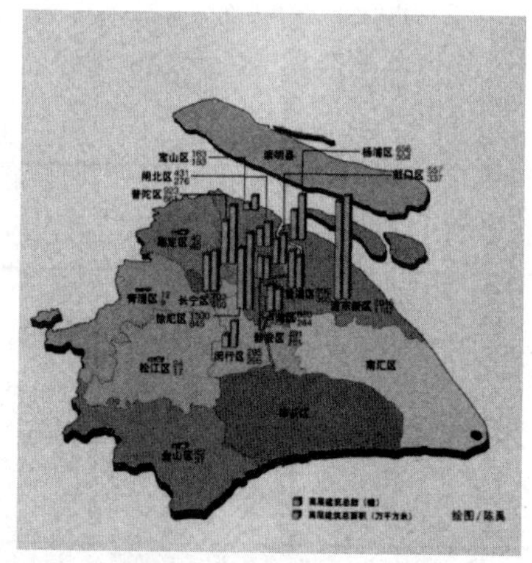

图 2-13　1986 年上海高层建筑分布（左）；2005 年上海高层建筑分布（右）

（图片来源：何新权. 上海城市高层建筑的规划布局及其作用. 建筑施工，1986（02）：05；徐楠. 上海高层建筑的爱与痛. 华夏人文地理，2005（08）：82）

进入 20 世纪 90 年代以后，房地产市场迅速发展，上海高层住宅的发展进入全盛时期，在旧区改造中继续发挥高层住宅的主要优势的同时，在新开发的地区高层建筑也大量出现。其中固然有节地的客观效果，但这一时期高层住宅的发展更多地是为了改善城市面貌，丰富城市空间。

1990 年起，高层建筑成为导致地面沉降的重要因素之一，浦东陆家嘴、虹桥开发区、苏州河沿岸高层建筑密集区成为地面沉降比较严重的地区（图 2-13 右）。考虑到市中心人口已经非常密集，而且基础设施又相对薄弱，当时有观点提出在市中心区控制高层住宅的发展，而在中心区以外和浦东等新区适当进行高层住宅的建设（杨谋，1990）。

2000 年以后，上海走入理性发展的阶段，在市中心区开始控制高层住宅的发展，以合理的容积率作为主要的控制手段，防止市区中心的人口密度过大。从可持续发展的高度，以节能省地为根本目的的建设指导思想带来了上海住宅建设和分布的新特点，即在中心区以外的外环地区也大量发展高层住宅以实现土地的节约集约利用。

城市高层建筑的兴起与发展，是以现代技术手段来解决城市人口的增长和城市用地不足的矛盾的结果，因此它是社会因素与技术手段混合的产物。城市用地不足，可以通过扩大城市用地范围得到弥补。而对于城市中人口、建筑密集的地区，却不能仅靠扩大城市用地的办法来解决旧城改造的矛盾。于是，对城市空间的充分利用，积极发展高层建筑，被认为是开创新的环境条件，缓和旧城用地矛盾的重要手段。尤其是城市的中心地区，土地的使用价值更高，高层建筑的发展量也必然更大。

高层建筑增长的幅度，是上海城市用地紧张程度的客观反映。上海高层建筑的发展，有继续成倍增长的可能，建筑高度与层数也会有新的突破，随着高层住宅的比重不断提高，高层住宅由市区向城市外围扩展的趋势将更加明显。

2.3.2　上海高层住宅的分布与发展

1. 上海高层住宅的分布特点

2000 年以前，上海的高层住宅主要分布于内环线附近与环线以内区域，分布状况呈以下特点：

（1）由外向内逐渐递减

全市在建的高层住宅，以环线附近区域分布得最为密集，占总量的 2/3，其他区域占 1/3；❶ 中央商务区基本上没有新建住宅，因为在这样的地段兴建住宅不能发挥土地的级差地租效应。环线带附近以前是工厂密集分布区域，近几年随着工厂的逐步外迁及旧城改造步伐的加快，该区域置换出较多可供开发的土地，地价成本相对较低，多被用来建造高层住宅。

（2）西部多于东部

分布在市区西部的高层住宅远多于东部。以南北高架为界，西部高层住宅占 70%，而东部仅占 30%。❷ 这一特点的形成，和上海市区东、西部区域的发展不均衡密切相关。闸北、杨浦、南市和虹口等区占有东部大部分面积，而这几个区由于历史的原因，环境较差，不适合发展中高档的住宅，黄浦区又由于其突出的商务功能，限制了其住宅的土地供应。西侧的徐汇、静安、卢湾等区历来就是环境较好的地段，长宁的虹桥开发区及附近发展成了市区的高级地段，因而高层住宅的开发比较集中，加之普陀、长宁和闸北地区的大量工厂被置换，高层住宅取而代之，因此，上海西侧的高层住宅占到七成的比例。

2. 上海高层住宅的发展趋势

以后，上海高层住宅将呈以下发展趋势：

（1）高层住宅的总量呈上升趋势，环线内将逐步减少

根据市府确定的住宅发展目标，上海市出台总体规划，上海中心城区内部包括四个层次：中央商务区、中心商业区、内环圈、外环圈。为了使城市布局发挥土地级差地租的效益，中央商务区将是国内外大财团金融机构、贸易机构的集中场所，中心商业区为商业、娱乐及大部分公司的用地。新建住宅将向内环圈和外环圈发展。今后每年将新建大量的住房，庞大的住宅建设工程的实施，在空间上势必向“高”、向“外”，即向高层、向郊外发展。

---

❶ 蒋碧涓．上海高层住宅市场的现状与展望．中国房地产，1996（09）：25.

❷ 同上。

随着上海的旧城改造步伐的进一步加快，由于配套好的动迁房紧缺，造成半数以上居民在外过渡，产生了比较严重的社会问题，而且市中心旧区改造步伐过快，也使市中心的商业零售业受到冲击。1995年开始，由居民外迁、动迁地块改变用途转向以旧里弄就地改造为主。环线以内的高层住宅用地将逐年减少，其供应也相应递减。

（2）环线内高层住宅开发将从西部转向东部

由于历史的原因，西部一开始就是投资者和开发商看好的区域，高层住宅竞相拔地而起，而东部则相对冷落。西部开发的高层住宅基数已很高，再发展空间越来越小，而东部区域内商贸环境逐渐改观，区域内密集的工厂陆续搬迁，生态环境也不断改善，腾出大量的住宅用地，土地成本较之西部也低得多，加之区域环境和土地成本原因，同规格的高层住宅价格东部与西部相差将近一倍。环线内高层住宅开发从西部转移到东部是必然趋势。

（3）上海住宅建设的重心"外移"，越来越多的上海人将搬到外环线外居住

外环线外新开工住宅的明显增多，意味着未来一段时期内，价格相对较低的住宅供应会有较大幅度增加。

2004年1月至8月，住宅新开工面积2076万m^2中，外环线外首次突破住宅供应总量的一半，占52%；内环线内的中心城区住宅开发比重明显"下降"，仅为12%。❶ 2008年，上海市住宅新开工和竣工面积有44%分布在远郊区（县），有26%分布在近郊区。其中，浦东、黄浦、卢湾和徐汇等10个中心城区占30%左右，宝山、闵行和嘉定等近郊区占26%左右，南汇、松江和青浦等远郊区（县）占44%左右。❷

3. 上海高层住宅的现状

经过近30年的探索与发展，目前，上海的高层住宅主要呈以下特点：

（1）住宅以板式为主

板式住宅进深较浅，通风的效果明显，能够适应上海地区多雨、潮湿的气候特点和住户对于日照、采光和通风的居住要求；同时，板式住宅有着明确的方向性，住户的方位感较强，容易实现住宅南向和偏南向的朝向要求。

（2）以单元式为主

上海新建住宅多数为单元式组合平面。标准层户型的数目以一梯两户至一梯四户为主，保证了住宅的私密性；电梯的服务人数（一梯多户的塔式、点式住宅）相对较少，基本可以避免电梯使用等候的问题，提高了住宅的居住品质。

4. 高层住宅的省地问题

目前，上海住宅多以高层为主，这一现状和新的特点就会带来包括住宅的省地策略、住宅的套型建筑面积和住区室外环境方面不同于多层住宅的特殊的问题，对这些问题的探讨和研究具有积极的现实意义。

---

❶ 王蔚. 上海住宅建设重心外移——新开工面积外环线外首破总量一半. 文汇报，2004/09/23.

❷ 2008年各区（县）新开工和竣工面积如下：浦东350万m^2和310万m^2，黄浦10万m^2和15万m^2，卢湾10万m^2和12万m^2，徐汇35万m^2和55万m^2，长宁10万m^2和50万m^2，静安10万m^2和13万m^2，普陀30万m^2和70万m^2，闸北40万m^2和56万m^2，虹口35万m^2和56万m^2，杨浦70万m^2和60万m^2，宝山100万m^2和210万m^2，闵行320万m^2和350万m^2，嘉定100万m^2和120万m^2，金山50万m^2和148万m^2，松江270万m^2和385万m^2，青浦120万m^2和140万m^2，南汇330万m^2和310万m^2，奉贤40万m^2和75万m^2，崇明70万m^2和65万m^2。来源：市房地资源局. 2008年上海市住房建设计划. 解放日报，2008-2-28.

（1）高层住宅的省地策略问题

许多在多层住宅中起重要作用的省地方法与策略在高层住宅为主的住区中可能作用就不再明显；而在实际操作中有较多困难或者其作用不明显的许多多层住宅省地策略在今天的条件下可能具有重要的借鉴意义。同时，高层住宅在省地方面可能有着特殊性，需要突破既有的思考方式，通过视角的转换，进行新的探索和研究。

（2）高层住宅公共部分面积指标

高层住宅中公共部分的建筑面积在住宅套型建筑面积中占有较大比例，同时，高层住宅随着层数的不同，其公共部分的标准配置和面积标准会相差较大，加之不同套型的组合方式（一梯两户、一梯三户、一梯四户）的问题使得高层住宅的建筑面积问题变得相当复杂。探讨高层住宅公共部分面积指标问题具有积极的现实意义。

（3）高层住宅室外环境

高层住宅对室外环境的影响比较明显，在以高层为主的住区的室外环境的规划中需要改变以往主观、经验性的判断和规划设计方式，借助新的设计工具，有针对性地研究高层住区面临的问题，缓解高层建筑带来的环境影响。

2.4　本章小结

（1）在某种意义上讲，现代城市规划思想源于人们对城市居住人口的居住问题的关注，而解决大量人口的居住问题，以适当的方式和合理的密度将人群聚居在一起是现代城市所要解决的主要问题。

（2）基于当时经济发展水平和住宅建设模式的限制，发展“多层高密度”住宅是我国住宅建设在特定的历史阶段的必然选择。在经济飞速发展的今天，特别是城市化程度大大提高，人口绝对数量增大，对居住标准和品质的要求也不断提高的今天，住宅需求与有限的城市土地之间的矛盾日益凸显。以前边缘而非主流的“高层高密度”模式成为解决这一矛盾的可能途径。

（3）在上海，人多地少的矛盾更加突出，面对这种现实，上海很早就开始发展高层建筑。但限于当时的经济技术条件，特别是在计划经济的时代大背景下，土地公有制前提下的土地价值的问题是敏感而又时刻围绕着许多人的一个问题，从而也将使我国一直以来对于是发展“高层高密度”还是“多层高密度”的争论变得愈加复杂。

（4）面对上海的城市化步伐的逐渐加快，尤其是改革开放后，住宅问题改革的深入，住宅的建设走入全面的市场化，土地的价值由市场规律来主导，使得以上的争论变得不再那么复杂。人多地少的矛盾进一步加剧，人口密度和人口数量绝对值的进一步提高，使得上海的住宅发展不以人们的意志为转移地向“高层高密度”的方向发展。

第3章　省地型住宅设计策略探索

我国虽然幅员广阔，但人均可耕地面积极为有限，每人平均不到 $200m^2$。[1] 在新中国成立初期，人们并没有重视这个问题，或者头脑中根本没有这个概念。这样的状况，主要是由于以下几个原因造成的：[2]

（1）在新中国成立初期，百废待兴。在大规模兴建新建筑和城市扩建的起始阶段，注意力并没有放到节约城市用地上，而是更多地被市民的卫生条件、舒适条件和方便条件所牵扯。

（2）对于建设项目，例如一所大医院、大学校、一片居民区和各种规模的工厂，什么才是最佳的占地标准，当时根本没有这样的建设经验。

（3）在“一五”期间，只有苏联等社会主义国家愿意帮助中国。在城市建设和建筑领域，只能依据苏联的标准，在这样一个地广人稀的国家，人们自然不怎么考虑节约城市用地。多数前苏联顾问只是想着将本国经验推广到别处去，却忘记了中国的国土面积还不到他们的一半，而中国的人口在1953年已经是苏联的3倍这样的国情。

（4）建设中一味跟从苏联顾问的意见，追求高大和对称。在街网、十字路口、广场处理上，这种追求常导致出现一些不合理的解决方案，而且用地浪费严重。

3.1　多层住宅设计省地策略

从20世纪60年代起，土地问题就已经比较严重了，节约土地的必要性被切实提上了日程。当时的口号是“尽可能少占耕地，高产土地一寸也不能占”。[3] 1958年，党中央发出了节省基本建设用地的号召，[4] 并且一再强调要“少占农田，不占良田”。[5] 但闲置的荒地和空地越来越少，特别是在市镇附近，大城市周围基本全都是农田和菜地，这些绿色地带是城市居民蔬菜供应的来源，但人们有时也不得不占用。[6]

由于住宅建设在整个城市建设中占了很大的比重，所以节约住宅建设用地就是当务之急。[7] 现实的压力和政策的指导使得我国的住宅规划与设计走上了一条在有限的土地资源

---

❶ 华揽洪．重建中国：城市规划三十年（1949-1979）．李颖译，华重民编校．北京：生活、读书、新知三联书店，2006：164.

❷ 同上，p51。

❸ 同上，p165。

❹ 今兹．在住宅建设中进一步节约用地的探讨．建筑学报，1975（03）：29.

❺ 张开济．改进住宅设计 节约建设用地．建筑学报，1975（03）：14.

❻ 华揽洪．重建中国：城市规划三十年（1949-1979）．李颖译，华重民编校．北京：生活、读书、新知三联书店，2006：165.

❼ 当时，在北京市大约接近40%。张开济．改进住宅设计 节约建设用地．建筑学报，1978（03）：14.

条件下解决众多人口的居住问题，千方百计节约住宅建设用地，严格控制住宅居住标准的探索之路。

3.1.1　研究文献的限定

本书对于住宅的既有省地策略的回溯与研究，主要运用文献归纳的方法。论文主要选取中国建筑学会主办的《建筑学报》中涉及住宅省地问题的文章作为主要资料，总结文章中提出的策略，并站在现在的视角对其中的一些观点加以分析。

1. 文献概述

《建筑学报》创刊于 1954 年，1955 年发行第一期，由科学出版社出版，第二期由建筑工程出版社出版。1958 年起有英俄文目次，从 1961 年第五期起由中国工业出版社出版，自 1973 年起由建筑工业出版社出版。由于历史原因，于 1966 年到 1973 年 9 月停刊。1960 年第七期到 1962 年第六期由中国土木工程学会与中国建筑工程学会合编。[1]

2. 文献选择依据

选择《建筑学报》作为研究依据的主要原因在于：

（1）连续性和相对完整性：《建筑学报》应是新中国成立后中国建筑理论界最早创办的刊物，虽中途又多次停刊，但仍不失其连贯性，停刊的空缺在某种程度上仍是其历史的一部分。

（2）权威性和学术性：该刊由中国建筑学会创办，投稿人多是知名专家和相关部门主要领导。

（3）代表性：投稿《建筑学报》的作者多为本身致力于住宅建筑的建筑师，具有丰富的实践经验。多数人经历了这段历史，自身就是这一时期住宅发展的见证人。

3.1.2　多层住宅设计省地策略探索

本书以时间为序，将《建筑学报》中针对多层住宅的省地问题的文献中具有代表性的重要观点重新整理回顾，以期为新的现实条件下我国的住宅设计提供可参考的思路和建议。

1. 戴念慈：住宅建设中进一步节约用地

对住宅设计中如何节约土地这一问题进行研究，戴念慈先生是其中较早的一位。1975 年，戴念慈先生在《建筑学报》03 和 04 期以今兹为笔名，先后发表了“在住宅建设中进一步节约用地的探讨”和“在住宅建设中进一步节约用地的探讨（续）”两篇文章，揭开了住宅设计中节约用地的研究与讨论的序幕。

在当时，戴念慈先生就意识到，到 2000 年，“我国工业人口和农业人口的比例，将要发生巨大的变化，随着形势的发展，不论城乡，在土地利用这个问题上，必将引起较大的变化。在这个变化中，如何少占农业耕地，更加切实有效地执行好党的节约用地的方针，应该是建筑工作者光荣的职责。”[2]

---

[1] 引自上海图书馆图书目录检索“建筑学报”条目介绍。

[2] 今兹. 在住宅建设中进一步节约用地的探讨. 建筑学报，1975（03）：29.

戴念慈先生认为节约城市用地的意义在于：

（1）节省城市用地，关系到少占农田，合理解决城乡之间在土地利用上的问题。

（2）节省城市用地直接关系到城市建设本身的投资。现代化的大城市，由于单位面积所需的交通运输设施（包括各种道路、车辆及地下铁道等）和管道设施（电力、电信、给水、排水、热力管网、煤气管网等）的投资和维护费都相当高，因而提高人口密度、紧缩城市用地就意味着可以节省这些市政设施的投资。

（3）从节省整个城市用地的角度来看，盖少数的高层公共建筑（虽然也有必要），并不能从根本上节省用地。住宅用地是城市用地中占比最大的。只有普遍在住宅建设中有效而合理地提高建筑密度和居住密度，才能进一步解决节约用地的问题。

着眼于缩小建筑间距和增加建筑层数两个办法。戴念慈先生当时所采取的这两个办法有很大的局限性：建筑间距缩到一定程度，就不能再缩了，否则，就会影响日照、采光、通风等。提高层数也有限度，一般住宅由于不设电梯，很少能超过 5 层，否则就很难使居民接受。

为便于研究，戴念慈先生首次引入了“住宅基本用地”的概念，即建筑本身用地加上在它周围留出的必要的（最起码的）空地，包括住宅楼前后根据房屋高度的一定倍数来保留的适当间距❶和左右按防火要求留出的 6m 的间距（图 3-1）。

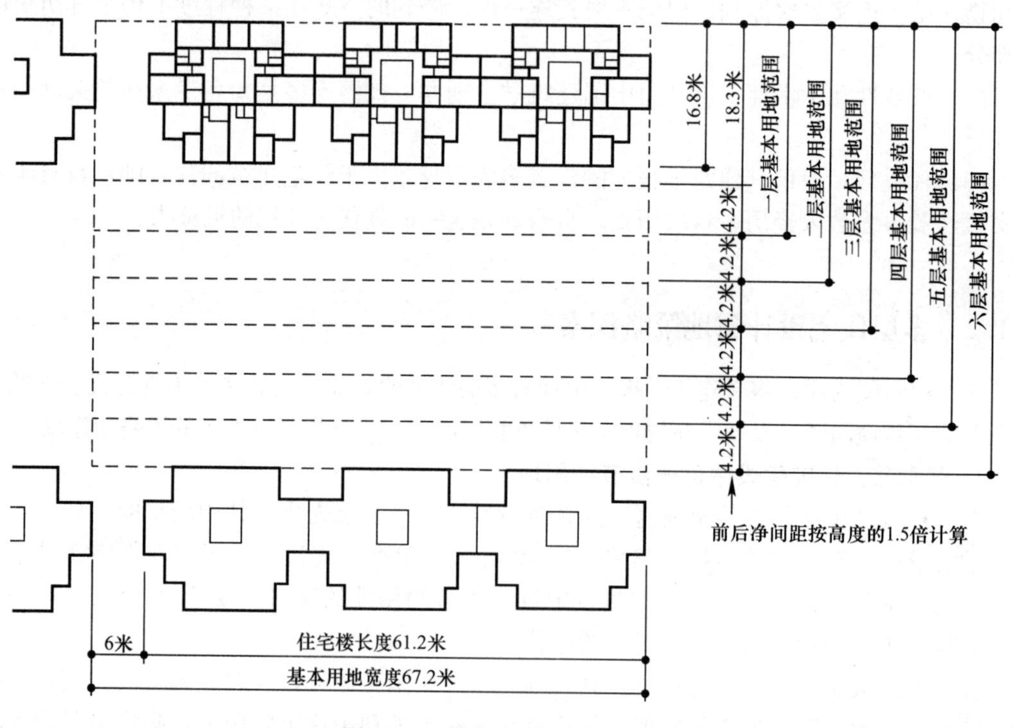

图 3-1　一幢住宅楼的基本用地

（图片来源：今兹. 在住宅建设中进一步节约用地的探讨（续）. 建筑学报，1975（04）：28）

❶ 多数情况，前后间距大致是高度的 1.5 倍左右，也有达 2 倍的。见：今兹. 在住宅建设中进一步节约用地的探讨. 建筑学报，1975（03）：29.

每户基本用地的面积，可以表达为一个公式：[1]

$$A=\frac{11}{10}W\left(\frac{D+K}{N}+HK\right) \quad (式 3\text{-}1)$$

公式中，A=每层基本用地，W=每户面宽，D=进深，H=层高，N=层数，K=间距系数。这个公式，说明影响每户基本用地的因素有5个，每个因素在公式中的地位，正好表明它对用地的影响程度：

（1）层数：层数越多，每户基本用地就越小，但层数只影响公式括弧中的前一项，对后一项不起作用，而且层数越多，前一项与后一项相比的相对数值就越小。因而，层数越高，增加层数对每户基本用地在数值上的相对影响就越小。

（2）层高：层高上的差异，乘上间距系数，再乘每户面宽，再乘11/10，最后表现为每户基本用地数值上的差异。适当降低层高，有时比单纯增加层数更为有效。

（3）间距系数：缩小间距，可以节约用地。[2]

（4）标准层每户面宽：每户面宽不但同时影响着括弧里的前后各项，而且还乘个11/10以扩大影响，表明在标准层平面设计中，缩减每户面宽所起的作用是很大的。但缩减每户面宽应主要在平面布局上做文章，而不应片面地缩减房间的宽度尺寸，把房间做得又狭又长，弄得房间里不好摆家具，在使用上产生不良后果。

（5）进深：从表面上看，进深越大，每户基本用地也越大，但进深是和每户面宽密切联系着的。进深加大，往往导致每户面宽的缩小。另外，当层数增多的时候，它的相对影响会越来越小。因此，实际效果往往是进深大的方案用地反而越小。

在此基础上，戴念慈先生提出了住宅设计节省用地的四个途径：[3]

（1）节省用地的途径之一：紧缩每户基本用地

对影响每户基本用地的因素作全面考虑，可以合理而有效地紧缩每户基本用地。

标准层平面是组成整个住宅区的基层细胞，基层细胞是否有利于节约用地是起根本性作用的。研究住宅的个体设计，合理地缩小标准层平面的每户面宽，是节约用地的基本关键。

为了说明住宅个体平面形式在节约用地上的作用，并考察住宅层数的增长在节约用地上的变化规律，戴念慈先生试就两个住宅方案的基本用地，进行计算和分析：一个是大面宽方案（指标准层每户所占建筑物的平均面宽），一个是小面宽方案。两个方案的每户居住面积大体相仿。通过比较研究发现：[4]

1）同样间距，同样层数，小面宽方案与大面宽方案相比，每户基本用地都显著地节省。

2）当层数少的时候，每加一层，其每户基本用地的差别比较明显，层数越低，差别越大。

3）层数越高，增加层数的节约用地的效果越差。当层数增加时，少于8层的那段曲

---

[1] 分析研究基本用地的面积指标的变化规律，有助于了解设计上各种设想的不同的节约用地效果，从而寻找出节约用地的有效途径。因为一个住宅区，尽管它的总平面布置有各种变化，但总是由许多基本用地单位以不同形式构成的。如果这个基本用地单位的面积经济的话，那么，由它构成的整个住宅区的用地效果，也就更加经济。见：今兹. 在住宅建设中进一步节约用地的探讨（续）. 建筑学报，1975（03）：30.

[2] 间距系数究竟多少合适，因各地气候、日照及地形等条件的不同，而有所差别。见：今兹. 在住宅建设中进一步节约用地的探讨（续）. 建筑学报，1975（03）：30.

[3] 今兹. 在住宅建设中进一步节约用地的探讨（续）. 建筑学报，1975（03）：29-32.

[4] 同上，p28-29。

线下降得比较厉害，过了 8 层，曲线就变得越来越平缓。因此，8 层以下，住宅层数的增长对节约用地是比较有效的，超过 8 层，层数增长的意义就不大了（图 3-2）。

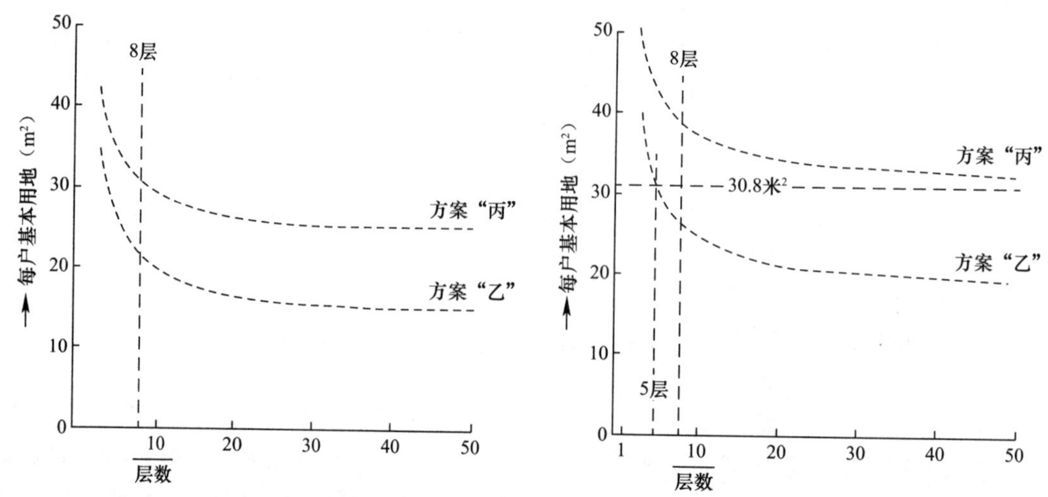

图 3-2　两种平面形式不同层数的用地变化趋势：净间距为 1.5（左）和 2.0（右）

（图片来源：今兹．在住宅建设中进一步节约用地的探讨（续）．建筑学报，1975（04）：29）

4）不同平面所起的节约作用，又有很大的不同。越是省地的个体平面，在增加层数时，其节省用地的潜力也越大。

在个体平面上做文章，比增加层数在节约用地上的效果要好得多。❶

8 层以下低层建筑层数增加时，节约用地的作用较大，高层建筑（8 层以上）层数增加时，其节约用地的作用很小。因此，在不使用电梯的条件下，把层数做得高一点为宜。

通过在住宅楼梯上作出特殊的安排提高住宅层数，使人们每上一层楼，都接着走一段平路（约 12m），以消除疲劳，然后再走第二层。这样的走法，能够收到“一张一弛”的效果，走一层，放松一下，再走一层。用这种方式上六七层楼，并不比连续上四五层楼更加疲劳（图 3-3）。❷

重视降低层高对节约用地的作用，其作用有时可以超过增加层数所起的作用。

应通过调查和试验，对住宅楼的间距问题作系统的研究。

（2）节约用地的途径之二：利用房屋的间距空地

把一幢住宅楼的间距空地同时用作第二幢住宅楼的间距空地，组成一个复合的基本用地单位，即适当考虑较少量的东西朝向的建筑，使两幢楼所需的间距空地重叠起来。

（3）节约用地的途径之三：利用马路的空间

充分地利用马路空间，将房屋的层数、高度和马路宽度配合起来，作为住宅楼的间距空间。

1）沿马路的房屋高度应和马路宽度相配合。

---

❶　一般来说，单纯地把房屋层数从 5 层增加到 7 层，用地大致可节省 7.5％到 9.5％。而平面形式上的差异，其节约用地的程度，有时可大大超过此数。见今兹．在住宅建设中进一步节约用地的探讨（续）．建筑学报，1975（03）：32.

❷　今兹．在住宅建设中进一步节约用地的探讨．建筑学报，1975（03）：31.

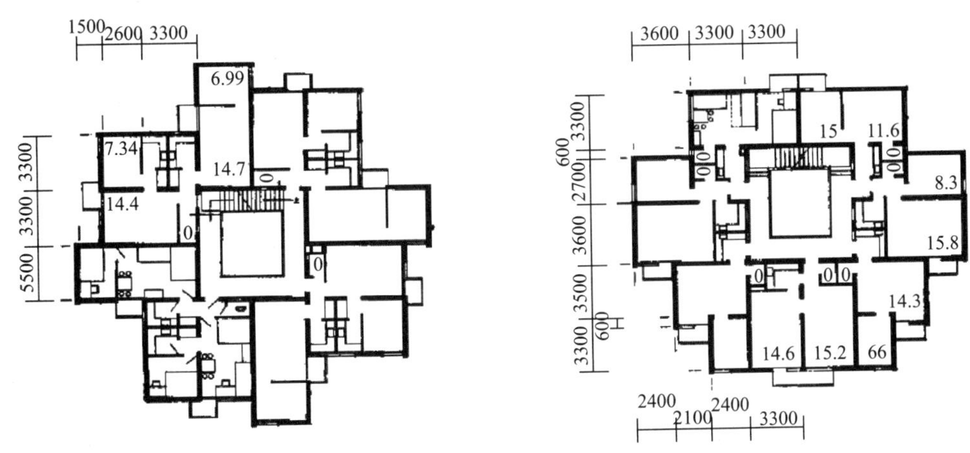

图3-3　方案甲（左）、乙（右）平面

（图片来源：今兹．在住宅建设中进一步节约用地的探讨．建筑学报，1975（03）：29）

2）大城市的干道，其两边应该考虑和马路相称的高层建筑，以节约用地；对广场也采取同样的原则。

3）绝对化的户户朝南，导致南北向马路的房屋一律“肩膀”朝街，对节地不利。

（4）节约用地的途径之四：合理利用超高层住宅

合理利用50层这种高层建筑，把它作为一种基本形式以外的附加形式，发挥它的特殊作用。它的挡风面较小，对于日照也有它有利的一面，日影影响范围虽然很大，但大部分的日影瞬息即过。与普通5层楼相比，日影的影响范围差不多。

把高层建筑，以一定的（较大的）间距，分散地安插在城市里，可使城市的绝大部分（盖5～6层或6～7层楼的）面积，仍受到一定时间的日照。就整个城市范围，每公顷用地可再增加120～150户。

戴念慈先生对住宅省地问题的研究有几点值得我们学习和借鉴：

通过建立数学公式研究问题，如此就使一直以来比较笼统的经验性的描述变得更加直观、清晰，对影响住宅节地的各因素在节地问题中的作用一目了然。

以“住宅基本用地”的概念，即每户住宅所占居住用地的面积，将住宅省地问题简化，明确了住宅省地问题的根本。同时，对于我们转变对住宅省地问题的认识和研究的方法具有重要的意义。这正是从另一个角度对“套密度”概念的表述。但这一概念牵涉的影响因素过多（进深、层高、层数、间距系数等），使得其在实际的使用中可操作性受到很大的影响。

对于高层住宅的节地问题，戴念慈先生认为，住宅越高，节地效果越不明显，这与其建立的“住宅基本用地”的概念是割裂的：如果从“住宅基本用地”的角度出发，高层住宅可建户数超过多层住宅，每户基本用地肯定小于多层住宅，结果必然是节约用地。戴先生得出这一结论的主要原因在于当时高层住宅的日照计算仍按照多层住宅的“日照间距”进行。层数越高，所需的间距越大，层数增加所带来的节地效果为间距增加带来的土地占用所抵消。

通过楼梯平台的设置，减轻上楼的疲劳感，对今天的多层住宅的设计仍有借鉴意义。即使不做超过规范要求的6层以上的住宅，在6层以下的住宅中采取类似的措施，对于提高住宅的使用舒适性仍有意义。

2. 张开济：改进住宅设计 节约建设用地

1978年，张开济先生针对当时刚刚开始的高层住宅的建设，指出建造“高层住宅不是节约住宅用地的唯一途径”。❶高层住宅只是提高密度的一种手段。低层住宅，同样能做到高密度，既节省大量建设投资，又受住户欢迎。❷

张开济先生提出了“少建高层，改进多层，利用天井，内迁厨房，加大进深，缩小面宽，节约用地，节省投资”的具体策略，以实现住宅设计中节约建设用地的目的。❸

（1）利用内天井加大住宅进深

在保证适用的条件下，尽可能地加大住宅进深，缩短每户平均所占的面宽，从而收到节约用地的效果。住宅辅助功能空间——浴、厕、厨房等都“内迁”到住宅的中心地带，缩短了每户所占的外墙宽度，加大了住宅的进深。对于当时内天井所存在的主要问题，张开济先生认为可以采取诸如刷白内天井的墙面以增加反光作用，或利用间接采光以补充厨房光线之不足等方法，解决内天井的一、二层的厨房光线不够的问题。在内天井内，除了为满足通风采光的绝对需要外，尽可能少开窗户（特别是可以开启的窗户），同时注意窗户开启的方式，可能有助于缓解内天井厨房串味、各户之间声音互相干扰（尤其在夏天）的问题。

（2）改进住宅横剖面

把一些层高要求较低的厨房、浴厕及次要居室等在垂直方向集中起来，安排在住宅的北部，使住宅北部的总高度低于南部的总高度，这样就不仅压缩了建筑体量，而且也缩小了必要的卫生间距（图3-4）。❹

加大住宅进深比增加住宅层数有效，而把住宅的进深加大的同时再把上面几层做成踏步形，则效果更加明显。

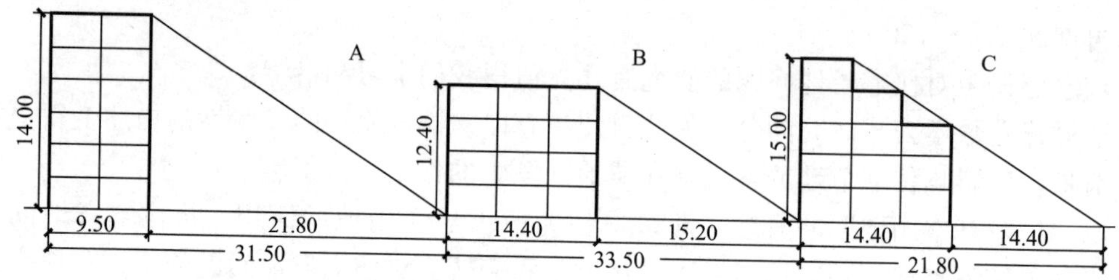

图3-4　不同住宅横剖面用地比较

（图片来源：张开济．改进住宅设计 节约建设用地．建筑学报，1978（03）：18）

（3）东西向住宅

在南北向住宅楼群的间距空地的一端布置一些东西向住宅楼，因为这些东西向住宅楼只是重复利用南北向住宅楼的间距空地，往往只需要增加很少的用地，这样既可以节约用

❶ 张开济．改进住宅设计 节约建设用地．建筑学报，1978（03）：14．

❷ 同上，p15。

❸ 同上，p20。

❹ 三个形状不同、体积一样的剖面，用地的多少因形状不同而各异。A用地最多，而B则比A缩短卫生间距4.8m，节约用地12.5％，C又比B缩短卫生间距4.8m，节约用地14.3％，C和A比则缩短卫生间距9.6m，节约用地25％。

地，又有利于组织室外空间和丰富街景，在平面设计上采取一定的措施，可改善东西向住宅居住条件：

1）锯齿形平面能为住户多争取一些东南向或西南向的阳光，减少一些西晒，并组织必要的过堂风，使东西向住户的居住条件尽可能改善（图 3-5）。

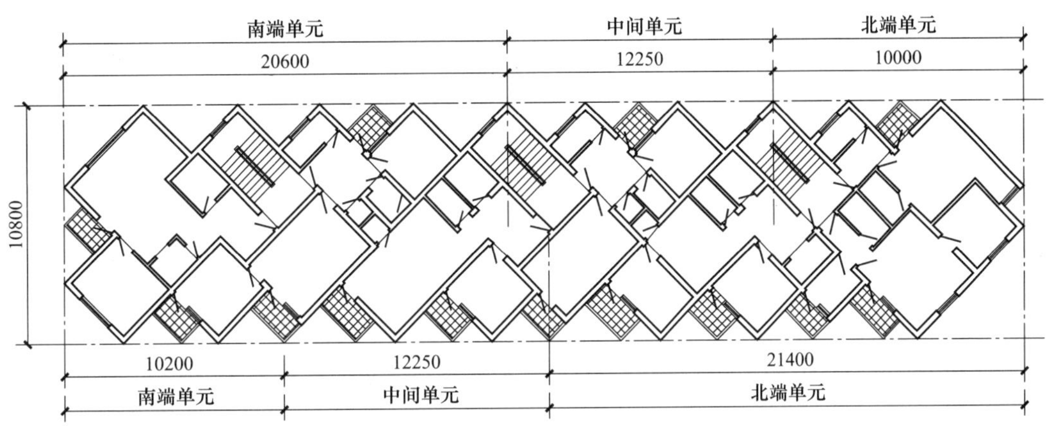

图 3-5　东西向住宅方案

（图片来源：张开济．改进住宅设计 节约建设用地．建筑学报，1978（03）：20）

2）内廊式：东向和西向虽也有差别，但总不如南向和北向之相差悬殊，可以考虑在东、西两个朝向也布置住户，住宅进深能进一步加大。

内廊式方案包括南端、中间和北端三个基本单元。利用这三个单元可以作各种不同的组合。每个单元四户，南端单元中两户向南，一户向东，一户向西，其他单元中则东西向户各一半（图 3-6）。

为了改善日照条件而又避免采用锯齿形平面，可利用预制长向楼板的特点，结合平面上凹阳台的布置，使每户的主要居室都有一个东南向或西南向的角窗，可使住户多接受一些偏南面的阳光，少受一些西晒。为西向住宅装置一些遮阳设施，可以进一步减轻西晒。

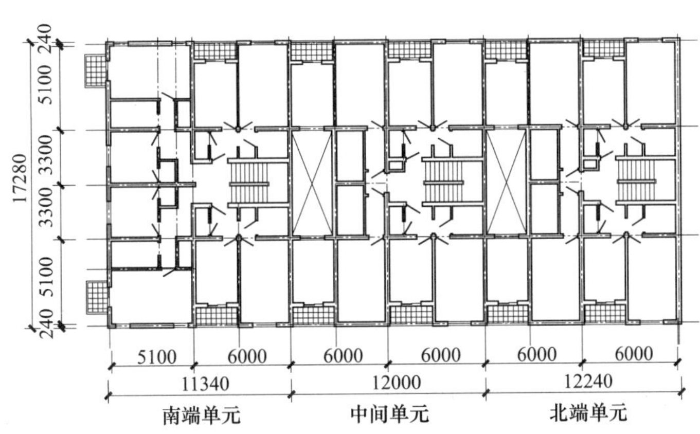

图 3-6　东西向内廊式住宅平面

（图片来源：张开济．改进住宅设计 节约建设用地．建筑学报，1978（03）：20）

（4）张开济先生是“多层高密度”住宅建设模式的积极倡导者

在当时的经济技术条件下，这一想法具有积极而重要的作用。重新审视当时提出的这些方法和策略，我们会获得新的认识：

1）内天井住宅由于自身的一些缺陷（互相之间的干扰问题、卫生的问题、油烟的污染问题等），一度被边缘化。若结合现在的物业管理，及时清理内天井，使用新型的排油烟机和排风技术，使用独立于天井之外的管道，避免油烟的污染，使用隔声材料解决互相之间声音干扰的问题，利用反光材料增加天井底部住户的采光，或进一步放大天井尺寸，让更多的光线进入，可解决底层采光不足的问题。通过相关措施的使用，内天井的布局方式对于多层住宅可提高密度进而达到省地的效果，所以它仍是很有吸引力的方法；但对于高层住宅由于天井的拔风作用带来的消防隐患以及底层住户内部房间无法采光等问题，这一方法的可行性值得商榷。

2）通过住宅剖面的改进达到省地的目的，是基于日照间距控制日照标准这一前提的。目前高层住宅用日照时间来控制日照标准，考虑太阳方位角的因素，利用建筑之间的空隙“借光”，是解决高层日照问题的主要方法。高层住宅中住宅的高度不再是最主要的限制因素时，通过住宅剖面的改进来节约住宅用地对高层住宅来讲意义不大。

3）东西向住宅对于提高住宅的节地效率有重要的意义，特别是在高层住宅不受距离限制，只需满足必要的连续日照的条件下，这一方法是具有积极意义的。同时，现在市场上的商品住宅以质论价，一房一价的方式决定了可以通过住宅的价格调节住宅不利朝向所带来的问题。这一方法对住宅建设中土地的节约作用明显。但这一方法的使用应该注意所属住区的住宅的类型，对于社会保障型住宅（经济适用房和廉租房），其朝向要慎重。因为此类住宅的价格与价值并不对等，避免朝向的不同而造成分配困难和使用者心理上的受到“不公平”对待的副作用的产生。

3. 沈继仁：节约住宅建设用地的途径

1979年，沈继仁在戴念慈和张开济的文章提出节地策略的基础上，结合北京的情况，就节约住宅建设用地的途径，阐述了自己的意见：

（1）适当缩小住宅间距

当时，日照标准尚不够统一，沈继仁将日照标准分为3类：

1）1类：前排建筑物在冬至日中午不遮挡后排建筑首层的窗户；

2）2类：冬至日中午前排建筑的阴影落在后排建筑的首层窗户上口；

3）3类：考虑后排建筑在冬至日中午只是二层窗户全部晒到阳光，因此，需将一个居住区的所有三室户集中到住宅的第一、二层，每户占一楼一底，主要居室布置在二楼，每户二层起居室都能晒到太阳。❶

❶ 北京地区5～6层住宅采用三种日照标准时的用地比较

日照标准			日照间距及节地情况			
日照类别	冬至日阳光位置	首层全年无日照天数（天）	日照间距（m）		节地（与1类比/%）	
			5层	6层	5层	6层
1	首层窗台上	0	28	33.8	—	—
2	首层窗台上口	1	25	30.8	7.90	6.85
3	二层窗台上	18	22.2	28	15.26	13.24

注：①设住宅的进深和间隔为10m。②日照标准1类首层窗户全部有阳光，2类、3类则有一线阳光也算一天。
资料来源：沈继仁. 关于节约住宅建设用地的途径. 建筑学报，1979（01）：49.

（2）多层住宅群中插入高层塔式住宅

在多层住宅群中，加大山墙间隔，插建一些高层塔式住宅，节约用地的效果还是十分显著。高层塔式住宅，宜用一梯多户、面宽小的套型（图 3-7）。

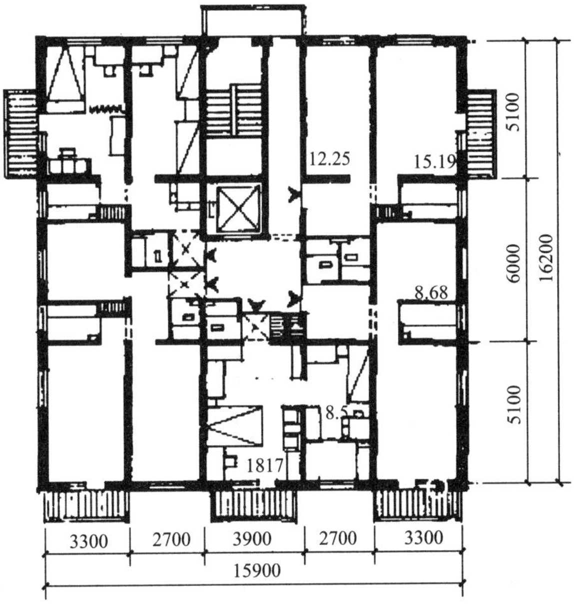

图 3-7　一梯五户高层塔式住宅

（图片来源：沈继仁．关于节约住宅建设用地的途径．建筑学报，1979（01）：50）

（3）加大住宅进深

节地的效果是随进深的加大而递减的，因而加大进深应在效果最显著的 11～13m 范围内进行。进深加得太大，一方面节约用地的效果不显著，另一方面增加了设计上的困难，会出现较多户的次朝向、暗房间等，降低居住水平。同样是加大进深，由于平面形式不同，其节约用地的效果是大不一样的。沈继仁结合几种平面形式加以说明：

1）南厨房方案

考虑到主要居室占好朝向一般均为 3.3～3.9m，但开窗面有 1.5～1.8m 就够了，将剩下的 1.8～2.1m 让给厨房。虽然产生了两个新的问题：一是由于厨房的进深要求，使居室前面出现了一个凹廊，比起阳台来，日照要差些。不过此方案如将深度为 1.5m 的凹廊再挑出 0.5m，厨房门开向凹廊，一年三季可在凹廊中吃饭，如果将凹廊装上玻璃窗，变成暖廊，则一年四季都可作餐室使用了。将小厅腾出来供会客或睡人，可使二室户有三个居住空间。二是进厨房必须经过居室。对一个二室户的家庭来说，人口组成比较简单，其主要居室因面积大、朝向好，多半兼作活动室，穿一下厨房并不碍事（图 3-8 左）。

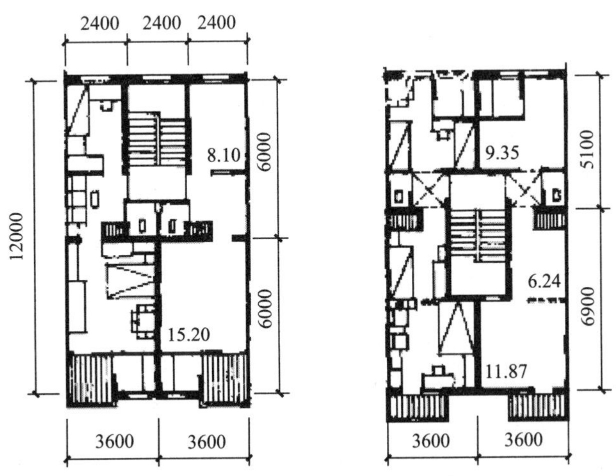

图 3-8　南厨房（左）与暗楼梯方案（右）

（图片来源：沈继仁．关于节约住宅建设用地的途径．建筑学报，1979（01）：51）

2）暗楼梯方案

将楼梯内迁，进厨房要穿过次要居室，使床铺、餐桌都有恰当的位置。将小厅合并到里面，使用时可用家具或幔帘分成两个空间，仍是二室户，三个居住空间。在主要居室上部开了一个小窗，可照亮楼梯休息板，楼梯间利用顶层采光，对于5层住宅，基本可以解决楼梯的采光问题（图3-8右）。

3）前后套间方案

省去户内全部走道，提高平面系数，每户都有穿堂风。但厨房甩在外面，每户需增加一把门锁，厕所两户合用，稍有不便，套间在使用上也有干扰（图3-9左）。

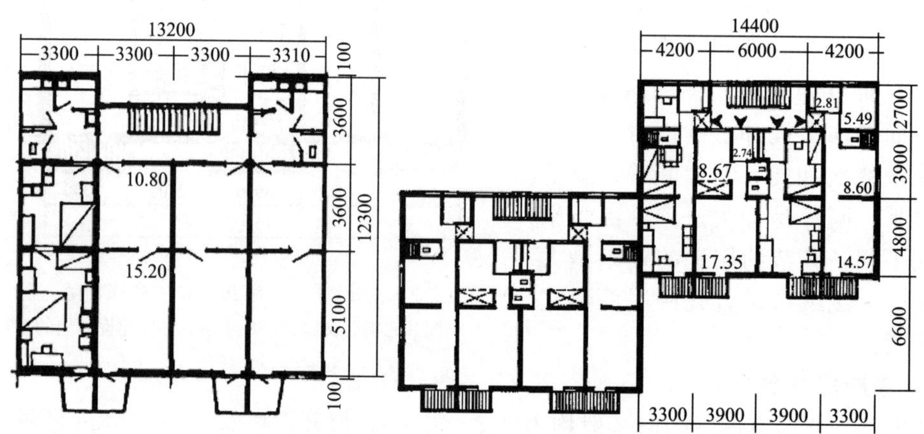

图3-9　前后套间方案（左）与锯齿形方案（右）

（图片来源：沈继仁. 关于节约住宅建设用地的途径. 建筑学报，1979（01）：51-52）

4）锯齿形方案

采用锯齿形拼接（图3-9右）。其优点与前后套间方案相同，克服了前者的一部分缺点，其中有一半住户的居住水平为三室户。

5）“十”字形方案

将凹口加长且放在北面，由于北面凸部面宽很小，它落在后排建筑上的阴影是随时变化的，因而在计算进深时北面凸部可不计，从而缩小住宅间距，节约用地（图3-10）。

（4）减少每户建筑面积

减少每户建筑面积而节约的用地比增加进深而节约的用地多，是节约用地的更有效途径。减少每户建筑面积对减少国家投资、加快住宅建设的速度、迅速提高居住水平具有重要的意义，而且是节约城市用地的重要手段。

（5）其他途径

1）加大单元拼接长度

加大单元拼接长度对节约用地有一定作用，但是住宅过长，不利于改善后排建筑的日照和通风。

2）取消间隔，采用少单元拼接交错布置

交错布置对居住区内院的日照和通风是有利的。但这种布置不宜用于5层住宅，因为取消了间隔，室外管线必须平行于建筑物的长边，但5层住宅这样布置时其相邻建筑物的间距只有7.5m，几条管线通过比较困难（图3-11左）。

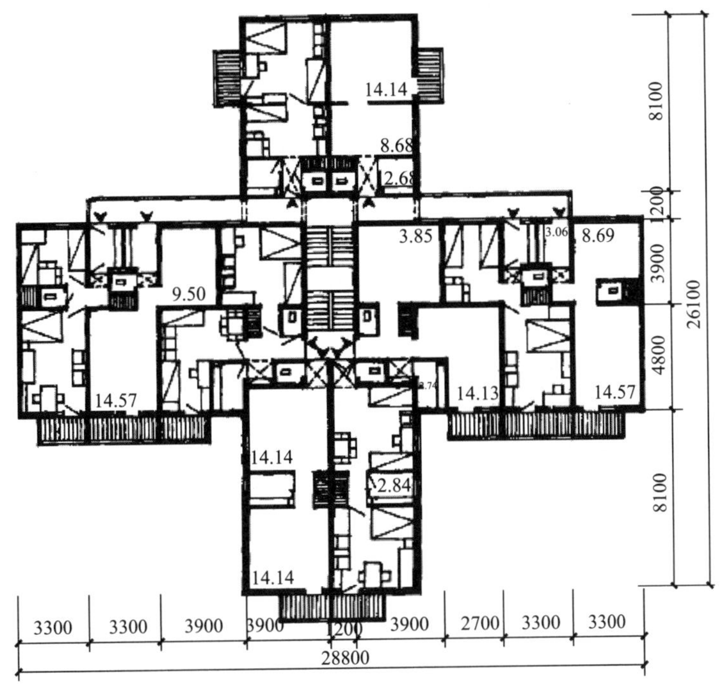

图 3-10　“十”字形方案平面

（图片来源：沈继仁．关于节约住宅建设用地的途径．建筑学报，1979（01）：53）

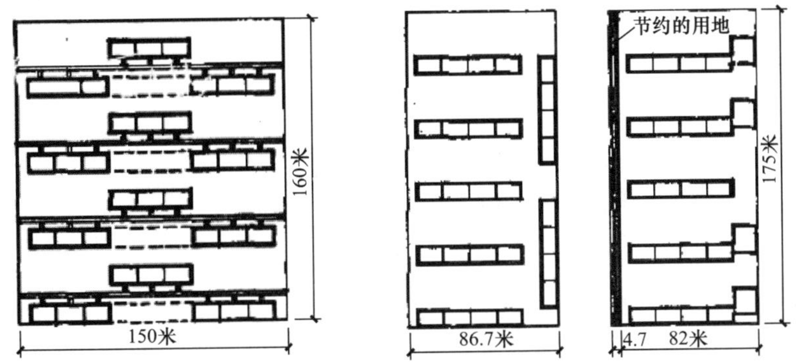

图 3-11　少单元拼接交错布置（左）与东西向布置独立单元（右）

（图片来源：沈继仁．关于节约住宅建设用地的途径．建筑学报，1979（01）：54）

3）充分利用东西向布置独立单元

在南北街道两侧布置多单元拼接的板式住宅，在节约用地和改善街景方面是有成效的。但也有缺点：一是出现了大量的东西向住户，二是对后排南北向住宅遮挡严重。用六层的独立式单元靠着南北向住宅的山墙布置，因而总的住户数不变，但总用地却节约了，而且改善了南北向住宅的日照和通风条件，沿街立面也更活泼（图 3-11 右）。

沈继仁提出的一、二层合为一户，各占一楼一底的方法在现在的一些联排住宅和多层住宅中仍经常使用，对于多层住宅的省地作用还是很显著的。但对于高层住宅，由于日照计算方式的不同，这一方法的省地作用不大。通过对“南厨房、暗楼梯、前后套、锯齿形、十字形的布置方式”平面方案的改进，达到加大住宅进深的作用。但这些方式在今天由于使用上的不合理，借鉴意义不大。

他提出的以减少每户建筑面积来节约用地的方法有着重要的参考价值。限于当时的经济发展水平和国家相关住宅面积标准的规定，已很难再缩减建筑面积，所以未引起足够的重视。但在现在住宅建筑面积普遍偏大的情况下，这一方法就具有重要的意义。减少每户建筑面积，在容积率给定的情况下，就意味着住宅户数的增加。总户数的增加，如果套用戴念慈先生的“住宅基本用地”的概念，就意味着每户“住宅基本用地”的减少，由此，达到节约用地的目的，特别是对于高容积率的高层住宅，这一效果更为明显。

至于增加拼接长度的方法，在住区的南侧，对住宅的日照影响是很不利的，但在住宅北侧，则节地作用明显。他提出的利用东西边缘设置独立的端头单元的方法仍有着积极的作用，但其使用有一定的局限性。

4. 朱亚新：台阶式住宅

1979 年，朱亚新结合上海杨浦区长阳路原霍兰街道地区进行的霍兰新村实验性规划及住宅的设计工作，提出了台阶式住宅的设想。❶

(1) 台阶式住宅

层层跌落的五、四、三层台阶式住宅设计是霍兰新村达到高密度的主要措施。其平面采用了上海居民习惯的里弄住宅“前、后间”的传统平面方式。小天井的设置使房屋进深达 15m。各户住宅有朝南亮敞的“前间”，其“后间”是面向天井的套间，可以通过与“前间”之间的玻璃隔断补充采光（图 3-12)。

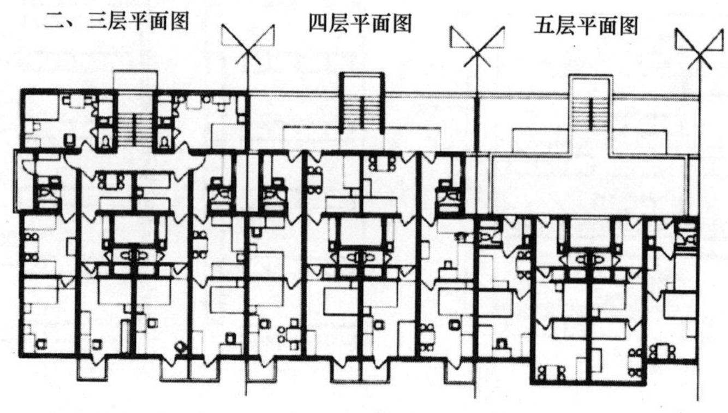

图 3-12　台阶式住宅平面

（图片来源：朱亚新. 台阶式住宅与灵活户型. 建筑学报，1979 (03)：43)

房屋渐次跌落，使台阶式住宅上部呈“豁口”天井，天井的实际高度各为三层半及四层半，降低了小天井的高度，改善了下层房间的采光效果。

台阶式住宅的北部层层跌落，五层房屋只需考虑其后部三层房屋的日照间距，因此可以不影响日照而增加住宅建筑面积，增加 24.6%住宅建筑面积（图 3-13)。

(2) 多住宅类型

多种住宅类型，因地制宜，最大限度地提高居住密度。在基地北部，利用长阳路道路

❶ 朱亚新. 台阶式住宅与灵活户型. 建筑学报，1979 (03)：43.

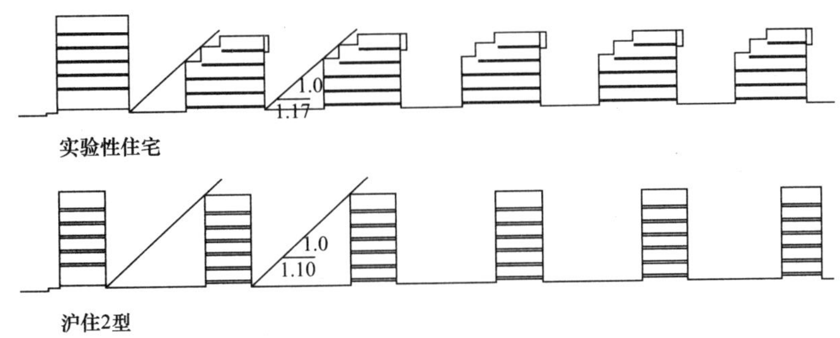

图 3-13　台阶式住宅节地用地示意

（图片来源：朱亚新：台阶式住宅与灵活户型. 建筑学报，1979（03）：43）

空间，沿街布置了 6 层条状住宅。在东部兰州路道路转折处，则利用畸形边角地段，布置 6 层点式住宅，充分利用土地。基地东北部沿街布置 12 层的高层住宅一幢，进一步提高居住密度，又在其南面腾出了宽敞的绿化场地（图 3-14）。

台阶式住宅设计的根本点仍在于减少建筑日照间距，这一方式在高层住宅设计中的省地作用已不显著。因地制宜，针对不同的地块，采用不同的住宅组合方式，特别是在城市旧区改造中的不规则地块的设计，这一方法能达到对基地的充分利用，对节约用地是有着积极意义的。

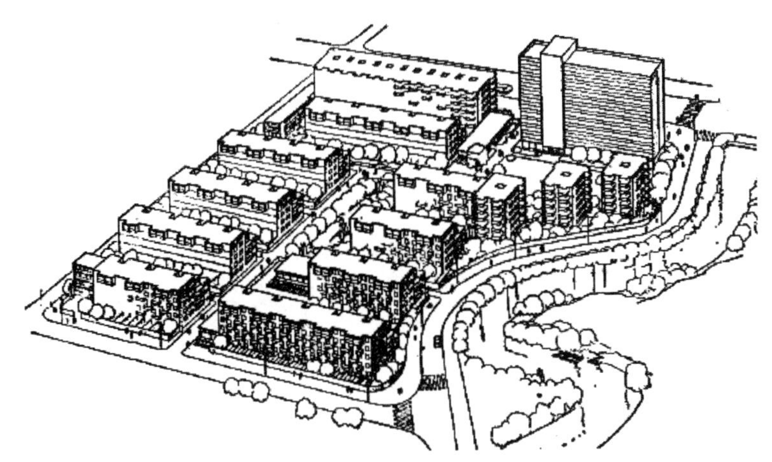

图 3-14　霍兰新村规划

（图片来源：朱亚新. 台阶式住宅与灵活户型. 建筑学报，1979（03）：43）

5. 李桂文：利用地下空间

1987 年，李桂文在“解决城市住宅问题的新探索”一文中认为，以往住宅节地的研究方向：一是从规划角度研究如何提高建筑密度、节约用地，二是从住宅本身向上和进深两个方向发展取得少占土地的效果。而住宅向地下发展尚未引起人们的足够重视。❶

李桂文认为，住宅向地下发展形成半地下居住空间可以在土地不增加、建筑高度不增加的条件下，增加一层可供使用的空间，对提高建筑密度、节约用地有显著的作用。❷ 他

❶ 李桂文. 解决城市住宅问题的新探索. 建筑学报，1987（09）：60.

❷ 同上。

以北方地区（哈尔滨）住宅为例，提出了半地下空间争取更多日照的具体策略：❶

（1）将一层和半地下层组合成跃层式住宅，形成复合型空间，就可以在其他条件均不变的情况下，保证每户有一间以上用房在冬季达到日照标准要求。

（2）将日照设计的计算点 M 点❷下移至半地下室窗户的中点，使其在冬至日能获得“半窗日照”。这样，虽然每户占地面积稍有增加，但建筑总高度不增高，却能多获得一层的建筑面积，其综合效益是好的。

（3）在建筑高度不变、间距增加不多的条件下，将半地下层朝向好的一侧的外墙向内退进适当的距离，也能使 M 点下降，提高室内日照。

（4）扩大半地下室好朝向一侧的开窗面积以扩大受照面积。

（5）改进采光井：①将好朝向一侧采光井的井宽加大至 1.5m 以上，并做成通长，来扩大封闭采光井的面积，以减少对阳光的遮挡。②将朝向好的一侧的采光井设计成各种形式的半开敞、台阶式的采光庭。③在半地下层好朝向一侧设置下沉式庭院，使南向窗全敞开。

（6）在做小区规划和组合体设计时，考虑利用“房侧光”来提高日照条件。

（7）采用特制的反射板装置，利用阳光的多次反射来加强深部日照。

由于计算方法的不同，利用地下空间在当时可以提高容积率，但以现在的计算标准，地下空间不计入容积率，其对容积率的提高是没有作用的；但通过增加地下可使用的空间，换一个角度，以增加的户数和每户可增加的面积去衡量，其对于节约用地是有着重要的意义的。这也从另一个方面反映出容积率作为用地开发的指标，特别是节地的衡量标准，存在着一定的局限性。

6. 戴念慈：加大住房密度

1989 年，戴念慈先生就当时出现的利用房地产经营的方式解决旧城改造问题的现象，指出：“这种做法有个先决条件，就是所盖的房子必须有足够数量的余房，能卖得足够数量的钱，能够补偿拆迁的费用。因此，这种破旧住宅区（它的人口很密）改造，必然要求很高的建筑密度，否则难以达到目的。”但他认为：“盖高层的办法解决高密度（问题）有它的限度，不是所有的地方都能盖高层，盖高层也未必是最有效的途径。”“解决问题的出路恰恰在于住宅个体平面和总体平面如何符合节约用地的规律。”❸

为此，戴念慈先生结合北京旧城区一个四合院的改造项目提出了四个具体的措施❹：

（1）在总平面布置上，采用组合式的方法使前后左右四幢住宅共享同一块宅间空地，不缩小房屋间距的高宽比，却可以节省宅间空地的面积。

（2）利用住宅的阴影部分，安置区内商店、卫生站、综合服务、修理加工、自行车存放、变电、热力等公共配套用房，以节省用地。

（3）戴念慈先生认为，以增加层数来节约用地，从 1 层增加到 2 层，作用很大，越往上长，作用就越小：1 层加到 2 层，每户用地可节约 A 的一半，其用地面积与节地面积都相当于图中 B 那个方块；若从 2 层增加到 4 层，一下子加了 2 层，每户用地却只能节省 B 的一半，面积如 C 方块；依此类推，4 层增加到 8 层，节地相当于 D；从 8 层增加到 16 层，节地相当于 E，

❶ 李桂文. 解决城市住宅问题的新探索. 建筑学报，1987（09）：p60-61。

❷ 太阳光线与建筑外墙面的交点。

❸ 戴念慈. 如何加大住房密度. 建筑学报，1989（07）：2.

❹ 同上，p3。

从 16 层增加到 32 层，所节省的反而只相当于 F 方块那样一小点，越往上作用越小（图 3-15）。

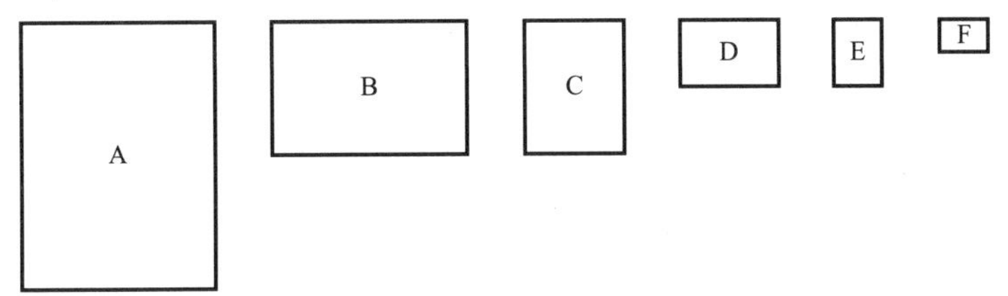

图 3-15　增加层数与节约用地的关系

（图片来源：戴念慈．如何加大住房密度．建筑学报，1989（07）：4）

选择 6 层为限，是在层数上发挥了最大的实效，6 层以上的节地实效不像想象的那样大，可不予采取，而使用另外的手段。❶

（4）住宅个体平面的形式，对节约用地所起的作用，在某种情况下，可以超过增加层数所起的作用（图 3-16）。

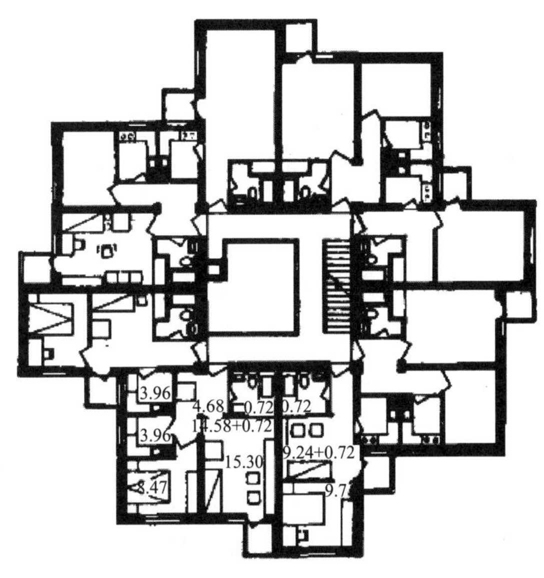

图 3-16　住宅个体平面

（图片来源：戴念慈．如何加大住房密度．建筑学报，1989（07）：4）

对于戴念慈先生在这篇文章中提出的一些主张和观点，需要辩证地认识：

（1）戴念慈先生在文中提出的围合式布置方法的实质与东西向的住宅布置方式的原理是一致的，其省地的作用比较显著，但要注意由此产生的住区室外环境的通风问题和住宅朝向的不同质产生的居住品质的不同质问题。

（2）将公共设施布置在住宅之间的阴影部分来节约用地的策略，对于多层住宅而言，省地作用明显；而对于高层住宅，建筑之间距离本身就比较大，这一方法对省地的作用不大。将公共设施的部分功能与住宅合并（如放在住宅的底层），减少土地的占用，倒是有着积极的作用。

（3）戴念慈先生提出，住宅的开发和住宅的省地两者的“规律不一样”，认为提高层数的节地效果不明显的说法是值得商榷的。如单就土地的占用面积来衡量，这一说法是没问题的。但这种“就面积论面积”的做法将住宅用地的面积与其他因素割裂开来，将问题简单化的做法导致了结论有很大的局限性。节约用地的问题不应只根据用了多少面积的土地来衡量；倘若换个角度，以土地的效率来衡量，即单位土地上的建筑面积或住宅套数来衡量用地的节约与否，来探讨住宅的省地问题，可能更为合理，更具现实性和可操作性。

7. 张开济：多层高密度

1989 年，张开济先生针对当时采用的压缩住宅间距的办法和把住宅层数提高到 6 层以

❶ 戴念慈先生还认为：“地产商弄到一块地，他要利用这块地赚钱，多盖一层便多赚一层的钱，而节约用地的规律则和赚钱的规律不一样。”戴念慈．如何加大住房密度．建筑学报，1989（07）：3.

上（高到 8～9 层甚至 10 层），降低建设投资的做法提出批评，认为这不是真正的“多层高密度”设计[1]，并结合具体工程，阐述了其一贯坚持的“多层高密度”的设计思想。

（1）规划设计层面

1）总平面采用院落式布局。可以提高建筑密度，打破行列式住宅布局的单调感，改善住户的室外生活环境。

2）东向单元中，利用三角窗来争取一些南面的阳光，把周边式布局的不利影响减少到最低。

（2）单体设计层面

1）采用开敞式天井，适当减少每户面宽。厨房沿开敞的天井布置，每个房间都有自然采光和通风。

2）单元的剖面采用前高后低的横剖面，可减少一层高度所需要的日照间距，从而节约用地。

张开济先生在这里所提的许多方法是对其以前提出的许多主张和策略的修正与改进，特别是“开敞式内天井”的方法，实质就是现在应用比较普遍的通过深凹口解决住宅中间部位的使用功能空间的采光和通风问题的方法。尤其是在住宅政策倡导小面积住宅的条件下，不失为解决厨房、卫生间通风问题的一个非常重要的方法。

8. 张开济：多层和高层之争

1990 年，张开济先生这位“卷入是否应该在中国建造高层住宅的争论较深较早的一个人”[2]，看到当时大兴高层住宅之风开始转向，以多层高密度的方案解决住宅的设计问题的情况，宽慰之余，回顾过去，写成“多层和高层之争”一文，进一步阐述了自己的“多层高密度”的住宅建设思想。

张开济先生认为，城市住宅在以后的建设中将出现以下三种变化：

（1）“多层高密度”取代“高层高密度”

多层住宅同样也可节约用地，但造价却比高层便宜许多，“多层高密度”势在必行。

（2）院落式住宅布局取代行列式布局

周边院落式的住宅不仅可以提高建筑密度，而且还可以避免行列式布局的单调感，创造一种比较完整、安静和安全的室外空间，方便居民休息、活动和相互交往之用。

（3）坡屋顶取代平屋顶

采用退台式或坡屋顶（坡顶内部的空间可用作生活空间或储藏空间）的方法，形成前高后低的住宅横剖面，对于提高建筑密度作用显著。

张开济先生提出的城市住宅建设的三种变化趋势，图景和愿望是非常美好的，如果按照这一方向建设和发展城市住宅，那么，今天城市的面貌将会完全不同于我们现在所见到的样子。但显然现实并未沿着这一预定的轨迹前行，相反，我们的城市大多走向了愿望的反面。在以高层住宅为主的今天，诸如利用坡屋顶这样的在多层住宅中起重要作用的省地策略就不再具有决定性的影响和作用了。因此，探讨适应高层住宅的省地策略就成了我们今天所要面对的重要命题。

---

❶ 张开济.“多层、高密度”大有可为——介绍两个住宅组群设计方案. 建筑学报，1989（07）：7.

❷ 张开济. 多层和高层之争. 建筑学报，1990（11）：2.

9. 崔克摄：住宅尺度与用地

1992年，崔克摄在“住宅尺度与用地的关系”一文中提出：“权衡住宅设计是否遵循合理用地的原则，必须排除群体规划中的其他因素，仅看其基底和影区所占土地的大小。”❶ 即每户住宅平均最小用地面积，其用地面积计算方法如下：

$$\text{每户住宅平均最小用地}=\frac{\text{户均面宽}\times(\text{楼深}+\text{日照间距系数}\times\text{遮阳高度})}{\text{户均面宽和楼高范围内的户数}}\quad（式2\text{-}2）$$

可见，影响每户住宅平均用地的因素包括：户均面宽、楼深、日照间距系数、前排楼的遮阳高度、户均面宽和楼高范围内的户数。

为了便于分析比较，崔克摄以建于北京，正南正北，户均建筑面积为56m^{2}的多层条式住宅楼为例，探讨住宅设计中合理用地的问题。他认为，在考虑住宅是否在土地利用率上较往日有所提高时，可以以当时北京大量建造的“老五二”多层条式住宅的用地作为衡量的基准，❷ 大于此者可认为趋于浪费，小于此者可认为趋于节省。

他还通过公式与计算探讨了缩小面宽、降低层高、北侧退台、降低楼高等方法的可行性与局限性。

（1）缩小面宽的作用

为了节省住宅用地，当时比较普遍的做法是竭力缩小面宽、加大进深。❸ 但这种效果只有在住宅单元平面为矩形并无内天井时才能取得。为了保证户内必要的采光、通风条件，开窗墙面的长度不能无限地缩小，仅靠缩小面宽节地的做法往往是不能实现的。如果为了采光、通风而设内天井或把平面做成凹凸形，在户均建筑面积不变的情况下，同样的面宽势必要配以更大的进深，基底用地也必然要有所增加。在每户住宅平均最小用地保持不变，其他数据也保持不变的情况下，尽管面宽缩小，也未必能够节省用地。❹

因此，在采用非矩形实心平面时，一定要把面宽和进深综合起来考虑用地的经济合理性。

（2）降低层高

采取降低层高的办法，可以相应地缩小日照间距，节省住宅楼的影区，起到节约住宅

❶ 崔克摄. 住宅尺度与用地的关系. 建筑学报，1992（08）：14.

❷ 北京当时大量建造的是多层条式住宅楼：这种住宅六层五开间、一梯三户、每户二室，被称为“老五二”住宅。这种住宅在全国也曾风靡一时。一般单元的轴线间距，东西方向依次为3.3m、3.3m、2.7m、3.3m、3.3m，南北方向为两个5.1m。每户平均面宽为5.3m，楼深（外包尺寸）约为10.6m，层高为2.7m，加上室内外高差和楼高，楼的高度（同时又是遮阳高度）约为17.6m。按北京规定的日照间距系数1.7计算，当住宅楼南北布置时，每户住宅平均最小用地为35.77m^2，约等于36m^2。见：崔克摄. 住宅尺度与用地的关系. 建筑学报，1992（08）：14.

❸ 在判断住宅设计是否节地时，一直沿用的技术经济指标是户均面宽，普遍认为，与“老五二”相比，户均面宽在5.3m以上，越大越不经济，在5.3m以下，越小越经济。为了节省住宅用地，很多人都在竭力缩小面宽、加大进深。见：崔克摄. 住宅尺度与用地的关系. 建筑学报，1992（08）：14.

❹ 当面宽由5.4m到3.3m，每缩小300mm时，每户住宅平均最小用地就可以减少1.5m^2。见下表：

面宽（m）	楼深（m）	间距（m）	地深（m）	总用地（m^2）	户均用地（m^2）
5.4	10.37	29.92	40.29	217.57	36.26
5.1	10.98	29.92	40.90	208.59	34.77
4.8	11.67	29.92	41.59	199.63	33.27
4.5	12.44	29.92	42.36	190.62	31.77
4.2	13.33	29.92	43.25	181.65	30.28
3.9	14.36	29.92	44.28	172.69	28.78
3.6	15.56	29.92	45.48	163.73	27.29
3.3	16.97	29.92	96.89	154.79	25.79

资料来源：崔克摄. 住宅尺度与用地的关系. 建筑学报，1992（08）：14.

用地的作用。[1] 但层高的降低也是有限度的，因住宅层高的确定必须符合人体工学原理，层高的降低对住宅节地的作用也是有限度的。[2]

（3）北侧退台

北侧退台的办法，将6层住宅楼的北侧退去一个2.7m高的楼层，即相当于各层层高均降到2.25m，效果比较明显。[3]

降低楼高的节地效果最好，由此，户均面宽在必要时就可有所松动。为了保证每套住宅在纵向能够灵活分间，一梯两户住宅的户均面宽不宜小于4.8m。[4]

崔克摄认为住宅设计必须综合分析，通盘考虑多方面的条件和要求，才能取得最佳的成效。设计中的节地措施绝不局限于对户均面宽的压缩。只有掌握好“三维尺度”（户均面宽、楼深和楼高）的关系，才能合理地节省用地。[5]

崔克摄公式建立的前提是住宅的间距由日照间距来控制，而且公式是针对多层住宅提出的，对于用日照时数进行日照控制的高层住宅，这一公式的适用性是否存在尚值得商榷。但他在文章中对于利用压缩面宽和降低层高来节约用地的策略的反思，是有其积极的认识意义的。降低楼高的做法，在多层住宅的设计中节地作用是明显的，但对于高层住宅，日照主要受楼栋之间的间距影响，降低楼高的作法对于节约用地的作用就显得不那么明显了。

10.《国家康居示范工程建设节能省地型住宅技术要点》（2005版）技术要点

2005年，原建设部住宅产业化促进中心编制的《国家康居示范工程建设节能省地型

---

[1] 以户均面宽5.4m的住宅楼为例证实了这种观点。见下表：

层高（m）	楼高（m）	间距（m）	地深（m）	户均用地（m^2）
2.70	17.6	29.92	40.29	36.26
2.65	17.3	29.91	39.78	35.80
2.60	17.0	28.90	39.27	35.34
2.55	16.7	28.39	38.76	34.88
2.50	16.4	27.88	38.25	34.43
2.45	16.1	27.37	37.74	33.97
2.40	15.8	26.86	37.23	33.51
2.35	15.5	26.35	36.72	33.05
2.30	15.2	25.84	36.21	32.59
2.25	14.9	25.33	35.70	32.13

资料来源：崔克摄．住宅尺度与用地的关系．建筑学报，1992（08）：15.

[2] 《住宅建筑设计规范》中规定：卧室、起居室的净高不应低于2.4m，厨房的净高不应低于2.2m。如果楼板和楼面的总厚度按100mm计算（实际上这一厚度往往更大），上述两类房间的层高就不应低于2.5m和2.3m。当住宅楼的北侧为卧室、起居室，其层高降到2.5m时，户均最小用地指标约等于层高2.7m、户均面宽5.1m的住宅楼用地指标；当住宅楼的北侧为厨房，其层高降到2.3m时，户均最小用地指标约等于层高2.7m，户均面宽4.8m的住宅楼用地指标。为了不牺牲北侧墙可开窗的条件，层高的降低也不过到此为。见：崔克摄．住宅尺度与用地的关系．建筑学报，1992（08）：15.

[3] 超过上述降低层高的极限，即北侧为厨房，其层高降到2.3m时的节地指标，户均最小用地仅为32.13m^2。值得注意的是，北侧退台会削减建筑面积，增加建筑外表面积，设计时要考虑补偿，如在南侧加设第七层或在北侧采用坡顶形式，增设阁楼。

[4] 户均面宽在必要时就可有所松动，保证每套住宅在纵向能够灵活分间：①一梯两户住宅的户均面宽不宜小于4.8m（可分为3m+1.8m、2.7m+2.1m或2×2.4m）；②为了保证大厅在凹进处有必要的采光面（其两侧轴线间距一般不宜小于1.5m），一梯两户住宅的户均面宽在凹进处、楼梯与小居室同侧的情况下不宜小于4.8m（1.5m+2.1m+2.4m/2m）；③在凹进处、楼梯与厨房同侧的情况下不宜小于4.5m（1.5m+1.8m+2.4m/2m）。见：崔克摄．住宅尺度与用地的关系．建筑学报，1992（08）：15-16.

[5] 崔克摄．住宅尺度与用地的关系．建筑学报，1992（08）：16.

住宅技术要点》(2005 版)(以下简称“技术要点”)中指出，住宅建设节地主要包括规划设计节地和建设设计节地两个方面，要通过优化设计达到土地使用效率的提高，达到空间量和空间质的全面提升。❶

(1) 规划设计

1) 尽量利用废地（荒地、坡地），不占用耕地，减少可用土地资源的浪费。

2) 小区规划功能结构和空间层次清晰。通过合理规划用地结构和有效组织功能空间（如建筑朝向、方位控制），在保证居住环境质量的同时，适当地提高建筑面积。

3) 住宅群体组合布置满足住区环境日照、通风等要求。根据科学严谨的日照分析，灵活布置住宅的形体和高度，达到降低建筑密度，提高容积率的节地效果。

4) 要充分利用地下空间作车库（或用作设备用房）。在增加地下建筑面积的同时，避免侵占其他建筑用地。

5) 公共建筑应避免过于分散地布置，要适当集中，多层设置，减少占用土地。

6) 小区规划设计中要合理控制住宅的层高和层数，合理设置底层公建位置，达到缩小住栋间距，增加建筑面积的目的。在景观和通风良好的位置，可适当增加非正朝向住宅（如东西向住宅），有效利用土地，提高空间容量。

7) 小区规划一定要结合地形地貌设计。地处山坡的住宅，要利用地形坡度缩减栋间距，提高建筑密度。一般住宅可利用架空平台、过街楼，节约地面层空间。

8) 规划设计要细化土地平衡指标，注重土地资源的存留和复用，尽量减少绿化种植土的外运和外购，降低搬运成本。

(2) 建筑设计

1) 住宅设计要选择合理的单元面宽和进深。适当地增大进深、缩小面宽，是提高土地利用率，增加建筑容积率的有效方法，但要避免进深过大，造成户型使用上的不合理。同样，要避免进深过小、面宽过大，造成土地使用的不经济。北方地区板式住宅进深控制在 13～15m 为宜，南方地区板式住宅进深控制在 11～13m 为宜。

2) 住宅户型平面布局合理，套内功能分区符合公私分离、动静分离、洁污分离的要求。功能空间关系紧凑，并能得到充分利用。❷

3) 提高住宅单元标准层使用面积系数，力求在有限的面积中获取更多的有效使用空

---

❶ 建设部住宅产业化促进中心. 国家康居示范工程建设节能省地型住宅技术要点. 2005：2-4.

❷ 一般住宅功能空间使用面积标准

功能空间	面积指标（m^2）	备注
主卧室	12～16	
其他卧室	8～10	
起居室（厅）	14～22	开间不小于 3.6m，且可用于布置家具的连续直线墙面长度不小于 3m
餐厅	8～12	
厨房	5～8	操作台延长线不小于 2.4m，净宽不小于 1.8m
卫生间	4～5	双卫生间总面积不小于 $6m^2$
储藏间	1.5～3	
工作室	6	
工人房	6	直接采光、通风
阳台		主阳台进深不小于 1.5m，服务阳台进深不小于 1.2m

注：①功能空间形状合理，矩形房间长短边比不大于 2。②面积指标区间指小户型-大户型。

资料来源：建设部住宅产业化促进中心. 国家康居示范工程建设节能省地型住宅技术要点. 2005：2-4.

间。多层住宅标准层使用面积系数不小于78%，高层住宅不小于72%。

4）住宅单体的平面设计，力求规整。电梯井道、设备管井、楼梯间等要选择合理的尺寸，紧凑布置，不宜凸出住宅主体外墙过大，造成占地过多。要采用新型结构和墙体，减少住宅外围护结构的厚度，节约建筑用地。

5）要充分利用坡屋面及退台屋面缩短住宅栋间距，达到提高建筑容积率，合理有效地使用土地的目的。

“技术要点”并非个人的著述和观点的表达，但它基本能够代表这一时期对于住宅省地问题的主要观点，其提出的相关条文的积极意义在于：

1）“技术要点”提出的节地策略，不仅针对土地面积问题，还从资源的角度，提出节约土地的问题，是对住宅省地问题的更为广义的理解。

2）“技术要点”肯定了增加住宅进深对省地的积极作用，但也指出应该保持合理的深度，避免房型使用上的不合理，突出了“技术要点”对住宅的舒适性问题的重视；《技术要点》并未对住宅的省地问题进行高层和多层细分，使得一些策略和方法的针对性不强，其指导意义受到一定的影响。

3.1.3 多层住宅省地设计研究的特点

1. 研究的特点

这一阶段，对多层住宅的设计省地策略的研究主要呈现以下特点：

（1）多层住宅的节地问题为主要研究对象

研究对象是多层住宅的省地问题，这与当时我国的经济条件和技术条件密切相关。因为计划经济时代，土地的价值并未真正地体现出来，人口和土地的矛盾远不像现在这样突出，由于技术条件的限制，高层住宅的设计与施工的难度相对较大，造价较高，多层成为当时住宅的主要形式，对住宅省地问题的研究主要关注的是多层住宅。

（2）研究的问题集中于规划层面

多层住宅的省地策略的研究主要集中在规划和建筑设计两个层面，而其中着笔最多是规划层面的策略。可见，从规划层面入手探讨住宅的省地问题是住宅省地问题研究的重要方面，在规划设计中实现住宅的节能省地是实现住宅建设节能省地的重要环节。

（3）研究具有一定的阶段性

从上文的回顾中可以看出，对多层住宅设计的省地问题的研究和探讨主要集中在两个时期：

1）20世纪70～80年代：这个时期正是改革开放的前后，国家对民生问题的重视带动了对居民居住问题的关注，解决大量居住问题的同时注意节约用地，是这一时期共同关注的焦点。研究主要针对多层住宅。

随后的一段相对空白时期，是在1998年我国住宅建设走向完全的市场化之后。住宅建设的重点转移，对于住宅建设的省地问题的重视暂时被住宅的商品化、市场化问题所掩盖。希望通过住宅的市场化这样一种模式来解决住宅建设中遇到的问题。当市场化渐趋成熟，住宅的省地问题凸显出来。

2）2000年至现在。进入新世纪，居民的生活水平和居住标准获得了极大的提高，同时也出现了盲目地追求住宅面积标准的高、大、阔的奢侈化的倾向；与之形成鲜明对比的是全国农用土地面积的保有量逐年减少。出于对国家粮食安全问题和社会可持续发展的考虑，一度被边缘化的土地利用的节约问题重新引起了政府的重视，以“节能省地型”住宅建设为主的一系列政策的引导，使得对于住宅的省地问题的研究和探讨重新展开。

2. 多层住宅设计省地策略

对多层住宅省地问题的研究，主要是对多层住宅在规划和建筑设计层面的策略的研究和讨论。

规划层面的主要策略包括：通过增加住宅的层数，提高容积率，达到省地的目的；通过降低住宅层高，进而降低住宅总高度，达到缩小住宅间距，节约住宅用地的目的；将住宅东西向布置；利用城市道路的宽度，在道路南侧建高层，使住宅的阴影落在道路上，以此达到节约土地的目的；多、高层相结合；加大拼接长度；利用住宅的端单元外可采光面多的特点，对住宅端单元进行增大套型面积和增加套型数量的特殊设计，可以有效地增加建筑面积，节约住宅用地；结合地形特点，采取不同的住宅形式适应土地的特点，达到土地利用的最优化；院落式布局；利用住宅地下空间；在住宅的阴影区域布置对日照要求不高的公共建筑；住宅交错布置；多种类型住宅户型搭配，充分利用不规则地块；在规定容积率的条件下，减少住宅单体的建筑面积，增加住宅套数，达到节地的目的。

建筑设计层面的策略：减小住宅的面宽；加大住宅进深可以显著提高住宅的节地效率；利用设置内天井解决进深过大所带来的住宅的中间部分功能空间无法通风、采光的问题；改进单体设计；住宅顶层北侧不设计房间，代之以平台，减少对后面住宅的遮挡；利用坡屋顶或者将对层高标准要求较低的功能空间如厨房、卫生间、储藏等设置在住宅套型的北部，达到改进住宅剖面设计、降低多层住宅北侧高度的目的。

在所有文献中，规划层面提到最多的策略是院落式的布局方式，其次是降低住宅层高、将住宅东西向布置和在道路南侧建高层的方法；而建筑设计层面提到最多的是加大住宅进深，其次是改进住宅的剖面设计，再就是缩小住宅的面宽、设置内天井和北侧退台的方法。这些策略在文章中被提到的次数在某种程度上可以反映这一方法的重要性和省地的效果（表 3-1）。

住宅设计的省地策略 **表 3-1**

			规划层面																	建筑层面						
序号	时间	作者	增加层数	降低层高	缩小间距	东西向布置	道路南侧建高层	多高层结合	板塔结合	加大拼接长度	独立端单元	结合地形	院落式布局	利用地下空间	阴影布置公建	转角单元	交错布置	多类型住宅	板楼斜向布置	加大进深	减小面宽	内天井	减少建筑面积	改进单体设计	北退台	改进住宅剖面
1	1975	戴念慈	√	√	√	√	√	√												√	√					
2	1978	张开济				√														√		√				√
3	1979	沈继仁			√					√	√						√			√			√			
4	1979	朱亚新						√				√						√							√	
5	1987	李桂文												√												
6	1989	戴念慈											√		√									√		
7	1989	张开济											√									√				√

续表

序号	时间	作者	规划层面																	建筑层面						
			增加层数	降低层高	缩小间距	东西向布置	道路南侧建高层	多高层结合	板塔结合	加大拼接长度	独立端单元	结合地形	院落式布局	利用地下空间	阴影布置公建	转角单元	交错布置	多类型住宅	板楼斜向布置	加大进深	减小面宽	内天井	减少建筑面积	改进单体设计	北退台	改进住宅剖面
8	1990	张开济											√													√
9	1992	崔克摄		√																					√	
10	2005	康居示范																		√	√					
合计			1	2	2	2	2	2	1	1	1	1	3	1	1	1	1	1	1	4	2	2	1	1	2	3

资料来源：本研究整理。

3.2 高层住宅设计的省地策略

人多地少的国情，使得我国的住宅建设逐渐从“多层高密度”走向了“高层高密度”的方向。对于高层住宅的省地问题的研究虽不如多层住宅的研究那样深入，但既有的一些重要的研究对于我们探讨、总结高层住宅的省地策略具有重要的意义。

3.2.1 高层住宅设计省地策略回顾

1. 吴英凡：高层住宅节约用地问题的研究

1982 年，吴英凡通过研究高层住宅外部体形（平面形状的长宽尺寸及层数）及规划布置方式与节约用地效果之间的基本规律，并以定理的方式作准确清晰的表达，对高层住宅的省地问题进行了深入的研究。他将高层住宅从外部体形上分为塔式和板式，它们之间的过渡形式称为短板式。❶

（1）吴英凡首先对影响高层住宅规划及体形选择的几个概念进行了简单的介绍：

1）日照标准

住宅间距的确定，主要取决于日照卫生标准。日照卫生质量与日照时间、室内日照面积及太阳辐射强度相关。❷

2）住宅建筑面积净密度

住宅建筑面积净密度，即住宅总建筑面积与住宅用地面积的比值。

❶ 1980 年 12 月国家建委颁发的《城市规划定额指标暂行规定》〔（80）建发城字 492 号〕中规定：“房屋间距：在条状建筑呈行列式布置时，原则上按当地冬至日住宅底层日照时间不少于 1 小时的要求计算房屋间距。”该文是以“每户应有一半左右的居住房间，在冬至日有不少于 1～2 小时的日照时间，并以上午 9 时至下午 3 时，入射角不小于 15°的日照为有效时间”的。见：吴英凡. 高层住宅节地问题的研究. 建筑学报，2005（06）：31.

❷ 影响高层住宅外部体形选择的因素是很多的，如地区特点、环境条件、规划景观要求、对节约用地效果的要求以及各种经济因素等。由于建造高层住宅最基本的目的是节约用地，所以，高层住宅节约用地效果是影响外部体形选择的首要因素。见：吴英凡. 高层住宅节地问题的研究. 建筑学报，2005（06）：31.

3）节约用地层数效率

“节约用地层数效率”是指某一层数的高层住宅，在保持同样日照标准的前提下，层数每增加一层时，容积率的增加值，简称为该住宅在该层数时的“节地层效”。❶

（2）文章主要讨论了高层住宅总体布置的几种典型方式：板式行列式布置、短板交错布置、各种塔式布置的节约用地效果。

1）板式行列式布置

容积率值随层数的增加而提高，但不是正比例关系，层数越高，容积率值随层数增加而提高的速度越慢。也就是说，随着层数的增加，容积率值提高的越来越少，当层数为无穷大时，容积率值具有极限值。

2）高层住宅短板式交错布置

板式布置的日照卫生间距系数是由高度角所决定的。如果把板式建筑的长度控制在一定的数值上，那么就可以利用方位角的变化来满足日照时数要求，形成所谓短板式交错布置的规划方式。在一定条件下，这种布局方式，可以大幅度地提高容积率值，一般可比相同条件下的板式行列式布置方式提高30%。

随着建筑方位角度的增大，短板交错布置时的节地效果逐渐与板式行列式布置时的节地效果相接近。如果日照标准按1h考虑，那么，方位角等于75°时，两者的容积率值基本相等，当超过75°时，短板式交错布置就无意义了，实际运用中建议控制在60°以内；如果日照标准为2h，那么，方位角等于45°时，两者的容积率基本相同，超过45°则无意义，实际运用中建议控制在30°以内。

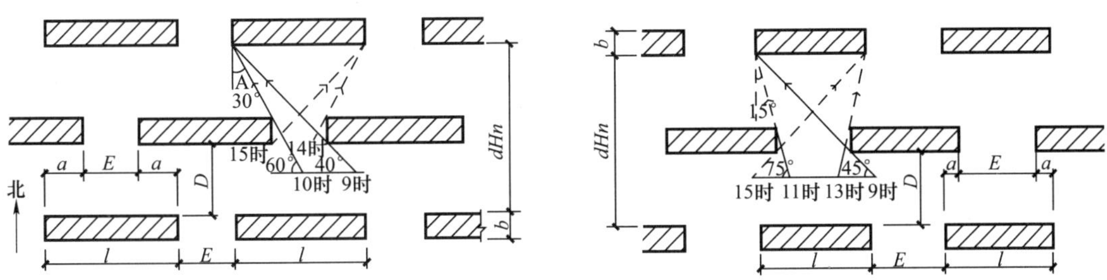

图3-17　短板式交错布置几何模型

（图片来源：吴英凡. 高层住宅节地问题的研究. 建筑学报，2005（06）：34

3）塔式住宅的体形与规划布局方式

利用方位角的变化来控制日照时间是塔式住宅在节约用地上的特点和优点。

塔式高层住宅单排布置时，层数可以任意提高而不影响日照标准，从节约用地的角度看，塔式住宅的平面尺寸应尽量接近正方形。任意两垂直方向的长度比都不宜大于2。容积率值与层数成正比例。

塔式住宅的总体布局方式基本上可以分成三种：单栋分散布置；单排连续布置；群体

❶ 原文用符号“C”表示。例如一组9层住宅，在保持同样日照标准的前提下，层数增加为10层时，容积率的增加值为0.05（即每公顷多建500m^{2}的建筑面积），则称这组住宅群在9层时的“节地层效”为0.05，表示为C=0.050。“节地层效”C的数学意义是容积率对层数n的导数。见：吴英凡. 高层住宅节地问题的研究. 建筑学报，2005（06）：31.

布置。不同的布局方式具有不同的特点：

单栋分散布置：单栋分散布置时，由于各塔之间距离较远，无论从高度角还是方位角上都不会同时对周围房屋（或各塔之间）产生重复遮挡，所以宜于“见缝插针”地灵活布置。它可在板式行列式布置的基础上，进一步提高居住小区的容积率值，对于城市密集区的改建，也具有很大的灵活性，并能有效地节约用地。

单排连续布置：单排连续布置时，既要考虑对周围建筑的连续遮挡，又要考虑塔与塔之间的相互遮挡，所以要适当考虑间距。

随着建筑方位的变化，其排列间距要发生变化（一般需加大）。因此，单排连续排列的塔式住宅应考虑周围环境条件（包括周围房屋布置的方位）等因素，一般来说，适于布置在居住小区的边缘或其道路与绿化地带的边缘，排列方位也可以多种多样（其中包括曲线形、弧形排列）。单排连续布置也是广泛采用的一种布局方式，在新住宅区规划和旧区改建中，都是一种很好的形式，能有效地提高节约用地效果。

塔式群体布置：塔式住宅连续两排或两排以上布置时构成了群体，这样，就在周围建筑及自身之间产生了更为复杂的重复遮挡，所以要求方位角与高度角同时控制日照间距，但其几何模型和数学式极其复杂，是很难建立的。不过，塔式群体布置可以近似认为是短板交错布置的一种发展形式。

纬度越低，短板的长高比越小，则越趋向于塔式。越是低纬度湿热地区，越是以通风为主，对日照的要求并不强烈，有时还要考虑遮阳，所以塔式群体布置很适用于南方低纬度区，比如广州等地，甚至上海等长江流域的城市。

由于塔式群体布置是在短板交错布置的基础上，适当放松对日照的要求所形成的，所以其节约用地效果一般来说更高些，通风和采光也较好。

（3）结论：

1）高层住宅的节约用地效果是随规划布置方式而变化的，基本上按板式行列式、短板交错式、塔式布置的顺序依次提高。短板交错式布置是由板式行列式向塔式群体布置过渡的中间形态，在低纬度湿热地区适于采用塔式群体布置。

2）日照卫生间距系数与节约用地效果有直接的关系。日照卫生间距系数值越小，节地效果越好。

日照主要与地理纬度和建筑物本身的方位角有关。地理纬度越高，冬至日的太阳高度角越小，则日照卫生间距系数值越大；否则相反。建筑方位的变化对日照卫生间距系数值的影响，虽然与日照时数等有关，但除某些要求两小时日照的情况外，当建筑方位采用非正南北向布置时，一般都可降低日照卫生间距系数值。

3）建筑物的进深对节约用地的影响较大，在通常采用的进深范围内，容积率与进深之间接近于正比例的关系。进深值越大，则相同“节地层效”值的情况下，越适于建高层，所以在高层住宅中，探讨大进深的平面形式是非常重要的、有价值的。

4）高层住宅的层数选择的影响因素是非常复杂的，但仅从节约用地效果来看，在具有相同的“节地层效”值的情况下，进深值越大，日照卫生间距系数值越小，则层数越高。也就是说，加大房屋进深，缩小间距是提高有效层数的基础。

板式行列式布置时，一般可直接以“节地层效”值标准来确定合理层数；短板交错布置时，须根据短板的合理长度来确定合理层数，但要与“节地层效”值所确定的合理层数尽量接近；至于塔式住宅，不存在“节地层效”值问题，容积率与层数呈正比例，可直接根据节约用地要求确定层数。

5）高层住宅的长度的确定。如果仅从节约用地效果上考虑，则板式行列式布置时，长度值越大越好，短板交错布置时，应根据个体平面形式综合确定，塔式住宅的节地效果一般与面宽及进深的绝对尺寸无关，而与平面比例有关，一般平面长宽比值不要大于 2.0。

（4）吴英凡从高层住宅外部体形入手研究高层住宅的省地问题，以下几点值得学习借鉴：

1）对高层住宅省地问题的研究通过建立典型的数学模式，进行相应的数学分析和解析几何变换，绘制相关的图表，使节约用地效果和高层住宅外部体形之间的关系基本上获得了直观的定量的表达，为合理的规划布置和外部体形选择提供了依据。

2）将高层住宅按照体形分为塔式、板式和介于两者之间的短板式三种情况，对于高层住宅的省地问题分别进行深入的研究。

3）研究的不足之处在于高层住宅与省地问题的关系是通过数学公式进行定量的研究，但结论的表达仍然停留在定性描述的层面，实际的指导意义值得进一步探讨。

4）研究论证的过程比较复杂，而且在实践中要针对不同体形的高层住宅进行不同的判断，多种体形的高层住宅混合的住区的情况会变得更加复杂，结论的可靠性需要重新论证，结论的可操作性因此受到较大的影响。

2. 贾东明：高层住宅节地研究

2005 年，贾东明对于高层住宅、大进深住宅和大面宽住宅的省地问题的性质、数量以及哪类住宅节地效果好、如何综合评价的问题借助积木做实验进行了研究。

（1）文章首先分别研究高层住宅、大进深住宅和大面宽住宅节约用地的情况：

1）高层住宅与低层住宅相比较：不节约阴影区占地面积，只节约房基地，节约的面积等于增加的层数与原楼房层数的比值，乘以原楼房基底面积（图 3-18）。

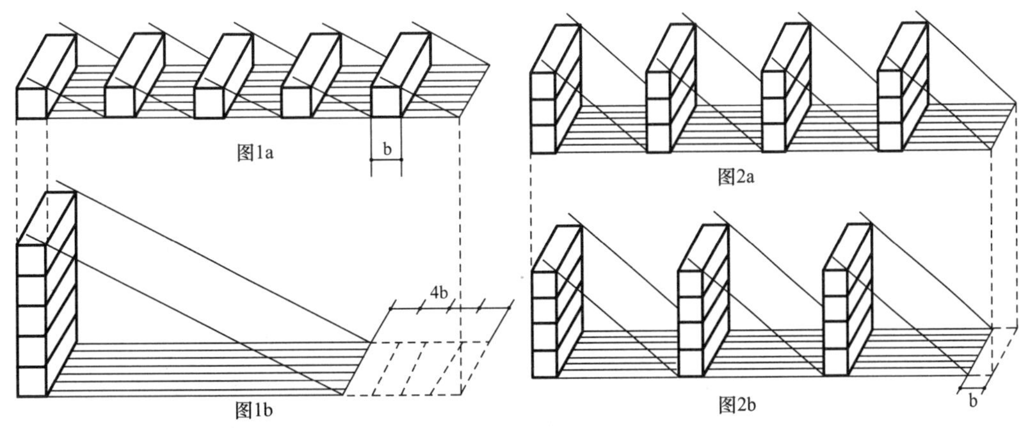

图 3-18　高层住宅的研究模型

（图片来源：贾东明. 高层住宅节地研究. 建筑知识，2005（06）：6-7）

2）大进深住宅与浅进深住宅相比较：不节约房基地，只节约阴影区占地面积，节约的面积等于增加的宽度与原楼房宽度的比值，乘以原楼房阴影区占地面积（图 3-19）。

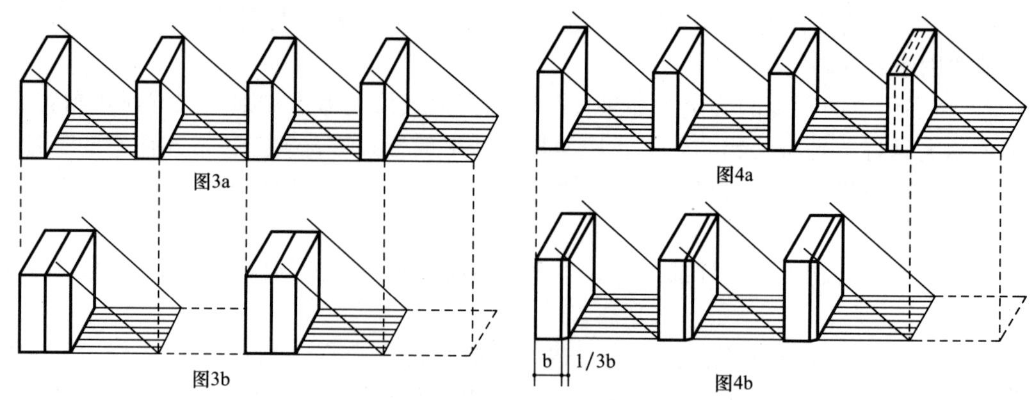

图 3-19 大进深住宅的研究模型

（图片来源：贾东明. 高层住宅节地研究. 建筑知识，2005（06）：7）

3）大面宽住宅与小面宽住宅相比较：既不节约房基地，也不节约阴影区占地面积，只节约山墙间距内的土地面积，节约的面积等于增加的长度与原楼房长度的比值，乘以原楼房山墙间距内土地面积。

（2）节地向量图

在此基础上，贾东明还提出了住宅用地三要素和住宅节地三原理。因为一幢住宅的建设用地主要由三部分构成：房基地、阴影区占地和山墙间距内用地。就节约土地的性质而论，增加层数只能节约房基地，加大进深只能节省阴影区占地面积，加大面宽只能省去山墙间距内土地，互相不能替代。这就是住宅用地三要素和住宅节地三原理。❶

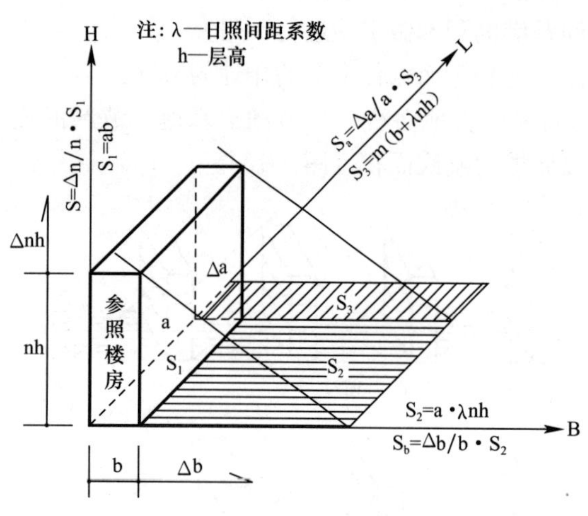

图 3-20 节地向量图

（图片来源：贾东明. 高层住宅节地研究. 建筑知识，2005（06）：8）

节约土地的数量，可以用空间直角坐标系表示，直观地反映房基地、阴影区占地面积和山墙间距内土地面积三个方向的增量与节约土地的数量关系，即节地向量图（图 3-20）。❷

（3）结论

1）高层住宅与多层大进深住宅的争论

高层住宅没有地域之分，不受日照间距系数的影响，同一幢楼不论建到哪里，节地数量都是一样的；同一个平面增加的层数越多，节约的土地越多。

大进深住宅节地效果确实显著，但由于日照、间距系数的影响，越往北节地效果越好。❸ 从这个意义上讲，建高层浅进深住宅很有可能不如建多层大进深

❶ 贾东明. 高层住宅节地研究. 建筑知识，2005（06）：6.

❷ 图 a、b、h 分别参照楼房的长、宽、层高，n 表示层数，m 表示山墙间距之间的宽度，λ 表示日照间距系数。见贾东明. 高层住宅节地研究. 建筑知识，2005（06）：8.

❸ 在哈尔滨 15m 进深的 6 层住宅相当于 10m 进深的 20 层住宅，即使在广州也相当于 12 层楼。见：贾东明. 高层住宅节地研究. 建筑知识，2005（06）：9.

住宅。对于土地较为宽松、经济欠发达的中小城市，建设以多层大进深为主的住宅，还是符合国情的。

大面宽住宅节地有限，不宜片面追求其长度，应满足城市规划、道路交通、城市防灾等要求，合理确定住宅长度。

高层大进深住宅，兼有高层住宅和大进深住宅节约用地的特点，节地效果更加显著。在工程实践中，由于高层住宅增加了电梯及其他公共面积，而使建筑平面进深加大，和多层住宅比较起来，更容易实现大进深。凡是多层能做到的进深，高层也可以做到，甚至做到更大。从节地这个意义上讲，多层大进深住宅不再拥有进深方向上的优势，而高层大进深住宅却表现出了高度方向上独一无二的优点。

2）高容积率和低密度

同样的大进深住宅，高层比多层容积率高，层数越多，容积率越高。同一幢楼，随着地域纬度的升高，容积率在降低，层数越多降低得越快。在高纬度地区，层数越多容积率增加得越少。各地应以国家规定的住宅容积率最大值为上限，适当控制高度，一般不超过 30 层，高纬度地区不超过 20 层为宜，防止盲目追求高容积率。

住宅容积率是密度值的层数倍；或者说，住宅密度值是容积率的层数分之一。层数与容积率成正比，与密度值成反比。层数越多，容积率越高，密度值越低；反之，层数越少，容积率越低，密度值越高。

高层大进深住宅创造了高容积率和低密度。高容积率节约了宝贵的土地资源，低密度留给我们的是宽敞的城市空间和优良的居住环境。

3）关于缩小日照间距的技术政策和技术措施

采用大寒日标准，可以缩小住宅日照间距，比采用冬至日标准节约土地。如果采用日照时数标准，间距系数进一步缩小，能更多地节省土地。❶

在日照间距系数确定的前提下，可以通过以下技术措施进一步缩小房屋间距，以期节约更多的土地：①住宅顶层北向后退；②南偏东或南偏西布置住宅；③利用向阳坡地建住宅；④底层公建，上部住宅；⑤在住宅阴影区内建设对日照要求不高的公共建筑、公用设施、城市道路、宅间绿化等，重复使用土地，提高城市土地的利用率。

（4）问题讨论

1）采用直观的模型探讨高层住宅、大进深住宅和大面宽住宅的省地问题，直接阐述这几类住宅省地策略的基本原理，将这一复杂的问题变得简单明了，对于直观地认识这一问题具有重要的作用。

2）通过建立空间直角坐标系，直观地反映房基地、阴影区占地面积和山墙间距内土

---

❶ 如以 24 层楼为例，长 80m，层高 2.8m，山墙间距 6m，按大寒日日照间距标准，则可省地：

名称	冬至日	大寒日	日照间距系数	省地面积（m^2）	节地率（%）
哈尔滨	2.63	2.25	0.38	2196	13.3
北京	1.99	1.75	0.24	1387	10.8
上海	1.41	1.26	0.15	867	9.2
广州	1.06	0.95	0.11	636	8.5

资料来源：贾东明. 高层住宅节地研究. 建筑知识，2005（06）：10.

地面积三个方向的增量与节约土地的数量关系，形成节地向量图，对于住宅省地问题的理论化、抽象化的深入研究具有重要的意义。

3）对于高层住宅、大进深住宅和大面宽住宅的省地问题的研究是建立在日照间距的基础上的，这样虽然简化了问题的研究，但与实践中高层住宅按照日照时数来进行日照标准的控制这一现实出入较大，其研究结论的可信度和准确性就值得讨论，对研究的价值也会产生疑问。

3. 周燕珉：90平方米中小套型住宅设计探讨

2006年，“国六条”住宅政策出台，“9070”标准对住宅设计提出了新的要求，周燕珉教授针对新的面积标准的要求，结合北京的实际情况，从住宅设计的角度出发，围绕节能省地的目标，从住区规划层面探讨了小套型住宅提升容积率的方法：[1]

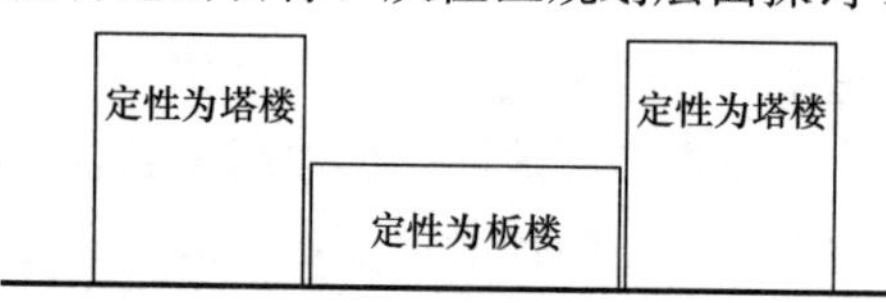

图3-21 板塔结合的布置形式
（图片来源：周燕珉等. 住宅精细化设计. 北京：中国建筑工业出版社，2008：15）

（1）板、塔结合，分别定性计算

在容积率压力大、中小套型比例大的项目中，板塔结合式住宅可以较好地解决各种资源的占用与分配问题。将板连塔分割为几部分，分别定性为塔或板，然后分别参照我国建筑日照设计规范进行计算，可以有效地缩减建筑间距（图3-21）。

（2）板楼斜向布置

板楼朝向与正南夹角为20°～60°时，建筑间距系数可降低为1.4H，规划设计时充分利用朝向与日照的关系，摆好住栋，以节省土地。

（3）利用住栋斜边单元

1）因斜边单元较普通正南北单元在面积上有所“扩大”，且日照上又有优势，因此对提高容积率有帮助。

2）排楼时，当剩余的宽度大于1个单元而小于2个单元时，可以选择作斜边单元扩大面积。

（4）利用住栋尽端单元

尽端单元是指位于楼栋端部的单元，因其外墙面较中间单元多，套型的日照、通风条件好，应充分利用其有利条件。但同时也要注意解决好开窗时与近处楼栋之间的对视问题。常见的套型处理手法有改变套型和增加户数两种。

1）改变套型

在用地范围和日照间距许可的条件下，充分利用尽端单元良好的采光通风和景观视野条件，适当加大尽端单元套型面积，增加房间个数，如标准单元为二室户，尽端单元可变为二室半、三室户。同时适当加大进深，提高土地利用率。

2）增加户数

利用尽端单元采光面多的优越条件，增加户数，设计多户小套型，不仅可以使每户都有较好的朝向和通风，而且可以提高楼电梯的使用率，降低公共交通面积的公摊。此外，这样的套型还特别适合“老少居”套型的设计，通过对套型的灵活性设

[1] 周燕珉等. 住宅精细化设计. 北京：中国建筑工业出版社，2008：15-16.

计，使其成为两个独立的小套型，合则为两代居，满足老年人与子女“分而不离”的居住需求。

周燕珉教授提出的许多策略是以多层住宅的省地策略为基础的，但她将这些问题放到现在住区以高层住宅为主这样一个大环境中来讨论，如板塔结合、分别定性计算的方法就是针对高层住宅为主的住区的相应措施。她对边单元（包括斜边单元和端单元）有更为具体的设计操作办法，对设计实践具有重要的指导作用。

3.2.2　高层住宅省地策略研究的特点

1. 主要研究结论

通过以上的回顾，可以总结高层住宅的主要节地策略：

(1) 高层住宅的节约用地效果是随规划布置方式而变化的，基本上按板式行列式、短板交错式、塔式布置的顺序依次提高。

(2) 短板交错式布置，对提高容积率作用明显，但随着方位角的增大，这一优势与板式平行布置时的效果一样，不再明显。

(3) 塔式高层住宅对于节地作用明显，特别是在用地的边缘和不规则的用地中。

(4) 高层住宅增加进深，即高层大进深住宅对节地的作用明显。

(5) 增加住宅层数可以达到节约用地的目的，但这一优势随着层数的增加不再明显。

(6) 高层住宅板式行列式布置时，增加住宅宽度，其节约土地的效果明显；短板交错布置时，则与各因素相关，需综合考虑；塔式住宅只与平面形式相关，平面的长宽比不宜超过2。

2. 研究的局限性

针对高层住宅的省地策略的研究主要集中在：

(1) 针对高层住宅的省地策略，在多层住宅的省地策略的基础上，将多层住宅的一些策略推广到高层住宅中，多属于描述性的定性研究，省地效果相对难以预见。

(2) 研究主要从住区规划和建筑设计的层面入手，探讨用规划和设计的手段达到住宅省地的目的，而从高层住宅自身的特点出发来研究显得不足。

3.3　住宅设计省地策略的借鉴与思考

3.3.1　住宅省地策略的适用性

1. 既有省地策略的适用性

随着层数的增加，住宅高度的增大以及高层日照标准的变化，使得高层住宅的间距不再受日照间距的影响，许多多层住宅设计中的省地策略在高层住宅中已变得不再适用，而在多层住宅中不再作为节地的主要策略，在高层住宅住区中作用可能会相对明显（表3-2）。

住宅节地策略的适用性　　表 3-2

节地策略		节地策略的适用性	
		多层住宅	高层住宅
规划层面	增加住宅层数	★★★	★★★
	降低住宅层高	★★★	○
	缩小住宅间距	★★★	★
	住宅东西向布置	★★★	★★★
	在道路南侧建高层住宅	★★★	★★
	多层、高层结合	★★★	★★
	板楼、塔楼结合	★★★	★★
	加大单元拼接长度	★★★	★
	独立端单元	★★★	★★
	住宅类型结合地形	★★★	★
	住宅院落布局	★★★	○
	利用地下空间	★★★	★
	在住宅阴影内布置公建	★★★	★★
	设计转角单元	★★★	★★
	住宅交错布置	★★★	★★
	多类型住宅搭配	★★★	★★★
建筑层面	板楼斜向布置	★★	★★
	加大住宅进深	★★★	○
	减小住宅面宽	★★★	○
	内天井	★★★	○
	减少单套住宅的建筑面积	★★★	★★★
	精心设计住宅的单体	★★★	★
	住宅北退台	★★★	○
	改进住宅的剖面设计	★★★	○

注：★★★——节地效果最好，节地的作用非常明显；★★——节地的作用明显，节地效果一般；★——对节地有一定作用，但效果不明显；○——对节地没有作用，或者没有明显的效果。

资料来源：本研究整理。

2. 住宅省地策略的借鉴意义

既有的住宅省地策略的研究，对于我们进行新的住宅省地策略的研究具有重要的借鉴意义：

（1）以往对于住宅的节地策略的探讨是基于当时的住宅以多层为主这样一个大背景下的，所以更多的方法是以多层住宅为对象来研究的。对于现在以高层住宅为主的住区的节地问题而言，文中提到的许多策略已不再适用，或者其作用已不明显。

（2）日照标准的执行方式的不同：多层住宅以日照间距来控制住宅间距，高层住宅以日照时数（大寒日、冬至日）为日照标准，导致在多层住宅中起至关重要作用的进深、层高、面宽等因素在高层住宅节地中的作用已不明显，甚至可以忽略。

（3）土地的市场价值是不作为考虑因素的。对于节地问题的研究，多数停留在“就土地言土地”的层面，只关注土地面积本身的问题，而未过多关注单位土地面积上“量”与“质”的问题；市场经济条件下，土地的价值逐步体现出来，认识居住用地的节地问题，在关注面积的同时，更要关注土地的使用效率，即单位土地面积上建筑面积的多少，以及在此基础上单位土地面积上可供的住宅套数，这应当成为衡量居住用地节约与否的重要方法。

(4) 以多层住宅为主的住区，住宅层数相对单一，所以面宽一度成为住宅是否节约用地的衡量指标。但在高层为主的住区，高层住宅的层数根据日照标准不断调整，这一衡量标准已无法适应这一要求。同时，面宽在高层住宅中的节地作用也不再明显。所以这一标准和方法无法满足新的要求。

(5) 通过具体的设计手法（如缩小面宽、降低层高等）达到节地的目的，在当前以高层为主的住区中其作用已不明显。从设计的角度认识居住用地的节约问题受到诸多局限。转换角度，从土地的"效率"出发，更加全面客观地认识住宅的节地问题和衡量标准的问题是住宅节地问题研究的关键所在，也是新的方向。

(6) 在计划经济时代，由于住宅面积较小，所以诸如减少住宅的基本用地、减少每户的建筑面积的做法在当时并未引起重视。而今天面积标准普遍偏大的情况下，提出这一做法，在给定容积率条件下等于减少每户住宅的基本用地，就显得作用明显，特别是容积率较高的高层住区，效果更为显著。

3.3.2　现实条件下住宅省地策略的探讨

受历史条件的限制，许多既有研究中的省地策略并未引起足够重视，结合现在住区以高层住宅为主的特点，诸如提高住宅的高度和减小住宅建筑面积标准等策略的省地效果会非常明显；同时，突破从建筑设计的层面考察住宅省地问题的思考方式，通过视角的转换，从宏观的城市和住区层面来考察住宅的省地问题研究，对住宅的省地问题研究可能更容易有新的突破。

因为上海对不同区域（内环线以内、内外环线之间、外环线以外）和不同类型（多层、高层）的住宅的容积率有着较为详细的规定，[1] 为了全面地反映这一特点，论文将这些问题全部考虑在内，在一定假设条件的基础上，对提高容积率（高层住宅）和降低住宅建筑面积标准对于住宅省地的作用和效果分别进行计算，并进行直观的比较研究。

1. 提高容积率的省地效果

假设在同样的用地上，建设1万套不同建筑面积的住宅在上海不同的区域所用面积、节地率相差很大。

(1) 相同用地面积条件

为更直观地了解高层住宅的省地作用，我们假设相同用地面积的建设用地为 10hm^2，住宅套均面积为 100m^2，则不同类型（多层、高层）的住宅可建成套数如表 3-3 所示。

[1] 上海地区建筑容积率控制指标：

区位		内环线以内	内外环线之间	外环线以外
居住建筑类型	多层	1.8	1.6	1.4
	高层	2.5	2.0	1.8

资料来源：据《上海市城市规划管理技术规定（土地使用 建筑管理）》（2007年修订版）p26 整理。

单位住宅用地可建住宅套数（单位：套）　　**表 3-3**

区位	建筑类型		增加套数	增长率（%）
	多层	高层		
内环线以内	1800	2500	700	38.8
内外环线之间	1600	2000	400	25.0
外环线以外	1400	1800	400	28.6

资料来源：本研究整理。

在相同用地条件下，建设相同套均面积的住宅，在内环线以内，高层住宅比多层住宅可多建 700 套，增长率为 38.8%；内外环线之间可多建 400 套，增长率为 25.0%；外环线以外地区也可多建 400 套，增长率为 28.6%。

（2）建设相同套数的住宅所需住宅用地

如果假设需建设 1 万套住宅，住宅套均面积为 100m²，则不同类型（多层、高层）住宅可建成套数和节地率如表 3-4 所示。

相同套数（1 万套）住宅所需用地面积（单位：hm²）　　**表 3-4**

区位	建筑类型		节地面积（hm²）	节地率（%）
	多层	高层		
内环线以内	56	40	16	28.6
内外环线之间	63	50	13	20.6
外环线以外	71	56	15	21.1

资料来源：本研究整理。

同样建设 1 万套住宅，在内环线以内，高层住宅比多层住宅可节约土地 16hm²，节地率为 28.6%；内外环线之间可节约土地 13hm²，节地率为 20.6%；外环线以外可节约土地 15hm²，节地率为 21.1%。

2. 降低套均建筑面积的省地效果

（1）相同用地面积条件

假设建设用地为 10hm²，住宅套均面积分别为 150m²、120m²、90m² 和 60m²，则不同套均建筑面积的住宅可建套数如表 3-5 所示。

相同住宅用地（10hm²）可建住宅套数（单位：套）　　**表 3-5**

套均面积（m²）	区域						增长率（%）
	内环以内		内外环间		外环以外		
	多层	高层	多层	高层	多层	高层	
150	1200	1667	1067	1333	933	1200	
120	1500	2083	1333	1667	1167	1500	25
90	2000	2778	1778	2222	1556	2000	33.3
60	3000	4167	2667	3333	2333	3000	50

资料来源：本研究整理。

在相同用地条件下，在内环线以内，套均建筑面积从 150m²/套下降到 120m²/套，如果建设多层住宅，可多建 300 套住宅，建设高层住宅，可多建 416 套住宅，增长率为 25%；套均建筑面积从 120m²/套下降到 90m²/套，如果建设多层住宅，可多建 500 套住宅，建设高层住宅，可多建 695 套住宅，增长率为 33.3%；套均建筑面积从 90m²/套下降到 60m²/套，如果建设多层住宅，可多建 1000 套住宅，建设高层住宅，可多建 416 套住宅，增长率为 50%。

同样，在内外环线之间和外环线以外地区除套数会有所不同外，住宅套数的增长率相同。

（2）建设相同套数的住宅所需住宅用地

假设建设 1 万套住宅，不同套均建筑面积，在不同的区域所用住宅用地面积、节地率相差很大。具体如表 3-6 所示。

（1 万套）不同套均建筑面积住宅用地面积比较（单位：hm²）　　**表 3-6**

套均面积（m²）	总建筑面积（万 m²）	区域						节地率（%）
		内环以内		内外环间		外环以外		
		多层	高层	多层	高层	多层	高层	
150	150	83.3	60	93.75	75	107.1	83.3	
120	120	66.7	48	75	60	85.7	66.7	20
90	90	50	36	56.25	45	64.3	50	25
60	60	33.3	24	37.5	30	42.9	33.3	33.3

资料来源：本研究整理。

建设相同套数的住宅，在内环线以内，套均建筑面积从 150m²/套下降到 120m²/套，如果建设多层住宅，可节约住宅用地 16.6hm²，建设高层住宅，可节约住宅用地 12hm²，节地率为 20%；套均建筑面积从 120m²/套下降到 90m²/套，不论建设多层还是高层住宅，可节约住宅用地数量不变，节地率为 25%；套均建筑面积从 90m²/套下降到 60m²/套，可节约住宅用地数量不变，节地率为 33.3%。

在内外环线之间和外环线以外地区，套均建筑面积从 150m²/套下降到 60m²/套，可节约住宅用地数量不同，但住宅的节地率相同。

3. 节地率

为了了解不同的区域和不同类型住宅建设的省地效果以及容积率与用地面积及基地率之间的关系，可将表 3-6 转化图形，更直观地认知容积率对住宅用地面积和节地率的影响。图中内环以内地区多层住宅的节地率数据与外环以外地区高层住宅的节地率数据重合（图 3-22）。

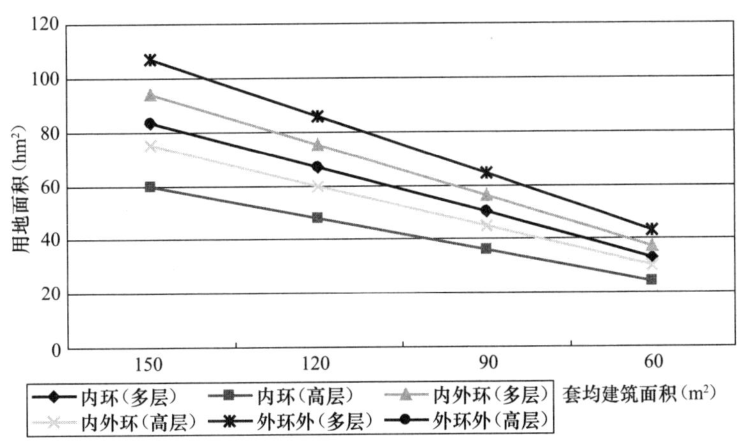

图 3-22　（1 万套）不同套均建筑面积住宅用地比较

（图片来源：本研究整理）

（1）套均面积不变的情况下，内环地区建设高层住宅，用地面积最少，外环以外地区建设多层住宅，用地面积最大。这说明用地面积与容积率成反比，容积率越高，用地面积越少。

（2）随着套均面积的逐渐减小，外环以外地区建设多层住宅，住宅用地面积的减少最多，节地效果明显，节地率最高；内环地区建设高层住宅，住宅用地面积的减少相对较少，节地率最低。这说明节地率与容积率成反比，容积率越高，节地率越低。

3.4 本章小结

（1）新中国成立一段时间后，我国开始意识到土地资源紧张的状况。60 年代，中央政策号召建设中注意“节约土地”的问题。对于占城市最大用地比例的住宅的建设，节约用地就显得尤为重要。围绕着如何在住宅的规划与设计中节约用地，许多学者和建筑师进行了不断的探索，针对当时的社会发展和经济水平，提出了许多切实可行的设计策略和原则，为我国住宅设计的节地工作做出了重要的贡献。

（2）在以“高层高密度”为主要特征的住宅设计中，住宅设计的节地问题仍是需要关注的问题。但在多层为主的住宅设计中所形成的一些策略与原则在以高层为主的住宅设计中已变得不再适用或是节地效果已不明显，因此在以高层为主的住宅区的规划设计中，增加套数，即提高住区套密度，减少套均建筑面积的节地作用与效果显得更加突出，同时这也是本文讨论的重点问题。

（3）随着我国改革的深入，住宅市场化的进一步发展，住宅建设完全依靠市场规律执行所带来的问题逐步显露出来。住宅面积越来越大，标准越来越高。这使通过降低住宅的建筑面积标准，进而增加住区套密度达到节约用的目的成为可能。

（4）既有的一些省地策略更多的是从住宅的规划和建筑设计角度出发，探讨住宅的省地策略，这使得对居住用地的节约问题受到诸多局限。转换视角，突破只关注用地面积的认识方式，从城市和住区的层面衡量土地的利用“效率”，更加全面地认识住宅的省地问题及其衡量标准的问题是省地型住宅研究的关键所在，也可能是新的方向。

第4章　住区套密度指标控制意义与方法

城市住宅具有双重属性，除了可以购买和出售的商品属性，更重要的是其社会属性，即住宅作为社会公共产品受社会资源有限性的限制，住宅应在全社会范围内实现相对公平的分配和占有，避免社会公共资源的不合理集中和社会公共产品的不当分配。同时，人多地少的现实条件，决定了我国的住宅建设要进行适当、合理的控制，以实现社会资源的可持续性利用。在我国的计划经济时代，受经济发展水平的限制，为引导合理的住宅消费，我国以住宅的套型建筑面积作为住宅设计和建设的主要控制标准；改革开放后，进入商品经济时代，出于对土地价值和开发强度的关注，利用住宅综合容积率控制住宅的开发成为这一阶段的主要手段；2006 年，住宅新政提出住宅套型建筑面积及其所占比例与容积率结合，进行住宅开发的控制，更强调住宅供应结构的合理性与住宅建设节能省地的迫切性（表 4-1）。[1]

我国住宅标准的控制　　表 4-1

时间	方法	目的
计划经济时代	使用面积/建筑面积	控制住宅的标准
商品经济时代	容积率	控制开发强度
2006 年新政后	套型建筑面积及其所占比例	合理的供应结构和建设的节能省地

资料来源：本研究整理。

这些控制方法和控制手段在不同的时期所关注的问题不同，在住宅的控制中发挥了重要的作用，在一定程度上达到了政策制定初始的根本目的。特别是 2006 年的一系列住宅新政的颁布执行，对过热的房地产市场起到了重要而积极的调控作用。

2006 年 5 月，国务院办公厅转发原建设部（现住房与城乡建设部）等九部门《关于调整住房供应结构稳定住房价格的意见》，提出住宅建设的“9070”标准。在此基础上，建设部在《关于落实新建住房结构比例要求的若干意见》（以下简称“细则”[2]）中提出：城市规划主管部门要依法组织完善控制性详细规划编制工作，首先应当对拟新建或改造住房建设项目的居住用地明确提出住宅建筑套密度（每公顷住宅用地上拥有的住宅套数）、住宅面积净密度（每公顷住宅用地上拥有的住宅建筑面积）两项强制性指标。“细则”中提出的对住房建设项目的居住用地提出明确住宅建筑套密度的要求为这一问题的研究开拓了新的视角。

相比于对商品住宅的套型建筑面积标准及其所占比例（“9070”标准）控制政策的相

---

[1] 2006 年，原建设部颁布《关于落实新建住房结构比例要求的若干意见》（建住房〔2006〕165 号）规定：凡新审批、新开工的商品住房建设，套型建筑面积 $90m^2$ 以下住房（含经济适用住房）面积所占比重，必须达到开发建设总面积的 70%以上。简称为“9070”标准。

[2] 原建设部《关于落实新建住房结构比例要求的若干意见》（建住房〔2006〕165 号文）。

关研究和执行力度，对同一政策文本中提出的套密度问题的研究和应用就显得不足，这在很大程度上是由于对这一概念的认识及其作用仍然停留在相当粗浅的认识层面的缘故。因此，对这一问题深入地进行研究，相对全面地认识和把握，使其在住宅建设实践和住宅标准的控制中发挥积极、重要的作用就显得迫切而重要。

同时，在“节能省地型”住宅的建设中，相比于节能领域的50%或65%这样明确的指标而言，❶ 到目前为止，省地方面还欠缺可以量化的衡量指标。

作为住宅政策主导的高密度、中小套型住宅的大力推广和建设，其直接的表征就是住区套密度的增加，即在同样面积的居住用地上建设更多的成套住宅单元，提高住宅用地的套密度可以视作省地型住宅建设及中小套型住宅建设的核心内容，套密度的指标问题有可能成为住宅节地量化的重要手段。

因此，探讨这个一直以来隐于容积率背后，在规划控制中只起辅助作用的套密度问题及其意义与作用就显得格外重要。

首先，对地方政府和规划管理部门提出了新的要求，即如何在规划层面和住区建设中界定套密度的指标，避免一些城市已经出现的在规定的容积率和住宅套型面积标准条件下无法实现规划要求的套密度指标的问题。如何制定合理的套密度指标已经成为地方政府和规划管理部门在新政的贯彻执行过程中面对的重要问题。

其次是对于开发企业，如何满足国家及地方政府的规划政策要求，在套密度许可的条件下，实现利润的最大化，灵活运用套密度控制指标指导住宅的开发建设。

再次，建筑师在设计中要衔接上述两个方面的不同诉求，需要对这一问题具有相对深入的认识和理解，熟悉套密度与规划控制中其他指标之间的相互关系和相互影响，科学合理地处理好各因素之间的关系。

以上多方面、多层次的实际需求及由此产生的重要作用注定对套密度问题及其控制指标方法的研究是一个全新而又迫切的问题。

4.1 套密度概念与研究意义

4.1.1 住区套密度概念

1. 居住密度概念

套密度是指单位居住用地上所拥有的住宅套数，是住宅建筑套密度的简称，分为毛密

---

❶ 总体目标：到2020年，我国住宅和公共建筑建造和使用的能源资源消耗水平要接近或达到现阶段中等发达国家的水平。具体目标：到2010年，全国城镇新建建筑实现节能50%；既有建筑节能改造逐步开展，大城市完成应改造面积的25%，中等城市完成15%，小城市完成10%；城乡新增建设用地占用耕地的增长幅度要在现有基础上力争减少20%；建筑建造和使用过程的节水率在现有基础上提高20%以上；新建建筑对不可再生资源的总消耗比现在下降10%。到2020年，北方和沿海经济发达地区和特大城市新建建筑实现节能65%的目标，绝大部分既有建筑完成节能改造；城乡新增建设用地占用耕地的增长幅度要在2010年目标基础上大幅度减少；争取建筑建造和使用过程的节水率比2010年提高10%；新建建筑对不可再生资源的总消耗比2010年下降20%。见原建设部《关于发展节能省地型住宅和公共建筑的指导意见》建科［2005］78号（2005.5.31）。

度和净密度两个指标：毛套密度指每公顷居住区用地上拥有的住宅建筑套数；净套密度指每公顷住宅用地上拥有的住宅建筑套数。❶

对于套密度问题的探讨，不能脱离容积率的概念，只有与容积率问题结合，才能更加全面地认识这一问题，并使对于这一问题的研究限定在有效的范畴之内。因此，建筑面积净密度（这也是“细则”❷ 中提到的建筑面积密度的指标之一）和建筑面积毛密度（就是我们所熟知的容积率）是我们需要关注另一对概念范畴。❸

显然，毛套密度和建筑面积毛密度（容积率）都是从居住区用地出发，反映了居住区层面以至城市层面土地的利用和开发强度；而净套密度和建筑面积净密度则是从住宅用地出发，反映住区层面住宅土地的利用和开发强度（表4-2）。

居住密度概念的不同层面　　**表4-2**

	建筑面积密度	住宅建筑套密度
城市、住区层面	容积率	毛套密度
住区层面	建筑面积净密度	净套密度

资料来源：本研究整理。

2. 基于毛密度的研究

本文以反映城市及住区层面土地利用的建筑面积毛密度（容积率）和毛套密度（以下简称套密度）指标为主要研究对象，探讨两者的相互关系，研究影响套密度的相关因素等问题。在此基础上，通过建立毛套密度和净套密度之间的数学关系，进而探讨“细则”中提出的住宅建筑套密度（每公顷住宅用地上拥有的住宅套数）和住宅面积净密度（每公顷住宅用地上拥有的住宅建筑面积）的问题，其意义在于：

（1）对容积率和毛套密度指标的研究，可以在从宏观的区域层面到中观的城市层面以及微观的住区层面这样一个相当广泛的范围内应用；而净套密度与建筑面积净密度的应用显然只能局限在微观的住区层面。

（2）相比净套密度与建筑面积净密度指标，城市层面的容积率和套密度统计数据的采集更加容易，其研究工作的展开相对简单，可在毛套密度指标研究的基础上，为净套密度标准的制定提供参考依据。

（3）净套密度与建筑面积净密度只反映居住区内住宅用地的使用效率，与其他指标并

❶ 中华人民共和国建设部. GB 50180—93 城市居住区规划设计规范. 北京：中国建筑工业出版社，2006：5。

在美国，密度在房屋建筑中是最重要的规划指数。密度分为两种形式：毛密度和净密度。毛密度是应用于大区域的指数——15～20英亩（6～8hm^2）或以上，也包括私人和公共设施的改善，如道路、学校、公园和为居民服务的零售设施；净密度与工程规模、区域有关——小于15或20英亩（6～8hm^2），包括一定数量的由场地区域所分的经提议的居住单元。净密度常以英亩表示，包括出入车道、停车区、公用和缓冲区及社区设施。见：莱昂纳多·J·霍珀. 景观建筑绘图标准. 约翰·威利父子出版公司，安徽科技出版社，2007：218.

❷ 原建设部颁布《关于落实新建住房结构比例要求的若干意见》（建住房［2006］165号）多被简称为“细则”。其第一条第二款规定：城市规划主管部门要依法组织完善控制性详细规划编制工作，首先应当对拟新建或改造住房建设项目的居住用地明确提出两项强制性指标，指标的确定必须符合住房建设规划关于住房套型结构比例的规定；依据控制性详细规划，出具套型结构比例和容积率、建筑高度、绿地率等规划设计条件，并作为土地出让前置条件，落实到新开工商品住房项目。

❸ 中华人民共和国住房和城乡建设部. GB 50180—93 城市居住区规划设计规范. 北京：中国建筑工业出版社，2006：5.

无直接关系，无法反映整个居住区用地的实际使用状况；而毛套密度指标与容积率的高低显然可以较为全面地反映居住区用地的利用状况及其他诸如道路、绿化和公建配套等各项用地指标的平衡状况，并间接反映这些用地的规划合理性及省地的效果。

（4）净套密度与建筑面积净密度因只涉及居住用地这一项指标，即使在居住用地节约使用时也无法约束住区其他土地的利用，不能反映土地利用的真实状况。毛套密度与容积率直接、全面地反映规划建设对土地的利用程度，方便建立居住用地节地标准的量化指标。

4.1.2 研究方法与研究意义

1. 研究方法

本文对于套密度及其影响因素的研究主要采取抽样调查、统计分析的方法，❶ 分别统计日本和上海的住区套密度及相关因素的基础上，比较两者之间的差异，探寻影响套密度问题的相关因素的共性问题，为上海地区住区套密度的探讨研究作参考。文章最后对上海地区不同区域住区容积率的统计指标给出了统计值，为住宅容积率指标的研究提供了依据。

对于套密度的控制指标和衡量量化问题的研究主要采用建立数学模型的方法，通过建立住区套密度与综合容积率、住区毛套密度与净套密度之间的数学关系，探讨不同套型建筑面积条件下住区的套密度参考指标。

2. 研究意义

（1）控制用地强度，优化住宅供应结构

容积率一直以来都是控制居住区规划建设强度的重要指标，但这一指标难以反映住宅的供应结构及户型比例，研究住区规划的套密度问题，探讨套密度指标对于控制住宅用地的套型供应数量和比例、对于优化住区的套型供应结构和比例具有重要意义和作用。特别是在像上海这样的特大城市，有限的土地资源条件下，为社会提供尽可能多的住宅，满足更多人的居住需求尤显重要。

（2）指导住区规划和建设实践

套密度是指每公顷居住区用地上拥有的住宅建筑套数（套/hm^2）。套密度指标受众多因素的控制，套密度太低，会造成土地资源的浪费，不利于节能省地政策的贯彻；同样，过高的容积率和套密度会造成住区人口过多，居住环境质量下降，住区停车问题难以解决，住区周边交通压力过大等问题。所以研究住区套密度与相关因素之间的关系，探讨合理的套密度指标范围显得尤为重要。

通过对上海地区套密度现状的统计分析，可以了解不同区域住区的套密度分布状况，为针对不同区域的用地情况和容积率控制指标，制定可行的套密度控制指标。

❶ 借鉴《城市居住区规划设计规范》中对居住区用地的平衡控制指标的确定方法，根据全国不同地区 37 个大、中、小城市 70 年代以来规划建设的（含在建的）140 余个不同规模的居住区和 90 年代全国不同地区 70 余个不同规模的居住区的调查资料进行综合分析而制定的，并根据 90 年代全国不同地区 70 余个不同规模的居住区的调查资料进行了修订。见：中华人民共和国住房和城乡建设部. GB 50180—93 城市居住区规划设计规范. 北京：中国建筑工业出版社，2006：61.

4.2　套密度问题相关研究

目前，套密度在我国的众多规划控制指标中仍是一个辅助性标准，多数时候并不在规划的前期阶段起作用，而只是在其他相关的规划指标确定后才出现的结论性指标，在规划的前期控制中并不真正发挥作用。引介、学习国外对这一概念的应用对我们重新认识这一指标具有重要的借鉴意义。

4.2.1　国外套密度问题研究

在国外相当多的国家，套密度是居住密度（Residential Density）的重要指标之一。居住密度（Residential Density）包括人口密度、单位用地卧室（Bedroom）数量、单位用地房间数量和容积率等相对笼统的概念，在多数情况下，套密度就代表居住密度，是一个非常普遍而且应用非常广泛的概念。

国外各国由于土地使用的国情的不同，对于住区套密度指标的要求相差较为悬殊。英国和美国城市公共住宅多以低层公寓为主，在日本多为中高层公寓，所以对于密度的高低的概念截然不同，在英、美的高密度在日本则可能是低密度，但对提高居住用地的密度指标，实现土地使用的可持续发展有着相同的立场。

1. 英国

英国在工业革命早期，为了改变当时城市居住的恶劣状况，曾规定居住区套密度不得大于12户/英亩（相当于30套/hm^2，Chris Holmes，2006）。❶

直到20世纪晚期，英国住宅的平均套密度是25户/hm^2，其中大部分的建筑密度不超过20户/hm^2。随着社会的发展、人口的增加，逐渐认识到这种土地的使用是不可持续的，2000年3月的《规划政策导则》（PPG3，Planning Policy Guidance 3：Housing）新政策致力于扭转这种趋势，新建住宅的套密度最低标准被定为30户/hm^2，并鼓励地方政府追求更高的介于30～50户/hm^2之间的密度（Graham Towers，2005）。❷

---

❶ The new developments were in striking contrast to the densely built city streets. In 1912 Unwin wrote a pamphlet *Nothing Gained by Overcrowding*, which argued that no new housing should be built at more than 12 houses per acre. Almost all the model settlements built by the employers and the garden city movement were houses with gardens. 见 Chris Holmes. A New Vision for Housing. London and New York，Routledge，2006，p7。The Tudor Walters Committee recommended that new housing should be built at densities of not more than 12 to an acre…见：Chris Holmes. A New Vision for Housing. London and New York：Routledge，2006：8-9. 套/hm^2 数据为作者根据单位换算而来。

❷ Planning Policy Guidance 3：Housing（PPG3），"57. Local planning authorities should avoid the inefficient use of land. New housing development in England is currently built at an average of 25 dwellings per hectare but more than half of all new housing is built at less than 20 dwellings per hectare. That represents a level of land take which is historically very high and which can no longer be sustained. Such development is also less likely to sustain local services or public transport，ultimately adding to social exclusion. Local planning authorities should therefore examine critically the standards they apply to new development，particularly with regard to roads，layouts and car parking，to avoid the profligate use of land. Policies which place unduly restrictive ceilings on the amount of housing that can be accommodated on a site，irrespective of its location and the type of housing envisaged or the types of households likely to occupy the housing，should be avoided。"

同时规定地方政府应当履行下列职责：❶

（1）避免对土地的低效开发利用（如那些净套密度低于 30 套/hm^2 的开发）；

（2）鼓励有效的土地利用住宅开发（净套密度在 30～50 套/hm^2 之间）；

（3）在具有良好的公共交通可达性的地区，诸如城市、镇、区中心寻求高密度的发展。

2005 年的《规划政策宣言》（PPS3，Planning Policy Statement 3：Housing）在废止了 PPG3 的基础上提出了土地利用的新的标准：地方政府应该设置一个密度范围，住宅的净套密度 30 套/hm^2 的开发是国家指导政策的最低值。❷

英国的一些地方政府（如朴茨茅斯，Portsmouth）规定新建居住区的净居住密度应根据住区的公共交通的可达性的高低来决定：公交可达性最好的住区（High Accessibility）套密度最小为 60 套/hm^2；公交可达性中等的住区（Medium Accessibility）最小为 45 套/hm^2；公交可达性较低的住区（Low Accessibility）最小为 30 套/hm^2。❸

伦敦 Hammersmith 和 Fulham 自治区的地方发展框架中对于其不同地区和不同类型住宅的密度作了详细的规定（表 4-3）。❹

伦敦规划密度 **表 4-3**

位置	可达性指数	停车率	1.5～2 辆/单元	1～1.5 辆/单元	<1 辆/单元
		住宅类型	独立和联排	联排和公寓	公寓
		区位			
距中心区步行 10 分钟	4～6	中心区			650～1100hrh (240～435uh)
		城区		200～450hrh (55～175uh)	450～700hrh (165～275uh)
		城郊		200～300hrh (50～110uh)	250～350hrh (80～120uh)

❶ Planning Policy Guidance 3：Housing（PPG3），"58. Local planning authorities should therefore：（1）avoid developments which make inefficient use of land（those of less than 30 dwellings per hectare net - see definitions at Annex C）；（2）encourage housing development which makes more efficient use of land（between 30 and50 dwellings per hectare net）；and（3）seek greater intensity of development at places with good public transport accessibility such as city，town，district and local centers or around major nodes along good quality public transport corridors"。

❷ Communities and Local Government. Planning Policy Statement 3（PPS3）：Housing. London，2006/11，p17。"47. Reflecting the above，Local Planning Authorities may wish to set out a range of densities across the plan area rather than one broad density range although 30 dwellings per hectare（dph）net should be used as a national indicative minimum to guide policy development and decision-making，until local density policies are in place. Where Local Planning Authorities wish to plan for，or agree to，densities below this minimum，this will need to be justified，having regard to paragraph 46"。

❸ The appropriate net density of new residential proposals will be determined according to the site's accessibility to public transport（Figure 13；Appendix 10）and to design and other environmental considerations that relate specifically to the site. Depending upon the site's accessibility by public transport，the city council，where appropriate，will seek the following：High Accessibility-at least 60 dwellings per hectare；Medium Accessibility-at least 45 dwellings per hectare；Low Accessibility-at least 30 dwellings per hectare.

❹ London Borough of Hammersmith and Fulham Local Development framework Background paper：Residential Density Review. 2007.

续表

位置	可达性指数	停车率	1.5～2 辆/单元	1～1.5 辆/单元	<1 辆/单元
		住宅类型	独立和联排	联排和公寓	公寓
		区位			
接近公交和市中心	2～3	城区		200～300hrh (50～110uh)	300～450hrh (100～150uh)
		城郊	150～200hrh (30～65uh)	200～250hrh (50～80uh)	
较偏远地区	1～2	城郊	150～200hrh (30～50uh)		

注：hrh=每公顷住宅房间数；uh=每公顷住宅套数。
资料来源：London Plan Table 4B. 1，p177：GLA Feb 2004

2. 美国

在美国，住区规划中对于密度的衡量，首要的指标为套密度 du/ac（dwellings unit per acre），其次是容积率指标 FAR（Floor Area Ratio）。❶ 一直以来，美国给人的印象就是蔓延（sprawl）的代名词，但实际上，对居住密度的关注是其重要的课题。

1961 年，简·雅各布斯（Jane Jacobs）就在其著作《美国大城市的死与生》（The Death and Life of American Metropolitan）中探讨了住区的居住密度与拥挤、居住密度与贫民窟的关系，认为这两者之间并没有必然的联系。她针对住区合理密度的问题，指出："在没有普遍一致的标准的情况下，密度再高也不会高过每英亩 275 个住宅单元（合 679 套/hm^2）的密度。而对大部分地区来说，大约应该在每英亩 200 个住宅单元（合 494 套/hm^2）左右。"❷ 她认为："如果密度高到了开始压抑而不是激发多样性的程度（不管是什么原因造成的），那就是过高了。"❸

2005 年，罗伯特·布鲁格曼（Robert Bruegmann）的《城市蔓延简史》（Sprawl：a Compact History）一书是对美国的城市蔓延问题的重新思考。在书中，罗伯特·布鲁格曼改变了以往对城市蔓延问题先入为主的批判视角，摆脱了根据城市的表面形态考察城市的方法，将城市的密度和居住密度作为研究城市蔓延问题的主要着眼点，以各个城市的官方数据为基础，对美国多个主要大城市的密度进行比较，结果发现美国平均密度最大的城市竟然是一直以来作为美国城市蔓延的代表的洛杉矶（Los Angeles），其平均密度甚至超过了纽约和芝加哥（New York or Chicago）城区（图 4-1）。

❶ Density refers to the number of housing units per area of land. The most common measure of residential density is dwelling units per acre (du/ac). Particularly the dense urban projects, density may be measured in floor-area ratio (FAR), which is the ratio of the gross building floor area to the net lot area of the building site, Density is commonly tied to location. Densities are typically lower the further one moves from the city center. However, there are often variations in this pattern. New trends, for example, have seen relatively low-density urban infill projects replace obsolete higher density multifamily housing, and relatively high-density, transit-based projects replacing large-lot residential development in the suburbs. 见：America Planning Association. Planning and Urban Design Standards. New Jersey：John Wiley & Sons, Inc., Hoboken. 2006：186.

❷ ［加拿大］简·雅各布斯. 美国大城市的死与生. 金衡山译. 南京：译林出版社，2005：239. 套/hm^2 数据为作者根据单位换算而来。

❸ ［加拿大］简·雅各布斯. 美国大城市的死与生. 金衡山译. 南京：译林出版社，2005：234.

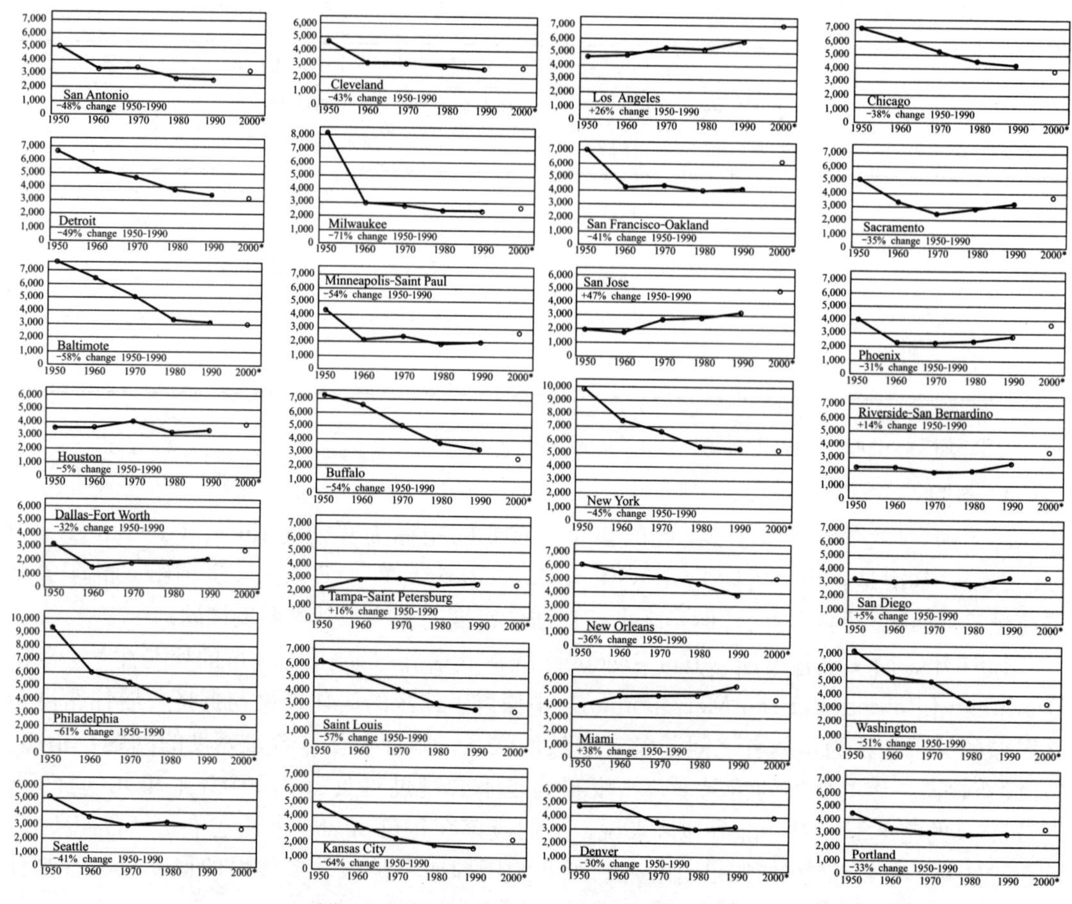

图 4-1　美国主要大城市的密度发展与变化

（图片来源：Robert Bruegmann. Sprawl：a Compact History. Chicago & London. 2005：62-63）

造成这一现象的主要原因在于洛杉矶（Los Angeles）既没有像纽约曼哈顿（Manhattan）那样的超高密度地区，也没有像纽约周边地区那样的超低密度区域，而是以一种普遍的相对高密度的方式，在一个相当大的区域内扩展。作者认为，洛杉矶的郊区根本就不存在蔓延（Sprawl）的问题，因为供水系统的高成本使得其郊区必须以一种相当紧凑的模式发展。❶

（1）相关的研究表明，影响套密度的因素主要包括以下几个内容：

1）居住单元的规模和布置；2）停车场；3）被动和主动的开阔空间；❷ 4）土地使用

---

❶ The notion that Phoenix and Las Vegas and Los Angeles are among the country's most sprawling places is also problematic at best. Los Angeles, for example, often taken to be the epitome of sprawl, has become so much denser over the past fifty years that it is now America's most densely populated urbanized area, as measured by the census bureau. It's considerably denser than the New York or Chicago urbanized areas, for example. Although this might seem preposterous since Los Angeles has no neighborhoods with densities anything like parts of Manhattan, Los Angeles has a relatively high density spread over an extremely large area. Los Angeles also has none of the very low-density exurban peripheral growth seen in the New York region. In fact, quite unlike Eastern cities, Los Angeles has almost no exurban sprawl at all because the high cost of supplying water makes relatively compact development almost inevitable. 见：Robert Bruegmann. Sprawl：a Compact History. Chicago & London，Chicago University Press，2005：5.

❷ 原文翻译如此，笔者以为可能是消极与积极的室外空间。

限制，如缓冲区、附属建筑和退进距离；5）土地价格（业主的目的最终由该因素形成，与市场目标有关）。

(2) 不同类型住宅的套密度及特征

不同类型住宅，会呈现不同的套密度标准和特征：❶

1）单户独立式房屋：该形式开发的密度一般是每英亩 6 个居住单元（15.0 户/hm^2）❷或更少（表 4-4）。

独立式房屋的特征　　表 4-4

类型	地块面积	密度		特征
	平方英尺	套/英亩	套/hm^2	
大地块	20000	0.5～5	1～12	方向灵活；建筑限制红线重要；简单扩张；利用场地特征
小地块	5000～10000	4～8	10～20	累积很重要；社区规划重要；服务重要（消防、邮件、垃圾）；行人通行可能，也必要；应用城市设计指导方针；建筑限制红线重要；需要公用下水道和水；需要划分公用和私人空间
零地块	3000～5000	8～11.5	20～28	消除单边地块退进；可能有较浅的地块；另一边的庭院可用作私人空间；缩短或消除地界线上的窗
Z 地块	3000～5000	8～13	20～32	与零地块类似；允许土地更灵活地分配；必须避免对相邻地块的视线干扰
宽度变化地块	3000～5000	8～11.5	20～28	沿街设计变化

注：零地块；Z 地块。原文如此翻译，可能是指不规则地块。套/hm^2 项指标系作者按 1hm^2＝2.47 英亩换算所得。

资料来源：Ralph Bennett、Bennett frank、McCarthy 建筑事务所，马里兰 Silver Spring；莱昂纳多·J·霍珀. 景观建筑绘图标准. 约翰·威利父子出版公司，安徽科技出版社，2007：219.

2）单户带有排屋（坡道停车场）：该形式开发的密度一般是每英亩多至 14 个居住单元（35.0 户/hm^2）。

3）单户带有排屋及车库：每英亩多至 20 个居住单元（49.0 户/hm^2）适宜于该形式开发。

4）二层相连的房屋：带车库，这些房屋在设计上的密度是大约每英亩 10 个单元（25.0 户/hm^2）（表 4-5）。

---

❶ 在《规划与城市设计》一书中，住宅被划分为 5 种基本类型：①独立住宅（single family detached）：与毗邻的居住单元完全分离的住宅；②连体住宅（single family attached）：与毗邻的居住单元共用墙体的住宅；③多层住宅（multifamily low-rise）：与水平和垂直方向毗邻的居住单元共用墙体和楼板的住宅，通常高 2～4 层，有多个服务交通核（service cores），配有停车场或停车库；④中高层住宅（multifamily mid-rise）：与水平和垂直方向毗邻的居住单元共用墙体和楼板的住宅，通常高 5～12 层，有一个服务交通核（service core），有时带有停车库；⑤高层住宅（multifamily high-rise）：与水平和垂直方向毗邻的居住单元共用墙体和楼板的住宅，通常高 12～50 层，有一个服务交通核（service core），配有停车库。America Planning Association. Planning and Urban Design Standards. New Jersey：John Wiley & Sons，Inc.，Hoboken. 2006：186.

❷ 为便于比较，本文按 1hm^2＝2.47 英亩，将原书中的单位：单元/英亩换算为套/hm^2，换算中四舍五入，小数点后保留一位。

联体住宅的特征 表 4-5

类型	地块大小	密度		特征
	平方英尺	套/英亩	套/hm²	
两栋联体	3000～5000	8～10	20～25	允许有停车出入口；可使用侧面庭院；房屋三面暴露
四栋联体	2000～3000	10～15	25～37	房屋西面暴露；私密性；体量较大
排屋	1000～1500	12～22	30～54	公共、私人划分清晰；形成宜人的街道空间

注：套/hm² 项指标系作者按 1hm²＝2.47 英亩换算所得。
资料来源：Ralph Bennett、Bennett frank、McCarthy 建筑事务所，马里兰 Silver Spring；莱昂纳多・J・霍珀. 景观建筑绘图标准. 约翰・威利父子出版公司，安徽科技出版社，2007：220.

5）花园公寓：在花园公寓综合建筑中，每英亩包括 18 个居住单元（44.5 户/hm²）。

6）无电梯的公寓：建筑在停车库之上，无电梯的公寓综合楼开发的密度可达到每英亩 30 个居住单元（74.0 户/hm²）。

7）带电梯的公寓：可建成每英亩多至 100 个居住单元（247.0 户/hm²）。

（3）不同规模住区的套密度与关注因素

对于社区套密度的控制，根据住区用地面积的不同确立不同的套密度指标（Planning and Urban Design Standards，2006）（表 4-6）。❶

不同规模住区的套密度与关注因素 表 4-6

	单位	small scale	medium scale	large scale
用地面积	英亩	1～10	10～50	＞50
套密度	套/英亩	5～50	50～500	＞500
	套/hm²	12～120	120～1200	＞1200
关注因素		建筑群； 建筑细部； 前门/可达； 停车空间； 服务空间	景观设计； 公共空间； 车行道宽度； 车流； 密度	暴雨管理； 具有一个中心； 公共交通可达； 路网结构； 多密度混合

注：套/hm² 项指标系作者按 1hm²＝2.47 英亩换算所得。
资料来源：America Planning Association. Planning and Urban Design Standards. New Jersey：John Wiley & Sons，Inc.，Hoboken. 2006：186.

3. 日本

日本对于普通商品房只作容积率的限制，而对公营住宅（社会保障型住宅）则进行容

❶ Focus areas for different scales of residential development

	Small scale	medium scale	large scale
Area/ Acres	1-10	10-50	＞50
Density/units	5-50	50-500	＞500
Areas of primary	Building massing Architectural details Front door/access Parking areas Service areas	Landscape design Public space Roadway width Traffic flow Location of density	Storm water management Creating a center Transit access Road frame Mix of density

America Planning Association. Planning and Urban Design Standards. New Jersey：John Wiley & Sons，Inc.，Hoboken. 2006：186.

积率和套型建筑面积的双重控制。受自身的土地资源的限制，公营住区的套密度通常较高，其主要的措施是将居住用地的地块划分得较小，以此来提高套密度，进而达到节约用地的目的。

日本人多地少，集合住宅的套密度比之英国、美国要高得多，因而对于我国更具借鉴意义。从其现有的一些研究，可以知道其住区套密度的大概规律（图 4-2）：

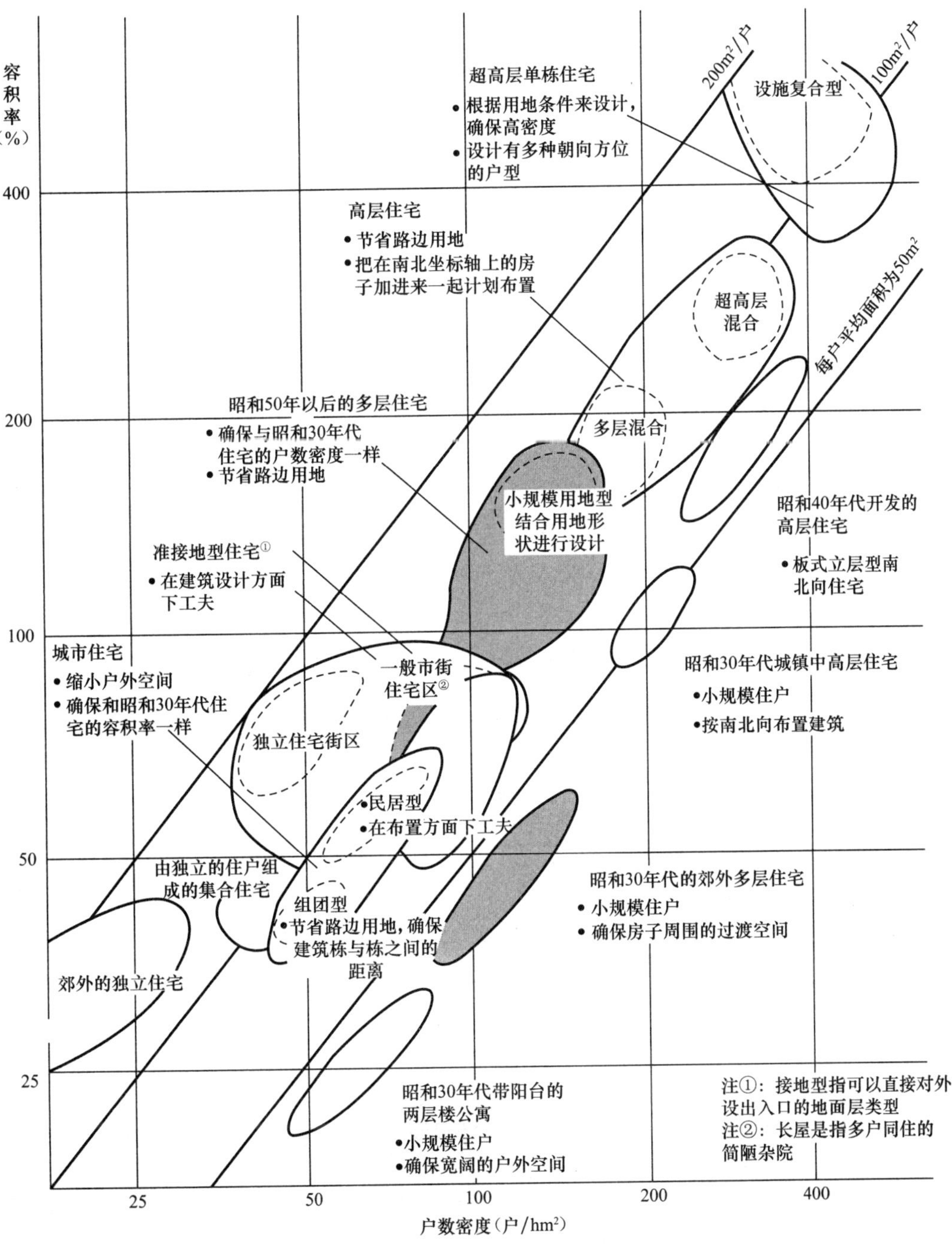

图 4-2　日本集合住宅的密度特点

（图片来源：日本建筑学会．建筑设计资料集成（综合篇）．北京：中国建筑工业出版社，2003：280）

（1）日本集合住宅的套密度呈现以下规律：

1）日本住宅的建筑面积主要控制在 50～200m²/户的标准之间。

2）从郊外独户住宅、郊外多层住宅到城市多层住宅、高层住宅、单栋超高层住宅，随着建筑类型的不同，套密度与容积率呈上升的趋势。

3）在相同容积率的条件下，户均建筑面积越少，套密度越高，户均建筑面积越大，套密度越低，套密度与户均建筑面积成反比关系。

4）容积率与户均建筑面积成正比关系，户均建筑面积越大，容积率越大，反之亦然。

5）套密度不仅与住宅建筑类型相关，与户均建筑面积的影响更为密切。

（2）通过对日本集合住宅和欧洲集合住宅的密度进行比较，我们可以发现以下规律（图 4-3）：

1）日本多层集合住宅（3～6 层）的套密度在 50～180 套/hm² 之间；高层＋中层集合住宅的套密度在 100～200 套/hm² 之间；高层集合住宅（7～24 层）的套密度在 200～300 套/hm² 之间；超高层集合住宅（25 层以上）的套密度在 100～300 套/hm² 之间。

2）超高层（25 层以上）（7～24 层）对容积率的影响更明显，而对套密度的影响则并不明显；超高层对提升容积率具有重要的作用，但对套密度的提升效果不大。

3）随着容积率的增长，多层住宅的套密度的增长平缓，超高层与高层集合住宅的套密度则有非常明显的增长。容积率的变化对多层住宅的套密度的影响并不显著，对超高层与高层集合住宅的套密度的影响则非常明显。

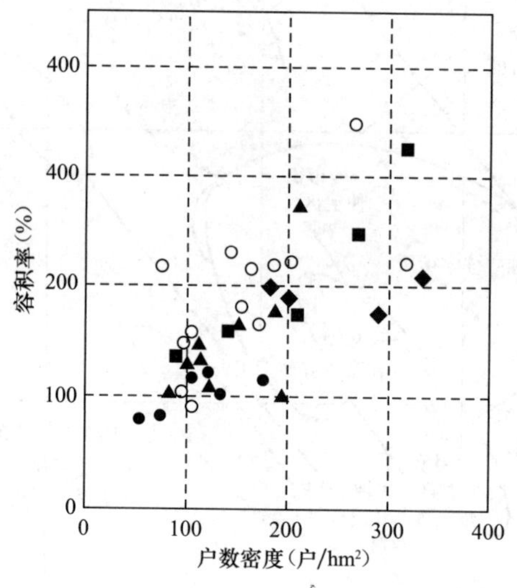

图 4-3　日本集合住宅和欧洲集合住宅的密度比较

图例：

○ 欧洲的中庭型集合住宅

● 日本的多层集合住宅（3～6 层，平冢花园之家、多摩莎巴比 21、芒草野第三住宅区、利伯勒向阳台住宅区、木场公园三好住宅、好布太温松之丘、筑摩樱花住宅区、南大泽伯里柯里鲁）

▲ 日本的高层＋中层集合住宅（品川八潮、浦安玛利纳东方 21、广尾花园住宅区、伯里柯里鲁南大泽、奈良北泽）

◆ 日本的高层集合住宅（7～24 层，厂岛基町、四季小手指、CI 集体住宅和光、大岛灯目等）

■ 日本的超高层集合住宅（25 层以上，西户山塔之家、Bell 住宅、ASTEM、莎士梯）

（图片来源：日本建筑学会．建筑设计资料集成（综合篇）．北京：中国建筑工业出版社，2003：290）

4. 新加坡

新加坡国土面积狭窄，据 1982 年的统计，新加坡主岛上的城市用地面积为 259.5km²，占国土面积的 45.5%。新加坡的国土面积较小，住宅区具有高层高密度的特点，在居住区规划方面，居住密度是规划中首要的评价指标，套密度也是主要的指标之一。

20 世纪 60～80 年代的 20 年中，新加坡住宅发展局（Housing & Development Board，HDB）提出新镇居住毛密度为 64 户/hm²，居住净密度为 200 户/hm²。如果将当时的 50 万个单元均考虑在内的话，综合计算的居住净密度为 198 户/hm²。❶

随着时代的发展，居住密度也在发生变化，影响其住宅居住密度的因素主要是以下三方面的发展趋势：

（1）对未来长远居住需求发展的预测。

随着城市化的发展，自然环境保护与城市发展的矛盾日益尖锐，而商业、工业和港口等的发展更加激化了用地紧张的矛盾，包括新产生的住户、迁移的住户的需求以及由于旧公共住宅更新所形成的住宅需求。为了满足这些需求，在寻求建设新镇的同时，对居住密度的再认识显得极为重要。通过对各种居住因素的分析和回顾，HDB 提出了 200 户/hm² 的综合居住净密度，与之相应的居住毛密度为 64 户/hm²。❷

（2）对较大面积单元需求的日益增大。

就单元面积来看，单元面积越大，居住密度越小。新加坡的公共住房发展表明，对大面积单元的需求日益增多，大单元在居住区中所占的比重越来越大，小单元所占的比重越

❶ 20 世纪 60 年代发展的公共住宅区，如女王城（Queen Town）和大巴窑新镇（（Toa Payoh New Town）以 1 室、2 室和 3 室单元为主，居住净密度为 200～500 户/hm²。70 年代发展的安莫克新镇（Ang Mo Ko New Town）和白道克新镇（Bedok New Town）以 3 室和 4 室单元为主，居住净密度在 170～250 户/hm² 之间（见下表）。

新加坡 HDB 存量公共住房的居住净密度和其他指标

单元类型	百分比	平均面积	户规模	净密度		容积率	每停车位人数
	%	m²	人/户	户/hm²	人/hm²		
1 室	12	33	3.5	245	856	1.0	7.7
2 室	10	44	4.3	245	1 054	1.3	5.2
3 室	45	65	4.6	200	920	1.6	2.1
4 室	23	94	4.9	175	857	2.0	1.7
5 室	8	124	4.4	150	660	2.3	0.9
行政型	1	145	3.4	100	340	1.8	0.9
HUDC	1	160	3.1	80	248	1.6	0.9
加权平均	100	72	4.4	198	878	1.7	2.7

注：HUDC：住宅和城市发展公司（Housing & Urban Development Company Pte Ltd.）。

资料来源：田东海. 住房政策：国际经验借鉴和中国现实选择. 北京：清华大学出版社，1998：124.

❷ 当时估计，到 2000 年，新加坡的住宅需求将新增 40 万个单元。HDB 提出了 200 户/hm² 的综合居住净密度，与之相应的居住毛密度为 64 户/hm²，建设 40 万个单元的居住用地为 6300hm²。田东海. 住房政策：国际经验借鉴和中国现实选择. 北京：清华大学出版社，1998：123-125.

来越小。[1]与对大面积单元需求的增长相对的是，户规模呈缩小趋势。[2]

在这种情况下，为了实现200户/hm^2的居住净密度的目标，HDB将各种单元的分类居住净密度都提高了15%，以补偿由于家庭人口减少所造成的居住人口密度事实上的下降。[3]

（3）新镇建设中非居住用地比居住用地发展速度更快。

较小的公共住宅区中，60%的用地为住宅用地，其余40%为道路、商业和其他用地。新镇中非居住用地比重的增加不仅是因为服务设施范围的扩大，还因为建设的标准也提高了。[4]

---

❶ **新加坡HDB各类型住房单元的分布情况表（1985年3月31日）**

单元类型	道帕和新镇（%）（1965～1972年）	安莫克新镇（%）（1973～1982年）	所有HDB住房（%）	计划建设（%）（1985.1～1989.12）
1室	30.9	5.4	11.9	0.1
2室	15.4	11.0	9.5	0.1
3室	42.0	54.0	45.2	17.0
4室	7.1	23.0	23.3	50.8
5室	2.1	6.6	8.0	18.9
行政型	0.0	0.0	1.1	11.1
HUDC	2.5	0.0	1.0	2.0
总计	100.0（36 758套）	100.0（49 483套）	100.0（508 242套）	100.0（180 000套）

注：所有HDB住房508242套，不包括1985年3月31日前的重建中减少的（212182）套和从小单元到大单元的转换中减少的3172套。资料来源：田东海．住房政策：国际经验借鉴和中国现实选择．北京：清华大学出版社，1998：124.

❷ **新加坡HDB住房的平均户规模**

年份	平均户规模（人）	数据来源
1968	6.2	
1973	5.7	
1977	5.2	HDB住房抽样调查
1981	4.8	
1984	4.4	HDB计算机服务部
1987	4.42	
1993	4.06	
2000	3.5	
2020	3.2	预测

注：①新加坡人口普查的结果为：1970～1980年公共住房住户的平均户规模为5.5～4.8人。②统计局（the Census Board）的户定义：生活在同一套普查住房和共同分享一份粮食分配的一群人，或单独生活的个人，或与其他人生活在一起但有自己的粮食分配（这样，在同一个住房单元中会存在一户以上的户数）。③HDB的户定义：生活在同一个住房单元中的一群人，或独立生活在住房单元中的个人（这样，一套住房单元中只能有一户人，而无须考虑其粮食分配）。资料来源：田东海．住房政策：国际经验借鉴和中国现实选择．北京：清华大学出版社，1998：125.

❸ 由于户规模的缩小，居住人口净密度从1981年的1000人/hm^2下降为1985年的880人/hm^2，到1990年降为800人/hm^2左右。见：田东海．住房政策：国际经验借鉴和中国现实选择．北京：清华大学出版社，1998：125.

❹ 道帕和新镇中的40%土地用于居住；安莫克新镇之类的新镇中仅有35%的土地用于居住用途；1982年始建的原型新镇（Prototype New Town）中更降为33%。见：田东海．住房政策：国际经验借鉴和中国现实选择．北京：清华大学出版社，1998：125.

新加坡的住区的居住密度问题：

1）居住密度是新加坡住区建设关注的首要问题，而套密度作为主要的控制指标在住区用地的控制中发挥着重要的作用。通常住区的净套密度约为毛套密度的 3 倍略强。

2）家庭人口结构的变化，会导致住区人口密度的下降，因此，提高住区套密度不会对住区环境造成新的压力，这是提高住区套密度可行性的重要原因。

3）随着居住标准和附属服务设施标准的提高，居住用地的比例会将逐步下降，在容积率一定的情况下，住区的净套密度将会增加，而毛套密度不变，净套密度与毛套密度的比值将逐渐加大。

5. 国外研究的特点

国外对于套密度问题，或以其为标准，进行住宅开发的控制和引导，或以其为工具，进行城市相关问题的研究和探索，或以其为对象，进行不同类型住宅密度的表述和解读，都有着相对深入的研究，套密度在城市规划实践和规划控制中发挥着广泛而重要的作用。国内对这一问题的研究与应用就明显不足，因此，有必要了解一下我国住区套密度的现状，为这一问题深入研究准备基本的数据基础。

4.2.2 我国的相关研究与特点

1. 对套密度问题的关注与研究

1980 年，汪定曾、钱学中著文“关于在上海建造高层住宅的一些看法”认为：“目前上海的住房问题还相当困难，建造高层住宅是为了增加居住户数，不是为了提高居住面积标准，也不应降低使用标准……”❶

1981 年，在“上海住宅建设的若干问题”一文中，曹伯慰、张志模、钱学中几位作者在开篇写道：“按照量力而行的原则，实事求是地增加住宅建设量的同时，存在一个如何以同等的建造面积合理地解决更多的居住户数的问题。我们认为，衡量住宅建设的效果，不应只看建造了多少平方米，更要看建造了多少户，即多少套住宅。”❷ 建多少套住宅就是套密度问题，只是当时尚未将这一个名词引入住区规划控制中。

1984 年，陈华宁在“浅谈上海的高层住宅建设”一文中提出推广使用“K”值，以套作为住宅建设指标的计量单位。他认为：“住宅建设的指标过去是以完成多少平方米来计算，这虽然有了一个数字的概念，但与实际能解决多少住户还有一个换算关系。国外及香港地区普遍是以‘套’为单位衡量的，每年能建成多少‘套’住宅也就是能解决多少‘户’居民的居住问题。而且由于户型大小的不同，以平方米为单位并不能全面地衡量每户的经济效果。采用‘套’后不但能直观地反映出住宅建设的成果，还可以比较合理地分析衡量用于每户的投资经济效果。”❸

1985 年，胡庆庆在“北京新建住宅区经济效益综合分析”一文中就套密度（R）作了定量研究，文章认为“住宅区的平均层数，布置形式，住宅进深和公共建筑结合的程度”

❶ 汪定曾，钱学中．关于在上海建造高层住宅的一些看法．建筑学报，1980（04）：38.

❷ 曹伯慰，张志模，钱学中．上海住宅建设的若干问题．建筑学报，1981（07）：1.

❸ 陈华宁．浅谈上海的高层住宅建设．住宅科技，1984（01）：14.

这四个因素对其（套密度）影响最大。[1] 文章最后得出与套密度相关的结论，包括：[2]

（1）住宅区建设方案经济分析最好的评价指标是每套住宅年均总费用，其值最小的方案为经济效益最佳的方案。

（2）高层住宅的经济性与相应的套密度大小紧密相关，因此应进一步改进住宅单体和群体的设计，提高其套密度，减少土地费用。

1987 年，吴政同在“上海中心城住宅发展战略”一文的结尾提出：住宅建设既要抓“平方米”又要抓“套”。一切有关住宅的规划、设计、计划、施工验收、交付、集资、研究、节地、考核、房需、解困等工作，不仅要抓“平方米”，还要围绕“套”来进行。[3]

2006 年 7 月 13 日，国务院《关于落实新建住房结构比例要求的若干意见》（简称 165 号文）中指出：“城市规划主管部门要依法组织完善控制性详细规划编制工作，首先应当对拟新建或改造住房建设项目的居住用地明确提出住宅建筑套密度（每公顷住宅用地上拥有的住宅套数）、住宅面积净密度（每公顷住宅用地上拥有的住宅建筑面积）两项强制性指标，指标的确定必须符合住房建设规划关于住房套型结构比例的规定。”

2. 既有研究的局限

（1）我国从确立以套为住宅的主要单位，到认识到建设套数比之于建设面积的量更为重要，经过了较长的时间，这也是随着我国经济的发展，居民的居住状况和居住水平不断提高的这一趋势使然。

（2）对套密度的认识只停留在其重要性较高的层面上，并没有围绕其进行相对深入的研究。

（3）对套密度问题的惟一研究是将套密度与住宅的经济性挂钩，尚未将套密度问题与住宅的节能省地问题联系在一起。

4.3 套密度现状统计

日本与我国有着相类似的土地利用国情，论文主要以日本和上海地区的住区为例，考察住区套密度的现状。

4.3.1 日本住区套密度统计分析

日本的数据主要来自于日本住宅方面的中译本书籍，共搜集到样本住区 97 个，其中多层住宅类型住区 60 个，高层类型的住区 37 个。

日本数据样本来自全国，上海数据显示的是城市层面的特征，但从统计样本的性质来

[1] 胡庆庆. 北京新建住宅区经济效益综合分析. 建筑学报，1985（05）：23.

[2] 同上，p25。

[3] 根据上海城市总体规划，至 2000 年，中心城共有家庭 185.71 万户，但目前成套住宅仅有 36.08 万套，在今后 15 年内需提供成套住宅 138.31 万套。因此，必须从现在起就着手抓“套”。吴政同. 上海中心城住宅发展战略. 住宅科技，1987（02）：13。

看，这样的区别并不会造成统计结果和研究结论的偏差：日本的住区数据主要来自于东京及其周边地区或其他大城市地区，能够反映日本城市住区的基本特征；住区套密度的统计是以住区为单位的，住区的地理位置及经济条件对住区的套密度的影响并不直接，所以来自国家和城市这样不同层面的统计数据对于研究结果的影响不大。

1. 不同类型住区套密度

日本住区建筑类型较为单一，就笔者统计对象所及，少有像上海这样不同类型住宅混合的住区，故本研究统计的是多层和高层住宅住区的套密度现状，可以较为准确地反映各种不同住宅类型住区的套密度。

（1）多层住宅住区套密度

统计样本中，以多层为主的住区的套密度，有的接近 947 套/hm²，最小为 87 套/hm²，主要分布在 100～200 套/hm² 这一区间（图 4-4）。

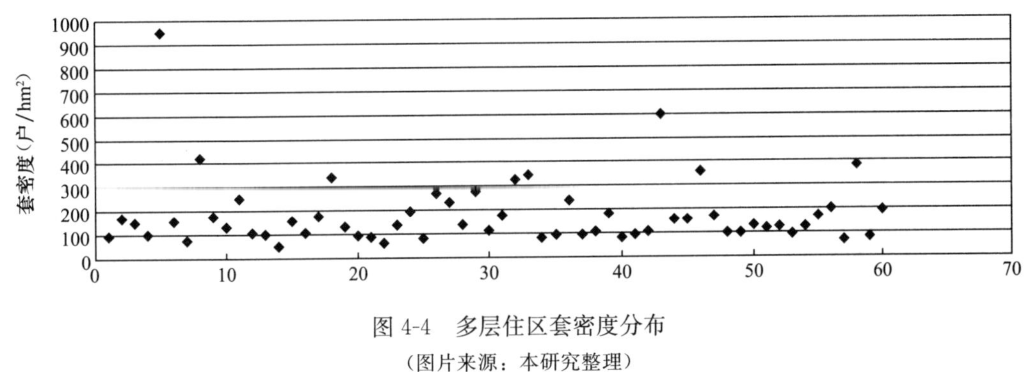

图 4-4　多层住区套密度分布

（图片来源：本研究整理）

（2）高层住区住宅套密度

统计样本中，以高层为主的住区的套密度最大值接近 1088 套/hm²，最小值有 105 套/hm²，套密度主要分布在 100～300 套/hm² 这一区间（图 4-5）。

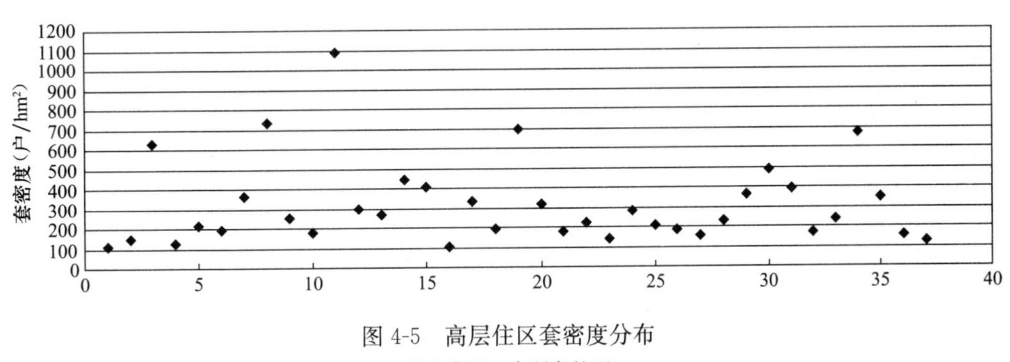

图 4-5　高层住区套密度分布

（图片来源：本研究整理）

2. 日本住区套密度现状

日本多层住区的套密度平均值为 180 套/hm²，最大值与最小值之间相差 10.8 倍；高层住区的套密度平均值为 315 套/hm²，最大值与最小值之间相差 10 倍；高层住区的套密度平均值约为多层住区套密度平均值的 1.75 倍。具体统计数值如下（表 4-7）：

日本住区套密度分布 表 4-7

住宅类型	套密度（套/hm²）			倍数	平均值
	最小值	最大值	主要分布区间		
多层	87	947	100～200	10.8	180
高层	105	1088	200～300	10	315

资料来源：本研究整理。

4.3.2 上海住区套密度统计现状

上海地区的住区以集合住宅为主，本文随机抽取上海地区 1995 年以来已建或在建的 420 个住宅小区（其中内环 116 个，内外环之间 170 个，外环以外 134 个）为统计对象，分析不同区域住区套密度现状；按多层、高层和多高层混合分类（其中多层住区 54 个，多、高层混合住区 91 个，高层住区 275 个），分析不同类型住区套密度现状。统计数据主要来自上海市房屋土地资源管理局（原上海市住宅发展局）编写的第一、二、三届上海优秀住宅评选获奖作品集和上海楼市（http://www.loushi-sh.com）发布的最新楼盘信息（图 4-6）。

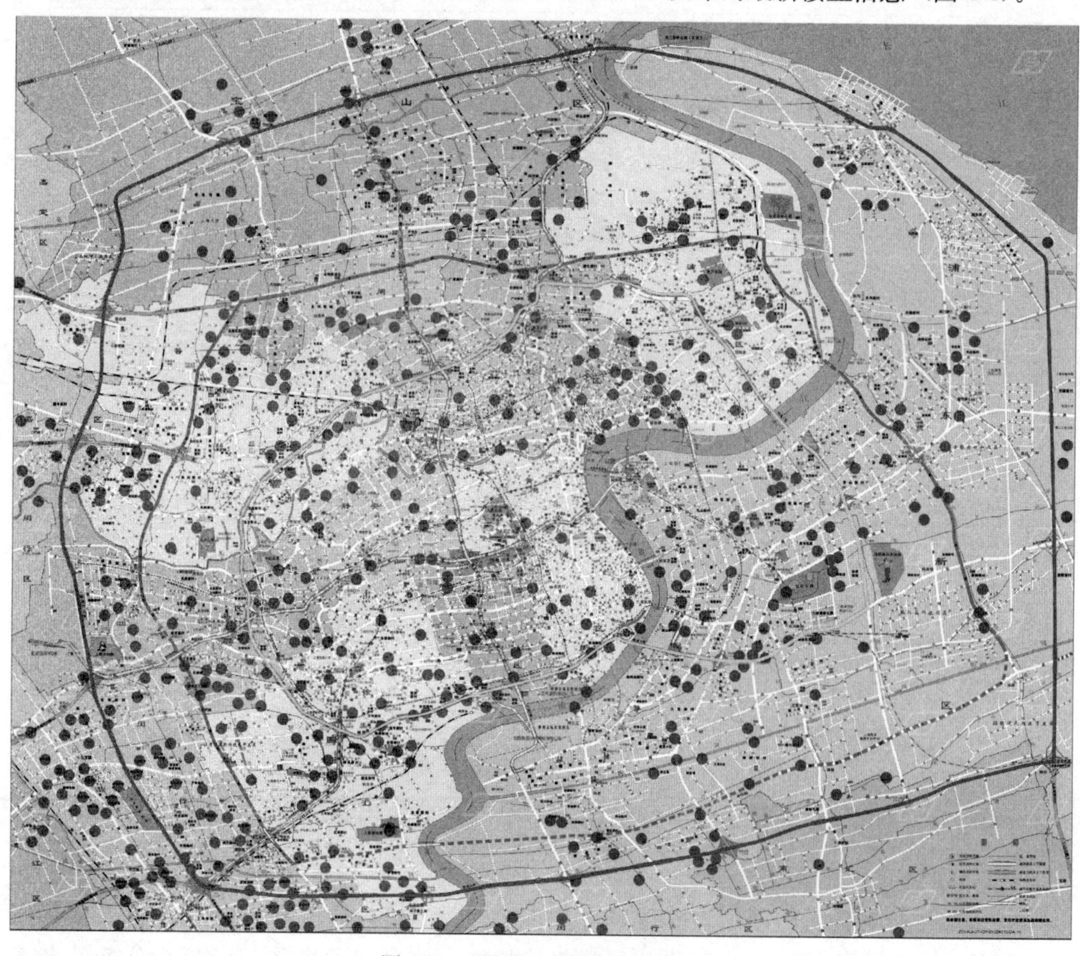

图 4-6 上海住区抽样统计分布

（图片来源：本研究整理）

1. 不同类型住区套密度

上海住区的建筑类型多为几类住宅建筑（多层、高层）混杂，为了解不同住宅建筑类型住区的套密度状况，本研究将多层、多层高层混合和高层为主要建筑类型的住区作为研究对象，进行分类统计：

（1）多层住宅住区

就统计样本范围所及，样本中多层住宅住区套密度最大达到了 254 套/hm²，最小为 32 套/hm²，样本指标主要分布在 60～120 套/hm² 之间（图 4-7）。

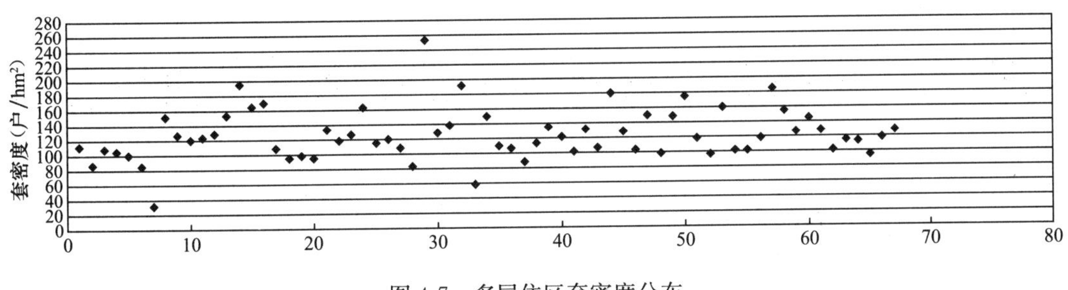

图 4-7　多层住区套密度分布

（图片来源：本研究整理）

（2）多、高层住宅混合住区

统计样本中多、高层住宅混合住区套密度最大达到了 250 套/hm²，最小为 76 套/hm²，样本个体主要分布在 80～140 套/hm² 之间（图 4-8）。

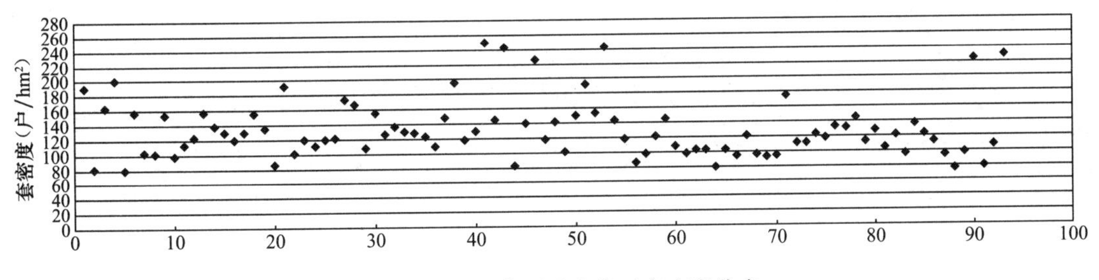

图 4-8　多层和高层混合住区套密度分布

（图片来源：本研究整理）

（3）高层住宅住区

统计样本中高层住宅住区套密度最大达到了 595 套/hm²，最小为 87 套/hm²，样本主要分布在 100～200 套/hm² 之间的区域（图 4-9）。

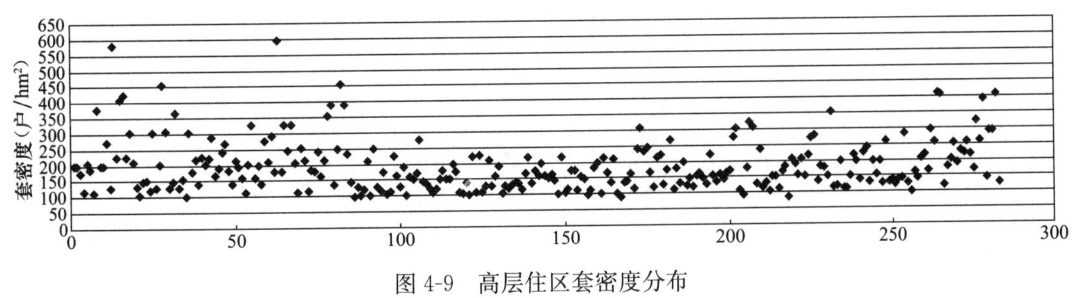

图 4-9　高层住区套密度分布

（图片来源：本研究整理）

(4) 不同类型住区套密度指标

上海多层住宅住区的套密度平均值为125套/hm^2，最大值与最小值之间相差8倍；多、高层混合住区的套密度平均值为132套/hm^2，最大值与最小值之间相差3倍；高层住宅住区的套密度平均值为190套/hm^2，最大值与最小值之间相差7倍；高层住区的套密度平均值约为多层住区套密度值平均值的1.5倍。具体统计数值如下（表4-8）：

不同类型住区套密度指标 **表4-8**

住宅类型	套密度（套/hm^2）			倍数	平均值
	最小值	最大值	主要分布区间		
多层	32	254	60～120	8	125
多、高层	76	250	80～140	3	132
高层	87	595	100～200	7	190

资料来源：本研究整理。

2. 不同区域住区套密度指标

上海住区套密度与住区所处区位的关系较为密切，住区套密度从内环以内、内外环之间至外环以外呈递减的趋势（图4-10）。

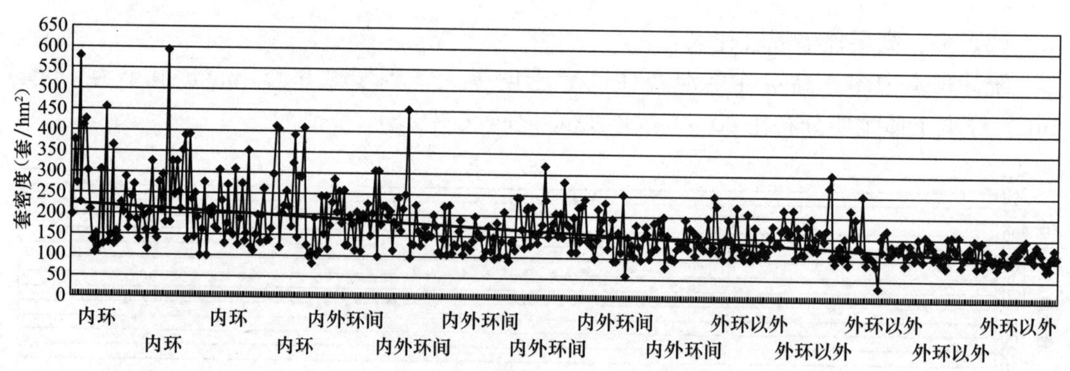

图4-10 住区套密度的区域分布

（图片来源：本研究整理）

(1) 内环地区

统计样本中内环以内地区住区套密度最大达到了595套/hm^2，最小为84套/hm^2，样本主要分布在100～200套/hm^2之间的区域（图4-11）。

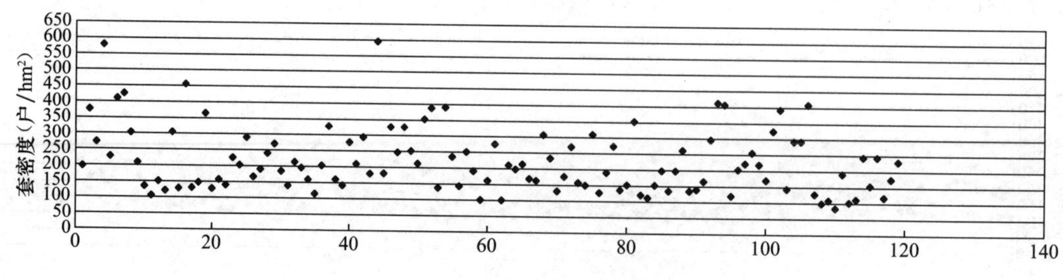

图4-11 内环地区住区套密度分布

（图片来源：本研究整理）

（2）外环间地区

统计样本中内外环之间地区住区套密度最大达到了454套/hm^2，最小为59套/hm^2，样本主要分布在100～200套/hm^2之间的区域（图4-12）。

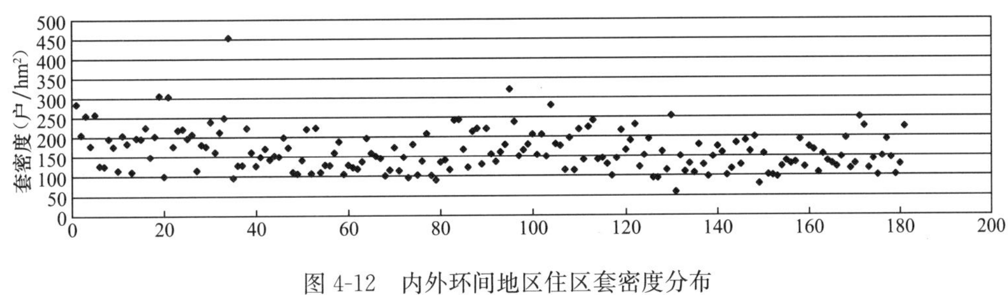

图4-12　内外环间地区住区套密度分布

（图片来源：本研究整理）

（3）外环以外地区

统计样本中外环以外地区住区套密度最大达到302套/hm^2，最小为32套/hm^2，样本主要分布在50～150套/hm^2之间的区域（图4-13）。

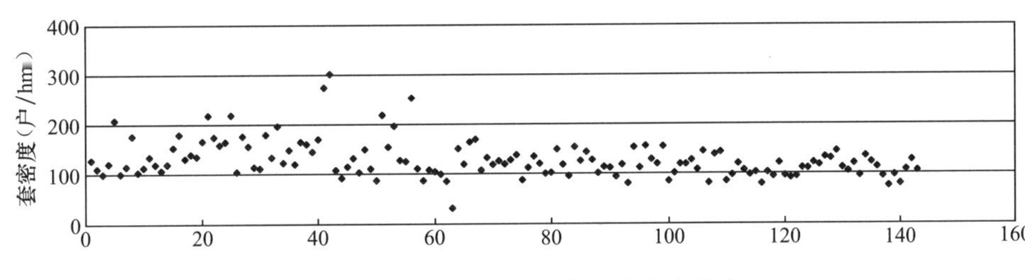

图4-13　外环以外地区住区套密度分布

（图片来源：本研究整理）

（4）不同区域住区套密度指标

上海内环以内地区住区的套密度平均值为221套/hm^2，最大值与最小值之间相差7倍；内外环之间住区的套密度平均值为164套/hm^2，最大值与最小值之间相差8倍；外环以外地区住区的套密度平均值为129套/hm^2，最大值与最小值之间相差9倍；内环以内地区住区的套密度平均值约为内外环之间住区套密度平均值的1.3倍，约为外环以外地区住区套密度平均值的1.7倍。具体统计数值如下（表4-9）：

上海不同区域住区套密度　　**表4-9**

住宅类型	套密度（套/hm^2）			倍数	平均值
	最小值	最大值	主要分布区间		
内环以内	84	595	100～300	7	221
内外环之间	59	454	100～200	8	164
外环以外	32	302	50～150	9	129

资料来源：本研究整理。

4.3.3　套密度横向比较

1. 现状比较

主要选择不同类型住宅（多层、多高层混合、高层）住区的套密度进行比较研究。将统计数据按最小值、最大值、主要分布区间和平均值进行分类，比较上海和日本不同住区的套密度值，可以得出以下结论（表 4-10）：

上海与日本住区套密度比较　　表 4-10

住宅类型	套密度（户/hm²）							
	最小值		最大值		主要分布区间		平均值	
	上海	日本	上海	日本	上海	日本	上海	日本
多层	32	51	254	947	60～100	50～200	125	180
多、高层混合	76	—	250	—	80～140	—	132	—
高层	87	105	595	1088	100～200	200～400	190	315

资料来源：本研究整理。

2. 比较结论

（1）上海地区住区套密度各项指标均低于日本同类型住区，在比较数据中，最小值较为接近，而最大值相差较多。多层住区的平均值较为接近，而高层住区平均值相差较大。

（2）上海地区住区套密度同比日本各类型住区套密度普遍偏小，但没有证据表明日本住区的居住舒适性比上海住区的居住舒适性差，实际恰恰相反，日本大多数住区的居住舒适性是高于上海地区的，这说明住区套密度对住区居住舒适性并无明确、直接的影响。

（3）基于节能省地的目标，上海住区的套密度指标仍有较大的可上升空间，但应注意通过学习日本的集合住宅设计和建设的经验，提高住区套密度的同时又不影响住区的居住舒适性。

（4）上海住区一般为多种住宅类型混和，所以住区的套密度较难反映某一类型住区的特点及情况，对同一区域内住区的套密度指标的研究相比不同类型住区套密度的研究更有意义。

4.3.4 套密度纵向比较

1. 时间分布

（1）上海

通过对上海开埠以来各个时期代表性的住区套密度的统计，可以发现，套密度随着时代的发展，总体呈上升的趋势，套密度的时间分布呈正抛物线走向，80 年代的一批住区的套密度比较高，近期建设的住区的套密度呈下降趋势（图 4-14）。这点可以从图 4-15 所示的 1995 年以来的数据中更准确、直观地看出。

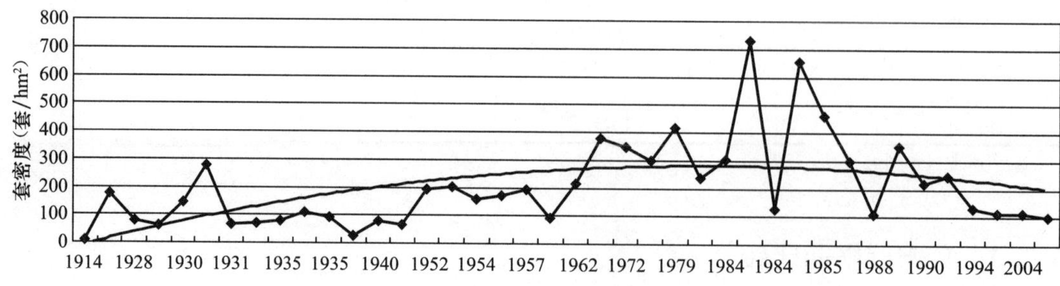

图 4-14　上海住区套密度时间分布

（图片来源：本研究整理）

上海住区的套密度在过去的 10 余年中（1995～2007 年）总体呈下降趋势。这主要是因为在 1998 年住宅市场走向完全的市场化后，国家对住宅的套型面积指标及各功能空间面积指标只作下限的标准要求，而不再作上限的标准要求，住宅的套型建筑面积越来越大，在同等面积的用地条件下住区的套密度呈下降趋势（图 4-15）。

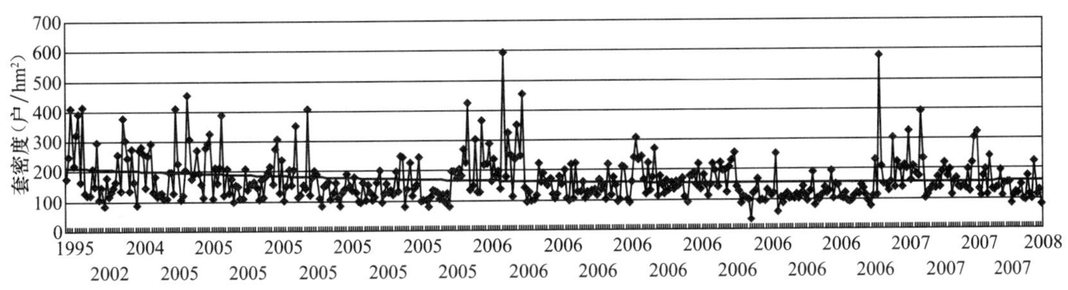

图 4-15　1995～2007 年上海住区套密度时间分布

（图片来源：本研究整理）

（2）日本

日本住宅小区的套密度的发展与上海正相反，套密度的时间分布呈反抛物线走向。在 20 世纪 80～90 年代，日本住区的套密度逐渐变得相对较低，进入 90 年代后期，住区套密度开始逐年上升（图 4-16）。

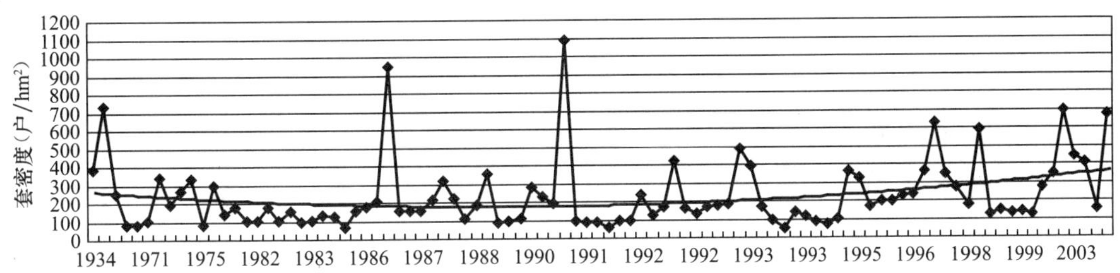

图 4-16　日本住区套密度时间分布

（图片来源：本研究整理）

2. 比较结论

上海与日本的住区套密度的时间分布呈相反的发展趋势，前者分布呈正抛物线走向，后者分布呈反抛物线走向。套密度的增加与住宅建设的省地关系密切，日本的住宅套密度呈上升的趋势，某种程度上可以说明其对土地节约问题的关注，上海近年来住区套密度呈下降趋势，对于节约土地不利，这一趋势应当引起足够的重视，注意控制住区套密度的最小值，将套密度整体保持在一个合理的水平，是实现住宅省地的重要途径。

通过以上对上海住区套密度的纵向和横向比较研究，可以看出上海目前的住区套密度指标并不高，在一定程度上还具有上升的空间，以此研究影响套密度的相关因素，实现套密度控制的可操作性，通过提高住区套密度实现住宅的省地目标具有重要的意义。

4.4 住区套密度的影响要素

与欧美国家的土地资源的现状和居住习惯相比，日本与我国有着相类似的土地利用国情，对其住区套密度问题的研究会对我国此类问题的研究具有重要的启示作用。本文采取对不同的住宅类型进行分类的研究方法，以日本和上海地区的住区为例，在对住区套密度进行统计的基础上，研究套密度及其影响要素的相互关系。

4.4.1 套密度相关影响要素

结合其他要素的统计数据，本文主要分析住区用地、容积率、建筑类型和高层建筑层数对套密度的影响，比较分析套密度的共性问题。

1. 套密度与住区用地

将统计住区按用地面积的大小排列，可以发现上海和日本的住区套密度呈现出同样的规律，即套密度与住区的用地面积大小成反比。在相同的规划条件下，较小的住区用地面积相对更易取得较高的套密度。就统计样本数据来看，日本住区的变化相比上海住区更为明显（图 4-17、图 4-18）

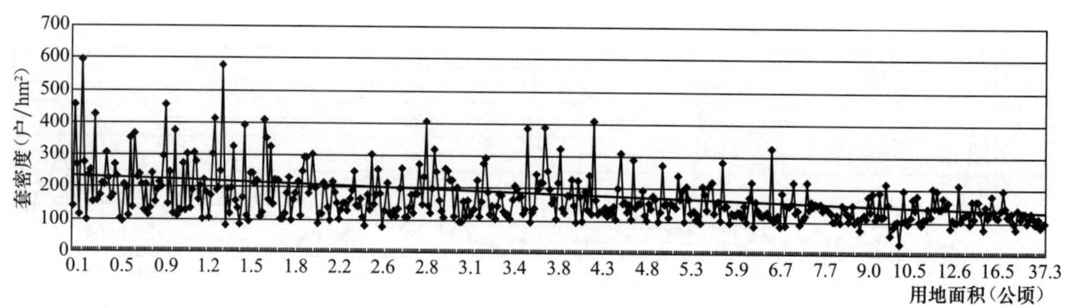

图 4-17　上海住区套密度与居住用地

（图片来源：本研究整理）

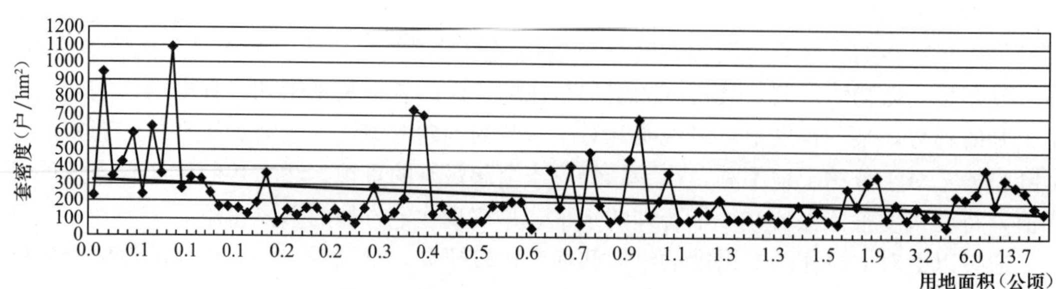

图 4-18　日本住区套密度与居住用地

（图片来源：本研究整理）

2. 套密度与住宅类型

住区的套密度与住区住宅类型相关，套密度随着住区建筑类型从多层、多高层混合到高层呈正相关上升的趋势，高层为主的住区容积率最高，其次为多高层混合住区，再此为多层住区（图 4-19、图 4-20）。

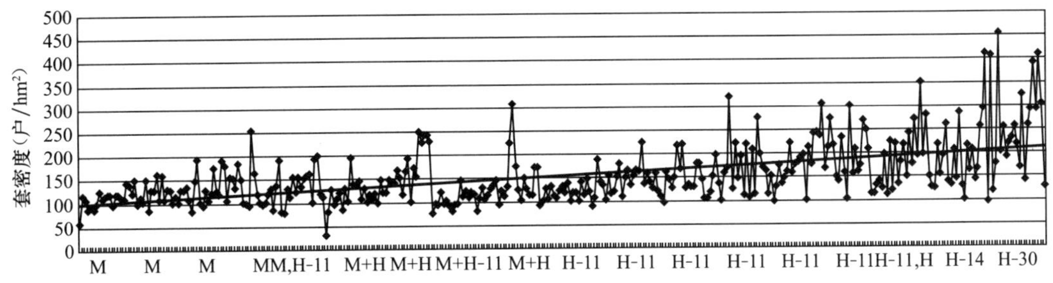

图 4-19　上海住区套密度与住宅类型

（图片来源：本研究整理）

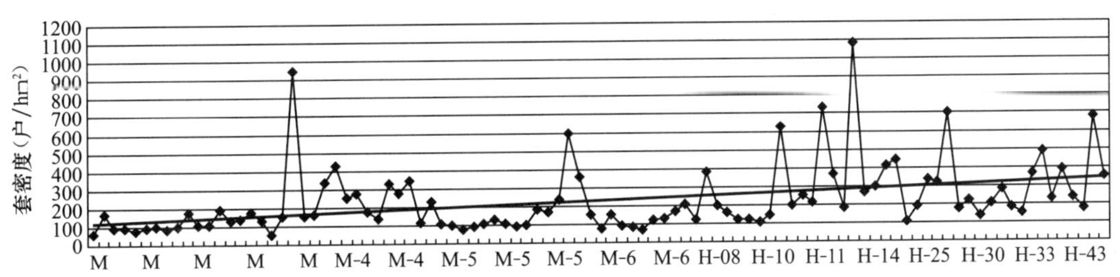

图 4-20　日本住区套密度与住宅类型

（图片来源：本研究整理）

3. 套密度与容积率

住区的套密度与容积率呈正相关，随着容积率的增大，套密度相应呈上升趋势，而且在容积率较大的区域（约在 2.0 以上），套密度的增长幅度较大（图 4-21、图 4-22）。

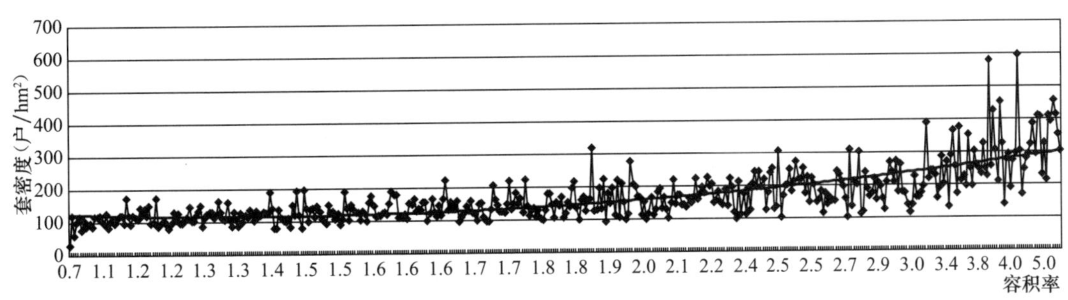

图 4-21　上海住区套密度与容积率

（图片来源：本研究整理）

4. 套密度与高层住宅高度

在高层住宅集中的住区，住区套密度随着层数的增加呈较为平缓的趋势，说明在建筑达到一定的高度以后，单纯增加高层住宅的层数对套密度的提高作用已不显著（图 4-23、图 4-24）。

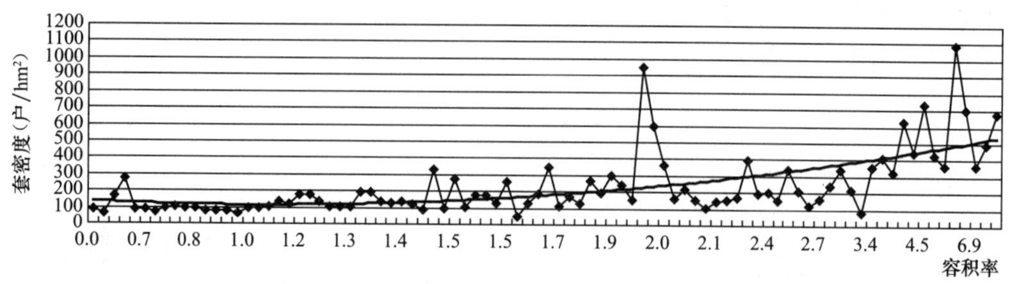

图 4-22　日本住区套密度与容积率

（图片来源：本研究整理）

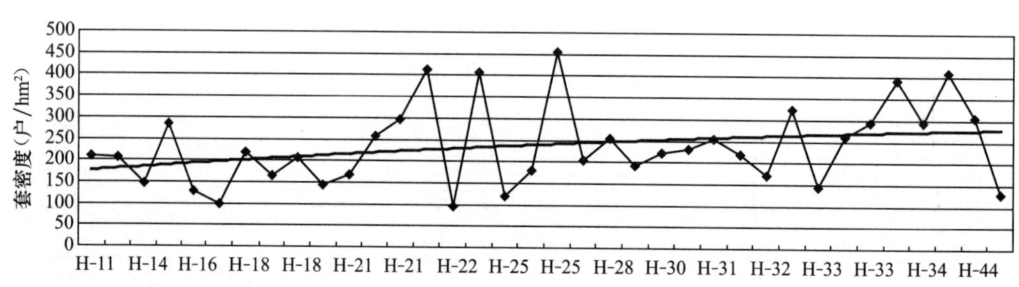

图 4-23　上海住区套密度与高层住宅层数

（图片来源：本研究整理）

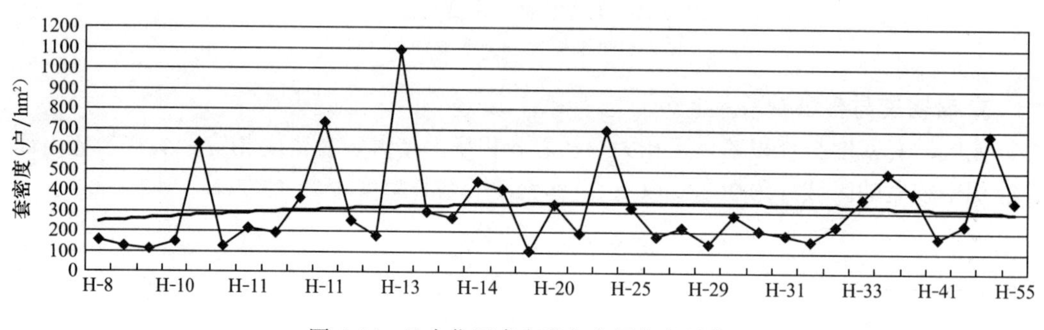

图 4-24　日本住区套密度与高层住宅层数

（图片来源：本研究整理）

5. 套密度影响因素的特点

通过以上比较，可以得出影响套密度的因素的以下几点规律：

（1）相比较大地块的居住用地，面积较小的居住用地更易获得较高的套密度，所以城市用地的控制性规划对住宅用地进行的相对较小的地块划分，在节约土地资源方面的效果更为显著。

（2）套密度与容积率呈正相关的关系，从大的趋势来看，套密度随着容积率的增长而增长，但在相同容积率的情况下，套密度的变化较大，这说明在同比条件下，容积率不是影响套密度最直接的要素。

（3）住区住宅建筑类型对套密度的影响较大，高层为主的住区相比多层为主的住区的套密度要高，容积率高的住区套密度相对较高，但在以高层为主的住区，单纯提高住宅层数对提高住宅套密度的作用不够显著。

4.4.2 套密度与住区适居性

1. 套密度与高层住宅

套密度高的住区不一定是高层住宅为主的住区，但以高层住宅为主的住区相比多层住宅为主的住区通常具有较高的套密度值。所以，探讨以高层住宅为主的住区的适居性问题可在较大程度上反映（以高套密度为主要特征的）省地型住区的适居性问题。

2. 住区适居问题的研究

对于高层住宅住区的适居性问题，在不同的国家和地区所进行的研究，其关注的问题和研究侧重稍有不同：

国外对这一问题的探讨，很重要的部分是对高层住宅的满意度（satisfactory）问题的讨论（Robert Gifford，2007），有研究指出，部分人群对高层住宅的满意度相比其他住宅类型而言为差，但文章也指出建筑的满意度问题是一个复杂的问题，高层住宅对居住者的影响与居住者的个人特点具有密切的关系，一些非建筑的因素对居住者的影响会使高层住宅自身对人的影响变得不那么突出。[1]

香港地区则是对高层住宅的居住环境进行了调查（刘少瑜、徐子苹，2003），结论是香港地区“人们似乎已经习惯了高层高密度的生活方式，并对生活条件比较满意”。[2]

上海地区的相关调查主要针对高层住宅与多层住宅适居性（livability）问题的差别（郭戈，2004），“发现在上海，高层住宅与多层住宅在适居性方面的差异并不像想象之中那样明显”。[3]

从以上研究，我们可以看出，高层住宅为主的住区的适居性问题相较其他类型住区并没有明显的不同。这也从一个侧面反映出以省地为目标的住区的基本生活适居性的影响并不像人们想象的那样直接和明显。

---

[1] Robert Gifford. the Consequences of Iiving in High-Rise Building. Architecture Science Review，50. 1，mar. 2007，p3。“Satisfaction or lack of it is only one outcome of living in a tall building，but it is a crucial one，and it depend on many factors，the evidence as a whole leans to the general condition that high rise are less satisfactory than other forms of housing. in particular，it suggests that residents will be happier in a high rise if they are not parents of small children，do not plan to stay long and are social competent. ... although some evidence suggests that socially oriented seniors and young single prefer high rise to low rises，the generally sociofugal nature of high rise may mean that other categories of residents will be happier in a high rise if they relatively asocial.” p13；“.... population density is related to，but not isomorphic with，crowding，the psychological sense of overload from too many proximate others，including the strain of crowding...” p7；“.... ultimately，as one early research team concluded，different building probably have different advantages and disadvantages for different residents...，.... further more，the outcomes of living in a high rise depend in part on various non-building factors，including characteristics and quality of the residents themselves，and the surroundings physical context，this factors moderate the relation between living in a high rise and the outcomes of living in one.” p3.

[2] 论文集编委会. 21 世纪中国城市住宅建设——内地・香港 21 世纪中国城市住宅建设研讨论文集. 北京：中国建筑工业出版社，2003：260.

[3] 郭戈. 上海高层住宅适居性问题抽样调查报告. 同济大学硕士学位论文，2004：6.

此外，香港地区住区密度明显大于上海和日本的住区，日本住区密度也高于上海地区，但没有直接的证据表明日本及香港地区住区的适居性低于上海地区。这也从另一个侧面反映出住区的适居性问题受多方面因素的影响，住区密度与住区的基本适居性问题之间的联系并非一般想象的那样直接。

对这一问题的探讨，可为通过提高住区的套密度达到住宅节能省地的策略提供重要的理论依据。

4.5 基于容积率的住区套密度指标控制

显然，在影响套密度的众多因素中，容积率是最为直接、最为明显的影响因素。研究容积率与套密度之间的相互关系，是深入认识套密度概念的重要途径。以规划容积率为基础，结合套密度指标控制住宅用地的规划将成为住区建设过程中的重要环节。套密度与容积率的结合、合理的套密度指标的确定等问题即为住区研究的重点问题之一。

4.5.1 容积率与套密度结合的控制体系

1. "R&T"（容积率与套密度）控制体系

套密度即每公顷居住用地上所拥有的住宅的数量，从其定义可以看出套密度与住区的居住用地的面积大小、所拥有的套数直接相关，而住宅套数则取决于住宅总建筑面积与单套套型建筑面积。

为方便讨论，暂定住区用地为 S hm²，住区总建筑面积为 S_zm²，住宅建筑面积为 S_jm²，公共服务设施建筑面积为 S_gm²，公共服务设施控制指标为 K，[❶] 住区住宅由 n 种套型构成，各套型单套建筑面积为 S_1，$S_2 \cdots S_n$ 平方米，每种套型占总建筑面积的比例为 P_1，$P_2 \cdots P_n$，住区套密度用 T 表示，[❷] 则可得出套密度 T 的计算公式：

$$T=\frac{S_jP_1/S_1+S_jP_2/S_2+\cdots+S_jP_n/S_n}{S}$$

$$=(P_1/S_1+P_2/S_2+\cdots+P_n/S_n)S_j/S \qquad \text{（式 4-1）}$$

再根据《城市居住区规划设计规范》中按每户 3.2 人计算的规定[❸]和公共服务设施的千人指标 K 的规定，统一套型建筑面积平方米与千人指标 K 之间的单位数量级，可以得出公共服务设施建筑面积 S_g 为：

$$S_g=(S_jP_1/S_1+S_jP_2/S_2+\cdots+S_jP_n/S_n)\times 3.2\times K/1000 \qquad \text{（式 4-2）}$$

❶ 居住区用地平衡控制指标（建筑面积，m²/千人）：

用地构成	居住区	小区	组团
住宅用地	1668～3293（2228～4213）	968～2397（1338～2877）	362～856（703～1356）

中华人民共和国建设部. GB 50180—93 城市居住区规划设计规范. 北京：中国建筑工业出版社，2006：15.

❷ 目前，尚无针对套密度的统一的约定符号，为方便研究，本文暂定 T 为套密度的表示符号，下文出现的套密度系数 t，用地平衡控制指标中住宅用地（R01）所占比例 r，公共服务设施的千人指标 K 等符号都为本文暂定。

❸ 中华人民共和国建设部. GB 50180—93 城市居住区规划设计规范. 北京：中国建筑工业出版社，2006：8。

则住区总建筑面积 S_z 为：

$$S_z = S_g + S_j$$
$$= (S_jP_1/S_1 + S_jP_2/S_2 + \cdots + S_jP_n/S_n) \times 3.2 \times K/1000 + S_j \quad \text{(式 4-3)}$$

住宅总建筑面积 S_j 占住区总建筑面积 S_z 的比例为：

$$\frac{S_j}{S_z} = \frac{S_j}{(S_jP_1/S_1 + S_jP_2/S_2 + \cdots + S_jP_n/S_n) \times 3.2 \times K/1000 + S_j}$$
$$= \frac{1}{(P_1/S_1 + P_2/S_2 + \cdots + P_n/S_n) \times 3.2 \times K/1000 + 1} \quad \text{(式 4-4)}$$

由此可见，住宅总建筑面积 S_j 与住区总建筑面积 S_z 之间的数学关系：

$$S_j = \frac{S_z}{(P_1/S_1 + P_2/S_2 + \cdots + P_n/S_n) \times 3.2 \times K/1000 + 1} \quad \text{(式 4-5)}$$

将式 4-5 中的 S_j 带入式 4-1，可得出式 4-6：

$$T = (P_1/S_1 + P_2/S_2 + \cdots + P_n/S_n)S_j/S$$
$$= \frac{(P_1/S_1 + P_2/S_2 + \cdots + P_n/S_n)}{S} \times \frac{S_z}{(P_1/S_1 + P_2/S_2 + \cdots + P_n/S_n) \times 3.2 \times K/1000 + 1}$$
$$= \frac{(P_1/S_1 + P_2/S_2 + \cdots + P_n/S_n)}{(P_1/S_1 + P_2/S_2 + \cdots + P_n/S_n) \times 3.2 \times K/1000 + 1} \times \frac{S_z}{S} \quad \text{(式 4-6)}$$

式 4-6 的中 S_z/S 即为住区综合容积率 R，统一用地面积和套型建筑面积之间的单位数量级，由此，可建立住区套密度 T 与容积率 R 之间的关系（式 4-7）：

$$T = \frac{(P_1/S_1 + P_2/S_2 + \cdots + P_n/S_n)}{(P_1/S_1 + P_2/S_2 + \cdots + P_n/S_n) \times 3.2 \times K/1000 + 1} \times 10000 \times \mathrm{R} \quad \text{(式 4-7)}$$

式 4-7 中，除 R 以外，所有数据均为常数，可以令：

$$\frac{(P_1/S_1 + P_2/S_2 + \cdots + P_n/S_n)}{(P_1/S_1 + P_2/S_2 + \cdots + P_n/S_n) \times 3.2 \times K/1000 + 1} \times 10000 = t \quad \text{(式 4-8)}$$

命名 t 为套密度系数，则式 4-7 可进一步简化为（式 4-9）：

$$T = t \times R \quad \text{(式 4-9)}$$

由此，就建立了套密度 T 与容积率 R 之间的关系，通过两者的结合所形成的住区规划指标控制体系，可以称之为“R&T”控制体系。

2. 毛套密度与净套密度的关系

根据毛套密度与净套密度的关系，可暂定居住区用地平衡控制指标中住宅用地（R01）所占比例为 r[1]，居住区的住宅用地面积则为 $S \times r$，由此，可参照式 4-1 的计算方法，得出住区净套密度（用 T_j 表示净套密度）的计算公式（式 4-10）：

$$T_j = \frac{S_jP_1/S_1 + S_jP_2/S_2 + \cdots + S_jP_n/S_n}{S \times r} \quad \text{(式 4-10)}$$

则毛套密度 T 与净套密度 T_j 之间的比值为（式 4-11）：

[1] 居住区用地平衡控制指标（%）：

用地构成	居住区	小区	组团
住宅用地	50～60	55～65	70～80

中华人民共和国住房和城乡建设部. GB 50180—93 城市居住区规划设计规范. 北京：中国建筑工业出版社，2006：7.

$$T/T_j = \frac{S_jP_1/S_1 + S_jP_2/S_2 + \cdots + S_jP_n/S_n}{S} \Big/ \frac{S_jP_1/S_1 + S_jP_2/S_2 + \cdots + S_jP_n/S_n}{S \times r} = r$$

（式 4-11）

由此，可建立住区毛套密度 T 与净套密度 T_j 之间的关系（式 4-12）：

$$T_j = \frac{1}{r}T$$

（式 4-12）

设定 $1/r$ 为套密度比例系数，结合《城市居住区规划设计规范》对居住区用地平衡控制指标中住宅用地（R01）所占比例的具体要求，可以得出不同等级住区的毛套密度 T 与净套密度 T_j 之间的比例系数值和毛套密度 T 与净套密度 T_j 之间的关系（表 4-11）：

不同等级住区毛套密度与净套密度关系　　表 4-11

住区等级	居住区	小区	组团
住宅用地（R01）比例	50%～60%	55%～65%	70%～80%
套密度比例系数	1.67～2.0	1.54～1.82	1.25～1.43
净套密度 T_j	T_j=1.67～2.0T	T_j=1.54～1.82T	T_j=1.25～1.43T

资料来源：本研究整理。

净套密度 T_j 即是原建设部在《关于落实新建住房结构比例要求的若干意见》（以下简称"细则"）❶ 中提出的住宅建筑套密度（每公顷住宅用地上拥有的住宅套数）强制性指标。通过毛套密度计算得出净套密度指标对于贯彻了落实"细则"的要求，具有重要的现实意义。

4.5.2 "R&T"控制方法应用与意义

1. 普通住区套密度

为说明这一控制体系的应用方法，方便计算，我们假设研究对象为普通（多层或高层）小区，该住区仅由两种套型构成，其中一种占住区绝大比例的套型为目标套型，单套建筑面积 S_1 为 80m^2，其占总建筑面积的比例为 60%，另一种住宅套型的比例为 40%，其建筑面积标准 S_2 可变（将普通商品房面积标准 140m^2 设为上限，廉租房的面积标准 50m^2 设为下限），❷ 公共服务设施控制指标为 K=968～2877m^2/千人。❸ 分别代入式 4-8 中，得出住区套密度系数 t 分别为：

$$t = \frac{(0.4/80 + 0.6/S_2)}{(0.4/80 + 0.6/S_2) \times 3.2 \times 0.968 + 1} \times 10000$$

（式 4-13）

$$t = \frac{(0.4/80 + 0.6/S_2)}{(0.4/80 + 0.6/S_2) \times 3.2 \times 2.877 + 1} \times 10000$$

（式 4-14）

在此基础上，根据不同类型住区的容积率（暂定多层住区最大容积率为 1.8、高层住

❶ 原建设部《关于落实新建住房结构比例要求的若干意见》建住房〔2006〕165 号文

❷ 住宅面积的上限暂以上海普通商品住宅标准为例。2008 年 11 月 1 日起，上海执行新的普通住宅标准：单套建筑面积在 140m^2 以下，内环线以内套总价 245 万元/套，内环线和外环线之间套总价 140 万元/套，外环线以外套总价 98 万元/套以下，包括五层以上（含五层）的多高层住宅以及不足五层的老式公寓、新式里弄、旧式里弄等。

❸ 公共服务设施控制的千人指标参照城市居住区规划设计规范规定的小区的千人指标 968～2397（1338～2877）m^2/千人的标准，取其区间值 968～2877m^2/千人带入计算。

区最大容积率为2.5）和表4-11中小区等级住区毛套密度与净套密度的关系 $T_j=1.82T$❶，得出不同住宅建筑类型住区的套密度（毛套密度与净套密度）的变化区间值（表4-12）。

套密度控制参考标准（区间值）　　**表4-12**

套型面积	套型面积	套密度系数	毛套密度（套/hm²）		净套密度（套/hm²）	
S_1	S_2	t	多层/1.8	高层/2.5	多层/1.8	高层/2.5
80	50	147.90～135.06	266～243	370～338	485～442	673～615
	60	1335.71～124.82	244～225	339～312	445～409	617～568
	70	126.95～117.37	229～211	317～293	416～384	578～534
	80	110.34～111.70	217～201	301～279	394～366	548～508
	90	115.18～107.24	207～193	288～268	377～351	524～488
	100	101.04～103.65	200～187	278～259	364～340	505～472
	110	107.65～100.68	194～181	269～252	353～330	490～458
	120	104.82～98.20	189～177	262～245	343～322	477～447
	130	102.41～96.09	184～173	256～240	336～315	466～437
	140	100.35～94.27	181～170	251～236	329～309	457～429
	套密度范围	94.27～147.90	170～266	236～370	309～485	429～673

资料来源：本研究整理。

归纳上表，可以得出以80m² 为目标套型的住区要达到60%的比例要求，其住区毛套密度控制值参考指标：多层住区170～266套/hm²、高层住区236～370套/hm²，净毛套密度控制值参考指标：多层住区309～485套/hm²、高层住区429～673套/hm²。

表中最小值的意义在于限制开发企业，在目标套型给定的条件下，这类住区的套密度不得小于此值，否则就会使住宅开发中部分住宅的套型面积过大，不符合节能省地的根本原则；最大值的意义在于指导管理部门，在类似规划意见书一类的控制文件中给出的指标要求不得大于这一数值，否则就会带来设计的困难和企业开发无法达到控制要求的问题。

参考值地给出可以为住宅规划管理部门在进行相关标准制定的过程中提供一定的参考依据，在基本目标套型确定以后，管理部门可以根据政策导向和对具体地块的开发要求，在理论值区间内给出或高或低的标准，保证开发的可行性，间接地限定该用地开发中住宅套型的建筑面积。

为进一步简化计算，可取公共服务设施控制指标的中间值，即 $K=1338\text{m}^2$/千人，则此类住区套密度系数 t 为：

$$t=\frac{(0.4/80+0.6/S_2)}{(0.4/80+0.6/S_2)\times 3.2\times 1.338+1}\times 10000 \qquad (式4\text{-}15)$$

同样，将 $S_2=50$、60…140分别带入式4-11，得出住区套密度系数，在此基础上，根据不同类型住区的容积率（多层住区最大容积率要求为1.8、高层住区最大容积率为2.5）和毛套密度与净套密度的关系 $T_j=1.82T$❷，得出不同住宅建筑类型住区的套密度（毛套

---

❶ 这里的套密度比例系数也应该是区间值，为了简化计算，并考虑到小区的住宅用地占主要部分，暂定 $T_j=1.82T$。实际的计算过程中，应根据具体情况确定。

❷ 这里的套密度比例系数也应该是区间值，为了简化计算，并考虑到小区的住宅用地占主要部分，暂定 $T_j=1.82T$。实际的计算过程中，应根据具体情况确定。

密度与净套密度）的变化简化计算值（表4-13）。

套密度控制参考标准（中间值） **表4-13**

套型面积	套型面积	套密度系数	毛套密度（套/hm²）		净套密度（套/hm²）	
S_1	S_2	t	多层/1.8	高层/2.5	多层/1.8	高层/2.5
80	50	145.35	262	363	476	661
	60	133.57	240	334	438	608
	70	125.07	225	313	410	569
	80	118.65	214	297	389	540
	90	113.63	205	284	372	517
	100	109.60	197	274	359	499
	110	106.30	191	266	348	484
	120	103.53	186	259	339	471
	130	101.19	182	253	331	460
	140	99.17	179	248	325	451
套密度范围			179～262	248～363	325～476	451～661

资料来源：本研究整理。

由此，可以得出公共服务设施控制指标以中间值计算时住区的套密度参考指标。其住区毛套密度控制值参考指标：多层住区179～262套/hm²；高层住区248～363套/hm²；净套密度控制值参考指标：多层住区325～476套/hm²；高层住区451～661套/hm²。

比较公共服务设施控制指标以中间值和区间值计算的结果，可以发现以下规律（表4-14）：

套密度控制参考标准比较 **表4-14**

	套密度系数	毛套密度（套/hm²）		净套密度（套/hm²）	
	t	多层/1.8	高层/2.5	多层/1.8	高层/2.5
中间值计算	99.17～145.35	179～262	248～363	325～476	451～661
区间值计算	94.27～147.90	170～266	236～370	309～485	429～673
差值		−9～4	−12～7	−16～9	−22～12

资料来源：本研究整理。

（1）公共服务设施控制指标对住区套密度的影响不大，用区间值进行精确计算或用中间值进行简化计算所得结果相差不大。

（2）用两种取值（区间值、中间值）方法进行计算，对于套型建筑面积较小的住区套密度的影响比套型建筑面积较大的住区套密度的影响要小，即以小套型住宅为主的住区套密度可采用中间值进行简化计算，所得的结果相对比较准确。

因此，在以下的“9070”住区和社会保障型住区的套密度问题的讨论中，公共服务设施控制指标取中间值进行简化计算。

2. 多、高层混合住区的套密度控制

多、高层住宅类型混合的住区目前在市场上占多数，对于此类住区，其套密度的取值可以采用插入法，即按照住区中多层和高层住宅的建筑面积占总建筑面积的比例分别计算套密度，两者所得套密度之和作为控制标准。

(1) 通过面积比例计算

仍以表4-11的计算为基础，假设住区多层住宅建筑面积占40%，高层住宅建筑面积占60%，分别与表4-11中多层和高层套密度的最大值和最小值相乘，可得到多层和高层住宅在各自的比例情况下的套密度中间计算值，多层和高层的中间计算值相加，可得最终的混合计算控制值。此类多、高层混合住区的毛套密度为220～323套/公顷；净套密度为400～587套/公顷（表4-15）。

混合住区套密度计算（面积比例） **表4-15**

	毛套密度（套/hm^2）		净套密度（套/hm^2）	
	多层/40%	高层/60%	多层/40%	高层/60%
原始计算值	179～262	248～363	325～476	451～661
中间值	71.6～104.8	148.8～217.8	130.0～190.4	270.6～396.6
混合计算值	220～323			400～587

资料来源：本研究整理。

(2) 通过容积率计算

因为一般情况下，规划给定的多是综合容积率，而少有住宅建筑面积净密度（净容积率）指标，所以通过容积率只能直接计算得出毛套密度的指标，在毛套密度的基础上，通过毛套密度与净套密度的关系 $T_j=1.82T$，进一步计算净套密度。

分别计算不同比例的多层和高层住宅的容积率，两者相加得出容积率中间计算值（如多层1.8×40%=0.64，高层2.5×60%=1.25，两者之和为1.84），与套密度系数相乘，可得出多、高层混合住区毛套密度控制值，毛套密度与净套密度按 $T_j=1.82T$ 换算，得出净套密度控制值（表4-16）。

混合住区套密度计算（容积率） **表4-16**

	毛套密度（套/hm^2）		净套密度（套/hm^2）
	多层/40%	高层/60%	$T_j=1.82T$
给定容积率	1.8	2.5	
容积率中间值	0.72	1.5	
容积率之和	2.22		
套密度系数	99.17～145.35		
混合计算值	220～323		400～587

资料来源：本研究整理。

表中计算值的给出可以为住宅规划管理部门在制定相关标准的过程中提供一定的参考依据，在基本目标套型确定以后，管理部门可以根据政策导向和对具体地块的开发要求，在理论值区间内给出或高或低的标准，在保证开发的可行性前提下，间接地限定该用地开发中住宅套型的面积标准。

3. "R&T"控制方法的意义

在实践中，由于住区不同住宅套型面积和比例的构成多样，其计算与此相比要复杂得多。这里介绍的套密度结合容积率的"R&T"控制方法，更多地在于其理论意义：

(1) 描述性意义

采用套密度结合容积率的"R&T"规划控制方法，以单位居住用地上住宅套数为根本标准，在满足节能省地的根本前提条件下，不再过多地规定具体的住宅建筑面积标准，使其成为隐性要素，可以给建筑师留出更多创作空间，增加设计的自由度。

（2）控制性意义

这一控制方法可以为地方政府和规划管理部门制定合理的套密度指标提供参考依据，而且套密度指标可以直接反映一个住区的节地效率，对于住宅节地问题衡量指标的量化具有重要的意义。

（3）广泛的适用性

套密度指标可以在从宏观的区域层面到中观的城市层面以及微观的住区层面这样一个相当广泛的范围内应用。通过套密度结合容积率“R&T”规划控制方法，可以实现在区域、城市和居住区各个层面对居住用地的开发控制，具有广泛的适用性。

（4）指标的相对性

住宅的省地问题是一个相对的概念，对于某一套密度标准住区的省地效果的衡量是建立在另一住区的套密度标准之上的，如此，才具有可比性和衡量的作用。如上海提出，到2010年，在保障住宅适用性的前提下，全市新建住宅与2005年相比，套均用地面积减少15%。❶

4.5.3 基于住宅新政的住区套密度控制

1. 上海“9070”标准的商品住宅套密度

2006年，原建设部颁布的《关于落实新建住房结构比例要求的若干意见》［建住房（2006）165文］规定：凡新审批、新开工的商品住房建设，套型建筑面积90m²以下住房（含经济适用住房）面积所占比重，必须达到开发建设总面积的70%以上。被业界简称为“9070”标准。其核心在于控制套型建筑面积，调整住房供应结构，以解决更多家庭的居住问题，进而节约住宅用地，保证基本农田的保有量。

（1）套密度系数

对于此类“9070”住区的套密度参考指标，可以暂定小套型单套建筑面积 S_1 为90m²，其建筑面积标准 S_2 限定在50～200m² 之间，根据另一种住宅套型的单套建筑面积 S_2 的变化，将 S_2＝50、60……2000分别带入公式4-7，并结合上海对内、外环地区小于90m² 套型住宅建筑面积比例的不同要求，❷ 代入公式4-8中，可以得出上海不同区域（内环以内、内外环间、外环以外）住区套密度系数计算公式。

1）内环以内住区，S_1 占总建筑面积的比例为50%，另一种住宅套型 S_2 的比例为

❶ 上海市人民政府批转市房地资源局《关于本市新建住宅节能省地发展的指导意见》的通知，沪府［2008］6号(2007/12/29)

❷ 上海内外环地区小于90m² 套型面积比例的要求

住区区域	小于90m² 套型住宅面积比例
内环以内地区	50%
内外环之间地区	70%
外环以外地区	74%

资料来源：本研究整理。

50%，其住区套密度系数 t 为：

$$t=\frac{(0.5/90+0.5/S_2)}{(0.5/90+0.5/S_2)\times 3.2\times K/1000+1}\times 10000 \qquad (式 4\text{-}16)$$

2）内外环间住区，S_1 占总建筑面积的比例为 70%，另一种住宅套型 S_2 的比例为 30%，其住区套密度系数 t 为：

$$t=\frac{(0.7/90+0.3/S_2)}{(0.7/90+0.3/S_2)\times 3.2\times K/1000+1}\times 10000 \qquad (式 4\text{-}17)$$

3）外环以外住区，S_1 占总建筑面积的比例为 74%，另一种住宅套型 S_2 的比例为 26%，其住区套密度系数 t 为：

$$t=\frac{(0.74/90+0.26/S_2)}{(0.74/90+0.26/S_2)\times 3.2\times K/1000+1}\times 10000 \qquad (式 4\text{-}18)$$

公共服务设施控制指标按小区等级 $K=1338\text{m}^2$/千人计算，可以得出上海不同区域（内环以内、内外环间、外环以外）住区套密度系数（表 4-17）。

"9070" 住区套密度系数（t）　　　　**表 4-17**

S_1 套型面积 70%	S_2 套型面积 30%	套密度系数		
		内环以内	内外环之间	外环以外
	50	145.35	138.74	100.00
	60	133.57	129.86	128.37
	70	125.07	123.47	122.83
	80	118.65	118.65	118.65
	90	113.63	114.89	115.39
	100	109.60	111.87	112.78
	110	106.30	109.40	110.64
90	120	103.53	107.33	108.85
	130	101.19	105.58	107.33
	140	99.17	104.07	106.03
	150	97.43	102.77	104.90
	160	95.89	101.63	103.91
	170	94.54	100.62	103.04
	180	93.34	99.72	102.26
	190	92.26	98.92	101.57
	200	91.29	98.19	100.94

资料来源：本研究整理。

套密度系数、90m² 套型及剩余比例的套型建筑面积 S_2 之间呈现以下关系和变化趋势（图 4-25）：

1）当另一类住宅套型建筑面积 S_2 越小，住区套密度系数就越小，即套密度系数与 S_2 的面积成正比。

2）当另一类住宅套型建筑面积 S_2 小于 90m² 时，套密度系数的大小按内环以内、内外环间、外环以外的顺序逐渐递减；当另一类住宅套型建筑面积 S_2 大于 90m² 时，套密度系数的大小按内环以内、内外环间、外环以外的顺序逐渐增加。

3）当另一类住宅套型建筑面积 S_2 大于 120m² 时，套密度系数与套型建筑面积基本呈线性的变化关系；剩余比例的套型建筑面积 S_2 小于 120m² 时，套密度系数与套型建筑面积呈非线性的反抛物线关系。

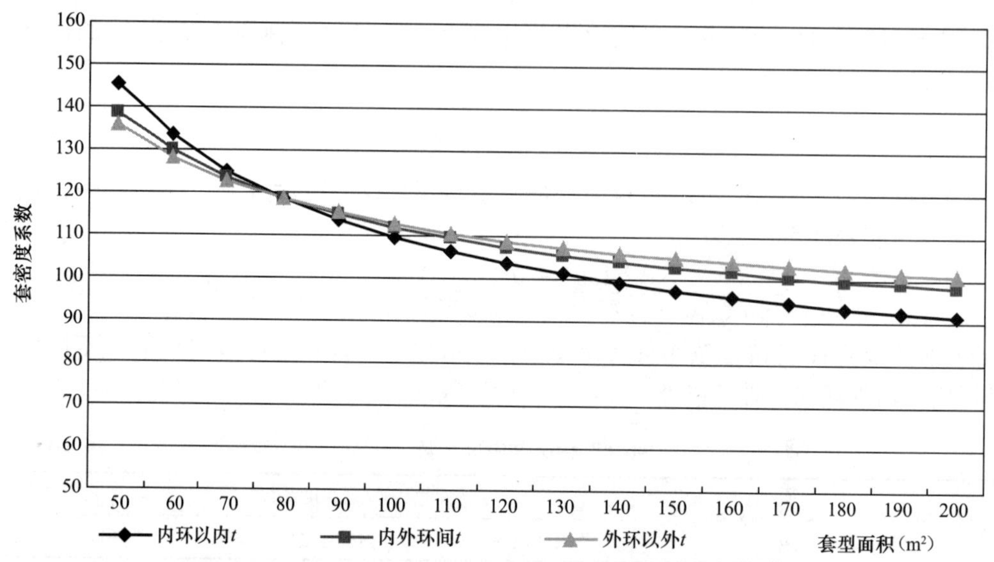

图 4-25 “9070”住区套密度系数分布

（图片来源：本研究整理）

（2）住区套密度参考指标

在套密度系数的此基础上，结合上海对内、外环地区住区容积率指标的规定❶和表 4-10 中小区等级住区毛套密度与净套密度关系 $T_j = 1.82T$，得出不同住宅建筑类型住区的套密度（毛套密度与净套密度）的变化（表 4-18）。

上海“9070”住区（毛）套密度参考标准 **表 4-18**

S_1 套型面积	S_2 套型面积	套密度（套/hm²）					
		多层			高层		
70%	30%	内环	内外环	外环	内环	内外环	外环
90	50	262	222	191	363	277	245
	60	240	208	180	334	260	231
	70	225	198	172	313	247	221
	80	214	190	166	297	237	214
	90	205	184	162	284	230	208

❶ 上海不同地区建筑容积率控制指标：

区位		内环线以内	内外环线之间	外环线以外
居住建筑类型	多层	1.8	1.6	1.4
	高层	2.5	2.0	1.8

资料来源：据《上海市城市规划管理技术规定（土地使用 建筑管理）》（2007 年修订版）p26 整理。

续表

S_1 套型面积	S_2 套型面积	套密度（套/hm²）					
		多层			高层		
70%	30%	内环	内外环	外环	内环	内外环	外环
90	100	197	179	158	274	224	203
	110	191	175	155	266	219	199
	120	186	172	152	259	215	196
	130	182	169	150	253	211	193
	140	179	167	148	248	208	191
	150	175	164	147	244	206	189
	160	173	163	145	240	203	187
	170	170	161	144	236	201	185
	180	168	160	143	233	199	184
	190	166	158	142	231	198	183
	200	164	157	141	228	196	182

资料来源：本研究整理。

结合表 4-10 中小区等级住区毛套密度与净套密度关系 $T_j=1.82T$，得出净套密度 T_j 的参考指标（表 4-19）。

上海"9070"住区（净）套密度参考标准　　**表 4-19**

S_1 套型面积	S_2 套型面积	套密度（套/hm²）					
		多层			高层		
70%	30%	内环	内外环	外环	内环	内外环	外环
90	50	476	404	347	661	505	446
	60	438	378	327	608	473	421
	70	410	360	313	569	449	402
	80	389	346	302	540	432	389
	90	372	335	294	517	418	378
	100	359	326	287	499	407	369
	110	348	319	282	484	398	362
	120	339	313	277	471	391	357
	130	331	307	273	460	384	352
	140	325	303	270	451	379	347
	150	319	299	267	443	374	344
	160	314	296	265	436	370	340
	170	310	293	263	430	366	338
	180	306	290	261	425	363	335
	190	302	288	259	420	360	333
	200	299	286	257	415	357	331

资料来源：本研究整理。

（3）多层、高层住区的套密度特点

除多层住区套密度整体比高层住区套密度小以外，它们具有以下共同的变化特点（图 4-26、图 4-27）：

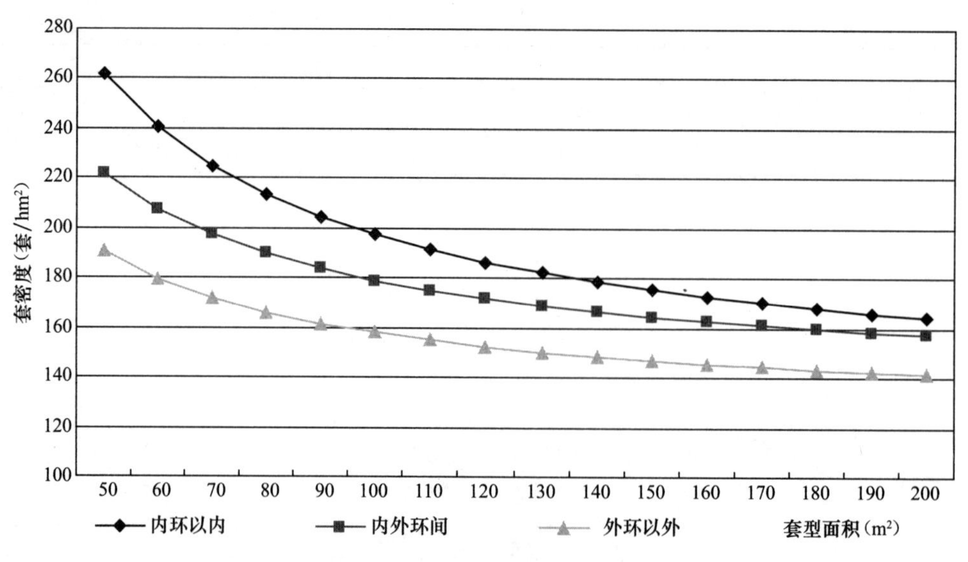

图 4-26 上海“9070”多层住区套密度分布
（图片来源：本研究整理）

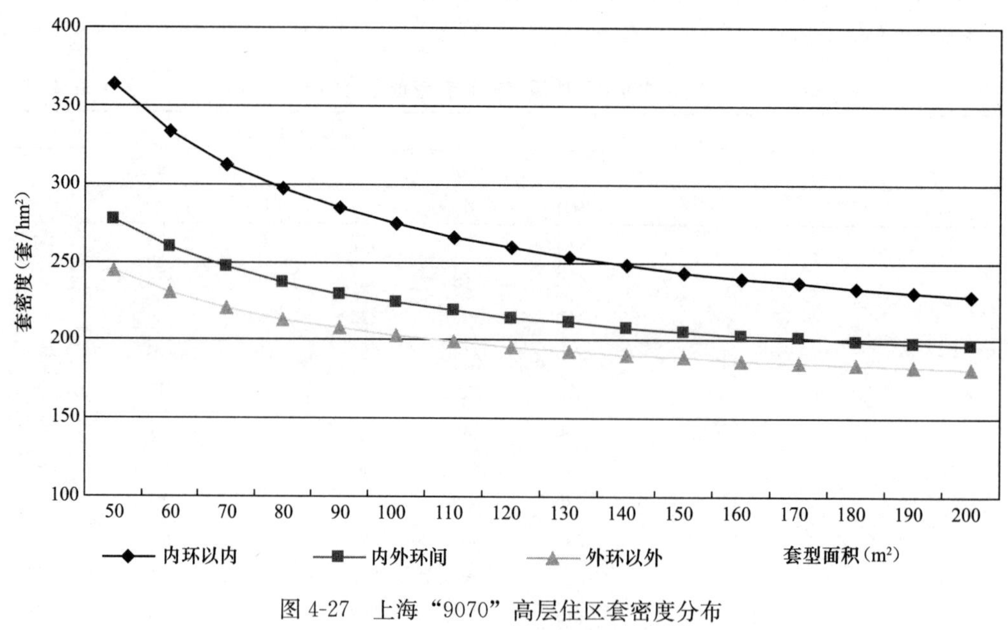

图 4-27 上海“9070”高层住区套密度分布
（图片来源：本研究整理）

1）内环以内和内外环间、套密度值最大，外环以外住区套密度值最小。

2）另一类住宅套型建筑面积 S_2 越小，不同区域（内环以内、内外环间、外环以外）内住区套密度的差别越大；另一类住宅套型建筑面积 S_2 越大，不同区域内住区套密度的差别越小。

（4）住区（毛、净）套密度的特点

将多层和高层住区套密度综合比较，具有以下共同的变化特点（图 4-28、图 4-29）：

1）内环以内高层住区的套密度值最大，外环以外多层住宅住区的套密度值最小。

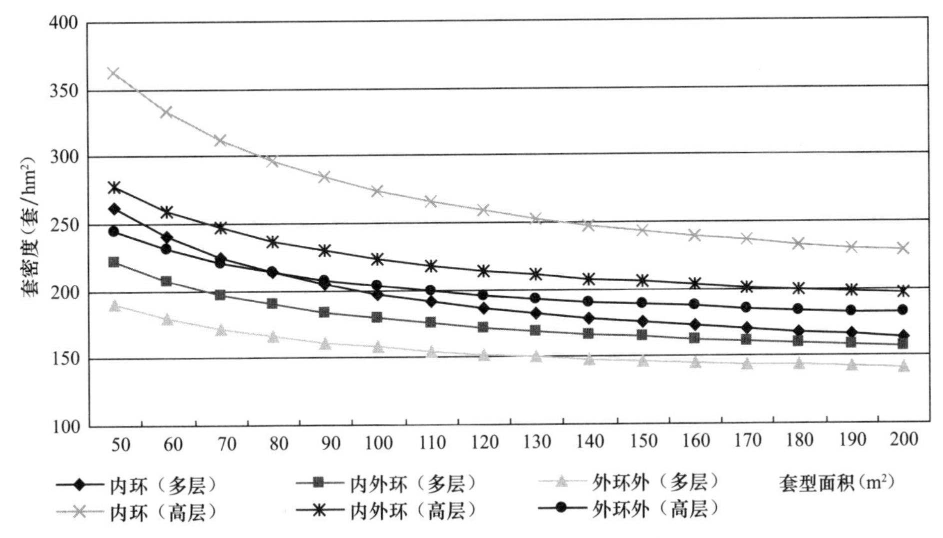

图4-28　上海“9070”住区（毛）套密度分布

（图片来源：本研究整理）

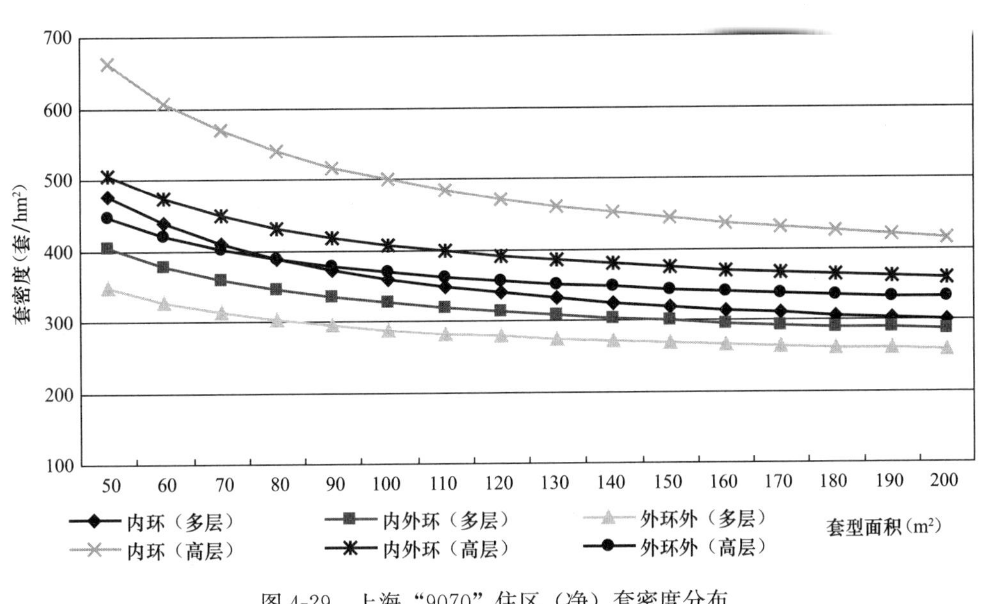

图4-29　上海“9070”住区（净）套密度分布

（图片来源：本研究整理）

2）剩余比例的套型建筑面积 S_2 小于80m^2 时，内环以内多层住区套密度大于外环以外高层住区套密度；剩余比例的套型建筑面积 S_2 大于80m^2 时，内环以内多层住区套密度小于外环以外高层住区套密度。

（5）参考指标的意义

实际的住区建设规划的情况要比公式反映的情况复杂得多，故上图的套密度系数以及由此得出的套密度指标可作为不同区域套密度指标控制的下限，即某一区域的用地，套密度应满足文中给出的参考标准，这样才能达到节能省地的目的。探讨这一参考指标的意义在于：

1）为地方政府和规划管理部门制定合理的套密度指标提供理论依据。

2）以单位居住用地上住宅套数为根本标准，在满足节能省地的根本前提条件下，不再过多地规定具体的面积标准，可以给建筑师留出更多创作空间，增加设计的自由度。

3）不对具体的住宅套型作面积标准的规定，开发企业就可以根据市场的需求来决定开发套型的面积标准和比例，在既定容积率要求下，实现多样化的套型配套，避免目前整个住区套型相对单一化的状态。

4）住区多样化的套型，可以满足不同家庭结构、不同消费水平和不同生活习惯的家庭的不同需求，实现真正的各阶层和谐混居。

2. 经济适用房套密度控制

经济适用房作为社会保障性住宅的重要组成部分，面积标准几经变化。由于面积标准的不同，带来以此类住宅为主的住区的套密度的不同。

2007 年 11 月 19 日，由原建设部、国家发改委、国土资源部、中国人民银行联合颁布的《经济适用住房管理办法》（建住房［2007］258 号）正式施行。“经济适用住房单套的建筑面积控制在 60 平方米左右。”❶ 那么对于以经济适用房为主的住区，其套密度指标可在公式 4-7 的基础上简化计算

$$T=\frac{1/60}{1/60\times 3.2\times K/1000+1}\times 10000\times R \qquad (式 4\text{-}19)$$

暂定公共服务设施控制指标为 $K=1338\text{m}^2$/千人，公式最终可简化为：

$$T = 155.6R \qquad (式 4\text{-}20)$$

2008 年，上海《关于加强本市保障性住房项目规划管理的若干意见》［沪规法（2008）756 号］规定：中心城范围内的保障性住房项目，单个开发地块住宅净容积率（以下同）原则上控制不超过 3.0，有条件的地块可适当提高，但最高不得超过 3.5；位于郊区外环线附近的新建保障性住房项目，原则上控制不超过 2.5，有条件的地块可适当提高，但最高不得超过 3.0。❷

在相关容积率的基础上，通过式 4-12 和表 4-11 中小区等级住区毛套密度与净套密度关系 $T_j=1.82T$，计算所得即为经济适用房住区的套密度的下限值（表 4-20）。

经济适用房住区套密度 **表 4-20**

区位	内环线以内	内外环线之间	外环线以外
容积率	3.0	3.0	2.5
套密度（毛）	467	467	389
套密度（净）	849	849	708

资料来源：本研究整理。

3. 廉租房住区套密度控制

社会保障性住房另一重要类型，就是针对低收入人群的廉租房。2007 年 11 月 8 日，

❶ 见《经济适用住房管理办法》（建住房［2007］258 号）第十五条（2007 年 11 月 19 日）。

❷ 2008 年上海《关于加强本市保障性住房项目规划管理的若干意见》［沪规法（2008）756 号］第三条第一款（2008 年 9 月 7 日）。

原国家建设部、国家发展和改革委员会、监察部、民政部、财政部、国土资源部、中国人民银行、国家税务总局、国家统计局第 162 号令《廉租住房保障办法》出台，规定："新建廉租住房，应当采取配套建设与相对集中建设相结合的方式，主要在经济适用住房、普通商品住房项目中配套建设。"[1] 同时规定："新建廉租住房，应当将单套的建筑面积控制在 50 平方米以内，并根据城市低收入住房困难家庭的居住需要，合理确定套型结构。"[2]

上海的廉租房建设起步较早，在准入认定标准的制定方面已有多次探讨。[3] 建筑面积标准则严格执行国家的相关标准。

对于以廉租房为主的住区的套密度的计算，其套密度指标可在式 4-7 的基础上简化计算

$$T = \frac{1/50}{1/50 \times 3.2 \times K/1000 + 1} \times 10000 \times R \qquad \text{（式 4-21）}$$

暂定公共服务设施控制指标为 $K = 1338\text{m}^2/$千人，公式最终可简化为：

$$T = 184.2R \qquad \text{（式 4-22）}$$

根据上海《关于加强本市保障性住房项目规划管理的若干意见》［沪规法（2008）756 号］对于建筑容积率的规定，相对集中建设的廉租房住区的套密度指标如表 4-21 所示。

廉租房住区套密度　　　　**表 4-21**

区位	内环线以内	内外环线之间	外环线以外
容积率	3.0	3.0	2.5
套密度（毛）	553	553	461
套密度（净）	1006	1006	838

资料来源：本研究整理。

实际上，多数情况下廉租房是与经济适用房配建的[4]，此类社会保障性住房的套密度控制指标的计算可参考本章 4.2.2 中介绍的多、高层混合住区的套密度计算方法，进行廉租房与经济适用房混合住区的套密度计算。

4.5.4　省地住宅衡量指标的量化

套密度指标的另一重要作用在于其是衡量住宅建设省地与否的重要指标。目前，相比

---

[1] 《廉租住房保障办法》第十三条第一款。

[2] 《廉租住房保障办法》第十三条第二款。

[3] 上海从 2008 年 11 月开始，廉租申请家庭的收入和资产条件调整为：自申请之日的上月起连续 6 个月人均月收入低于 800 元（含 800 元），家庭不拥有机动车辆、出租房屋和 9 万元以上金融资产等价值较大的财产和临时的较大财产收入（如福利、体育彩票中奖等）。廉租申请家庭住房困难面积认定标准仍按人均居住面积小于 7m^2 执行。此前，上海廉租申请家庭的收入和资产条件为：家庭人均月收入低于 600 元（含 600 元），家庭不拥有机动车辆、出租房屋和 3 万元以上金融资产等价值较大的财产和临时的较大财产收入。

[4] "接下来，上海的经济适用房也会配建相应比例的廉租房。"根据上海市建设部门此前公布的数字，首批 160 万 m^2 经济适用房在三季度全面开工。而之前在上海华泾基地开工建设的一批经济适用房、廉租房的工程项目占地面积 13.79hm²，一室户 45m^2，占 18%，二室户及二室一厅 60m^2 的房子占 77%，三室户及三室一厅 75m^2 的房子占 5%。

于“节能”领域的50%或65%这样明确的指标而言❶，“节能省地型”住宅的“省地”方面还欠缺统一且可以量化的衡量指标，这些显然与“省地”问题自身的重要性不相适宜。对于住宅省地衡量如何量化的问题，既有的研究可以为我们提供许多有益的借鉴。

1. 省地问题衡量的既有研究

对住宅省地量化问题的探讨一直伴随着省地策略的研究。早在1974年，戴念慈先生就提出了“住宅基本用地”的概念，即建筑本身用地加上在它周围留出的必要的（满足日照和消防要求的）空地，以此作为衡量住宅是否省地的标准。❷ 1992年，崔克摄在“住宅尺度与用地的关系”一文中提出了“户均最小用地面积”的概念，与戴念慈先生提出的“住宅基本用地”的概念基本相同。❸ 这两个概念建立了住宅设计中主要影响因素与住宅用地间的直接对应关系，可直观、明确地反映住宅的省地效果。但这两个概念牵涉的影响因素过多（进深、层高、层数、间距系数等），使得其在实际使用中的可操作性受到很大的削弱，在概念提出后只是流于理论层面的探讨，在实践中难以发挥其实际的衡量和控制作用。

在20世纪70～80年代相当长的一段时间内，我国住宅建筑以多层住宅为主，曾经用“户均面宽”作为衡量住宅是否省地的重要技术经济指标。当时普遍认为，与“老五二”相比❹，户均面宽在5.3m以上，越大越不经济，在5.3m以下，越小越经济。这种住宅省地的衡量方式在相当长的一段时期内起到了重要的控制作用，这是因为多层住宅的属性决定了影响住宅省地的众多因素大多是常数（层高、楼高、住宅间距），通过面宽可以比较直接地反映其省地的效果。但在住宅的面积标准有了很大的提高，5.3m的面宽难以满足实际的需要，住宅的类型逐渐以高层为主，决定住宅省地因素的变量（楼高、套型组合方式、公共部分分摊面积、日照标准）大大增加的情况下，这一衡量方式就变得不再适用了。

随后，对住宅省地效果的衡量又有了新的变化，例如2008年，上海《关于本市新建

---

❶ 原建设部《关于发展节能省地型住宅和公共建筑的指导意见》提出了我国住宅能源控制的总体目标：到2020年，我国住宅和公共建筑建造和使用的能源资源消耗水平要接近或达到现阶段中等发达国家的水平。具体目标：到2010年，全国城镇新建建筑实现节能50%；到2020年，北方和沿海经济发达地区和特大城市新建建筑实现节能65%的目标。见原建设部《关于发展节能省地型住宅和公共建筑的指导意见》建科［2005］78号（2005.5.31）。

❷ 每户基本用地的面积，可以表达为一个公式：

$$A=\frac{11}{10}W\left(\frac{D+K}{N}+HK\right)$$

式中：A=每层基本用地；W=每户面宽；D=进深；H=层高；N=层数；K=间距系数。今兹在住宅建设中进一步节约用地的探讨. 建筑学报，1975（03）：29.

❸ 崔克摄提出：“权衡住宅设计是否遵循合理用地的原则，必须排除群体规划中的其他因素，仅看其基底和影区所占土地的大小。”即每户住宅平均最小用地面积，其用地计算方法如下：

$$\text{每户住宅平均最小用地}=\frac{\text{户均面宽}\times(\text{楼深}+\text{日照间距系数}\times\text{遮阳高度})}{\text{户均面宽和楼高范围内的户数}}$$

影响每户住宅平均用地的因素包括：户均面宽、楼深、日照间距系数、前排楼的遮阳高度、户均面宽和楼高范围内的户数。见：崔克摄. 住宅尺度与用地的关系. 建筑学报，1992（08）：14.

❹ 北京当时大量建造的是多层条式住宅楼：这种住宅六层五开间、一梯三户、每户二室，被称为“老五二”住宅。这种住宅在全国也曾风靡一时。一般单元的轴线间距，东西方向依次为3.3m、3.3m、2.7m、3.3m、3.3m，南北方向为两个5.1m。每户平均面宽为5.3m，楼深（外包尺寸）约为10.6m，层高为2.7m，加上室内外高差和楼高，楼的高度（同时又是遮阳高度）约为17.6m。见：崔克摄. 住宅尺度与用地的关系. 建筑学报，1992（08）：14.

住宅节能省地发展的指导意见》提出了“套均用地面积”，作为衡量住宅节地的主要指标。[1] 这一指标也可直接反映住宅的省地效果，实践中就是通过增加居住用地上住宅的套数达到省地的目的，其实质就是住区的套密度问题。目前，这一指标还只是一种地方性的控制衡量方式。

2. 套密度衡量标准

本文提出以套密度作为住区省地标准的衡量方式，总结和借鉴以上研究的成果，并规避其中的不足。套密度指标可以直接反映一个住区的省地效率，直观明了；影响套密度指标的各因素不在省地效果的衡量中发挥显性作用，对于省地效果的衡量相对比较简单；套密度指标的控制方法在实践中的可操作性强。

正如在建筑的节能评价中需要建立“基准建筑”（Baseline）[2] 这样的概念，住宅的省地问题同样也是一个相对性的概念。运用套密度进行住宅省地的衡量，同样是建立在以往住区的套密度基础上的。例如，如果建设一万套住宅，不同的套密度指标要求，其所需居住用地面积及节地率会直接反映出来。住区套密度直接反映用地的多少和不同套密度条件下的相对节约程度，节地率与套密度值成正比，套密度越大，节地效率越高（表 4-22）。

不同套密度住区的节地率　　**表 4-22**

套密度（套/hm^2）	用地面积（hm^2）	节地率（%）
50	200	
100	100	50%
150	66.7	33.3%
200	50	25%

资料来源：本研究整理。

节地率就是不同套密度之差与较大套密度值的比值。如套密度为 200 套/hm^2 的住区，相比套密度为 150 套/hm^2 的住区，其节地率为（200－150)/200×%＝25%。

4.6　本章小结

在城市规划控制的容积率要求下，结合套密度指标对住区规划建设进行控制，相比容积率结合套型面积标准及比例的控制，可以为住宅建筑设计创造更多的自由空间，为住宅的开发带来更大的灵活性，也可避免中小套型住宅过分集中所带来的住宅产品的同质化问题。

---

[1] 上海市人民政府批转市房地资源局《关于本市新建住宅节能省地发展的指导意见》的通知，沪府［2008］6 号(2007/12/29)。指导意见提出，到 2010 年，实现全市新建住宅与 2005 年相比套均用地面积减少 15%的目标。

[2] 公共建筑节能设计标准中提出的 50%的节能目标，以 20 世纪 80 年代改革开放初期建造的公共建筑作为比较能耗的基础，称为“基准建筑”(Baseline)。“基准建筑”围护结构、暖通空调设备及系统、照明设备的参数，都按当时情况选取。在保持与目前标准约定的室内环境参数相同的条件下，计算“基准建筑”全年的暖通空调和照明能耗，将它作为 100%。我们再将这“基准建筑”按本标准的规定进行参数调整，即围护结构、暖通空调、照明参数均按本标准规定设定，计算其全年的暖通空调和照明能耗，应该相当于 50%。这就是节能 50%的内涵。见：中华人民共和国住房和城乡建设部. GB 50189—2005 公共建筑节能设计标准. 2005：38.

将合理的套密度控制指标与规划规定容积率相结合的“双控”方法，有可能代替容积率与套型面积标准结合的控制方法，在未来的住区规划与建设中成为一种趋势。

我们熟知的用建筑面积标准进行住宅开发的控制方法，在我国以往的住宅建设和标准控制过程中发挥了重要的作用。采用套密度结合容积率的“R&T”规划控制方法，其根本目的在于提高单位土地上住宅产出的量，通过提高住宅用地的套密度的方法缓解有限的土地资源与大量住宅建设之间的矛盾，调整住宅的供应结构，实现住宅规划与建设的节能节地，两者的根本目标是一致的。在规划容积率要求下，结合套密度指标对住区规划建设进行控制，可以为住宅设计创造更多的自由空间，为住宅的开发带来更大的灵活性，也可避免以中小套型为主的住区因所设计住宅的套型面积都尽可能趋近于规定建筑面积标准而带来的住宅产品的同一化与均质化问题。

本章只是对套密度问题的初步研究与探索，现实情况比研究的假设则要复杂得多，本文的根本目的在于以此其引起对于套密度问题的更多关注和对于住宅省地效果的衡量标准和量化的更多的研究与探讨，使套密度这一重要的控制指标在住区规划特别是节地住宅的建设中发挥其应有的作用。

第 5 章　紧凑型单元住宅建筑面积指标

在以高层高密度为主要特征的住区规划设计中，实现住宅用地的节约利用的最有效的策略就是提高单位土地面积上的住宅数量。在容积率指标给定的情况下，决定住区套密度的主要因素是套均建筑面积，即住宅的面积标准越小，住区的套密度就越高，对节地越有利。但住宅面积的缩小是有限度的，如果面积太小，就无法满足规范规定的最小标准，同时也会给生活的舒适性带来一定的影响。由此，探讨紧凑型的单元面积标准就显得非常必要。居住的舒适性问题牵涉的（主观和客观的）因素太多、太复杂，在本论文中不作为重点研究的对象。论文主要探讨如何在满足住宅规范对功能空间的基本面积要求下，实现住宅的最紧凑布局所需的建筑面积参考标准。

多层住宅套型面积构成相对简单，所以面积指标核算相对容易，根据既有经验就可在设计阶段相对准确地预测建筑面积。而高层住宅公共部分的建筑面积是套型建筑面积指标的重要组成，公共部分因层数的不同功能配置有很大的区别，不同层数（中高层、高层、超高层）和不同套型的组合方式（一梯两户、一梯三户、一梯四户）的高层住宅建筑面积会有很大的差别，其面积的计算十分复杂。

由于不同机构对于住宅的建筑面积的定义的不同，导致同套住宅在不同的阶段和不同的标准要求下计算所得面积指标会有很大的不同。在计划经济时代，住宅的非商品化属性，这一问题并不突出，而在住宅走向市场化以后，建筑面积作为住宅售卖时的唯一衡量标准，就显得非常重要，而且不同的计算方式和定义还会导致住宅设计时面积核算的困难。2006 年，住宅新政《关于落实新建住房结构比例要求的若干意见》（建住房［2006］165 号）对这一问题予以明确，并给出了统一的解释，即“套型建筑面积是指单套住房的建筑面积，由套内建筑面积和分摊的共有建筑面积组成”。探讨紧凑型住宅的套型建筑面积参考指标对于明确这一问题具有积极的意义。

本研究并不意在制定一套住宅的面积标准，只是尝试在满足规范规定的功能空间的最小面积要求的基础上，以统计分析所得出的不同类型套型（一室、二室、三室）的使用面积系数计算套内建筑面积，结合当前住区以高层为主的现实情况，归纳不同层数的高层建筑的公共部分面积分配标准，计算得出不同类型住宅套型的建筑面积变化幅度，为紧凑型住宅面积标准研究提供参考。

5.1　国外住房面积标准简介

了解国外住宅面积标准的特点，对于我们探讨紧凑型住宅的面积指标有着重要的借鉴意义。回顾我国住宅面积标准的发展，对于探讨紧凑型住宅的面积标准具有重要的指导作用。

5.1.1 居住质量和住房面积标准体系

居住质量标准体系和住宅面积标准体系共同构成了衡量一个国家的整体居住水平的重要指标，它们通常反映一个国家整体居住品质和居住标准的高低。

1. 居住质量标准体系

居住质量标准体系由一系列反映一个国家在某一时间或某一阶段的整体居住质量和居住标准的指标组成。这些指标包括住户数和住房套数比、每个单元的房间数和面积、每个房间居住的人数、住房自有化率、房价收入比和非成套住房的比例等（田东海，1998）。

这一标准体系更多的是从社会学的层面和宏观的角度反映一个国家的居住水平与居住品质。这些指标可以通过不同国家之间的横向比较，反映一个国家在某一时期与其他国家的相对发展水平，它反映的是一个国家居住质量的相对水平，也可以从纵向的角度，比较一个国家在不同时期的居住水平和居住质量的变化和发展，它可以反映一个国家居住质量的绝对水平。

横向比较，反映了不同国家之间在同一时期或同一阶段的居住水平与居住品质的差异与差距（表 5-1）。

20 世纪 80 年代各国居住水平的横向比较　　表 5-1

指标项	日本	美国	前联邦德国	法国	英国
每住房单元的房间数	4.7	5.1	4.5	3.7	5.0
每个房间的平均居住人数	0.71	0.50	0.60	0.75	0.50
每住房单元的面积	81	135	94	85	
住房自有化率（%）	62	65	40	51	63
平均新住房价与住户收入比	7.4	3.4	4.6		4.4

资料来源：田东海．住房政策：国际经验借鉴和中国现实选择．北京：清华大学出版社，1998：109.

纵向比较，反映一个国家在不同时期的居住质量、居住水平、生活品质以及居住质量与居住水平的发展变化。通常，通过每百人住房数量（套、栋）、套（栋）均面积、人均居住面积、人均住房房间数以及淋浴、抽水马桶、厨卫系统普及率等指标，来评价一个国家居民的居住质量。❶

以韩国为例，韩国每百人住房数量由 1975 年的 13.7 增加到 1995 年的 20.7，在 20 年间增长了 1.5 倍；住宅套均面积由 1975 年的 47.7m² 增加到 1995 年的 82.8m²，增加了 35.1m²，增长了 73%；人均居住面积在 20 年间由 8.2m² 增加到 17.2m²，增加了 109.8%；人均房间数反映的是房间的空间是否拥挤，人均房间数在 20 年间达到了接近每人一间的水平（0.9 间/人），居住拥挤已不是主要问题；淋浴、抽水马桶、厨卫系统普及率等指标则反映了居住品质的变化与提高（表 5-2）。

❶ 李剑阁，王新洲．中国房改现状与前景．北京：中国发展出版社，2007：102.

1975～1995 年韩国居住质量的主要指标及改善情况　　表 5-2

	1975	1980	1985	1990	1995
每百人住房数量（套、栋）	13.7	14.2	15.1	17.9	20.7
套（栋）均面积（m^2）	47.7	68.4	75.7	80.9	82.8
人均居住面积（m^2）	8.2	10.1	11.8	14.3	17.2
人均住房房间数	0.43	0.47	0.51	0.71	0.9
每百户淋浴设备普及率（热水，%）	—	1.0	20.0	34.1	75.1
每百户冲水马桶普及率（%）	—	18.4	33.6	51.3	75.0
每百户厨房普及率（%）	—	18.2	35.1	52.4	84.5

资料来源：李剑阁，王新洲．中国房改现状与前景．北京：中国发展出版社，2007：102.

2. 住房面积标准体系

世界健康组织（World Health Organization，WHO）的住房公共健康专家委员会指出：为住户提供安全、结构坚固、合理维护和独立自主的住房单元，是健康的居住环境的基石之一。每一个住房单元至少应提供充分的房间数、建筑面积和体积，以满足人类的健康需求和家庭的文化、社会需求，确保起居和卧室不过度拥挤。最低程度的私密性，要求保证每个家庭成员在家庭中的个人私密性要求和整个家庭不被外界干扰的家庭私密性要求；房间的分割，要求除夫妻之外的异性青少年和成年人分室居住。这些是确定住宅面积标准体系的主要依据，而建立住宅标准体系的意义在于：

（1）从使用和经济的角度提出相应的标准，可以作为接受政府的住房建设和房租补贴的依据。

（2）出于对全社会资源的可持续发展的考量，控制合理的居住面积标准，避免不合理的住宅空间的建设和使用，对于节约资源，实现能源的合理利用具有积极的意义。

（3）可以为住宅的建设和开发提出参考性的意见，同时也是对合理、理性的住宅消费模式的倡导。

5.1.2　国外住房面积标准体系简介

1. 联合国

1959 年，联合国的欧洲经济委员会在日内瓦的居住空间使用报告中提出了不同规模家庭的最小建筑面积建议❶（表 5-3）。

联合国提出的不同规模家庭住宅的最小建筑面积标准（m^2）　　表 5-3

房间		建筑面积								
		2/3	2/4	3/4	3/5	3/6	4/6	4/7	4/8	5/8
1	起居空间									
	就餐区	5	5	5	6	6	6	7	8	8

❶ 报告要求放置双人床的卧室需要 7.6m^2，床边需留出用于人活动的空间；衣柜需 1.5m^2 的储藏面积，另外 1.5m^2 的面积用于人的穿戴活动；双人卧室的最小面积为 10.6m^2。见：田东海．住房政策：国际经验借鉴和中国现实选择．北京：清华大学出版社，1998：110.

续表

	房间	建筑面积								
		2/3	2/4	3/4	3/5	3/6	4/6	4/7	4/8	5/8
	起居室	13	13	13	14	16	16	17	18	18
2	厨房	6	7	7	7	8	8	8	8	8
3	父母卧室	14	14	14	14	14	14	14	14	14
4	第二卧室	8	12	8	12	12	12	12	12	12
	第三卧室	—	—	8	8	12	8	12	12	12
	第四卧室	—	—	—	—	—	8	8	12	8
	第五卧室	—	—	—	—	—	—	—	—	8
5	附带卫生间的浴室	4	4	4	—	—	—	—	4	4
	不带卫生间的浴室	—	—		4	4	4	4	—	—
6	独立卫生间	—	—	—	1.2	1.2	1.2	1.2	1.2	1.2
7	洗衣间	—	—	—	1	1	1	1	2	2
8	储藏间	1.5	1.5	1.5	2	2	2	2.5	2.5	2.5
9	附加卧室（供选择）	—	—	—	—	—	—	—	8	8
10	总计	51.5	56.5	60.5	69.2	76.2	80.2	86.7	93.7	97.7

注：面积指数的分子为卧室数，分母为家庭人数。
资料来源：田东海．住房政策：国际经验借鉴和中国现实选择．北京：清华大学出版社，1998：110.

联合国的提出的住宅最小建筑面积标准采用家庭人口数量与住宅房间数相结合的方法进行面积标准的限定。其优点在于对不同家庭的人口结构进行细分，以此得出面积标准，不会造成住房面积的浪费，便于住宅建设和房租的补贴计算，但其在实际的操作过程中也存在一定的问题，只有在知道未来住宅使用家庭的人口结构的情况下，这一标准才能发挥作用，主要应用于面向已知人群的住房建设和小规模的社会住宅的建设，更多在于其控制与示范和标准的导向意义。

2. 欧洲

1958年，国际家庭组织联盟（International Union of Family Organization，IUFO）和国际住房和城市规划联合会（International Federation for Housing and Town Planning）也从“居住面积”概念出发，联合提出了欧洲国家的住房及其房间统一的最小居住面积标准建议❶（表5-4）。

欧洲不同规模家庭住宅的最小居住面积标准（m^2）　　**表5-4**

房间		居住面积（房间分子为住宅卧室数，分母为家庭人数）								
		2/3	2/4	3/4	3/5	3/6	4/6	4/7	4/8	5/8
白天房间	厨房-就餐	6	7	7	8	8	8	8	8	8
	餐厅	5	5	5	6	6	6	7	8	8
	起居室	13	13	13	14	16	16	17	18	18
	合计	24	25	25	28	30	30	32	34	34
睡眠房间	父母	14	14	14	14	14	14	14	14	14
	1个子女	8	12	8	12	12	12	12	12	12

❶ 田东海．住房政策：国际经验借鉴和中国现实选择．北京：清华大学出版社，1998：111.

续表

房间	居住面积（房间分子为住宅卧室数，分母为家庭人数）								
	2/3	2/4	3/4	3/5	3/6	4/6	4/7	4/8	5/8
2个子女	—	—	8	8	12	8	12	12	12
3个子女	—	—	—	—	—	8	8	12	8
4个子女	—	—	—	—	—	—	—	—	8
合计	22	26	30	34	38	42	46	50	54
总计	46	51	55	62	68	72	78	84	88

资料来源：田东海. 住房政策：国际经验借鉴和中国现实选择. 北京：清华大学出版社，1998：111.

欧洲住宅面积标准采用的是居住面积标准，同样也是家庭人口数量结合住宅房间数量共同限定居住标准的方法，只是将住宅中的主要功能空间的面积指标列出，而省去了诸如储藏、卫生间等功能空间的面积标准，可能会对标准的执行，特别是辅助功能空间（厨、卫）的配置和设置标准的确定造成一定的困难。

1950～1960年，莱伯基（M. Lebegge）通过对欧洲国家住房居住面积的调查和分析，发现各国在居住拥挤方面的评价标准有很大差异。他认为，产生差异的原因主要包括气候、生活方式、室内布局和经济原因等。他还根据统计数据提出了欧洲地区最大、最小和平均的居住面积状况。❶（表5-5）。

欧洲地区住宅的最大、最小、平均居住面积状况 **表5-5**

	居住面积				
	第一类型	第二类型	第三类型	第四类型	第五类型
最小	20.7	36.9	49.5	60.6	42.9
平均	32.9	53.0	64.3	78.6	61.5
最大	48.2	82.3	97.9	104.7	96.8

注：第一种类型住宅指为老年家庭提供的仅有一间卧室的平房；第二种类型指城市中四口之家居住的无电梯多层住宅（或两层住宅）中的单元；第三种类型指城市中五口之家居住的有电梯住宅（或两层住宅）中的单元；第四种类型指七口之家居住的两层住宅或公寓；第五种类型指乡村地区五口之家的住房。

资料来源：田东海. 住房政策：国际经验借鉴和中国现实选择. 北京：清华大学出版社，1998：112.

莱伯基（M. Lebegge）提出的欧洲地区住宅的面积标准其最大的意义在于标准的提出是建立在对数据的统计分析之上的，通过统计归纳而不是理论的计算得出，对于类似的相关研究具有较强的指导与示范意义。面积标准的给出简单明了，对不同类型的家庭提出不同的面积标准，在实际的住宅建设和标准控制中，具有更强的可操作性。

3. 英国

工业革命时期，英国大多数都市居民都要忍受低标准的居住状况。通常，整个家庭使用一个单间并与他人共用有限的厨房和卫生间设施。❷ 英国20世纪的居住改革的主要焦点

---

❶ 田东海. 住房政策：国际经验借鉴和中国现实选择. 北京：清华大学出版社，1998：112.

❷ In his powerful descriptions of poverty in London，Andrew Mearns，a leading Congregational Minister，captured the dreadful conditions endured by the poorest families. Every room in these rotten and reeking tenements houses a family，often two. In one cellar a sanitary inspector reports finding a father，mother，three children and four pigs In another room seven people are living in one underground kitchen，and a little dead child lying in the same room. Another apartment contains father，mother and six children，two of whom are ill with scarlet fever. In another nine brothers and sisters，from 29 years of age downwards，live，eat and sleep together. 见：Chris Holmes. A New Vision for Housing. London and New York：Routledge，2006：2.

(和成就)就是改善这种状况，从为每个家庭提供独立的卫生设施到拥有良好的居住空间。一系列有影响力的关于居住标准的报告对此形成了有力的推动。

1918 年英国都铎王室华尔斯委员会的报告(Report of the Committee on Question of Building Construction in Connection with the Provision of Dwellings for the Working Class)是关于改善住区的第一个官方干预报告。❶ 报告中提倡每一套住房拥有独立的客厅和厨房，同时包括一间浴室和设备齐全的厕所，不带起居室的三室类型的住宅面积为 855 平方英尺❷(合 79.4m^2)，带起居室的住宅面积为 1055 平方英尺(合 98.0m^2)，住宅布局要宽敞并有充足的日照和通风。❸

1944 年的“杜德利报告”《套型设计》(Design of Dwellings)催生了 1944 年和 1949 年的《住宅手册》(Housing Manual，1944；1949)。报告依照厨房使用的不同方式将住宅分为三类：第一类，厨房与客厅混合，另有一间起居室；第二类，厨房-餐厅混合型；第三类，操作厨房型住宅。此外，报告还对各种类型的住宅的房间大小设定了标准(表 5-6)。❹

杜德利的报告随后成为的卫生部长 Nye Bevan 推行的新三室类型的住宅面积标准，将其标准由 750 平方英尺(合 69.7m^2)提高到了 900 平方英尺(合 83.6m^2)。❺

1944 年住宅手册关于最小房间面积的规定 **表 5-6**

最小房间面积(m^2)		最小房间面积(m^2)	
厨房-客厅混合型		厨房-餐厅混合型	
厨房-客厅空间	16.7	起居室	14.9
起居室	10.2	厨房含餐厅	10.2
餐具洗涤处	4.7		
操作厨房型住宅		卧室	
不包括餐厅的起居室	16.7	主卧室	12.5
包括餐厅的起居室	21.0	其他双人卧室	10.2
厨房操作间	8.4	单人间	6.5

资料来源：[英] 格拉罕·陶尔，吴锦绣、鲍莉译. 城市住宅设计. 南京：凤凰出版传媒集团，江苏科学技术出版社，2007 (01)：32.

1961 年帕克·莫里斯的报告《今日和明日住宅》(Homes for Today and Tomorrow)，

❶ [英] 格拉罕·陶尔. 城市住宅设计. 吴锦绣、鲍莉译. 南京：凤凰出版传媒集团，江苏科学技术出版社，2007：230。

❷ 作者按 1m^2=10.8 平方英尺换算所得。

❸ …that higher space standards should be implemented—855square feet for a three bedroom non-parlour house and 1，055square feet for the parlour type，with a separate sitting room and upstairs bathroom and WC—and that there should also be a greater emphasis on the environment outside the home. 见：Chris Holmes. A New Vision for Housing. London and New York：Routledge，2006：6.

❹ [英] 格拉罕·陶尔. 城市住宅设计. 吴锦绣，鲍莉译. 南京：凤凰出版传媒集团，江苏科学技术出版社，2007：32.

❺ Responsibility for the housing programme was with the Minister of Health，Nye Bevan. Despite the huge pressure to build as many homes as possible，he insisted on keeping to the improved standards recommended by the Dudley Committee in1943，especially raising the size of a new three bedroom home from 750 to 900 square feet. The response to his critics was that “we shall be judged in twenty years time not by the number of homes that we have built but by the *quality* of homes”. 见：Chris Holmes. A New Vision for Housing. London and New York：Routledge，2006：13.

研究了居住模式的改变，对采暖标准的预计，并将更多电器设备的使用和更高的汽车拥有量考虑在内。与早期的报告相反，它认为住区必须提供多样性的居住模式。不同于设定房间的面积标准，帕克·莫里斯确定了几乎所有类型住户的总体居住面积标准（表 5-7）。这使得在新的住宅规划中有了更大的灵活性和更多的选择。❶

1961 年帕克·莫里斯报告：关于最小居住面积的规定　　**表 5-7**

	最小居住面积（m^2）	
	公寓和单层住宅	两层住宅和出租公寓
1 人	30.3	—
2 人	44.5	—
3 人	57.0	—
4 人	67.0	72.0
5 人	75.5	82.0
6 人	84.0	92.5
7 人	—	108.0

注：此外，所有套型都包含一个 3.0～6.5m^2 的储藏间。
资料来源：[英] 格拉罕·陶尔．城市住宅设计．吴锦绣，鲍莉译．南京：凤凰出版传媒集团，江苏科学技术出版社，2007：33.

英国提出了各类公共住房的最小建筑面积标准，作为住房建设贷款和房租补贴的依据（表 5-8）。❷

英国公共住房的最小净建筑面积标准（m^2）　　**表 5-8**

住宅类型	家庭人数					
	6	5	4	3	2	1
三层独立式住宅	97.53	93.8	—	—	—	
二层台阶式住宅	92.00	84.5	74.13	—	—	—
二层半独立式住宅	92.00	81.7	71.5	—	—	—
住房单元	86.4	79.0	69.7	—	—	—
平房	83.6	75.2	66.9	56.7	44.6	29.7
储藏室						
小住宅	4.6	4.6	4.6	4.18	3.7	2.8
住宅单元和公寓	1.39	1.39	1.39	1.11	0.92	0.74
内部	—	—	—	—	—	—
外部	1.85	1.85	1.85	1.85	1.85	1.85

注：有建在住宅一体的车库时住宅面积需作调整；部分储藏面积可设在二楼以上，但在一层至少需 2.3m^2。
资料来源：田东海．住房政策：国际经验借鉴和中国现实选择．北京：清华大学出版社，1998（06）：112.

英国的住宅面积标准是通过家庭人口结构和住宅类型的结合来限定最小居住面积的。对不同类型住宅的关注说明其注意了不同类型住宅套型的组合方式的不同和公共空间的不同所带来的面积分摊的不同。

---

❶ [英] 格拉罕·陶尔．城市住宅设计．吴锦绣，鲍莉译．南京：凤凰出版传媒集团，江苏科学技术出版社，2007：33.

❷ 田东海．住房政策：国际经验借鉴和中国现实选择．北京：清华大学出版社，1998：112.

在公共住房中对于不同类型储藏室的面积给予了特别的明确，说明了储藏空间在住宅中的重要地位，它是影响住宅品质的重要因素。

4. 日本

日本虽然经济发展很快，但由于土地少，住宅建筑面积标准控制严格。20 世纪 40 年代后期，平均每户为 30m²（轴线建筑面积，约为使用面积的 1.1 倍）；50 年代，平均每户为 41m²；60 年代，平均每户为 60m²；70 年代后，平均每户为 77m²。

日本的住宅建设有三种：一是公建住宅，平均每户建筑面积为 60～70m²，主要出租给低薪阶层，建房资金有 2/3 由政府提供，其余 1/3 来自租金；二是公团建房，平均每户建筑面积为 100～110m²，有出租房和商品房两种，主要供给中等收入阶层，建房资金来自政府贷款；三是个人建房，资金来源是建房者的钱加上银行贷款，建房的人大多是高收入阶层。❶

（1）居住水准

日本制定了《建筑工法》，以确保住宅设计符合国家标准。在居住标准方面，制定了 4 个居住水准，每个水准的每户间数和面积均随家庭人口而异：①最低居住水准。②平均居住水准。③城市诱导居住水准。④农村诱导居住水准。

（2）住房建设五年计划

1966～2005 年，为适应住宅建设的需要，日本政府先后八次制定了住房建设五年计划，根据当时的背景，分别提出了各阶段的建设目标、规模和措施，并以此作为供地计划的依据（表 5-9）。

日本住房建设五年计划 **表 5-9**

	阶段	时间	背景	住房政策目标	效果
1	“一五”	1966-1970	人口大量进城和经济迅速增长激起新的大量住房需求，城市住房短缺	一户一套	计划建设住宅 670 余万套，实际完成 674 万套
2	“二五”	1971-1975	“二战”后“婴儿暴增”一代住房需求激增；生活水平提高，1970 年人均 GDP 为 1967 美元	一人一房	计划建设住宅 958 万套，实际完成 828 万套
3	“三五”	1976-1980	1980 年人均 GDP 达到 9165 美元	建造足够套数的住宅，并且提高住宅的质量水平	计划建设住宅 860 万套，实际完成 770 万套
4	“四五”	1981-1985	1985 年人均 GDP 达到近 16000 美元	达到平均居住水准	计划建设住宅 770 万套，实际完成 612 万套
5	“五五”	1986-1990	提出了面向 21 世纪的方针，努力提高国民的居住质量和环境水平	以形成安定富裕的居住生活基础和优良的住宅资产为目标	共建设住宅 828 万套
6	“六五”	1991-1995	准备 21 世纪高龄化社会的来临；1990 年人均 GDP 达到 24722 美元	形成国民“能实际感到富裕的、舒适而优良的”住宅资产	共建设 730 万套住宅，1995 年，住宅平均面积达到 95m²/户

❶ 白水. 国外部分国家或地区城市居民住房水平与住宅面积标准. 工程建设标准化，1995（04）：34.

续表

	阶段	时间	背景	住房政策目标	效果
7	“七五”	1995-2000	国民对居住环境的改善要求日益提高	引进居住水准目标，通过环境整治和地域活性化，重点改善居住环境	计划建设住宅 730 万套，实际建设住宅 681.2 万套
8	“八五”	2001-2005	国民对多样化住宅以及居住环境的要求进一步提高	提出居住水准、住宅性能水准和住宅环境水准三方面目标	计划增改建 640 万套，实际完成 430 万套

资料来源：上海市房屋土地资源管理局. 日本房屋土地管理考察报告. 2006：45.

日本于 1966 年颁布的住宅建设法规定，由建设省负责制定五年计划。1966～1970 年第一个五年计划提出“每户一套”的目标；1971～1975 年第二个五年计划提出“每人一室”的目标；1976～1980 年第三个五年计划提出“供给居民优质住宅”的目标，并制定了“最低标准”和“平均标准”[1]（表 5-10、表 5-11）。

第三个五年计划（1976～1980 年）制定的最低标准　　表 5-10

家庭人数	套型	居住面积（m^2）	使用面积（轴线）（m^2）	参考使用面积（m^2）	参考建筑面积（m^2）
1 人	1K	7.5	16.0	14.0	21.0
2 人	1DK	17.5	29.0	25.5	36.0
3 人	2DK	25.0	39.0	35.0	47.0
4 人	3DK	32.5	50.0	44.0	59.0
5 人	3DK	37.5	56.0	50.0	65.0
6 人	4DK	45.0	66.0	58.5	76.0
7 人	5DK	52.5	76.0	—	87.0

注：① 标准的家庭按上述套型基本能做到夫妇卧室与孩子分开，5 口以上家庭要有 2 人合室现象；②居住面积包括厨房、餐厅面积；③标准原文只有轴线使用面积，净面积根据《住宅建筑手册》得来；④参考建筑面积中，阳台面积记入 1/2。

资料来源：白水. 国外部分国家或地区城市居民住房水平与住宅面积标准. 工程建设标准化，1995（04）：35.

第三个五年计划（1976～1980 年）制定的平均标准　　表 5-11

家庭人数	套型	居住面积（m^2）	使用面积（轴线）（m^2）	参考建筑面积（m^2）
1 人	1DK	17.5	29.0	36.0
2 人	1LDK	33.0	50.0	60.0
3 人	2LDK	43.5	69.0	81.0
4 人	3LDK	57.0	86.0	100.0
5 人	4LDK	64.5	97.0	111.0
6 人	4LDK	69.5	107.0	122.0
7 人	5LDK	79.5	116.0	132.0

资料来源：白水. 国外部分国家或地区城市居民住房水平与住宅面积标准. 工程建设标准化，1995（04）：35.

1981～1985 年第四个五年计划提出了“保证良好的居住环境”的目标，制定了居住环境的“基础标准”和“目标标准”；1986～1990 年第五个五年计划提出了“为适应居民各生命周期”的目标，（表 5-12、表 5-13），这一时期的最低标准也略有提高。政府规定 3

[1] 白水. 国外部分国家或地区城市居民住房水平与住宅面积标准. 工程建设标准化，1995（04）：34.

口户、4口户住宅建筑面积的最低标准分别为47m²、59m²，平均标准分别为81m²、100m²。❶

第五个五年计划（1986～1990年）制定的城市型目标标准　　表5-12

家庭人数	套型	居住面积（m²）	使用面积（轴线）（m²）	参考使用面积（m²）
1人	1DK	20.0	37.0	33.0
1人（中老年）	1DK	23.0	43.0	38.0
2人	1LDK	33.0	55.0	48.5
3人	2LDK	46.0	75.0	66.5
4人	3LDK	59.0	91.0	82.5
5人	4LDK	69.0	104.0	94.5
5人（带老年人）	4LLDK	79.0	122.0	110.5
6人	4LDK	74.5	112.0	102.0
6人（带老年夫妇）	4LLDK	84.5	129.0	117.0

资料来源：玉置神倍．日本住宅设计的发展．邬天柱译．建筑学报，1992（08）：21.

第五个五年计划（1986～1990年）制定的一般型目标标准　　表5-13

家庭人数	套型	居住面积（m²）	使用面积（轴线）（m²）	参考使用面积（m²）
1人	1DKS	27.5	50.0	44.5
1人（中老年单身）	1DKS	30.5	55.0	49.0
2人	1LDKS	43.0	72.0	65.5
3人	2LDKS	58.5	98.0	89.5
4人	3LDKS	77.0	123.0	112.0
5人	4LDKS	89.5	141.0	128.5
5人（带老年人）	4LLDKS	99.5	158	144.0
6人	4LDKS	92.5	147.0	134.0
6人（带老年夫妇）	4LLDKS	102.5	164.0	149.0

注：使用面积的差别是按钢筋混凝土结构考虑壁厚的。
资料来源：玉置神倍．日本住宅设计的发展．邬天柱译．建筑学报，1992（08）：21.

1991～1995年的第六个五年计划制定了城市住宅的平均面积指标（表5-14）。

第六个五年计划（1991～1995年）制定的城市住宅平均标准　　表5-14

家庭人数	套型	居住面积（m²）	使用面积（m²）
1人	1DK	20.0	33.0
1人（中老年单身）	1DK	23.0	38.0
2人	1LDK	33.0	48.5
3人	2LDK	46.0	66.5
4人	3LDK	59.0	82.5
5人	4LDK	69.0	94.5
5人（带老年人）	4LLDK	79.0	110.5
6人	4LDK	74.5	102.0
6人（带老年夫妇）	4LLDK	84.5	117.0

注：户型的第一个数字表示卧室数；一个L表示一个起居室；DK表示厨房兼餐室。
资料来源：白水．国外部分国家或地区城市居民住房水平与住宅面积标准．工程建设标准化，1995（04）：35.

❶ 白水．国外部分国家或地区城市居民住房水平与住宅面积标准．工程建设标准化，1995（04）：34.

（3）日本的居住面积标准的特点

1）日本的4个居住水准中，起主要作用的是最低居住水准和平均居住水准。

2）日本的住宅居住标准早期是使用面积结合建筑面积，后期主要是对使用面积进行控制。

3）日本的住宅居住标准的控制以家庭人口为准，以不同人口结构的家庭提供不同的住宅套型（1DK-4LLDK），以此确定不同套型住宅的面积标准。早期只是简单地按人口结构（1～7人）进行家庭套型的划分，后期则对不同人口结构的家庭类型进行细分（老年人家庭被单独列出），这与日本逐渐步入老龄化社会有关，也充分说明了标准的制定和划分更为人性化。

5. 新加坡

新加坡1959年独立时，房荒严重，平均每户不足一间房屋。新加坡政府在住宅建设中注意控制建设标准，随着国家经济的发展和人民生活水平的提高，逐步增加住宅面积，提高质量标准。

20世纪60代初，大量兴建一室和二室套型住宅，室内使用面积分别为$21m^2$和$41m^2$；1964年后，面积提高到$32m^2$和$45m^2$；1974年后，二室套型面积为$47m^2$，同时建造了许多面积为$60m^2$的三室和$85m^2$的四室套型的住宅；80年代建的住宅大多数是三室、四室、五室套型，面积分别为$60\sim75m^2$、$85\sim105m^2$、$120\sim135m^2$，普遍设有卧室、起居室（厅）、厨房、卫生间和垃圾道，并对各功能空间的面积标准有着详细的规定（表5-15）。❶

据1984年的统计，一室户占13.6%，二室户占11.0%，三室户占7.1%，四室户占19.7%，五室户占7%，高级公寓占1.2%。一、二室户平均每户人口为4.2人，1984年人均居住面积达$15m^2$。❷

HDB住房单元各类房间的室内面积标准（m^2）　　表5-15

单元类型 / 房间	3室简化型	4室简化型	4室模式（A）型	5室改进型	行政型单层/跃层	HUDC单层/跃层	关键房间尺寸（m）
起居室	14.5～16.0	19～22	28～33	18～23/29～35	22～30/35～46	22～29/35～47	LR3.0（S）；3.2（其他型）
餐厅	—	—	—	1～13	13～16	13～18	DR2.7（Exec.&HUDC）
主卧室	12.5～13.5	13～14	14.5～16	15.5～17	16～18	17～22	3.0（3，4&5-rm）；3.2（其他型）
第一卧室	11～12.5	12～13	13～14	13～14	13～14.5	14～17	2.8（3，4&5-rm）
第二卧室	—	11～12.5	12～13	12～13	12.5～14	13～16	3.0（Exec.&HUDC）
工作室	—	—	—	11～12	11～12	11～13	2.8
厨房	13～15	13～15	14～16	14～16	13～16	15～20	2.1
阳台	—	—	—	5.5～6.5	7～8.5	8～12	1.6
浴室/主卫生间	2.4～2.7	2.4～3.2	3.2～3.7	3.2～3.7	3.7～4.5	3.7～4.8	1.5除了（S）

❶ 白水. 国外部分国家或地区城市居民住房水平与住宅面积标准. 工程建设标准化，1995（04）：35.

❷ 白水. 国外部分国家或地区城市居民住房水平与住宅面积标准. 工程建设标准化，1995（04）：35.

续表

房间 \ 单元类型	3室简化型	4室简化型	4室模式（A）型	5室改进型	行政型单层/跃层	HUDC单层/跃层	关键房间尺寸（m）
浴室/第二卫生间	2.4～2.7	2.4～2.7	2.7～3.2	3.2～3.7	3.7～4.5	3.7～4.8	1.25
第三卫生间（跃层式）	—	—	—	—	1.4～2.0	1.4～2.0	
储藏间	1.4～1.8	1.6～2.0	1.8～2.2	1.8～2.2	1.8～2.2	1.8～2.2	1.0
总净使用面积	60～62	78～80	97～99	112～114	—	—	—
允许浮动的面积范围（m²）	65±0.5	85±0.5	105±0.5	123±0.5	145±0.01	155±0.01	—

注：关键房间尺寸中：LR——起居室；DR——餐厅；(s)——简化型；Mais——跃层式；Exec.——行政型。
资料来源：田东海．住房政策：国际经验借鉴和中国现实选择．北京：清华大学出版社，1998：121.

新加坡的组屋住宅面积标准是根据住宅的功能空间的构成进行使用面积的计算，各面积标准分别规定了允许浮动的范围。通过限定每个功能空间的使用面积和不同类型套型的总建筑面积进行面积标准的控制。

6. 其他国家

（1）美国

美国平均每户为1.02套住宅，每套住宅建筑面积约108m²，5.1个房间。

美国公共健康机构曾在20世纪70年代提出住房维护和使用规范。规范要求住房的第一个使用者的居住面积不少于14.2m²，第二个和后续的使用者的人均居住面积不少于9.4m²，允许居住的人数应少于可居住房间数的2倍。2个房间以上的住宅中，至少有6.6m²的卧室面积在一层，多于一人居住的住房卧室面积至少为人均4.73m²。❶

（2）法国

法国于1947年通过法律确定了“廉价住宅”的使用面积标准，1954年确定了“低租金住宅”的使用面积标准❷（表5-16）。2002年的住宅调查显示，法国社会住宅的平均面积为71m²/套。❸

法国公共住宅面积标准 **表5-16**

年份	类型	使用面积（m²）				
		二室	三室	四室	五室	六室
1947	廉价住宅	47	57	69	81	91
1954	低租金住宅	35～45	45～47	57～68	68～82	82～96

资料来源：白水．国外部分国家或地区城市居民住房水平与住宅面积标准．工程建设标准化，1995（04）：24.
本研究整理。

（3）印度

印度城市大多数人住在低标准住宅内，按不同收入阶层分为四类（表5-17）。印度全

❶ 白水．国外部分国家或地区城市居民住房水平与住宅面积标准．工程建设标准化，1995（04）：35.

❷ 同上，p24。

❸ 赵明，弗兰克·舍雷尔．法国社会住宅政策的演变及其启示．国际城市规划，2008（02）：66.

国的住房，一室户约占 50%，二室户约占 30%，三、四室户各占 10%。[1]

印度低标准住宅面积标准　　表 5-17

	月收入（卢比）	户均建筑面积（m^2）	备注
一类	400 以下	12.5～21	包括卧室与厨房
二类	400～700	20～35	
三类	700～1700	40～45	
四类	1700 以上	60～120	

资料来源：白水．国外部分国家或地区城市居民住房水平与住宅面积标准．工程建设标准化，1995（04）：35.

5.1.3　国外住房的面积标准体系特点与借鉴

1. 标准的衡量方式

各国对于住宅面积的单位不尽统一，有使用面积、建筑面积、居住面积或者笼统地用面积这样的单位标准，但这并不影响我们对国外住宅面积标准总体特点的把握。总结国外关于住宅的面积标准的控制和衡量方式，大致可以分为以下几类：

（1）面积标准与家庭人口结构和家庭规模相结合，如联合国的标准、欧洲住宅标准。

（2）直接规定住宅面积标准，以套内空间数量为出发点的面积控制方法，如新加坡、法国、印度的社会住宅。

（3）按家庭人口结构划分的住宅面积标准，以日本为主。

（4）家庭人口结构与住宅类型（公寓、独立式住宅等）结合的控制方式，如英国。

2. 标准的特点

（1）住宅面积标准的提高是一个循序渐进的过程，是一个从少到多，从量到质，从早期的对量的关注逐渐走向对质的关注的发展过程。

（2）多数国家在 20 世纪 50 年代已经完成面积标准的制定，此后就少有变化，从对住宅面积标准的关注走向对住宅居住品质的关注。

（3）各国的面积标准的发展规律显示：住宅的面积标准发展到一定的阶段后，会保持在一个比较稳定的状态，面积标准大约为 90～100m^2（表 5-18）。

国外住宅面积标准　　表 5-18

国家与地区	住宅类型	面积标准	相关文件
联合国		51.5～97.7m^2	
欧洲		46～88m^2	IUFO&IFHTP
		20.7～96.8m^2	莱伯基（M. Lebegge）
英国		30.3～108.0m^2	帕克·莫里斯报告
	公共住宅	29.7～97.53m^2	
日本	公共住宅	33～117m^2	
新加坡	组屋	65～155m^2	

[1] 白水．国外部分国家或地区城市居民住房水平与住宅面积标准．工程建设标准化，1995（04）：35.

续表

国家与地区	住宅类型	面积标准	相关文件
美国		108m²	
法国	廉价住宅	47～91m²	
	低租金住宅	35～96m²	
印度	低标准住宅	12.5～120m²	

注：IUFO&IFHTP 指国际家庭组织联盟（International Union of Family Organization）和国际住房和城市规划联合会（International Federation for Housing and Town Planning）；日本的数据为 1991～1995 年标准。
资料来源：本研究整理。

欧洲以及日本等国家依据家庭人口数量和结构确定居住面积标准，不同数量的人口所需的住宅的面积不同，反映出这些国家利用住宅的分室要求来达到基本的居住水准。新加坡则以房间数量作为住宅面积标准确定的依据，这是在高密度居住条件下对住宅的关注点的不同所导致的。

3. 借鉴意义

回顾国外的住宅面积标准体系，总结其主要特点，以下几方面可成为我们在制定相关住宅面积标准时的主要借鉴之处：

（1）住宅面积标准的制定中对老年人居住问题的关注。我国老年人口正在不断增长，而且即将步入老龄化社会，所以这一点对于我国相关方面住宅标准的制定具有重要的借鉴意义。

（2）国外各国住宅面积标准的发展，在面积达到一定的量之后，就要从对住宅面积的“量”的关注转向对住宅“质”的关注。这正是住宅居住品质的两个重要的组成部分，即面积标准和空间品质。住宅的面积标准是空间品质的基础，但面积标准显然无法涵盖住宅品质的全部，在面积达到一定的量后，空间品质就成为了决定住宅品质的决定因素。

（3）按家庭人口结构划分面积的方法。人均房间数直接反映了住宅的拥挤状况和居住品质，因此，按照人口结构确定套型标准，进而确定居住面积标准，是相对比较科学的方式，可以直接反映住宅真正的居住品质。

（4）住宅的面积标准只是实现住宅品质提升的手段，而不是住宅建筑设计的根本，住宅的最终居住品质才是住宅的终极追求。当然，这种品质是建立在一定的面积标准和实现基本的生活和功能分室之上的。

5.2 我国住宅面积标准体系

5.2.1 我国住宅面积标准的发展

新中国成立后，在住宅建设中，由于人多地少，经济发展相对落后等原因，发展中小套型住宅成为我国住宅发展的主要模式。在不同时期，住宅的标准虽有所调整，但一直对住宅的建设标准有着相当严格的规定，这也是保证我国住宅基本满足大多数人口的居住需求的策略，是我国在经济水平不高的条件下，可以在短时间内解决大量人口的居住问题，并在住宅的面积标准和居住品质方面不断提高的根本所在。

新中国成立初期，百废待兴，国家将更多的精力放在解决其他更为紧迫的问题之上，满足基本生活问题的“住”是在经济发展到一定阶段以后才开始进入政府关注的视线的。通过对这一时期我国住宅标准的发展和回顾，可以让我们更好地理解居住面积标准的作用和意义。

1954 年，原国家计委颁发了《关于职工宿舍居住面积和造价的暂行规定》，规定城市职工宿舍居住面积：单身宿舍人均 3.0m^2，家属宿舍人均 4.5m^2。

1966 年，原国家建委转发建工部《关于住宅宿舍建筑标准的意见》，规定住宅、宿舍的建设必须执行艰苦奋斗、勤俭建国的方针，根据适用和经济兼顾的原则，实现低标准、低造价、高质量。职工住宅居住面积指标为人均 4.0m^2，每户按 4.5 人计，户均 18m^2。职工宿舍居住面积指标，单层床为人均 3.35m^2，双层床为人均 2.25m^2。

1972 年，原国家建委转发了四川省标准，规定每户平均建筑面积为 34m^2。

1973 年，原国家建委制定的《对修订职工住宅、宿舍建筑标准的几项意见（试行稿）》[（73）建发设字第 748 号] 规定建筑标准应与当前国家经济水平和广大人民群众生活水平相适应，不搞高标准建筑。建筑设计要按照“适用、经济、在可能条件下注意美观”的原则，因地制宜，就地取材。❶ 面积定额：住宅平均每户居住面积为 18～21m^2，集体宿舍平均每人居住面积为 3.5～4m^2，楼房住宅平均每户建筑面积为 34～37m^2，严寒地区为 36～39m^2。❷ 楼房集体宿舍平均每人建筑面积不大于 6m^2，严寒地区不大于 6.5m^2。平房低于楼房。住宅、宿舍以建楼房为主，大中城市应多建 4～5 层楼房，层高一般不超过 2.8m。

1977 年，原国家建委针对我国家庭人口多的户数比重较大，尤其是一些老厂矿企业职工家庭大多人口较多，普遍反映上述面积定额指标偏低的情况，印发了《关于厂矿企业住宅、宿舍建筑面积标准的几点意见》[建发设字 88 号]。文件对厂矿企业职工住宅、宿舍建筑标准作了修订，新建厂矿企业楼房住宅平均每户建筑面积为 34～38m^2，严寒地区为 36～40m^2。老厂矿企业增建职工住宅，每户建筑面积 39～42m^2，严寒地区不超过 45m^2，但整个厂矿的住宅建筑面积总平均应控制在每户 40m^2 以内，严寒地区控制在每户 42m^2 以内。层高改为 2.8～3.0m。

1978 年 10 月，国务院批转了原国家建委《关于加快城市住宅建设的报告》[国发（1978）222 号]，提高了工矿企业住宅标准，并扩大了适用范围，规定：“住宅设计标准，每户平均建筑面积一般不超过 42m^2，如采用大板、大模等新型结构，可按 45m^2 设计。省直属以上机关、大专院校和科研设计单位的住宅，标准可以略高，但每户平均面积不得超过 50m^2。各城市应根据各自情况确定住宅层数，一般以 4～5 层和 5～6 层为宜，大中城市可视具体条件，在临街或繁华地段建造一些高层住宅。

❶ 住宅、宿舍建筑不论采用什么材料、什么结构，都要做到安全可靠，确保质量和一定的使用年限。既要注意在建设时节约投资，又要防止片面追求节约，影响工程质量，增加经常性的维修费用。

❷ 一说 36～38m^2。见：田东海. 住房政策：国际经验借鉴和中国现实选择. 清华大学出版社，1998（06）：154.

1981年9月3日，原国家建委印发了《对职工住宅设计标准的几项补充规定》［(1981)建发设字384号］，从面积标准、住宅的必要设施和造价、民用建筑综合指标三方面规定了住宅标准，对各类住宅的面积标准和使用范围作了较为详细的规定（表5-19）。住房层高一般为2.8m，如采用2.8m以下（不含2.8m）层高，所节约的投资可用于增加每户建筑面积，但最多不超过3m²。凡需设电梯的高层住宅，平均每户建筑面积可增加6.0m²。规定住房的必要设备和造价。每户住宅以套为单位。

1981年国家住宅面积标准 **表5-19**

住宅类型	面积标准	适用范围
一类住宅	42～45m²	适用于新建厂矿企业的职工（边远地区和偏僻地区的职工住宅，每户平均建筑面积可高于此数，但最多不得超过50m²）
二类住宅	45～50m²	适用于城市居民、老厂矿企业、县级以上的机关、文教、卫生、科研、设计等单位的一般干部
三类住宅	60～70m²	适用于大体上相当于讲师、助理研究员、工程师、主治医师和相当于这些职称的知识分子，并适用于正副县长或相当于此职务的其他领导干部
四类住宅	80～90m²	适用于正副教授、正副研究员、高级工程师、正副主任医师和相当于这些职称的其他高级知识分子，并适用于国务院各部委和省、自治区、直辖市政府机关正副司、局、厅长、行署正副专员级领导干部以及相当于这些职务的其他领导干部

资料来源：本研究整理。

1983年12月，国务院颁发了《国务院关于严格控制城镇住宅标准的规定》，规定全国城镇和各工矿区住宅应以中小型户（一居室至二居室一套）为主，平均每套建筑面积应控制在50m²以内，以建一、二类住宅为主。

1984年1月，国家科委以蓝皮书第2号印发了《中国技术政策（住宅建设、建筑材料）》，制定了城乡住宅建设技术政策要点。要点提出，20世纪80年代全国平均每套建筑面积为50m²以内，90年代标准可适当提高，后十年以建二室套型为主，适当增加三室套型的比例。

1986年，《住宅建筑设计规范》（GBJ 1996—1986）由城乡建设环境保护部负责编制，原国家计划委员会批准实行。该规范是根据原国家建委（81）建发设字第546号文的通知，由中国建筑标准设计研究所会同有关单位共同编制的。主要内容包括总则、户内设计、共用部分、室内环境和建筑设备等。❶ 规范第2.1.2条规定，住宅套型应分为小套、中套、大套，其使用面积不应小于下列规定：小套18m²；中套30m²；大套45m²。❷

1990年建设部中国建筑技术发展研究中心和日本国际协力事业团共同对中国的城市小康居住目标进行了研究，参照国际上的居住水平衡量指标，提出了一个多元多层次的小康居住目标，分为3个层次，12项指标。3个层次分为最低型、一般型、理想型，反映了地区的差异和不同居民的不同收入；12项指标包括每套住宅起居和睡眠空间标准、面积

❶ 城乡建设环境保护部负责编制、原国家计划委员会批准《住宅建筑设计规范》（GBJ 96—86）（已废止）编制说明。

❷ 城乡建设环境保护部负责编制、原国家计划委员会批准《住宅建筑设计规范》（GBJ 96—86）（已废止）p2。

标准、设施标准、设备标准、室内环境标准、室内装饰标准等，反映了规划、设计、建造中的一些技术经济要求（表 5-20）。❶

中国小康居住目标建议（部分）　　表 5-20

项目		最低目标	一般目标	理想目标
面积标准（m^2）	人均使用面积	9	12	15
	人均居住面积	6.5	8	11
	每套使用面积	32	40	52
	每套建筑面积	44	55	70
使用面积（m^2）（套型比%）及套型模式	1 口户	15（5）1DK	18（5）1DK	28（5）1$L_{小}$ K
	2 口户	23（15）2DK	30（15）1$L_{小}$ K 2DK	40（15）1$L_{大}$ K
	3 口户	29（45）2DK	38（45）1$L_{大}$ K 2$L_{小}$ DK	48（45）2$L_{大}$ K
	4 口户	34（15）3DK	46（15）2$L_{大}$ K 3$L_{小}$ DK	56（15）3$L_{小}$ DK
	5 口户	38（15）3DK	52（15）3$L_{大}$ K 4$L_{小}$ DK	62（15）4$L_{小}$ DK
	6 口户	42（5）4DK	58（5）4$L_{大}$ K 4$L_{小}$ DK	68（5）4$L_{大}$ DK

资料来源：田东海．住房政策：国际经验借鉴和中国现实选择．北京：清华大学出版社，1998：156.

1990 年原建设部、原国家计委关于贯彻执行《国务院关于严格控制城镇住宅标准的规定》补充意见的通知［建标字（1990）第 401 号］，针对部分地区和单位出现的住宅每套建筑面积越来越大、住宅装修标准和设备标准越来越高的趋势，重申不得以任何借口或变通标准突破住宅建设标准，住宅建设的面积标准在“八五”期间，乃至今后一段时间内，仍以中小型户为主，平均每套建筑面积控制在 50m^2 以内。

1996 年，新的《城市住宅建设标准》正式出台。这一标准与住宅和房地产业“九五”计划、2010 年发展规划衔接，结合我国国民经济发展、住房制度改革、人口控制、土地

❶　原国家建委和建设部共同推出了国家重点科技工程项目：2000 年城乡小康住宅示范工程，计划在 20 世纪最后几年时间，在全国城乡建设 20 个“小康型示范工程”，并制定了《2000 年小康型城乡住宅科技产业工程示范小区规划设计导则（修改稿）》。各功能空间低限面积标准：

	厅	7（方厅）	12（起居进餐厅）	14（起居进餐厅）
各功能空间低限面积标准（m^2）	主卧室/双人卧室	9	9	11
	次卧室/单人卧室	5	5	7
	厨房	4	4.5	5
	卫生间	3	3.5	4
	学习工作间	—	—	4
	储藏	1	1.5	2
	交通	1.5	2	2.5

资源条件、小康居住目标和城市居民住房的需求，并兼顾近期使用与远期发展的需要，充分考虑对人的关怀，创造良好的居住条件和居住环境。❶

《城市住宅建设标准》包括住宅的套型分类与面积标准、功能与室内环境标准、设备与设施标准、建筑结构与安全防卫标准等多个方面（表 5-21）。

中国城市住宅面积标准　　表 5-21

	类别	一类	二类	三类	四类
套型面积（m^2）	建筑面积	40～50	55～65	70～80	85～90
	使用面积	30～38	41～49	53～60	64～71
功能空间低限面积（m^2）	使用面积	卧室：双人 9；单人 6 起居室/厅：10；厨房：4；卫生间：3			

资料来源：田东海．住房政策：国际经验借鉴和中国现实选择．北京：清华大学出版社，1998：156.

《中国国民经济和社会发展“九五”计划和 2010 年远景目标纲要》把住房发展作为一项重要内容。发展目标和主要指标是：城镇（非农业人口）人均居住面积到 2000 年达到 $9m^2$，人均住房使用面积达到 $12m^2$。解决人均居住面积在 $6m^2$ 以下的城镇家庭的住房困难问题，重点解决人均居住面积在 $4m^2$ 以下的住房困难户的住房问题。❷ 改造现有使用功能不全的住房和简陋住房，使住房成套率达到 70%以上。到 2010 年，城镇人均住房使用面积达到 $18m^2$❸，重点改造使用功能不全的住宅，基本消灭棚户和简易住房，使住房成套率达到 85%以上。

1999 年和 2003 年修订的《住宅设计规范》（GB 50096—1999）（原规范中为表 3.1.2）规定：普通住宅套型分为四类，其居住空间个数和使用面积不宜小于表 5-22 中的规定。❹

1999/2003 年规范规定的住宅套型分类　　表 5-22

套型	居住空间数（个）	使用面积（m^2）
一类	2	34
二类	3	45
三类	3	56
四类	4	68

注：①表内使用面积均未包括阳台面积。②原规范中为表 3.1.2。

资料来源：国家质量技术监督局、原中华人民共和国建设部联合发布《住宅设计规范》（GB 50096—1999）p4；国家质量技术监督局、原中华人民共和国建设部联合发布《住宅设计规范》（GB 50096—1999）（2003 年版）p4。

❶ 《城市住宅建设标准》适用于城市中低收入居民居住的、量大面广的普通住宅，包括：

• 各级政府机关和企业、事业单位建设的普通住宅；

• 由房屋开发单位开发建设的、由单位购置分配给职工的普通住宅；

• 安置拆迁户而建设的住宅；

• 为解决住房困难户的住房问题而建设的住宅，如安居工程等以“解困”为目的、享受各种优惠政策的住宅。

由市场行为进行调节的高级公寓和别墅等不适用于此标准。

❷ 建设住宅 12 亿 m^2，平均每年建设住宅 2.4 亿 m^2。

❸ 从 2001 年至 2010 年的 10 年间建设住宅 33.5 亿 m^2，平均每年新建 3.35 亿 m^2。

❹ 中华人民共和国国家标准《住宅设计规范》（GB 50096—1999）（2003 年版）第 3.1.2 条，p4。

2006年5月28日，原建设部等六部委联合制定的《关于调整住房供应结构稳定住房价格的意见》（简称“国六条”）中明确指出：“年度居住用地供应总量的70%，必须用于中低价位、中小套型普通商品住房（含经济适用住房）和廉租房。”“新开工套型建筑面积90平方米以下住房（含经济适用住房）面积所占比重，必须达到开发建设总面积的70%以上。”❶

2007年1月，中国建筑标准设计研究院针对“国六条”的相关要求尝试编制的《90m² 以下住宅设计要点》（征求意见稿）指出，对住宅套型面积可根据不同居室空间按表5-23（原文条文编号为表4.2.1）所示面积标准进行配置。该技术要点在网上公布不到24小时即被叫停，但其对于住宅套型的面积配置标准的探讨仍具有借鉴意义。

住宅套型面积配置　　**表5-23**

居住空间数（个）	建筑面积（m^2/套）	使用面积（m^2/套）
1～2	40～60	30～45
2～3	61～75	46～56
3～4	76～90	57～68

注：居室包括起居室（厅）和卧室。
资料来源：中国建筑标准设计研究院编制的《90m² 以下住宅设计要点》（征求意见稿）p11（2007/01）。

2007年11月8日，原国家建设部、国家发展和改革委员会、监察部、民政部、财政部、国土资源部、中国人民银行、国家税务总局、国家统计局第162号令《廉租住房保障办法》规定新建廉租住房应当将单套的建筑面积控制在50m² 以内。❷ 11月19日，由原建设部、国家发改委、国土资源部、中国人民银行联合颁布的《经济适用住房管理办法》规定经济适用住房单套的建筑面积控制在60m² 左右。❸

5.2.2　我国住宅面积标准的特点

随着时代的发展和经济的进步，我国的住宅面积标准在不断提高，但提高的幅度并不明显。这是由我国人多地少，经济水平相对落后的现实状况所决定的，也是我国坚持经济型的中小套型住宅的发展政策的直接体现。我国住宅面积标准的变化主要呈现以下特点（表5-24）：

1. 标准的发展阶段

我国住宅面积标准的发展主要经历了以下几个发展阶段：

（1）20世纪50～60年代，这一时期主要以人均居住面积作为控制标准。面积标准在3.0～4.0m²/人之间，在较长的一段时间内一直维持在一个相对较低的水平。这与这一时期重视工业发展，“先生产、后生活”的国家根本政策息息相关，也与当时的社会和经济发展水平相适应。

---

❶ 城乡建设环境保护部负责编制，原国家计划委员会批准《住宅建筑设计规范》（GBJ 96—86）（已废止）p2。
❷ http://www.gov.cn/ziliao/flfg/2007-11/27/content_816644.htm（中华人民共和国中央人民政府门户网站）
❸ http://www.gov.cn/zwgk/2007-12/01/content_822414.htm（中华人民共和国中央人民政府门户网站）

（2）20 世纪 70～80 年代，是我们的住宅面积标准变化相对较多的一个阶段。这一时期以建筑面积作为控制单位，面积标准一直在调整。这时正处于改革开放的发轫期，许多问题需要探讨，人们求变、求新的心态以及经济的发展都对既有标准提出了新的要求。

（3）20 世纪 90 年代至 21 世纪初，这一阶段国家对住宅面积标准的要求相对较少。这时我国正处于改革开放的社会和经济成果迅速积累的时期，人民生活水平快速上升。同时，大量住宅的供应依靠房地产业以市场化的方式运作，国家对住宅面积标准的限制逐步放开，有的标准也是以指导为主，而较少强制性的面积标准要求，使得这一时期的住宅面积标准基本不产生控制作用。市场上商品住宅实际面积急速增大，某种程度上，导致了社会住房供应结构和消费结构的不合理。

（4）从 2005 年开始，我国房地产市场进入宏观调控阶段，国家重新开始关注社会保障型住宅的建设，对于商品住宅的强制性面积标准也重新出现，反映了政府在住宅建设和控制中的作用的回归。

2. 标准划分的类型

我国对住宅标准的划分大致经过了以下几个时期不同形式和类型的变化：

（1）一般地区与寒冷地区

寒冷地区的标准略大于一般地区，这种划分标准反映了一般地区与寒冷地区在建筑面积计算上的差异，其中包括保温墙体的厚度的不同、公共空间需设置门斗、北向的廊和阳台需要封闭等不同住宅建筑设置的差异。这一差异后来就发展成为了我们现在说得较多的由于地理方位带来的南、北方地区住宅面积标准的差异。

（2）单身宿舍与家庭宿舍

这是特定时期的划分标准，主要考虑单身和已婚职工宿舍在家庭功能的要求上的差别，包括餐饮空间和子女居住空间的需求的不同。这一类划分存在时间较短，只在 1954 年的标准中出现过，以后再未出现。

（3）按使用者的职业与身份划分标准

按照住宅使用者的身份、工作性质和领导级别（工人和干部）将住宅划分为四类。这一阶段主要是在改革开放初期，应当是知识分子落实政策和呼吁社会重视知识的一种手段。这种划分方式存在时间较短，在住房走向完全市场化以后就不再作为主要依据了。在以后的住宅面积标准划分中仍有四类的划分方式，但使用者身份的因素已经不再出现，而是隐在面积标准和房间数量的标准要求之后了。

（4）按套型划分

将住宅按大、中、小套划分，规定不同套型的面积标准。这一划分方式现在普遍使用，用套来划分住宅类型和住宅标准是对住宅认识的一大进步，即要提供每个家庭一个完整的住宅空间，以保证基本的居住要求和生活品质。

（5）按照住宅建设的主体划分

这种划分方式是近年才出现的，主要分为房地产企业提供的商品住宅和由政府建设的社会保障型住宅两类。这种划分方式除了明确不同类型的住宅的建设主体和政府的责任以外，也体现了社会的进步和社会公平、社会财富为社会共享的思想。

3. 面积标准的划分

我国对于面积标准的控制和计算，主要有过以下几个指标控制单位：

（1）人均居住面积和户均居住面积

这一指标在相当长的一段时间内是我国衡量住宅面积的主要指标。居住面积是指住宅中卧室和起居等主要空间的面积，说明当时住宅关注的是基本的起居、就寝空间。住宅标准从人均面积到套均面积的变化，反映了在政策导向上对于住宅的基本分室要求的认识的进步。

（2）建筑面积

建筑面积的引入说明对于住宅的认识更加全面，即住宅必须包括卫生间、厨房这样的必备空间，满足生活的基本需求是衡量住宅居住品质是的最终标准。

我国住宅面积标准的发展　　**表 5-24**

年份	机构	相关文件	居住面积（m^2）	建筑面积（m^2）
1954	国家计委	《关于职工宿舍居住面积和造价的暂行规定》	3.0（单身宿舍） 4.5（家属宿舍）	
1966	国家建委	《关于住宅宿舍建筑标准的意见》	4.0m^2/人，18m^2/户	
1972	国家建委	转发四川省标准		34
1973	国家建委	《对修订职工住宅、宿舍建筑标准的几项意见（试行稿）》	3.5～4.0/18～21	34～37（一般地区）；36～39（严寒地区）
1977	国家建委	《关于厂矿企业住宅、宿舍建筑面积标准的几点意见》		34～37（一般地区）；36～40（严寒地区）； 29～42（一般地区）；45（严寒地区）；
1978	国务院	《关于加快城市住宅建设的报告》		42；45（新型结构）；50（省直机关、大专院校和科研单位）
1981	国家建委	《关于对职工住宅设计标准的几项补充规定》		42～45（一类）；45～50（二类）； 60～70（三类）；80～90（四类）
1983	国务院	《国务院关于严格控制城镇住宅标准的规定》		42～45（一类）；45～50（二类）； 60～70（三类）；80～90（四类）
1984	国家科委	《中国技术政策（住宅建设、建筑材料）》		50
1987	建设部	《住宅建筑设计规范》		50
1986	建设部	《住宅建筑设计规范》（GBJ 96—86）		小套 18m^2；中套 30m^2；大套 45m^2
1999/2003	建设部	《住宅设计规范》（GB 50096—1999）（2003 年版）		34（一类）；45（二类）；56（三类）；68（四类）
2006	建设部等	《关于调整住房供应结构稳定住房价格的意见》		90（总建筑面积的 70%）
2007	建设部等	《廉租住房保障办法》		50
2007	建设部等	《经济适用住房管理办法》		60

资料来源：本研究整理。

5.2.3 上海住宅面积标准体系

1. 住宅面积标准的发展

新中国成立初期直到改革开放这段时间，上海的住宅面积标准执行国家标准，面积标准较低。改革开放后，国家对住宅面积标准开始放开，特别是1986年的《住宅建筑设计规范》（GBJ 96—86）对住宅面积标准只作功能空间数量和套型面积的下限规定，上海开始执行自己的面积标准，相比国家标准略有提高。

1959年，在上海召开的住宅标准座谈会提出了分区、分等、远近结合的设计原则，把标准分为三等，居住面积分别采用4～6m²/人。❶

1975年起，上海的住宅设计标准有所提高，户均建筑面积为40～45m²，后期住宅设计又分为4类，每户住宅面积分别为42～45m²、45～50m²、60～70m²、80～90m²，以采取前两类的居多。❷ 这种划分标准主要还是依照国家的划分方式和标准。

1985年上海市建设委员会颁布了关于《上海市"七五"期间职工住宅设计标准（送审稿）》的批复，确定了"七五"期间住宅建设面积定额为：多层不超过50m²，高层不超过60～65m²。❸

1991年《上海市"八五"期间城镇职工住宅建筑设计标准》正式实施，面积标准根据3类住宅分别确定。每类住宅都按照使用对象的不同和家庭人口构成的情况细分为大、中、小三类，并制定了相应的面积指标上、下限（表5-24）❹。

1994年11月，上海市标准《住宅建筑设计标准》（DBJ08-20-94）开始实行。标准规定："低、多层住宅每户平均建筑面积不应超过60m²；中高层住宅每户平均建筑面积不应超过66m²；高层住宅每户平均建筑面积不应超过76m²。""住宅套型应分为小套、中套、大套，其使用面积不得低于以下规定：小套33m²；中套40m²；大套52m²。"❺

2001年，上海市工程建设规范《住宅设计标准》（DGJ 08-20-2001）开始实施，原

---

❶ 王鹏. 上海市低收入家庭居住问题研究［D］. 上海：同济大学，2007：77.

❷ 同上，p78。

❸ 同上，p78。

❹ "八五"住宅建筑设计标准（m²）

套型		一类住宅		二类住宅		三类住宅	
		使用面积	建筑面积	使用面积	建筑面积	使用面积	建筑面积
小套	下限	18	26	18	26	25	36
	上限	24	34	26	37	28	40
中套	下限	30	42	30	42	36	50
	上限	34	47	36	50	39	54
大套	下限	42	58	45	63	48	67
	上限	47	65	48	67	50	70

注：一类住宅标准，适用于中心区安置困难户和拆迁户的住宅；二类住宅标准，适用于市区近郊新建住宅；三类住宅标准，适用于远郊城镇新建住宅。

资料来源：王鹏. 上海市低收入家庭居住问题研究［D］. 上海：同济大学，2007：79.

❺ 上海市标准《住宅建筑设计标准》（DBJ 08-20-94）（已废止）第2.0.3条，p2。

《住宅建筑设计标准（局部修订）》（DBJ 08-20-98）同时废止。新的规范规定："住宅套型分为小套、中套、大套，其居住空间个数宜符合表 4.1.2（原规范表格编号）的规定。"[1]规定居住空间个数：小套 2 个、中套 3 个、大套 4～5 个。

2005 年，上海普通住房标准规定：住宅小区建筑容积率在 1.0 以上，单套建筑面积在 140m² 以下；内环线以内每平方米建筑面积 17500 元以下；内环线和外环线之间每平方米建筑面积 10000 元以下；外环线以外每平方米建筑面积 7000 元以下。

2007 年，上海市工程建设规范《住宅设计标准》（DGJ 08-20-2007/J10090-2007）对于住宅套型的规定仍然维持原规范（DGJ 08-20-2001）的规定，但注明建筑面积在 90m² 以下套型，无论居住空间数多少，均作为中、小套。[2]

2008 年 11 月 1 日起，上海执行新的普通住宅标准。建筑面积：单套建筑面积在 140m² 以下。成交价格：内环线以内套总价 245 万元/套以下；内环线和外环线之间套总价 140 万元/套以下，外环线以外套总价 98 万元/套以下。住房条件：包括五层以上（含五层）的多高层住宅，以及不足五层的老式公寓、新式里弄、旧式里弄等。[3]

2. 上海住宅面积标准的特点

上海住宅面积标准的划分大部分参考国家标准，但出于自身气候条件和经济发展水平的考虑，有着不同于国家划分方式的自己的特点（表 5-25）。

上海相关住宅标准发展 **表 5-25**

年份	相关标准规范	建筑面积（m²）	使用面积（m²）	空间数（个）
1959	住宅标准座谈会		4～6m²/人	
1975		42～45（一类）； 45～50（二类）； 60～70（三类）； 80～90（四类）		
1985	《上海市"七五"期间职工住宅设计标准（送审稿）》	≤50（多层）； 60～65（高层）		
1991	《上海市"八五"期间城镇职工住宅建筑设计标准》	26～65（一类）； 26～67（二类）； 36～70（三类）	18～47（一类）； 18～48（二类）； 25～50（三类）	
1994	《住宅建筑设计标准》（DBJ08-20-94）	60（低多层）； 66（中高层）； 76（高层）	33（小套）； 40（中套）； 52（大套）	

[1] 上海市工程建设规范《住宅设计标准》（DGJ 08-20-2001）（已废止）p6。

[2] 上海市工程建设规范《住宅设计标准》（DGJ 08-20-2007/J10090—2007）p9。

[3] 上海调整普通住房标准. 东方早报. 第 2 版. 2008-11-1. 在调整前，符合普通住房标准的占 24%，调整后增加到 50%左右，调整后内环内、内外环间、外环外符合各环线新普通住宅标准的套数占比分别为 69%、29%、86%，较调整前分别增加 21%、14%、61%。外环外区受新指标影响最大。

续表

年份	相关标准规范	建筑面积（m^2）	使用面积（m^2）	空间数（个）
2001	《住宅设计标准》（DGJ08-20-2001）			2（小套）； 3（中套）； 4～5（大套）
2007	《住宅设计标准》 （DGJ08-20-2007/J10090-2007）	$90m^2$以下套型为中、小套		2（小套）； 3（中套）； 4～5（大套）

资料来源：本研究整理。

（1）对高层住宅的关注

上海在很早（1985）就注意到了多层和高层在建设中由于电梯的使用和设备管井的增多而带来的公共空间面积的差异。上海人多地少，在新中国成立后很早就开始了（1972）对高层住宅的尝试。这使上海较早地认识到了多、高层在建筑面积和设计标准上的差异。后来又将中高层住宅从高层住宅中分离出来，更体现了对这一问题的深入认识。

（2）对于住宅所在区域的关注

上海较早意识到了住宅的区位对于住宅的标准的影响。1991年的“八五”住宅标准就将住宅所在区域的地理位置（中心区、近郊、远郊）划分为一、二、三类住宅，这应是现在按照内环以内、内外环间、外环以外划分住宅所在区域这一方式的前身。

5.3 标准研究的背景与方法

5.3.1 研究背景

1. 家庭结构的变化

我国家庭趋向小型化，核心家庭的数量占社会全部家庭数量的比例增加，家庭户均人数正在下降。上海的户均人口越来越少，从2000年的2.8人/户减少到2007年的2.7人/户。根据相关课题抽样调查数据分析，目前3口之家的核心家庭占绝大部分，祖孙三代的大家庭正在逐渐减少（图5-1）。

2. 居住模式的多样化

高频率的工作节奏，日益加大的生存压力，代际之间生活方式的差异均使城市中“大家庭”的概念淡化，“丁克家庭”、“空巢家庭”、“单身家庭”、“SOHO”等各种家庭模式的比重越来越高。

3. 生活方式的转变

随着社会的进步，人们的生活行为正在发生着重要的变化，同时从对住宅面积“量”的追求转变为对居住品质“质”的追求，由此也对住宅的空间需求产生了新的要求（表5-26）。

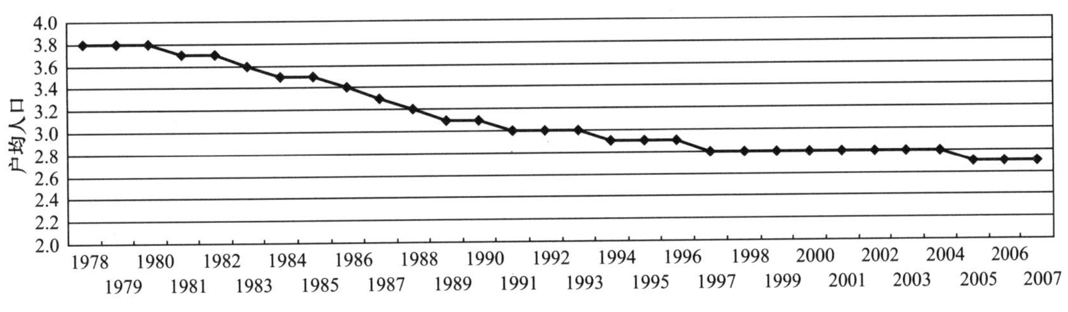

图 5-1　上海户均人口分布

（图片来源：http://www.stats-sh.gov.cn/2003shtj/tjnj/nj08.htm? d1＝2008tjnj/C0304.htm，上海统计网整理）

生活行为与住宅空间要求的变化　　表 5-26

生活行为的变化		空间的变化
捆菜入户	净菜入户	空间洁污分离弱化
宴请在家	宴请在外	餐厅空间变小
冰箱在厅	冰箱入厨	厨房空间功能增加
设浴盆不泡澡	淋浴器更实用	卫生间空间可设两套
电视厚而大	电视薄而宽	厅、卧开间变小
散热器重型化	散热器薄或无	各功能空间可紧凑
洗衣机双缸体大	洗衣机单缸	可入卫生间或厨房
晒衣南向	晒衣西向、入卫	阳台功能变化
餐厅与客厅合用	厨房、餐厅合用	功能空间转化
厨房家用电器少	厨房家用电器多	厨房增加插座位置

资料来源：根据 2008 全国保障性住房设计高峰论坛，孙克放演讲 ppt 整理。

4. 高层住宅为主

在我国，诸如北京、上海等特大城市，随着城市人口的增长，高层住宅已经成为这些城市解决大量居住需求与土地短缺之间矛盾的首选策略。即使是一些大中城市，由于土地资源的紧张、人们的居住观念的转变和支付能力的提升，高层住宅也正逐步取代多层住宅，成为城市住宅的主要形式。

5.3.2　上海商品住宅面积标准现状

改革开放后，上海住宅建设有了长足的进步。特别是 1998 年走上市场化道路后，住宅的面积标准发生了巨大的飞跃，但同时也出现了一些新的问题。

1. 住宅面积标准偏大

（1）人均居住面积

目前上海人均居住面积为 33.07m^2（2005 年城镇房屋概况统计公报，2006），已经接近英、德、法甚至超过日本等发达国家平均居住水平（Housing in Japan，1998）。图 5-2

所示是20世纪90年代发达国家的数据，但这些国家的发展相对稳定，指标随时间的变化不大，基本能够反映几个主要的发达国家的现状，这也从一个侧面反映了我国目前平均居住标准偏高的现状。这样一种发展模式显然与我国的国情，特别是上海地区的自身特点不相符合。

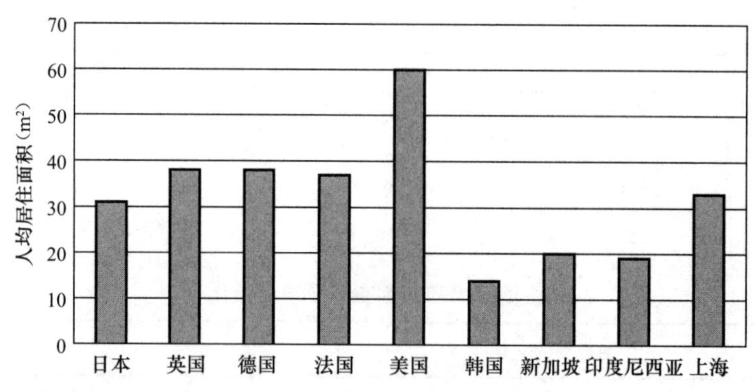

图5-2 各国人均居住建筑面积指标

（图片来源：据 Housing in Japan，1998 整理）

（2）套均建筑面积

据王鹏博士的统计（图5-3），至2005年底，内环线以内商品住房的套均面积为142m²，内外环间的套均面积为124m²，而外环以外的套均面积为134m² 左右（王鹏，2007）。这一标准已远远超出大部分发达国家的住宅面积水平，导致有限的土地资源与大量住宅建设需求之间的矛盾更加突出，因此探讨满足基本生活需求的紧凑型城市住宅建筑面积的指标已十分必要。

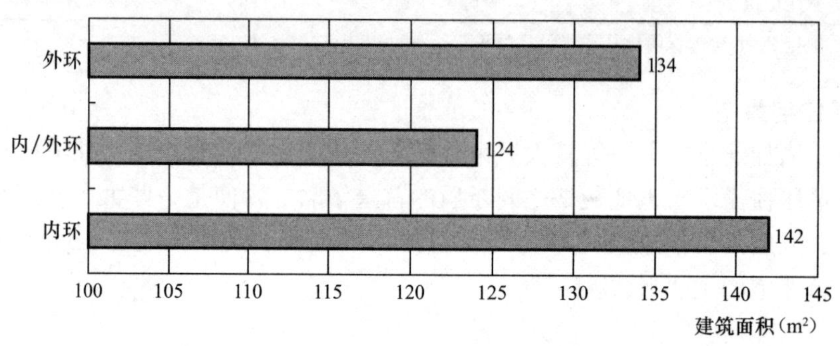

图5-3 内环以内线、内外环间、外环以外商品住房的套均面积

（图片来源：王鹏. 上海市低收入家庭居住问题研究. 2007：80）

2. 套型面积差异较大

同一类型的住宅面积标准在上海会相差很大，相同的套型（一室、二室、三室）因为设计的不同，面积可以相差很大。通过对上海2006年房交会收集的108套二室户商品房住宅建筑面积的统计得出，最小的63m²，最大的133.34m²（见附录6）。二室户套型的建筑面积以100m² 为主，面积指标变化的幅度却非常大，60～130m² 不等，最大相差一倍多

（图 5-4）。这是由于对不同类型套型的面积的理解不同、对于住宅的基本空间尺度的认识的不同、设计依据的不统一所造成的。这也从一个方面说明了探讨以高层住宅为主的紧凑型住宅建筑面积参考指标的必要性。

3. 单元式住宅类型为主

单元式住宅各户自成一体，住户之间的相互干扰较少，且日照、通风较能适应上海的气候特点，成为了目前上海多、高层住宅中应用最广的一种住宅建筑形式，以一梯两户，一梯三户，一梯四户为最多。本文以这三种形式为主，讨论单元式住宅面积参考标准。

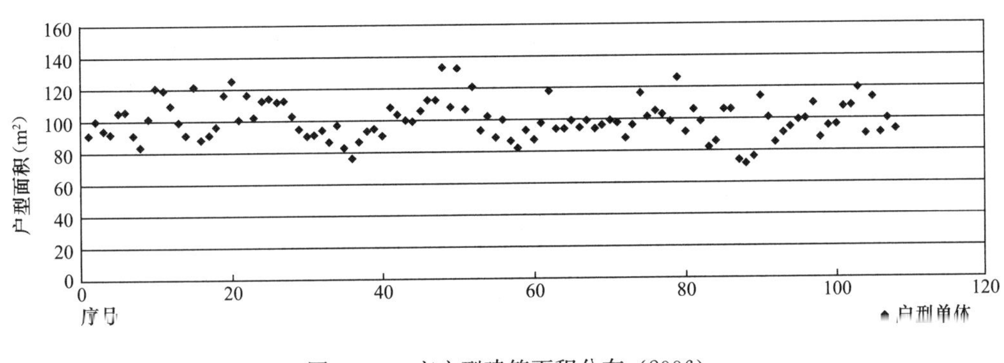

图 5-4　二室户型建筑面积分布（2006）

（图片来源：本研究整理）

5.3.3　研究技术路线

1. 技术路线

讨论单元式住宅的面积标准，除了以上所述的上海住宅面积标准的现状要求以外，社会的进步和经济的发展所带来的人口数量和家庭人口结构的变化也是一个很重要的原因，特别是在上海这种高层住宅已成为主要建筑类型的地区，讨论以高层住宅为主的单元式住宅的面积标准有其迫切的现实意义。

本书以规范规定的各个功能空间（起居室、餐厅、卧室、卫生间、厨房、阳台等）的最小使用面积为基础，分别计算不同类型（一室、二室、三室）套型住宅单元套内使用面积，用其除以通过统计得出的不同套型住宅的使用面积系数，得出套内建筑面积。套内建筑面积与多层的公共部分建筑面积和不同类型高层住宅的公共部分建筑面积组合得出紧凑型单元住宅套型建筑面积参考指标（图 5-5）。

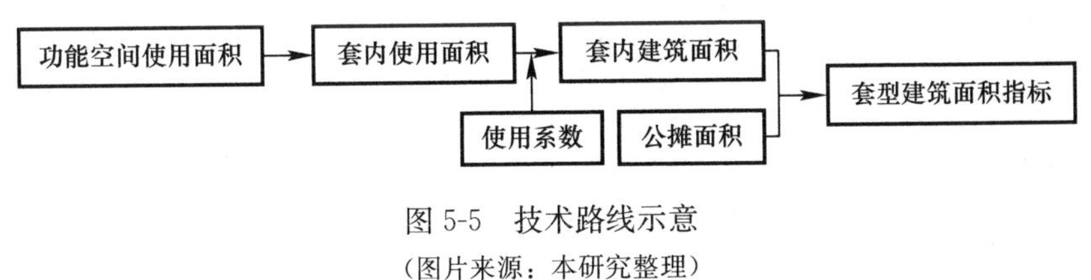

图 5-5　技术路线示意

（图片来源：本研究整理）

2. 概念界定

本文所涉及的一些面积指标的概念有些会略不同于规范和相关规定的含义，为了明确两者之间的不同，使本文的研究路线更加明晰，对于本文中出现的几个重要的概念予以明确。

（1）功能空间使用面积：各功能空间墙体内表面所围合的水平投影面积之和。❶

（2）套内使用面积：套内使用面积只计入功能空间（卧室、起居室、厨房、卫生间、餐厅、储藏室、壁橱等）的使用面积，不计入套内交通（过道、玄关）面积。对于不封闭的诸如客厅、餐厅等空间，以三面围合的方式计入。对于周边都为交通空间的餐厅和起居厅，则全部计入。❷

（3）套内建筑面积：按外墙结构外表面及柱外沿或相邻界墙轴线所围合的水平投影面积计算（未计入保温层）。❸

（4）使用面积系数：上文（2）中所述的套内使用面积与套内建筑面积之比。本论文的设计使用系数是在收集的一室、二室和三室户套型各100个的套内使用面积与套内建筑面积统计的基础上，加权平均计算得出的。在这些套型的统计中，各种面积标准的计算遵循上文所述定义的标准和原则。❹

（5）套型建筑面积：单套住房的建筑面积，由套内建筑面积和公共部分分摊建筑面积组成。❺

5.4 紧凑型住宅单元建筑面积标准

5.4.1 住宅单元套内建筑面积

1. 居住空间生活的构成要素

家庭生活行为大致分为家庭生活、家务、个人生活、生理卫生、通路移动和储藏几个重要部分，每个部分的生活行为、所需的家具功能、居室空间的种类和房间的配置各不相同。本书参考收集所得的一室户、二室户和三室户套型的功能空间的配置，探讨紧凑型住

---

❶ 中华人民共和国住房和城乡建设部. GB 50096—1999住宅设计规范. 北京：中国建筑工业出版社，2006：6.

❷ 住宅设计规范中的使用面积，是指能使用的面积，不包括墙、柱等结构构造和保温层的面积。见：中华人民共和国住房和城乡建设部. GB 50096—1999住宅设计规范. 北京：中国建筑工业出版社，2006：2.

❸ 住宅设计规范中住宅标准层建筑面积是按外墙结构外表面及柱外沿或相邻界墙轴线所围合的水平投影面积计算的，当外墙设外保温层时，按保温层外表面计算所得建筑面积。见：中华人民共和国住房和城乡建设部. GB 50096—1999住宅设计规范. 北京：中国建筑工业出版社，2006：6.

❹ 住宅设计规范中有标准层使用面积系数的概念，它是指标准层使用面积除以标准层建筑面积。见：中华人民共和国住房和城乡建设部. GB 50096—1999住宅设计规范. 北京：中国建筑工业出版社，2006：6.

❺ 原建设部颁布《关于落实新建住房结构比例要求的若干意见》（建住房［2006］165号）第一条第三款。

宅单元的建筑面积标准。[1]

2. 功能空间最小使用面积

国家和地方规范或标准都对住宅的各功能空间的最小使用面积有较为详细的规定和要

---

[1] **居住生活的构成要素—生活行为・物品・居室的关系**

空间	生活行为	主要的家具、器具、设备	目的、功能	居室的种类	房间的配置
家庭生活	接待客人	桌子、沙发、座椅	接待客人	客厅、日式客厅	玄关附近
	休闲、看电视、读报纸、听音乐	桌子、沙发、椅子、电视、录影机、报纸、个人电脑	家庭成员的聚会	起居室	日照、眺望性能良好，靠近庭院，有利于家庭成员的集中
家务	吃饭、准备、收拾柜、开放式厨房	餐桌、椅子、餐具	进餐	饭厅	眺望性能良好，紧接厨房
	烹调（洗、切、煮）准备、收拾	水池、料理台、煤气灶台、电冰箱、餐具柜	提高烹调作业的效率	厨房	避开阳光照射，紧接饭厅后门
	裁缝、熨烫、家庭事务、洗衣、烘干、扫除	缝纫机、熨斗、椅子、洗衣机、烘干机、除尘器	家庭管理	家事室、杂用室	与各个房间均可联络方便
个人生活	睡觉、读书、工作、更衣、储藏	床、被子、沙发、桌子、书架、橱柜	睡眠、性生活、谈话	夫妻卧室、书房	确保房间的独立性
	学习、玩耍、兴趣、更衣、储藏	桌子、书桌、椅子、书架音响、电脑、	自主性、管理	子女个人房间	可以安心学习，能够确保隐私
	一天的大部分时间都在此度过，睡觉、接待客人	被子、床、衣柜、盥洗设备	安静、舒适性	老人室	日照、通风性能良好，可以自外眺望
生理卫生	排泄	日式便器、欧式马桶	人类的基本生理功能	卫生间	给水排水设备尽量集中在一处
	入浴、休息	浴缸、淋浴设备		浴室	
	更衣、洗脸、化妆	盥洗、化妆台、镜子		盥洗室、更衣室	
通路移动	脱除鞋袜	鞋柜、衣帽橱、伞架	出入口	玄关	与道路、宅地连接
	上、下	照明器具、电灯开关、电源插头平面移动	上下楼的连接	楼梯、斜坡	门的位置，开闭方向
	移动、出入			大厅、走廊	
储藏	储藏、整理	橱柜、抽屉、衣柜	储藏、整理、整顿	盥洗间、食品储藏室	在各室中平均配置，室外也有必要设置

资料来源：日本建筑学会．建筑设计资料集成（综合篇）．北京：中国建筑工业出版社，2003：280.

求。住宅各功能空间的最小使用面积是随着经济的发展、住宅政策的变化而不断调整的（表 5-27）。本文以上海最新住宅标准——上海市工程建设规范《住宅设计标准》（DGJ08-20-2007/J10090-2007）为依据，以规范中规定的各功能空间的最小使用面积作为本文功能空间最小使用面积指标。

规范规定功能空间最小使用面积 **表 5-27**

功能空间	分类	国家标准		上海市工程建设规范		
		住宅建筑设计规范	住宅设计规范	住宅建筑设计标准	住宅设计标准	住宅设计标准
		1986	1999/2003	1994	2001	2007
卧室	双人	9	10	9	10	10
	单人	5	6	6	6	6
	兼起居	12	12	12（主卧室）	12（主卧室）	12（主卧室）
起居室（厅）		10	12	12	14（大套）	14（大套）
		5（过厅）	≤10（间接采光）	—	12（中、小套）	12（中、小套）
厨房		3.5（煤气、液化气）	4（一类/二类）	5（大套）	5.5（大套）	5.5（大套）
		4（加工煤）	5（三类/四类）	4.5（中套）	5（中套）	5（中套）
		4.5（原煤）	—	4（小套）	4.5（小套）	4（小套）
		5.5（薪柴燃料）	—	—	—	—
卫生间		1.8（外开门）	3（设便器、洗浴器、洗面器）	3.5	4	3.5
		2（内开门）	2.5（便器、洗浴器）	—	—	—
		1.1（外开门厕所）	2（便器、洗面器）	—	—	—
		1.3（内开门厕所）	1.1（单设便器）	—	—	—
储藏		—	—	—	1.5（大套）	1.5（大套）
阳台	进深	—	—	—	1.5（阳光室）	1.5（阳光室）
		—	—	—	1.3	1.3

资料来源：本研究整理。

3. 功能空间最小使用面积选择

社会生活方式的变化使得住宅中承担社交活动的功能空间多由住宅内部的功能空间转向住宅外部的公共服务设施；科技的进步带来家电产品的小型化、智能化；由于老龄化社会的到来，住宅使用空间要考虑可以满足未来老年人居住使用的要求。这些都成为了现阶段确定功能空间最小使用面积的重要依据。

（1）起居厅（室）

起居室承载的功能主要包括：①接待客人；②家庭成员的聚会。由此，所需主要家具包括沙发、茶几和电视等。起居厅（室）的面宽应能满足电视观赏距离的要求，进深以能满足客厅家具的摆放所需连续墙面的要求为准。

对于一室和多数二室套型，多将就餐的功能与起居空间合并，作为餐起合一，起居室的面积就会适当放大，故一室套型和二室套型的起居空间的使用面积以大套的面积标准 14.0m^2 为依据；三室套型大多设置单独的用餐空间，因此，起居空间的功能减少，其使用面积考虑选择中、小套的面积标准 12.0m^2。

（2）餐厅

上海市工程建设规范《住宅设计标准》（DGJ08-20-2007/J10090-2007）对于餐厅没有具体的规定，本文以现在一般家庭多使用六人桌就餐的现状为面积标准的依据（图 5-6）。餐厅最小使用面积应满足最多六人同时就餐，考虑朋友聚会和可一人通行的要求，通过计算，其最小使用面积约为 6.5m^2 左右，这一功能空间只出现在三室套型中。

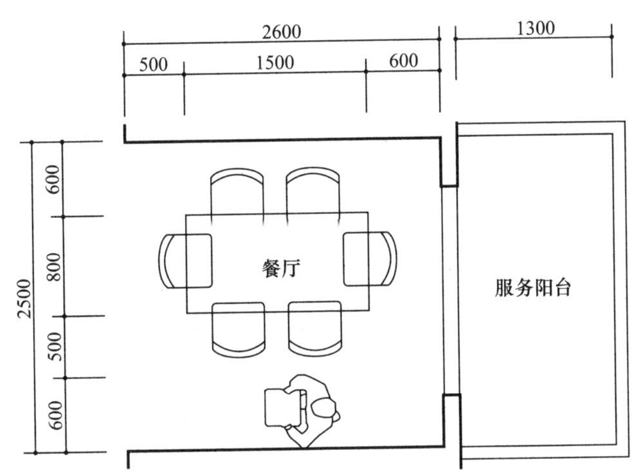

图 5-6　餐厅最小使用面积

（图片来源：本研究整理）

（3）卧室

卧室的进深需满足双人床、床头柜、衣柜的摆放，面宽应能满足在床上看电视的要求。卧室的最小使用面积选择，对于一室套型，以规范规定的主卧室面积为准，即 12m^2；对于二室套型，卧室考虑由一个主卧室和一个双人卧室组成，使用面积为 12＋10＝22m^2；对于三室套型，卧室考虑由一个主卧室、一个双人卧室和一个单人卧室组成，使用面积为 12＋10＋6＝28m^2。

（4）卫生空间

国外用“Sanitary Uni”来统称家庭中所有的卫生空间，一般包括浴室、厕所、洗脸间、家务劳动间、卫生设备（如洗衣机、干衣机、晾晒架）专用房等。❶ 在我国，受住房条件的限制，普通家庭卫生间一般仅有卫浴三大件，即洗脸盆、坐便器和浴缸（或淋浴房），功能为满足家庭成员的便溺和洗漱的基本要求。因此，我国的家庭卫生间主要处理

❶ 徐娟燕. 从“个人卫生间”到“住宅卫生间”. 住宅科技，2006，11：19.

个人卫生问题，可以称之为“个人卫生间”。❶

卫生间设计应提高设备的使用效率和使用的舒适性，卫、浴应考虑适当分离，满足不同功能同时使用的要求。卫生间的几个功能空间，无论集中还是分离设置，各部分的使用面积之和不小于3.5m²。

（5）厨房

厨房的操作行为基本围绕冰箱、洗涤池、灶台展开，包括取物、清洗、加工、烹饪、配餐等，所以厨房的基本尺度就是这三者的设备尺寸和所需的加工、放置空间及必要的交通空间的叠加。❷

厨房的最小面积，按照规范要求，三室套型选择大套的面积标准5.5m²，二室套型选择中套的面积标准5.0m²，一室套型选择小套的面积标准4.0m²。

（6）阳台

生活阳台进深应不小于规范要求并考虑日后可改造为阳光室，进深不小于1.5m；工作阳台进深不小于规范要求的1.3m即可。

工作阳台：一室和二室套型的工作阳台面宽多由厨房面宽决定，其面积约为2.1×1.3=2.7m²；三室套型的工作阳台面宽多由餐厅面宽决定，其面积约为2.5×1.3=3.2m²。

生活阳台多由起居厅面宽决定，多为3.3×1.5或3.6×1.5，面积约为5.0～5.4m²。在此，一室套型和二室套型取5.0m²；三室套型取5.4m²。最终得出两者的计算面积，生活阳台：2.5～2.7m²，工作阳台1.4～1.6m²。

---

❶ 住宅卫生间功能：

功能			承载器物	承载设施	功能单元
人体保洁	人体清洁	洗脸	毛巾、毛巾架、洗面奶	洗脸盆	洗脸单元
		洗手	洗手液、擦手布		
		洗脚	洗脚布	洗脚盆	
		洗头	洗发精、梳子、洗头巾	洗头盆	
		刷牙	牙膏、牙刷、牙杯		
		洗澡	沐浴露、搓澡巾、浴巾、拖鞋、浴帘	浴缸、淋浴房	洗澡单元
		刮胡剃毛	剃须刀、剃毛器	垃圾桶	
	人体护理	剪指甲	指甲刀		
		护肤	护肤品		
		化妆	化妆品、头饰品		护理单元
		护发	吹风机、定型水	化妆镜、化妆凳、化妆柜	
		保健	药品、体重计、特殊护理用品	健身器、按摩椅	拓展空间
	排泄		卫生纸、生理用品	便器、废纸桶	厕所单元
家居保洁	服装保洁		洗涤剂、洗衣手套、板刷、熨斗	塑料盆、洗衣池、洗衣机、干衣机、熨衣台、操作台	洗衣单元
	住宅保洁		吸尘器、拖把、抹布、扫把、畚箕、洗涤剂	拖把池	家务单元
环境营造	休闲		书报、茶杯	书报架、休闲椅、视听设备	
	其他		室内装饰物品	浴霸、浴室灯、镜前灯、换气扇	拓展空间

资料来源：徐娟燕．从“个人卫生间”到“住宅卫生间”．住宅科技，2006，11：19.

❷ 高颖．住宅产业化——住宅部品体系集成化技术及策略研究［D］．上海：同济大学，2006：154.

（7）储藏

储藏空间的作用在于收纳居家物品，对于紧凑型住宅单元，保证居住空间的完整整洁至关重要，而且对于居住品质的提升有着不可忽视的作用，所以不论是何类套型，储藏空间的使用面积都应不小于规范规定的 1.5m^2。

4. 套内最小使用面积

根据不同套型（一室套型、二室套型、三室套型）功能空间的类型与数量，将各个功能空间的最小使用面积叠加得出套内最小使用面积。套内交通使用面积因套型大小的不同及功能空间组织方式的不同而差别较大，套内最小使用面积中暂不计入。一室套型和二室套型多将餐厅与起居厅结合设计，餐厅面积不再计入。贮藏空间在目前的套型设计中面积所占比例偏小，贮藏空间面积应适当增加，分散设置，总面积以规范要求的 1.5m^2 为下限（表 5-28）。

套内最小使用面积　　表 5-28

功能空间	最小使用面积（m^2）		
	一室套型	二室套型	三室套型
起居厅（室）	14	14	12
卧室	12	12＋10	12＋10＋6
厨房	4	5	5.5
餐厅	—	—	6.5
卫生间	3.5	3.5	3.5
生活阳台	2.5	2.5	2.7
工作阳台	1.4	1.4	1.6
贮藏空间	1.5	1.5	1.5
合计	38.9	48.9	61.3

资料来源：本研究整理。

5. 套型使用面积系数

套型使用面积系数是指住宅套内使用面积（不计入内部交通面积）与套内建筑面积的比值。使用面积系数的大小与套型面积大小及套内空间的组织合理程度相关，对随机抽取的不同类型套型（一室套型、二室套型、三室套型）各 100 例按本文的定义进行使用系数的计算，从所得使用系数的分布来看，这个系数趋向一个常数。

（1）一室套型

在统计的 100 套一室套型中，最小一套住宅的建筑面积为 28.97m^2，使用面积为 20.41m^2；最大一套住宅的建筑面积为 89.88m^2，使用面积为 70.76m^2。使用面积系数中最大值为 0.89，最小值为 0.70，平均值为 0.81（图 5-7）。

（2）二室套型

在统计的 100 套二室套型中，最小一套住宅的建筑面积为 58.57m^2，使用面积为 43.97m^2；最大一套住宅的建筑面积为 117.13m^2，使用面积为 95.22m^2。使用面积系数中最大值为 0.83，最小值为 0.70，平均值为 0.75（图 5-8）。

（3）三室套型

在统计的 100 套三室套型中，最小一套住宅的建筑面积为 72.19m^2，使用面积为 51.79m^2；最大一套住宅的建筑面积为 178.51m^2，使用面积为 135.2m^2。使用面积系数中最大值为 0.83，最小值为 0.65，平均值为 0.74（图 5-9）。

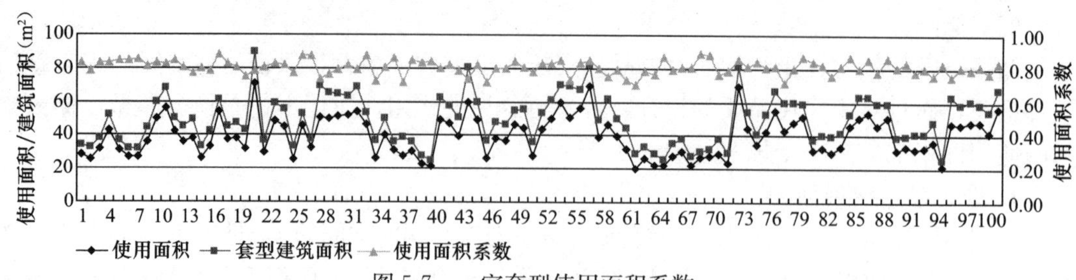

图 5-7　一室套型使用面积系数

（图片来源：本研究整理）

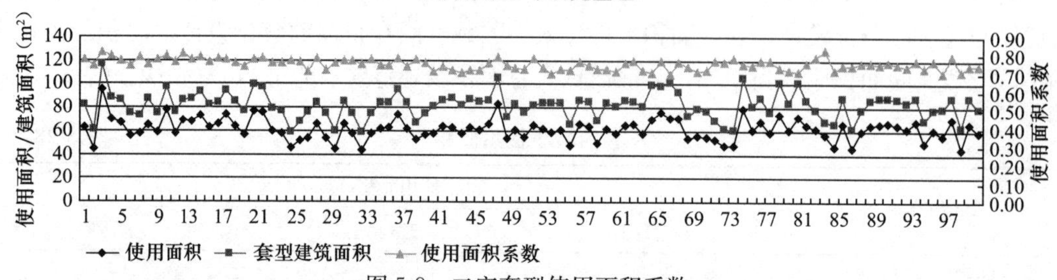

图 5-8　二室套型使用面积系数

（图片来源：本研究整理）

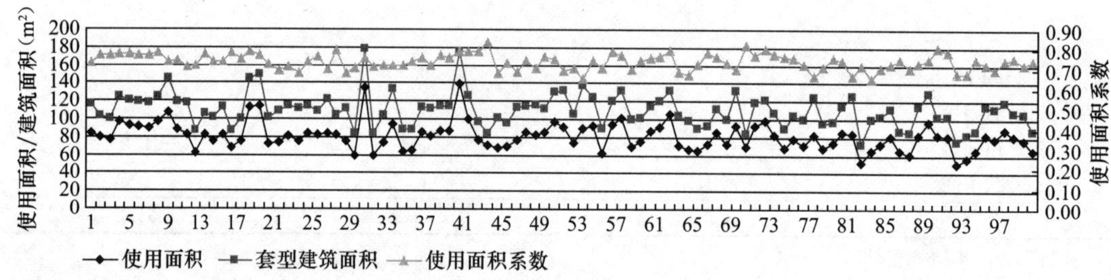

图 5-9　三室套型使用面积系数

（图片来源：本研究整理）

套型使用面积系数呈现以下规律：

1）套型使用面积系数从一室到三室呈递减趋势，这与多室套型因分隔的需要所带来的结构面积和交通面积的增加有关。这说明一室套型对建筑室内空间的利用率最高。

2）二室套型与三室套型的使用系数相差不大；多数一室套型起居、卧室合并，餐起合并，减少了结构和交通空间所占面积。套内空间分室对使用面积系数的影响较大。

3）使用面积系数的高低，只反映对于建筑空间的利用效率，并不是住宅品质的直接反映，不能作为衡量住宅套型居住品质高低的标准。

6. 套内最小建筑面积

用各套型（一室套型、二室套型、三室套型）套内最小使用面积除以各自相应的使用系数即可得出套内最小建筑面积（表 5-29）。

套内最小建筑面积　　**表 5-29**

	一室套型	二室套型	三室套型
套内使用面积	38.90m²	48.90m²	61.30m²
使用面积系数	0.81	0.75	0.74
套内建筑面积	48.02m²	65.20m²	82.84m²

资料来源：本研究整理。

5.4.2　住宅公共空间的功能组成及面积要求

1. 功能组成

公共空间占套型建筑面积的比重较大，而且不同高度的住宅其比重相差较大是高层住宅的重要特点。多层住宅的公共空间组成相对简单。本文对组成不论是多层住宅还是高层住宅的公共空间的要素进行分析，发现：

住宅的公共交通空间主要由疏散楼梯、电梯、候梯厅、公共走道、设备管井和垃圾收集设施等元素构成。[1]《住宅设计规范》和《高层民用建筑设计防火规范》对各构成元素的基本尺寸、设计要求作了详细的规定。上海市住宅设计标准规定住宅不设置垃圾管道，[2]故本文对垃圾收集设施不予讨论，同时将消防前室作为构成要素单独列出，与疏散楼梯、电梯、候梯厅、公共走道和设备管井等构成要素一起，结合上海市住宅设计标准的要求，对住宅公共空间的建筑面积要求进行讨论。

2. 各构成要素的面积要求

（1）疏散楼梯

《住宅建筑规范》（GB 50386—2005）5.2.3/5.2.5 和《住宅设计规范》（GB 50096—1999）（2003 年版）4.1.2/4.1.4 规定：

楼梯梯段净宽不应小于 1.10m。[3] 六层及六层以下住宅，一边设有栏杆的梯段净宽不应小于 1m。楼梯梯段净宽不应小于 1.10m，楼梯踏步宽度不应小于 0.26m，踏步高度不应大于 0.175m。楼梯平台净宽不应小于楼梯梯段净宽，且不得小于 1.20m。

上海市工程建设规范《住宅设计标准》（DGJ 08-20-2007/J10090-2007）5.1.7 规定：

楼梯的梯段净宽，低层、多层住宅不应小于 1.00m，中高层、高层住宅不应小于 1.10m。通过底部楼梯直接进入楼层的叠加式住宅，梯段净宽不应小于 1.00m；楼梯平台净深不应小于楼梯梯段净宽，且不得小于 1.20m；当住宅楼梯开间为 2.40m 时，其平台净深不应小于 1.30m。

（2）电梯井

一般高层住宅中使用载重量 1t 以上的电梯，该类电梯井道尺寸多在 2400mm×2400mm 左右；可容纳担架的电梯井道尺寸多在 2400mm×3000mm 左右。[4]

（3）消防前室

《高层民用建筑设计防火规范》规定：

消防电梯间应设前室，其面积：居住建筑不应小于 4.50m^2。当与防烟楼梯间合用前室，面积：居住建筑不应小于 6.00m^2。

（4）候梯厅

《住宅设计规范》（GB 50096—1999）（2003 年版）4.1.9 规定：“候梯厅深度不应小于多台电梯最大轿厢的深度，且不得小于 1.50m。”

---

[1] 周燕珉等. 住宅精细化设计. 北京：中国建筑工业出版社，2008：95.

[2] 上海市工程建设规范《住宅设计标准》（DGJ 08-20-2007/J10090-2007）5.4.1，p18。

[3] 楼梯的梯段净宽系指墙面至扶手中心的水平距离。

[4] 周燕珉等. 住宅精细化设计. 北京：中国建筑工业出版社，2008：97.

（5）公用走道

《住宅建筑规范》（GB 50386—2005）5.2.1 和《住宅设计规范》（GB 50096—1999）（2003 年版）4.2.2 规定：走廊通道的净宽不应小于 1.20m。

上海市工程建设规范《住宅设计标准》（DGJ 08—20—2007/J10090—2007）5.3.1/5.3.4 规定：

十八层以上的塔式住宅、每单元设有两个防烟楼梯间的单元式住宅，当每层超过 6 套，或短走道上超过 3 套时，❶ 应设置环绕电梯或楼梯的走道。

通廊式住宅，其户门至最近楼梯间的距离不应大于 20m。

（6）设备管道

采暖、给水排水：通常将水暖管道设于同一井道内，井道最小进深为 600mm，面宽需 1500mm 左右，并将其设计成为进入式的管道间。强电、弱电一般各需要面宽 1500mm、进深 500mm 的管井，以便于检修。实际工程中有时远大于这个尺寸，为将来增加设备留有余地。❷

3. 楼、电梯的配置要求

（1）住宅层数与楼、电梯配置

楼、电梯占了住宅的公共空间面积的重要部分，对此，相关规范均有详细的规定。对住宅公共空间的设计和配置要求作出具体规定的规范包括：《高层民用建筑设计防火规范》（GB 50045—95）（2005 年版）❸、《住宅建筑规范》（GB 50386—2005）❹、《住宅设计规范》

---

❶ 短走道指防烟楼梯间的前室门至最远的一套户门之间的走道。

❷ 周燕珉等. 住宅精细化设计. 北京：中国建筑工业出版社，2008：97.

❸ 《高层民用建筑设计防火规范》（GB 50045—95）（2005 年版）规定：

6.2.1 一类建筑和除单元式和通廊式住宅外的建筑高度超过 32m 的二类建筑以及塔式住宅，均应设防烟楼梯间。

6.2.2 裙房和除单元式和通廊式住宅外的建筑高度不超过 32m 的二类建筑应设封闭楼梯间。

6.2.3 单元式住宅每个单元的疏散楼梯均应通至屋顶，其疏散楼梯间的设置应符合下列规定：

6.2.3.1 十一层及十一层以下的单元式住宅可不设封闭楼梯间，但开向楼梯间的户门应为乙级防火门，且楼梯间应靠外墙，并应直接天然采光和自然通风。

6.2.3.2 十二层及十八层的单元式住宅应设封闭楼梯间。

6.2.3.3 十九层及十九层以上的单元式住宅应设防烟楼梯间。

6.2.4 十一层及十一层以下的通廊式住宅应设封闭楼梯间；超过十一层的通廊式住宅应设防烟楼梯间。

6.2.7 除本规范第 6.1.1 条第 6.1.1.1 款的规定以及顶层为外通廊式住宅外的高层建筑，通向屋顶的疏散楼梯不宜少于两座，且不应穿越其他房间，通向屋顶的门应向屋顶方向开启。

6.3.1 下列高层建筑应设消防电梯：

6.3.1.2 塔式住宅。

6.3.1.3 十二层及十二层以上的单元式住宅和通廊式住宅。

6.3.2 高层建筑消防电梯的设置数量应符合下列规定：

6.3.2.1 当每层建筑面积不大于 1500m^2 时，应设 1 台。

6.3.2.2 当大于 1500m^2 但不大于 4500m^2 时，应设 2 台。

6.3.2.3 当大于 4500m^2 时，应设 3 台。

6.3.2.4 消防电梯可与客梯或工作电梯兼用，但应符合消防电梯的要求。

❹ 《住宅建筑规范》（GB 50386—2005）规定：

5.2.5 七层以及七层以上的住宅或住户入口层楼面距室外设计地面的高度超过 16m 以上的住宅必须设置电梯。

(GB 50096—1999)(2003 年版)❶ 和上海市工程建设规范《住宅设计标准》(DGJ 08—20—2007/J10090—2007)❷。综合以上住宅的类型划分依据和各规范的不同要求，可得出住宅层数与楼、电梯的不同配置要求(表 5-30)。

住宅层数与楼、电梯的配置要求　　　　**表 5-30**

住宅层数	1	2	3	4	5	6	7	8	9	10	11	12	13	14	15	16	17	18	19	20	21	22	23	24	25
住宅类型	低层			多层			中高层			高层															
楼梯配置	无要求	开敞楼梯间(一部)										封闭楼梯间(一部)							防烟楼梯间(两部)						
电梯配置	无要求						至少一部电梯					至少两部电梯(其中一部消防电梯)													

资料来源：周燕珉等. 住宅精细化设计. 北京：中国建筑工业出版社，2008：96.

(2)住宅公共空间类型与各类型公共空间的元素配置的差别决定了其建筑面积的不同

按照不同层数住宅的楼、电梯的配置要求可将住宅的公共空间按住宅的层数分为 4～6 层、7～11 层、12～18 层和大于 18 层等几种主要类型标准。

住宅公共空间的元素配置如表 5-31 所示。

---

❶ 《住宅设计规范》(GB 50096—1999)(2003 年版)规定：

4.1.6　七层及以上的住宅或住户入口层楼面距室外设计地面的高度超过 16m 以上的住宅必须设置电梯。

4.1.7　十二层及以上的高层住宅，每栋楼设置电梯不应少于两台，其中宜配置一台可容纳担架的电梯。

4.1.8　高层住宅电梯宜每层设站。当住宅电梯非每层设站时，不设站的层数不应超过两层。塔式和通廊式高层住宅电梯宜成组集中布置。单元式高层住宅每单元只设一台电梯时应采用联系廊连通。

❷ 上海市工程建设规范《住宅设计标准》(DGJ 08—20—2007/J10090—2007)规定：

5.1.1　住宅设一个楼梯间时，每层建筑面积不应大于 650m²，并应符合以下规定：

(1)低层、多层住宅，当每套户门至楼梯口的距离不大于 15m 时，应设一个敞开楼梯间；

(2)中高层住宅，当每套户门至楼梯口的距离不大于 15m 时，应设一个敞开楼梯间，房门应为乙级防火门或楼梯间通至屋顶平台；

(3)十层、十一层的单元式住宅每单元可设一个敞开楼梯间，但户门应为乙级防火门或楼梯应通至屋顶，各单元的屋顶平台应相连通；

(4)十层、十一层的塔式住宅应设一个封闭楼梯间；

(5)十二层至十八层的塔式、单元式住宅应设一个防烟楼梯间，且前室面积不应小于 4.5m²。

(6)当十八层以上的单元式住宅每单元设一个防烟楼梯间时，应按本标准 5.3 节设置连廊。

5.1.2　本标准 5.1.1 条规定以外的住宅，其设置楼梯间的数量不应少于两个，并应符合下列规定：

(1)低层、多层、中高层住宅应设敞开楼梯间；

(2)十层、十一层的通廊式住宅应设封闭楼梯间；

(3)十二层及以上的通廊式住宅应设防烟楼梯间；

(4)十八层以上的塔式住宅应设防烟楼梯间。

5.2.1　住户入口层楼面距室外设计地面的高度超过 16m 的住宅必须设置电梯。

5.2.2　十二层及以上的高层住宅每单元设置电梯不应少于两台，其中一台电梯的轿厢长边尺寸不应小于 1.60m，当按本标准 5.3 节的规定设置连廊时，十二层至十八层的单元式住宅每单元可设一台电梯。

5.2.3　十二层及以上的高层住宅应设消防电梯，消防电梯可与客梯兼用，其前室可与防烟楼梯间的前室合用。

5.3.1　十八层以上的塔式住宅、每单元设有两个防烟楼梯间的单元式住宅，当每层超过 6 套，或短走道上超过 3 套时，应设置环绕电梯或楼梯的走道。

5.3.2　下列住宅应设置单元与单元之间的连廊：

(1)十八层以上的单元式住宅，当每单元设置一个防烟楼梯间时，应从第十层起，每层在相邻的两单元的走道或前室设连廊；

(2)十二层及以上的单元式住宅，当每单元设置一台电梯时，应在十二层设连廊，并在其以上层每三层相邻的两单元的走道、前室或楼梯平台设置连廊。

住宅公共空间功能元素配置 **表 5-31**

类型	层数	疏散楼梯1	疏散楼梯2	电梯	消防电梯	候梯厅	设备管井	公共走道	消防前室
低层	1～3	●					●		
多层	4～6	●					●		
中高层	7～9	●		●		●	●	●	
高层	10～11	●		●		●	●	●	
	12～18	●			●	●	●	●	●
	＞18	●	●	●	●	●	●	●	●

资料来源：本研究整理。

4. 住宅的公共空间建筑面积统计

对于不同层数住宅的公共空间对功能元素配置的要求不同而产生的不同的面积标准的问题，本研究通过抽样统计的方法，在获得不同层数住宅的公共空间的面积分布的基础上，选择确定不同层数住宅的公共空间建筑面积。

（1）4～6 层住宅

4～6 层住宅的公共空间组成比较简单，主要由一部疏散楼梯（开敞楼梯间）和设备管井构成。此类多层住宅的层高多为 2.80m，满足规范要求的最小尺寸的楼梯间进深 5400mm，面宽 2400mm，轴线面积为 12.96m²。❶ 数值四舍五入以简化计算，取 13.0m²。❷

（2）7～11 层住宅

7～11 层住宅的公共交通空间主要由一部疏散楼梯（开敞楼梯间）、电梯、候梯厅、公共走道、设备管井等元素构成。7～11 层住宅的公共交通空间大致可分为对面式、左右式、上下式、垂直式和错位式几种（周燕珉，2008），公共空间服务户数的不同，使得公共空间的面积有较大的不同（表 5-32）。7～11 层住宅的公共空间建筑面积主要分布为 22.0～39.0m²。

7～11 层以上住宅公共空间建筑面积 **表 5-32**

编号	类型	面宽（mm）	建筑面积（m²）
1	对面式	2500～2700	22～24
2	左右式	4900～5400	26～28
3	上下式	5100～5700	30～33
4	垂直式	4500～4900	37～39
5	错位式	2500～2700	22～24

资料来源：周燕珉等．住宅精细化设计．北京：中国建筑工业出版社，2008：90-94。

（3）12～18 层住宅

12～18 层住宅的公共交通空间主要由一部疏散楼梯（封闭楼梯间）、两部电梯（其中一部消防电梯）、候梯厅、公共走道、设备管井和消防前室等元素构成。电梯与楼梯的布置方式，大致可分为上下相对、左右相对、上下并列和左右并列几种（江璐，2008），公共空间服务的户数的不同，使得公共空间的面积会有较大的不同（表 5-33）。12～18 层住宅

❶ 江璐．集合住宅公共部位设计研究［D］．上海：同济大学，2008：48.

❷ 以下均以此原则进行取值。

的公共空间建筑面积主要为 31.86～43.80m²，为简化计算，对数值四舍五入，取 32.0～44.0m²。

12～18 层以上住宅公共空间建筑面积　　**表 5-33**

编号	类型	面宽×进深（mm）	建筑面积（m²）
A	电梯与竖梯上下相对	3600×9700	31.86
B	电梯与横梯上下相对	4500×7800	35.88
C	电梯位于竖梯两侧	6200×6600	35.52
D	电梯与竖梯左右相对	7300×6000	43.80
E	电梯与横梯上下并列	5100×7700	36.42
F	电梯与竖梯上下并列	5000×9600	33.35
G	相对电梯与竖梯左右并列	5900×9100	32.86
H	相对电梯与竖梯上下并列	7800×8400	33.30

资料来源：江璐. 集合住宅公共空间设计研究［D］. 上海：同济大学，2008：64-77.

（4）18 层以上住宅

18 层以上住宅的公共交通空间主要由两部疏散楼梯（防烟楼梯间）、两部电梯（其中一部消防电梯）、候梯厅、公共走道、设备管井和垃圾收集设施等元素构成。电梯与楼梯的布置组合方式，大致可分为以下三类（图 5-10）。

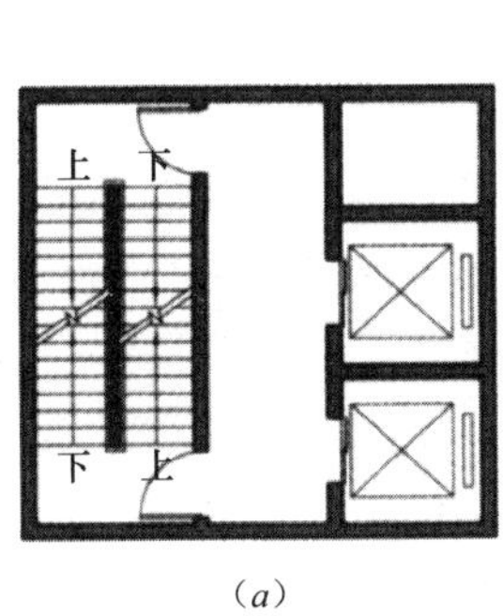

(a)

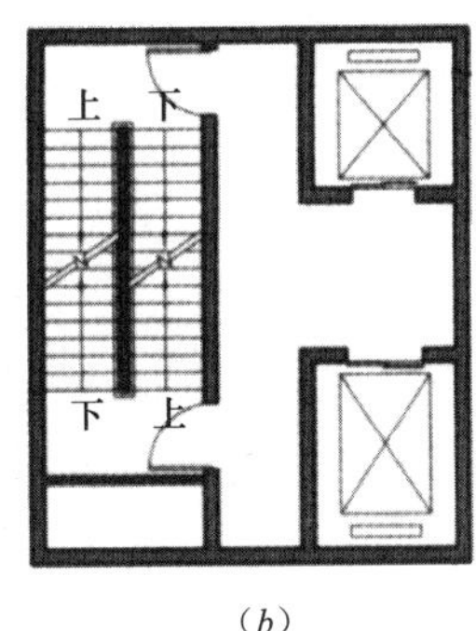

(b)

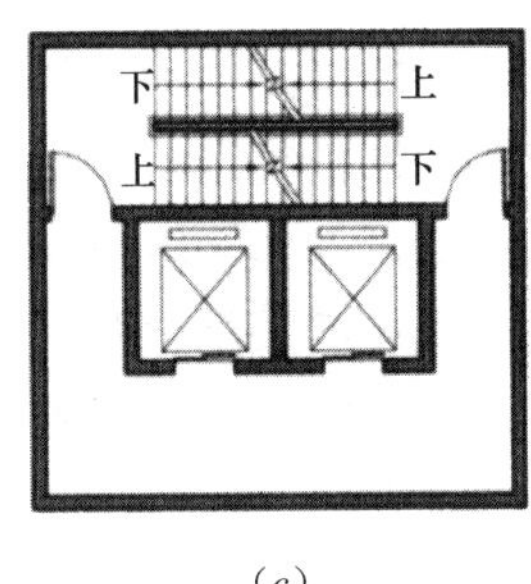

(c)

图 5-10　18 层以上住宅楼、电梯基本组合方式

（图片来源：周燕珉等. 住宅精细化设计. 北京：中国建筑工业出版社，2008：100）

前两种类型可进一步划分为横向和竖向两种，各类型公共空间建筑面积从 62m² 到 70m² 不等（表 5-34）。

18 层以上住宅公共空间建筑面积　　**表 5-34**

编号	类型	面宽×进深（mm）	建筑面积（m²）
A 类	竖向	7800×6600	64
	横向	7800×7200	64
B 类	竖向	6600×8400	65
	横向	7800×6600	62
C 类		7800×7200	70

资料来源：周燕珉等. 住宅精细化设计. 北京：中国建筑工业出版社，2008：102-103.

在此基础上，楼电梯的组合方式可进一步细分为上下相对、左右相对、上下并列和左右并列等多种类型，其住宅的公共空间建筑面积主要为37.32～59.52m²（表5-35）。多数公共空间中的楼、电梯消防前室合用，安全性能会有所降低，❶ D型、E型则只适用于一梯两户的组合方式，存在一定的局限性。本文取其上限值60m²为参考，综合表5-34所得数据，18层以上住宅的公共空间建筑面积主要为60.0～70.0m²。

18层以上住宅公共空间建筑面积 **表5-35**

编号	类型	分类	面宽×进深（mm）	建筑面积（m²）
A	电梯与横梯上下并列	A1	6600×7700	50.82
		A2	9000×7200	52.32
		A3	6600×8700	59.52
		A4	6600×8100	53.46
B	电梯与横梯上下相对	B1	6600×7700	43.02
		B2	8100×7700	47.71
C	电梯与竖梯左右相对	C1	7200×8100	52.92
		C2	9200×8100	58.42
D	电梯位于竖梯两侧	D1	6200×8600	40.72
		D2	6200×6600	44.10
E	电梯与竖梯上下相对	E1	3600×12100	40.06
		E2	9200×8400	37.32

资料来源：江璐．集合住宅公共空间设计研究［D］．上海：同济大学，2008：79-103.

5. 住宅公共空间建筑面积指标

同类型的住宅公共空间的建筑面积可能相差较大，除了与公共空间的功能元素配置方式的不同带来的面积的差别有关，还与其公共空间服务户数的不同所带来的公共交通面积的不同有关，同类型套型住宅公共空间一梯多户相比一梯两户和一梯三户需更多的公共面积分摊，但最终每套分摊的公共面积不一定增加。本文以上海目前套型组合方式中占绝大多数的一梯两户、一梯三户和一梯四户为主要对象，计算在不同的组合方式下公共空间的分摊面积。对于住宅公共空间的建筑面积的取值，一梯两户一般取公摊面积的下限，一梯三户、四户取公摊面积的上限（表5-36）❷。

不同类型住宅公共部分建筑分摊面积（m²） **表5-36**

住宅类型	层数	建筑面积（m²）	一梯两户	一梯三户	一梯四户
多层	4～6	13.0	6.5	4.3	3.25
中高层	7～11	22.0～39.0	11.0	13.0	9.75

❶ 江璐．集合住宅公共部位设计研究［D］．上海：同济大学，2008：93.

❷ 根据《房产测量规范》（GB/T 17986.1—2000）附录B中关于成套房屋的建筑面积和共有共用面积的分摊的规定：$\delta S_i = K \cdot S_i$，其中 $K = \Sigma\sigma S_i / \Sigma S_i$（式中：$K$ 为面积的分摊系数；S_i 为各单元参加分摊的建筑面积，m²；δS_i 为各单元参加分摊所得的分摊面积，m²；$\Sigma\sigma S_i$ 为需要分摊的分摊面积总和，m²；ΣS_i 为参加分摊的各单元建筑面积总和，m²）。公共部分的分摊面积是根据组成标准层的住宅套内建筑面积所占标准层面积的比例确定的。在实际的计算中，情况肯定比本书的假设情况复杂得多。为简化研究，本文假设组成标准层的住宅套型均相同，这样，住宅的公共部分面积就可以平均进行分摊。

续表

住宅类型	层数	建筑面积（m²）	一梯二户	一梯三户	一梯四户
高层	12～18	32.0～44.0	16.0	14.7	11.0
高层	＞18	60.0～70.0	30	23.3	17.5

资料来源：本研究整理。

5.4.3　紧凑型单元住宅建筑面积

1. 不同类型单元式住宅建筑面积

不同套型（一室套型、二室套型、三室套型）套内最小建筑面积与不同组合方式的公共空间分摊面积之间经多次组合即可得出单元式住宅建筑面积。对于 18 层以上的高层，一梯两户的组合方式和由一室套型和二室套型构成的一梯三户的组合方式，由于其公共部分分摊面积比例太大，非常不经济，在现实中很少使用，故本文不再列出（表 5-37）。

不同套型单元式住宅建筑面积（m²）　　**表 5-37**

类型	层数	组合类型	分摊建筑面积	一室套型（m²）	二室套型（m²）	三室套型（m²）
				(48.02)	(65.20)	(82.84)
多层	4～6	一梯二户	6.5	54.52	71.7	89.34
		一梯三户	4.3	52.32	69.5	87.14
		一梯四户	3.25	51.27	68.45	86.09
中高层	7～11	一梯二户	11	59.02	76.2	93.84
		一梯三户	13.0	61.02	78.2	95.84
		一梯四户	9.75	57.77	74.95	92.59
高层	12～18	一梯二户	16	64.02	81.2	98.84
		一梯三户	14.7	62.72	79.9	97.54
		一梯四户	11	59.02	76.2	93.84
高层	＞18	一梯二户	30	—	—	—
		一梯三户	23.3	—	—	106.14
		一梯四户	17.5	65.52	82.7	100.34

资料来源：本研究整理。

2. 紧凑型住宅单元建筑面积指标

通过上表可以看出，一室套型的建筑面积主要为 51.27～65.52m²，二室套型的建筑面积主要为 68.45～82.70m²，三室套型的建筑面积主要为 86.09～106.14m²。由此，可得出紧凑型住宅单元建筑面积参考指标。其最小值可作为多层住宅面积控制的下限参考标准，最大值可作为高层住宅面积控制的下限参考标准（表 5-38）。

紧凑型住宅建筑面积参考指标　　**表 5-38**

	一室套型（m²）	二室套型（m²）	三室套型（m²）
套型建筑面积	51.27～65.52	68.45～82.70	86.09～106.14
面积区间增幅	14.25	14.25	20.05

资料来源：本研究整理。

如果考虑到目前我国的住宅建设以高层为主这样的现实，上述面积指标可进一步缩小范围，一室套型为57.77～65.52m^2/套，二室套型为74.95～82.70m^2/套，三室套型为92.59～106.14m^2/套，得出高层住宅建筑面积参考指标（表5-39）。

紧凑型（高层）住宅建筑面积参考指标 表5-39

	一室套型（m^2）	二室套型（m^2）	三室套型（m^2）
套型建筑面积	57.77～65.52	74.95～82.70	92.59～106.14
面积增幅	7.75	7.75	13.55

资料来源：本研究整理。

3. 参考指标的作用与意义

本文对于紧凑型住宅面积标准的探讨是基于多种假设，在一种理想状态下的理论性探讨。在住宅的设计实践中，所遇到的问题要比本文所写的情况复杂得多，解决的方式更是多种多样。本论文的研究意义在于：

（1）通过统计的手段得出不同类型套型的使用面积系数进而推算住宅建筑面积指标的方法才是本文所要表达的重点，是对探讨住宅面积标准这一问题的一次有益的尝试，其方法论的意义大于最终结论的意义。

（2）结论给出了一组住宅面积的参考标准，这里所得的不同套型面积指标的最小值，其主要意义在于：此类型住宅建筑面积如果小于这一数值，可能会带来设计上的困难和现实中的无法操作；同时，这也是衡量类似住宅的面积是否紧凑合理的参考依据。

（3）研究的过程中对于一些问题的关注（如不同套型的使用面积系数、不同层数的高层住宅的公共部分的面积指标）意在引起对类似问题和对以高层为主的城市住宅在设计中所要面对的问题的思考和深入的研究。

5.5 本章小结

在容积率给定的条件下，住区套均面积就成为了住区套密度的主要影响因素，而套均面积受基本使用功能和住宅规范的限定，其标准必然有一定的限制，因此探讨套最小单元住宅面积标准对于套密度问题具有重要的支撑作用。

回顾国外对住宅面积标准的规定，由于国情的不同，国外对于住宅面积的限定有多种方式，但他们共同的特点在于：①在住宅的面积标准达到一定的水平后，住宅面积标准的量的概念就不再重要，在既有面积指标的基础上，提升住宅品质成为住宅标准的主要问题。住宅面积标准因受限于居住于其中的人的主观和客观双重因素的影响，所以其具体数值的确定是一项非常困难的工作。②这一面积标准主要分布在90～100m^2之间。这应当成为我们在套型面积标准制定中重要的参考依据。

我国由于人多地少这一自然条件的限制，一直以来都执行从紧的住宅面积指标控制政策。但在住宅走向完全市场化以后，普通住宅特别是普通商品住宅的面积标准一度失控，走向面积过大的方向，这显然是和我国的基本国情不相符合的，不符合我国可持续发展的基本国策。因此，有必要探讨紧凑型单元住宅的面积标准。同时，我国城市住宅中高层住宅的比例越来越大，特别是在一些大城市，由于土地资源稀缺和人口剧增的矛盾日益突出，高层住宅已成为解决这一矛盾的重要手段。而高层住宅中公共空间面积相对多层住宅有所增加是其主要特征。对于这一问题的研究，特别是结合高层住宅的公共空间面积特点与紧凑型单元住宅的面积标准的研究显得相对薄弱，也成为本研究的主要着眼点。

本书以规范规定的功能空间的最小使用面积为根本，在一系列的假设基础上，统计使用面积系数和公共部分面积的分布，对套型建筑面积进行抽象的理论探讨。现实中遇到的问题比本文所写的情况要复杂得多，但本文方法的意义和引起的思考远大于结论的意义。

住宅面积标准控制在合理范围内的同时，要实现住宅使用的基本舒适性要求和居住品质的不变甚至提升，应该多向国外的住宅发展学习，即以住宅的精细化设计达到上述两个要求，住宅的设计策略就是这个问题的答案所在。

第6章 紧凑型集合住宅设计策略研究与实践

以提高套密度为主要手段的住宅省地策略，受城市规划给定容积率的限制，其最直接的影响就是套均建筑面积的降低，从住宅市场化条件下追求套型建筑面积的超大套型的非理性状态回归住宅的理性消费，这一方面需要相关政策的积极引导，另一方面则要从建筑设计的角度入手，在面积有限的条件下，通过住宅套型的精细设计，并结合住宅产业化的推进和住宅全装修等手段，达到住宅品质的提升，扭转一直以来人们对于住宅品质的评价以面积为唯一衡量标准的片面认识，走向对住宅品质由合理的面积与精心的设计共同决定的全面的认识。只有如此，以社会可持续为根本的住宅建设省地问题才能真正成为有本之木，有源之水，使得这一举措自身也具有可持续性。

因此，在有限面积条件下的紧凑型住宅设计也是住宅省地问题研究的重要技术支撑。在有限面积条件下，通过住宅设计实现住宅品质的提升，不可回避的就是组成住宅套型的主要功能空间的取舍与配置以及在紧凑条件下的住宅设计策略问题。这两个问题同时也是住宅问题的根本。

集合住宅的紧凑设计在某种程度上就意味着对于住宅不同功能空间的取舍以及空间尺寸和面积的平衡。如何取舍这些空间，在多大程度上可对空间的大小与面积进行调整，取决于设计者对住宅功能空间性质的认识。

住宅户内功能空间的数量、组合方式往往与家庭的人口构成、生活习惯、地域、气候条件，特别是社会经济条件及国家的住宅政策制度等有着密切关系，并随着时间的推移而不断改变。[1] 因此，回顾住宅的根本，住宅设计策略的提出才可以做到有的放矢。

本文借鉴在住宅设计方面有着相对成熟经验的国家，如日本和新加坡以及走在内陆前面的我国香港地区的住宅设计，特别是住宅套型和功能空间的配置的发展，并回顾上海的住宅套型发展的历程，认识其中的规律，从一定的高度把握套型发展的根本特点和规律，为紧凑型住宅设计策略的提出提供理论依据。

6.1 日本、新加坡、中国香港公共住宅套型设计

回顾集合住宅的发展历程，既有助于我们了解居住建筑的发展轨迹，又会启发我们去思考集合住宅今后的发展趋势。[2]

我国在住宅设计方面有必要多借鉴先进国家的经验。日本、新加坡都为高人口密度、高居住密度的国家，对于在高密度条件下解决众多人口的居住问题，有着相对成熟的经

---

[1] 周燕珉等. 住宅精细化设计. 北京：中国建筑工业出版社，2008：2.

[2] （日）石氏克彦. 多层集合住宅. 张丽丽译. 北京：中国建筑工业出版社，2001：2.

验。我国香港地区长久以来的以高密度为主要居住方式的住宅建设实践模式，也颇具参考价值。本书主要考虑日本、新加坡和中国香港地区的公共住宅的发展，特别是在套型设计中的发展和经验，是基于以下几点原因：

（1）这些国家和地区与我们有着基本相同的背景：土地资源紧缺、人均占有土地面积很少，相同的国情面对同样的人口与资源的问题。

（2）这些国家和地区在集合住宅或社会住宅的建设方面有着很好的成绩，并在一定程度上有着长期的经验。

（3）和我国一样，都是以发展高层高密度住宅作为解决城市人口与土地之间矛盾的主要策略，相似的策略才会有更多借鉴的可能与意义。

6.1.1　日本集合住宅套型设计

1. 日本集合住宅的发展

日本集合住宅的发展主要以第二次世界大战后城市复兴以及战后经济高速发展为契机，以政府主导的公营住宅、住宅开发区（称为公团住宅，由都市公团主导开发，相当于国内的住宅开发公司，政府主导的住宅企业）、公社住宅、公寓开发为主，人们的生活模式也从日本传统的和式生活模式向欧美生活模式转变（图 6-1）。[1]

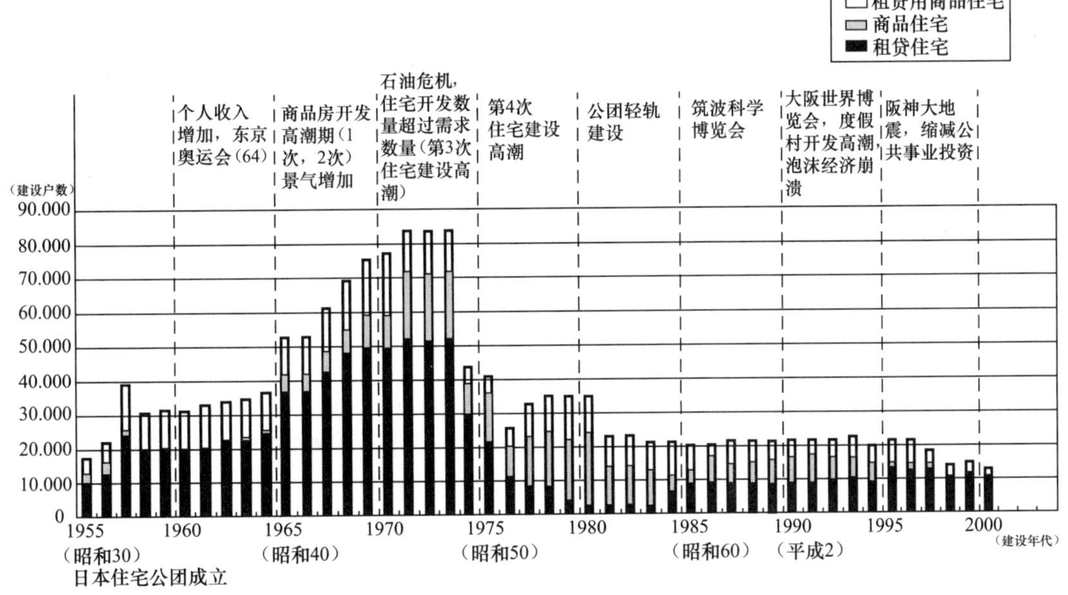

图 6-1　日本公团住宅建设量与社会发展关系

（图片来源：叶晓健．论日本集合住宅发展．住区，2006（3）：33）

日本的集合住宅建设经历了五个阶段：[2]

（1）战后至 1954 年：为了满足近 420 万户的住宅不足，进行了大量应急建设，包括

❶ 叶晓健．论日本集合住宅发展．住区，2006（3）：33.

❷ 同上。

面积仅有 18m² 的极小面积的简易住宅。在东京等大城市集中建设的同润会住宅是这个阶段的代表作品。

(2) 1955～1972 年：日本住宅公团作为城市中心住宅建设的主导，进行了大量的住宅建设，住宅工业化和产业化日趋完善。

(3) 1972～1979 年：住宅建设从“量”到“质”的变化。石油危机导致住宅建设量开始下滑，为了消化多余的住宅，开始注重住宅的多样化。

(4) 1980～2004 年：泡沫经济的崩溃，社会老龄化问题的日益严重，使得住宅建设在强调“质”的同时，更加重视社会的实际需求。

(5) 2006 年开始：日本宣布摆脱了通货紧缩，经济逐步复苏，高技术、可比性高、满足不同年龄层次需求的住宅越来越受到市场重视。高端住宅的销售也呈现出上升趋势。

2. 日本集合住宅套型设计的发展

大正十二年（1923 年），由于关东大地震，东京遭到毁灭，自此才认识到建造防火住宅的必要性。震后组建起来的同润会建造钢筋混凝土结构的公寓是日本多层防火结构的单元式住宅的开端（图 6-2）。❶

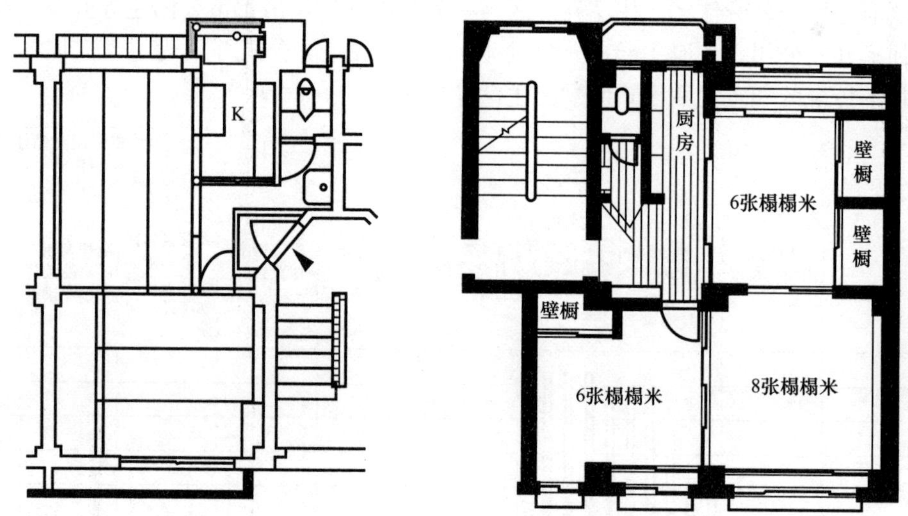

图 6-2 同润会代官山公寓（1925 年）（左）；江户川桥公寓（1934 年）（右）
（图片来源：叶晓健．论日本集合住宅发展．住区，2006（03）：33；（日）石氏克彦．多层集合住宅．张丽丽译，慕春暖校．北京：中国建筑工业出版社，2001：7）

在“二战”期间，日本成立了“住宅营团”，百姓阶层的住宅建设开始受到重视。同时，西山卯三博士（后任京都大学教授）提出了“食寝分离”理论。这一理论不仅成为了以后日本住宅设计的出发点，而且成为了日本住宅设计的基本手法，即对居住方式的调研→住宅型的设计（按不同阶层、不同人口结构等条件形成不同居住要求为基础的基本方案）→标准设计→实践→再调查→修改设计→修改标准设计→确立这种调查→设计→实践→调查这种实践性研究方法。❷

❶ 玉置神倍．日本住宅设计的发展．郐天柱译．建筑学报，1992（08）：17-22.
❷ 同上，p18。

最早的钢筋混凝土结构标准设计是公营住宅48-A型（1948年）。在战后的一段时期，日本建设省在公营住宅中采用标准设计是为了加强当时各地公营住宅设计部门的技术力量（图6-3右）。

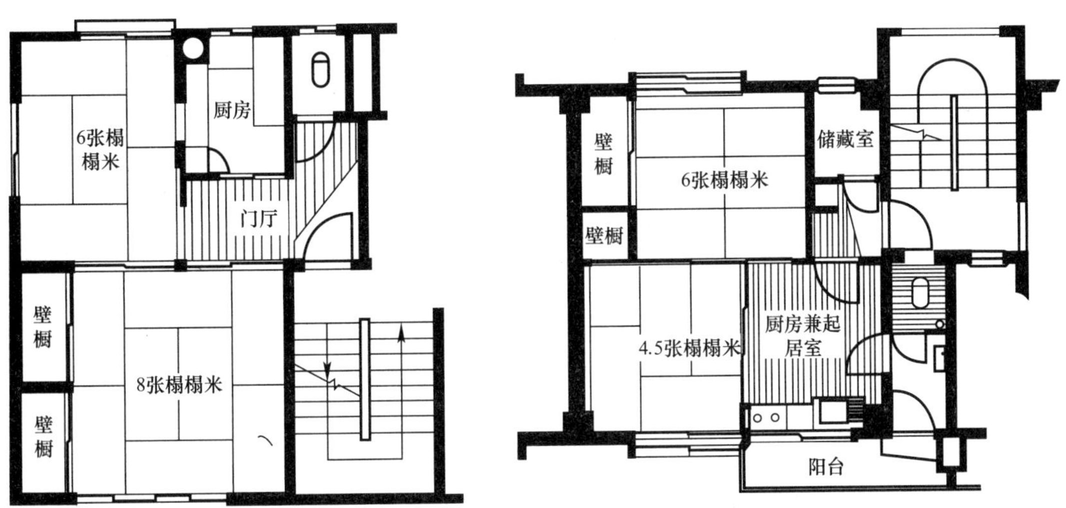

图6-3 48-A型（1948年）（左），51-C型（1951年）（右）
（图片来源：[日]石氏克彦. 多层集合住宅. 张丽丽译，慕春暖校. 北京：中国建筑工业出版社，2001：7）

最初的标准设计方案中，最有代表性的是1951年的公营住宅标准设计51-C型，后成为战后住宅设计的原型。51-C型因有二室及餐厨间（DK），故称为2DK（图6-3右）。其特点是：[1]

（1）为实现“食寝分离”，扩大厨房面积，设置兼用餐的餐厨合用间（DK）；

（2）室内铺草席垫（榻榻米），卧室设放置被褥的壁柜，各室均单独使用；

（3）为确保各卧室的私密性，设隔断墙。

1955年日本住宅公团成立以后，标准设计作为建设大量住宅的有效手段曾被广为采用。设计标准化有利于住宅的大规模生产，因此，在推进建筑工程的合理化、规格化等建筑产业近代化方面发挥了重要的作用。[2]

1953年左右，经济稍有宽余时，新一代建筑师们提出了LDK型方案，即以家族团聚的起居室为中心布置各房间的形式。1963年，住宅公团完成了标准设计的系列化，标准设计通过公营、公团普及到全国各地（图6-4）。[3]

由于这种2DK型住宅会随着子女的长大而变得窄小，人们要考虑搬进大房子，于是就又产生了住进3DK或3LDK[4]型住宅的想法（图6-5）。[5]

---

❶ 玉置神倍. 日本住宅设计的发展. 邬天柱译. 建筑学报，1992（08）：17-22.

❷ [日]石氏克彦. 多层集合住宅. 张丽丽译，慕春暖校. 北京：中国建筑工业出版社，2001：6.

❸ 玉置神倍. 日本住宅设计的发展. 邬天柱译. 建筑学报，1992（08）：17-22.

❹ 住宅公团设计的一系列住宅中，基本上以开发年代命名不同的户型。比如57-4N-2DK的户型，57表示设计的年代，4表示层数，N表示入口方向，2表示卧室的数量，DK代表居室的构成。入口方向中，除了N、S外，还有：P，点式住宅；TN，北面入口的花园住宅（Terrace house）；TS，南侧入口的花园住宅（Terrace house）；C：单侧走廊的住宅；K，厨房；DK，厨房与饭厅共用；LDK，起居室、饭厅、厨房共用；LD.K，厨房独立，起居室和饭厅共用；L.DK，起居室独立，饭厅和厨房共用。叶晓健. 论日本集合住宅发展. 住区，2006（03）：33.

❺ [日]石氏克彦. 多层集合住宅. 张丽丽译，慕春暖校. 北京：中国建筑工业出版社，2001：6.

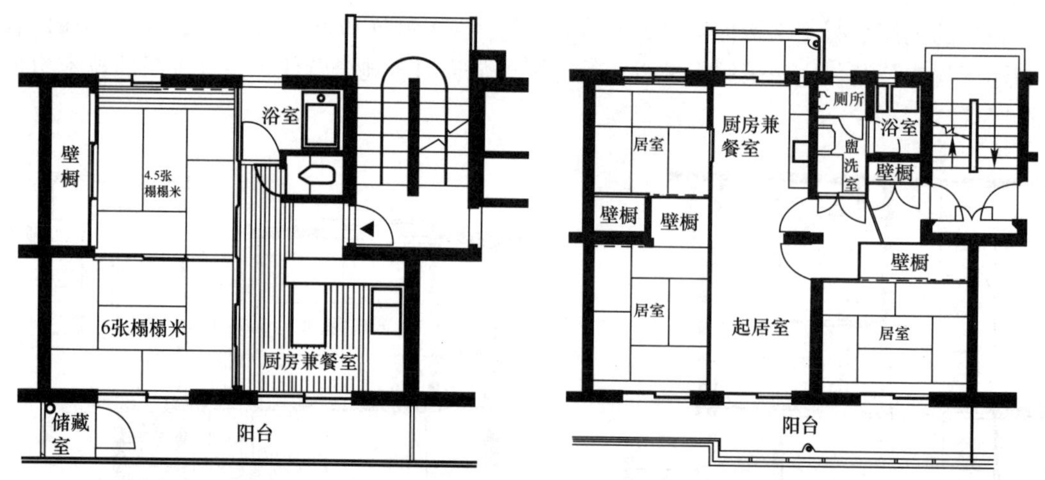

图 6-4　55-2DK 型（左）；63-3DK 型（右）

（图片来源：［日］石氏克彦．多层集合住宅．张丽丽译，慕春暖校．北京：中国建筑工业出版社，2001：7，8）

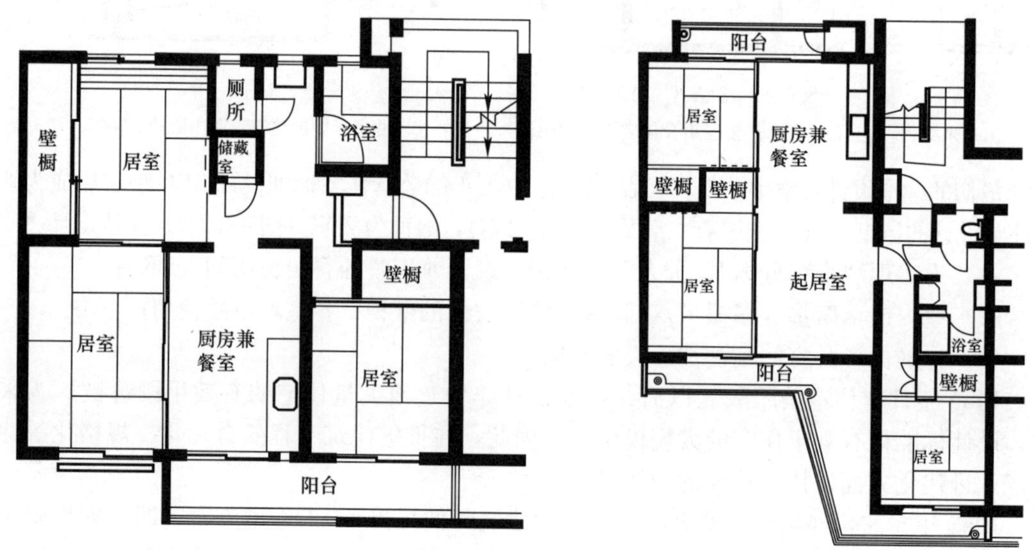

图 6-5　67-3LDK 型（左）；73-3LDK 型（右）

（图片来源：［日］石氏克彦．多层集合住宅．张丽丽译，慕春暖校．北京：中国建筑工业出版社，2001：8）

政府自 1965 年起实行住宅建设五年计划，有计划地推进国民住宅的量和质的充实，开始侧重于量，1975 年以后进入“从量到质”。1970 年，开发了 SPH（Standard of Public Housing），1975 年，又开发了 NPS（New Planning System），满足了“适用的设计和合理的生产”的标准。❶ 在适应人们各种需求的诸多设计中，总会有为多数人喜欢、认可的方案。因此，从集合住宅标准化的发展来看，标准设计也并非开始就有，而是由多数人所喜欢的“广泛应用型方案”逐渐转到标准化的方向上来（图 6-6）。❷

❶ 玉置神俉．日本住宅设计的发展．邬天柱译．建筑学报，1992（08）：17-22.

❷ ［日］石氏克彦．多层集合住宅．张丽丽译．北京：中国建筑工业出版社，2001：6.

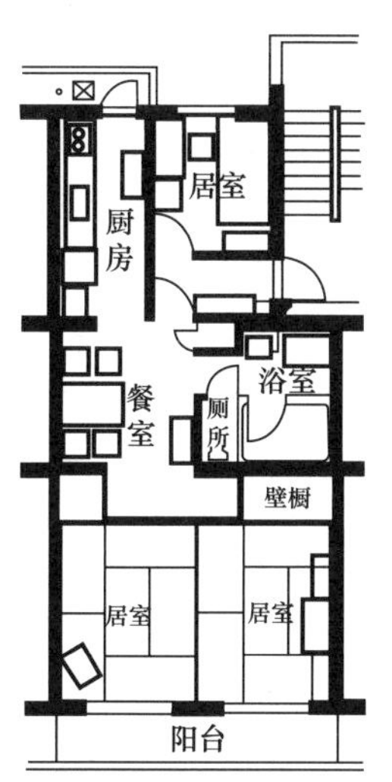

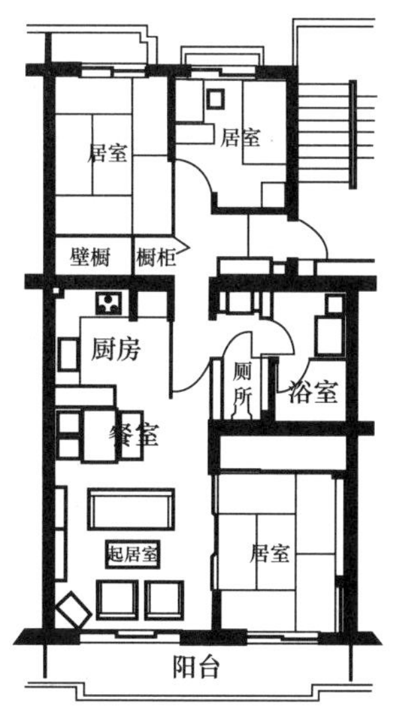

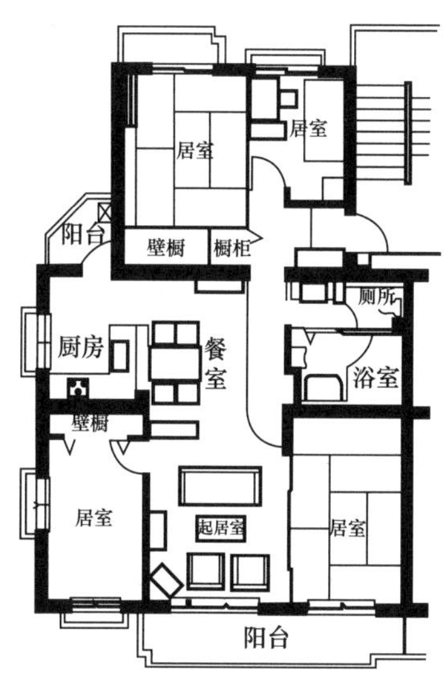

图 6-6　1988 年适用型住宅方案

（图片来源：［日］石氏克彦．多层集合住宅．张丽丽译，慕春暖校．北京：中国建筑工业出版社，2001：9）

在住房面积小时，设计合理性是最基本的要求，而在面积增大以后，就可以用其面积上的宽松来体现设计的多样性了。尽管要控制居住的基本条件，但具有灵活性的、适于广泛推广的设计，即使在追求多样化的时代，也是要继续探讨的重要课题（图 6-7）。❶

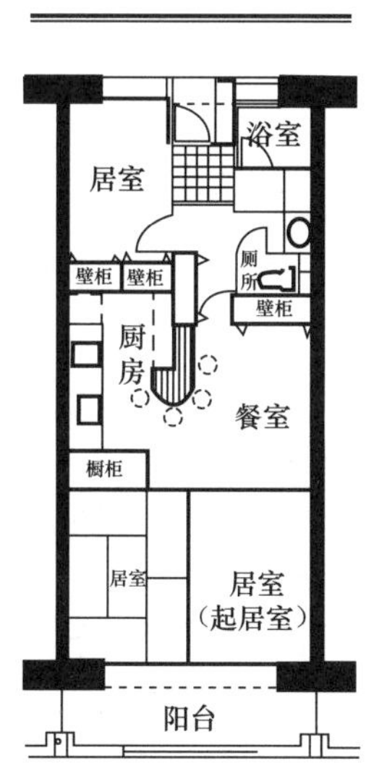

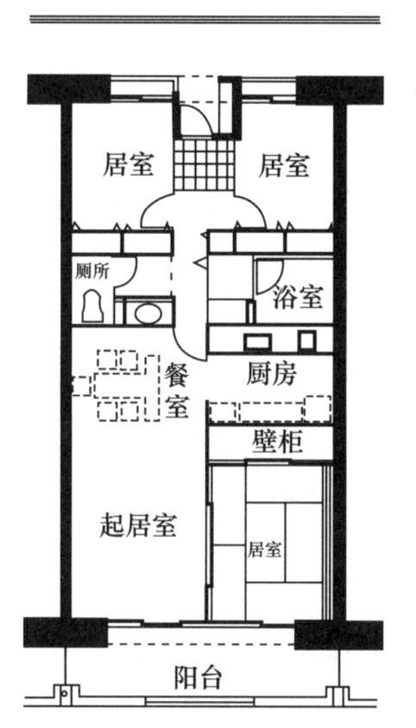

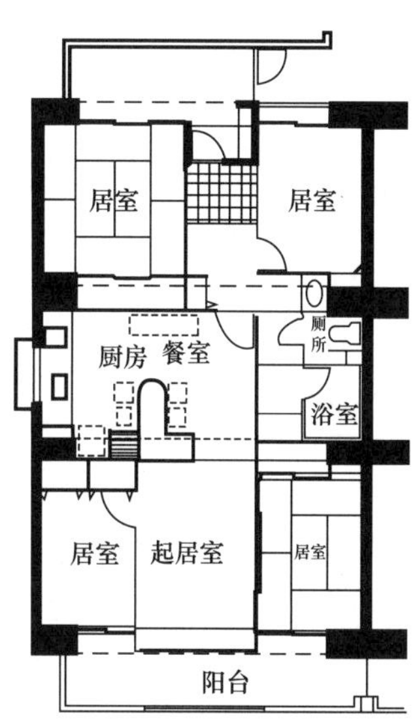

图 6-7　1992 年适用型住宅方案

（图片来源：［日］石氏克彦．多层集合住宅．张丽丽译，慕春暖校．北京：中国建筑工业出版社，2001：9）

进入 21 世纪，日本的集合住宅设计中出现了脱离 nLDK 的模式，矶崎新是一位积极倡导将不同住宅空间组织模式引入日本现代社会的建筑师。对于 1991 年的福冈

❶ ［日］石氏克彦．多层集合住宅．张丽丽译．北京：中国建筑工业出版社，2001：6.

纳科萨斯集合住宅，矶崎新制定了总体规划，为不同的建筑师提供了一个粗略的体量框架，使不同建筑师在就住宅形式和形态自由发挥的同时，调整组团之间的关系，从而求得整体区域的和谐。在平面中，可以看到不同的建筑设计思想对于日本现代住宅空间的理解。❶

2000 年，矶崎新在岐阜县营北方集合住宅的南区的设计中引入了四名女性建筑师：妹岛和世、高桥晶子、伊丽莎白·迪勒、克里斯丁·赫莉。针对传统的 nLDK 的住宅布局方法，提出了非核心住户的设计理念❷（图 6-8），为集合住宅的设计提出了新的可能的方向。试图通过对日本传统住宅形式的质疑和剖析，提出通过从生活出发进行设计的“女性原理”来代替基于“男性原理”的 nLDK 设计，彻底摆脱政府住宅的模式，是日本集合住宅发展的新动向。❸

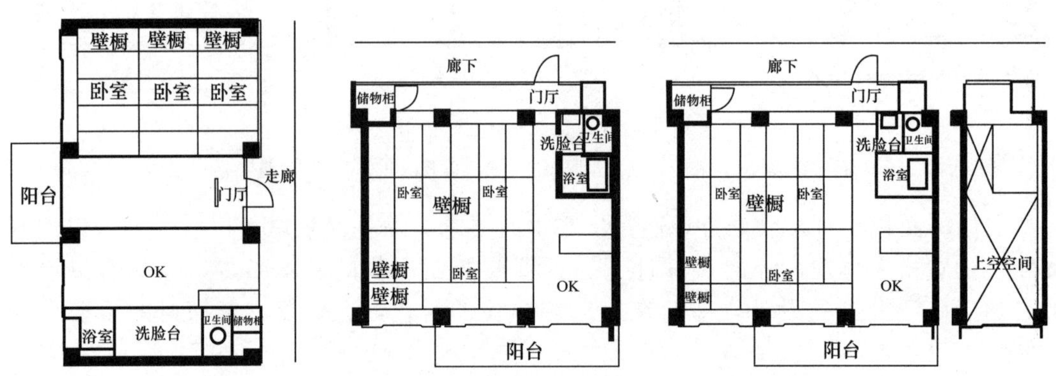

图 6-8　脱离 nLDK 的模式（高桥晶子）

（图片来源：叶晓健. 论日本集合住宅发展. 住区，2006（03）：38）

3. 功能空间的配置特点

考察日本集合住宅功能空间配置的发展变化，主要具有以下特点（表 6-1）：

（1）日本集合住宅的功能空间配置标准较高，除拥有起居室、卧室、厨房、餐厅、阳台、卫生间、储藏间等基本的功能空间外，还有储藏间、玄关、杂用间等功能空间，对进一步提高居住品质具有重要作用。

（2）储藏空间面积大、功能多、分散设置是日本集合住宅非常重要的特点。

（3）日本集合住宅中的卧室仍沿用传统的榻榻米形式，是最基本的功能空间，卫生间和厨房在早期的设计中就已出现，各户独立设置，居住标准和居住条件较高。

（4）不论套型面积大小，所有卫生间只设置一套。但每套卫生间的洗浴、便器、洗脸盆、洗衣机等功能空间各自独立，满足这些设备同时使用而又互不干扰的要求，提高了卫生设施的使用效率。

（5）卫生间和厨房在早期集中设置在套型的北侧，占用一定的采光面，后来主要集中在套型的中部，将全部外墙的采光面让位于卧室等功能空间。

---

❶ 叶晓健. 论日本集合住宅发展. 住区，2006（03）：37.

❷ 同上，p37。

❸ 同上，p39。

日本集合住宅功能空间的配置　　　　**表 6-1**

年份	套型名称	功能空间														
		L	B	MB	K	K/D	D	V	RV	T	BT	S	ES	E	W	D/W
1925	代官山公寓		√		√			√		√		√		√		
1934	江户川桥公寓		√		√			√	√	√		√		√		
1948	48-A 型		√	√	√		√			√				√		
1951	51C 型		√	√		√			√			√	√	√		√
1955	55-2DK		√	√		√		√		√	√	√	√	√	√	
1963	66-3DK	√	√	√		√		√	√	√	√	√	√	√	√	√
1967	67-3LDK	√	√	√		√		√		√	√	√	√	√	√	√
1973	73-3LDK	√	√	√		√		√	√	√	√	√	√	√	√	√
1988	88-3DK	√	√	√	√		√	√	√	√	√	√	√	√	√	√
	88-3LDK	√	√	√	√		√	√		√	√	√	√	√	√	√
	88-4LDK	√	√	√	√		√	√	√	√	√	√	√	√	√	√
1992	92-3DK	√	√	√	√		√	√		√	√	√	√	√	√	√
	92-3LDK	√	√	√	√		√	√		√	√	√	√	√	√	√
	92-4LDK	√	√	√	√		√	√		√	√	√	√	√	√	√
2000	脱离 nLDK-A	√	√			√		√		√	√	√	√	√		√
	脱离 nLDK-B		√			√		√		√	√	√	√	√		√
	脱离 nLDK-C		√			√		√		√	√	√	√	√		√

注：L——起居室，B——卧室，MB——主卧室，K——厨房，K/D——餐厨合一，D——餐厅，S——储藏间，ES——进入式储藏间，U——杂用间，V——阳台，RV——服务阳台，T——卫生间，MT——主卧卫生间，PT——公用卫生间，E——玄关，SUN——阳光室，C/W——中西厨房，D/W——干湿分离，W——洗衣间。

资料来源：本研究整理。

6.1.2　中国香港公共住宅套型发展

1. 简要发展计划

香港公共住宅的发展是通过一系列的计划和政策推进的（表 6-2）。公共住宅单元的演进大致经历了从非自足单位到自足单位❶，自足单位的面积和房间数不断增加，设施和装修标准不断提高，最终形成多种系列的标准设计这样的发展过程。❷

中国香港公共住宅发展计划　　　　**表 6-2**

年份	重要的发展事项
1953	香港公营房屋发展源自 1953 年的一场大火
1955	迁置大厦落成
1971	运用“新市镇”概念设计公共屋邨
1973	成立香港房屋委员会
1978	推出“居者有其屋”计划

❶ 自足单位即有独立厨房和卫生间的住房单元，否则为非自足单位。见：田东海. 香港公共房屋设计的演进. 世界建筑，1997（03）：93.

❷ 田东海. 香港公共房屋设计的演进. 世界建筑，1997（03）：93.

续表

年份	重要的发展事项
1985	推出“整体重建”计划
1988	推出“自置居所贷款”计划
1992	首批和谐式公屋大厦落成
1997	实施居屋第二市场计划
1998	“租者置其屋”计划正式开始
2002	停止发售公营住房
2005	重新检讨公营房屋政策
2007	重新推出“居者有其屋”计划

资料来源：根据 2008 年全国保障性住房设计高峰论坛，宋春华演讲 ppt 整理。

2. 公共住宅类型与发展

香港公共住宅大致上可分为 3 个类型：❶

（1）20 世纪 50～70 年代“廉租屋”

“廉租屋”是 20 世纪 70 年代中期以前的出租公屋，其设计力求造价低，建造速度快，面积小，租金便宜。这些低标准公共房屋主要用于安置居住条件极差和无家可归的居民。

1953 年圣诞节石硖尾大火之后，第一座第一型（Mark Ⅰ）大厦于 1954 年 9 月在九龙石硖尾落成。大厦平面形式为 H 型，居住单位位于长型建筑物的两边。厕所、自来水和浴室则在中央的连接处，环绕长型建筑物的走廊，都是公用的，楼梯分布于各个转角处。每一个单位的面积为 11～15m²，可容纳 5 名成年人，人均 2.23m²。❷ 1959～1961 年期间，第二型（Mark Ⅱ）大厦设计开始采用。其基本设计是将长型建筑物的两端连接起来，增加了 24 个居住单位。❸ 后来，第一型和第二型作为香港公共住宅的开端，部分建筑被保留下来，改造为博物馆或类似的宣传性建筑，以纪念这段历史（图 6-9）。

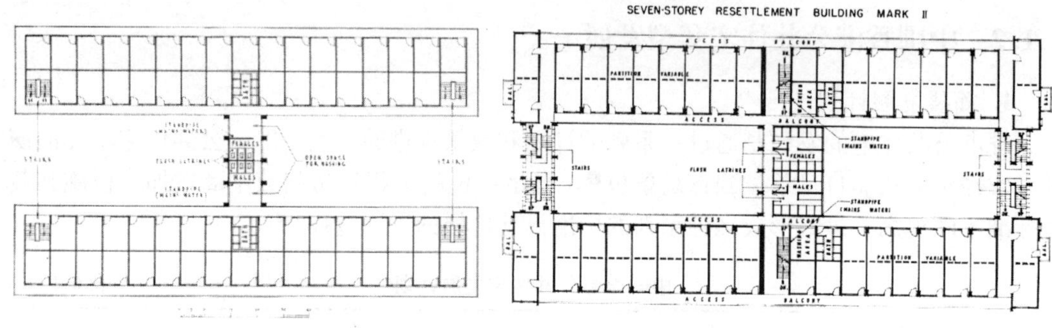

图 6-9 第一型（左）、第二型（右）大厦平面

（图片来源：http://www.hk-place.com/database/i005025a.jpg/香港地方，2008-07-27）

在接下来的 1962～1975 年的十几年间，从第三型取代了 H 型大厦开始，陆续又推出了第四型（1963 年）、第五型（1966～1969 年）和第六型（1969～1975 年）廉租屋，这

❶ 田东海．香港公共房屋设计的演进．世界建筑，1997（03）：93.

❷ 第一型大厦多为 6～7 层。大厦没有电力供应和电梯。见：田东海．香港公共房屋设计的演进．世界建筑，1997（03）：94.

❸ 田东海．香港公共房屋设计的演进．世界建筑，1997（03）：94.

些住宅普遍面积较小，设施比较简单。[1]

（2）20世纪70～80年代的“居屋”

“居屋”的标准与一般私人公寓式楼房相似，设有2～3个卧室以及客厅、厨房和浴室，常设有保安装置等现代化设施。每套住房单位的建筑面积40～60m²，个别的达到80～90m²。“居屋”的形式非常丰富，主要包括双塔式大厦（70年代早期，图6-10左）、H型大厦方案（H型错体方案，70年代中期，图6-10右）和新长型大厦（80年代初）等。

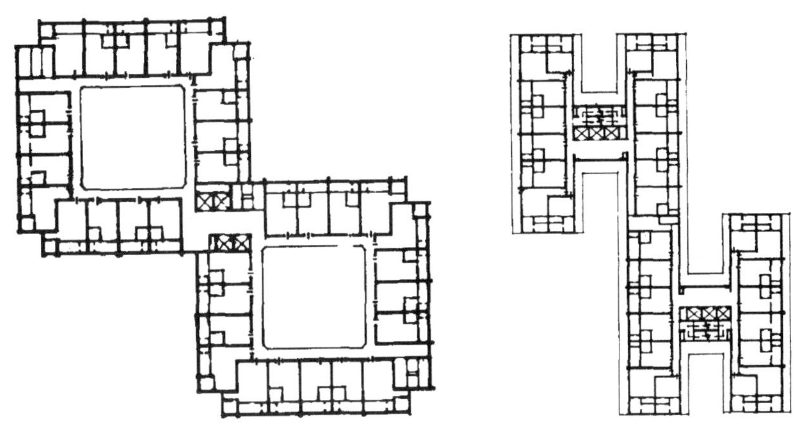

图6-10　双塔型大厦（左）和错体H型大厦（右）平面

（图片来源：梁应添．香港住宅问题及规划设计概况（上）．建筑学报，1991（07）：27）

20世纪80年代开始兴建Y型大厦，Y1型建于80年代初。随后，在此基础上，Y2型（80年代初）、Y3型（1984年）、Y4型（1984年）陆续推出。Y4型平面中有较大的改善，每单位合理分成卧室、起居厅、饭厅等，每户均有良好的视野，通风采光良好（图6-11左）。[2]

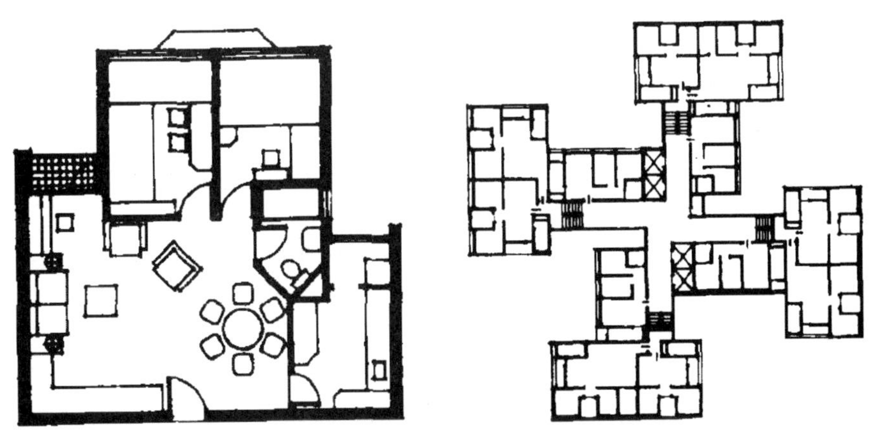

图6-11　Y4型单元（左）和新塔式大厦（右）平面

（图片来源：梁应添．香港住宅问题及规划设计概况（上）．建筑学报，1991（07）：27）

[1] 田东海．香港公共房屋设计的演进．世界建筑，1997（03）：94.

[2] 梁应添．香港住宅问题及规划设计概况（上）．建筑学报，1991（07）：27-28.

同时，还有十字型（1982 年）、新塔式大厦（1984 年，图 6-11 右）、新十字型大厦（1985 年）等多种类型出现。

1988 年，香港房屋署提出今后的公屋建设应遵循以下 4 点原则：①公屋的设计应作出弹性的安排，使正在建造的公屋能改为居屋出售；②设计上应考虑到市民负担能力的提高而且有较佳的设备；③设计应更精巧、更灵活，以适应在小地段中建造；④新一代的设计，施工上应更简便有效，节省人力。❶

按这些原则，房屋署推出了新型公屋设计，供 1991 年以后使用。新 Y 型是比较有代表性的一种（图 6-12）。

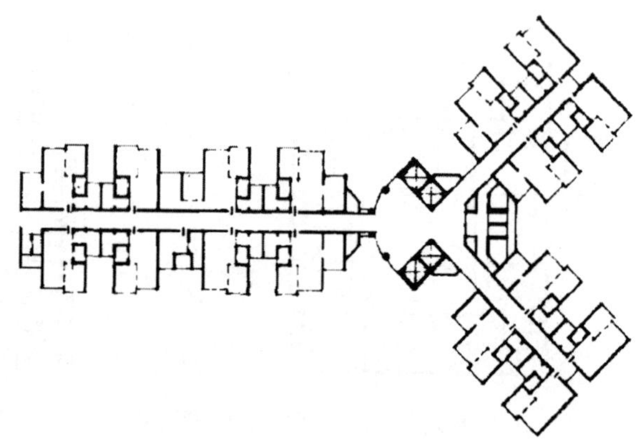

图 6-12　新 Y 型大厦平面

（图片来源：田东海．香港公共房屋设计的演进．世界建筑，1997（03）：94）

（3）90 年代的“新标准租住公屋”

“新标准租住公屋”大厦的单位面积均有所增加，厨房的面积扩大，三室单位均设有独立卫生间。此外，将外露的水龙头数目尽量减少，以改善公共空间及走廊通道的状况。新“和谐式”系列租住大厦的设计，以增加居室及厨厕等其他空间的面积为基础，采用一种标准构件与尺寸互相配合的模数方法制定相关标准。❷ 主要的类型有和谐十字型（1990 年，图 6-13 左）、和谐 2 型 Y 型大厦于（1990 年，图 6-13 右）和和谐 3 型 Y 型大厦于（1990 年）等。

3. 功能空间的配置特点

归纳香港公共住宅套型在不同时期功能空间的配置，香港公共住宅套型的发展的主要特点在于（表 6-3）：

（1）公共住宅中功能空间类型较少，多数套型只有起居室、卧室、厨房、餐厅、阳台、卫生间、储藏间等最基本的功能空间，住宅以满足最基本生活需求为目的。

（2）卧室作为解决居住问题的最基本的功能空间，在公共住宅伊始是唯一的空间构成；卫生间、厨房等功能空间在早期的公共住宅中集中设置，各户公用，设施标准相对较低。

（3）独立的起居空间、厨房、餐厅的出现相对较晚。在这些功能空间独立出现之前，空间之间大多无明确的划分，这是香港住宅的重要特点。留给使用者更多的改变的可能性，以适应不同住户的不同需求。

---

❶ 梁应添．香港住宅问题及规划设计概况（上）．建筑学报，1991（07）：27.

❷ 田东海．香港公共房屋设计的演进．世界建筑，1997（03）：94.

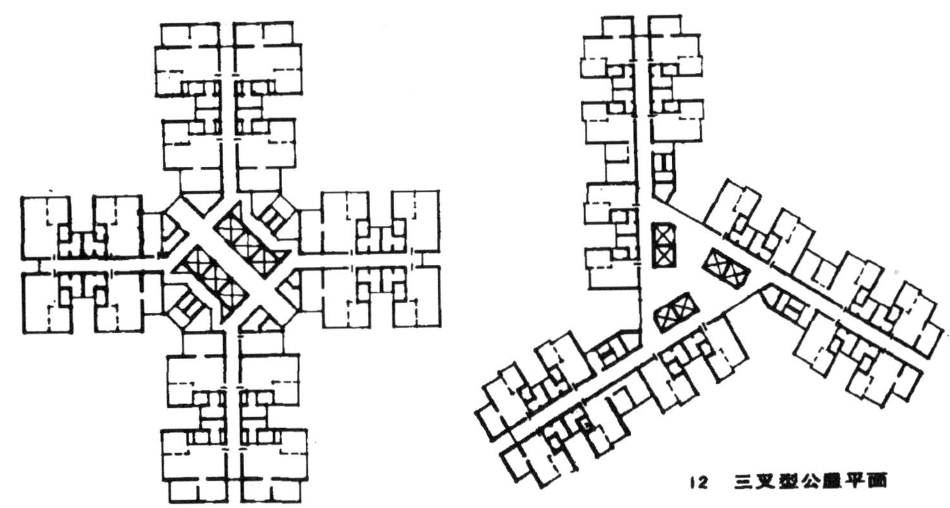

图 6-13　和谐十字型（左）、和谐 Y 型（右）平面

（图片来源：梁应添．香港住宅问题及规划设计概况（上）．建筑学报，1991（07）：28）

（4）阳台是香港公共住宅中较为主要的空间，在公共住宅开始之时就存在于套型之中，早期是居住空间重要的外延辅助空间，多供厨房、工作间之用。

中国香港公共住宅套型功能空间的配置发展　　表 6-3

年份	套型名称	建筑面积	功能空间								
			L	B	MB	K	D	V	RV	T	S
1953	Mark Ⅰ	11～15m²		√							
1959～1961	Mark Ⅱ			√				√			
1962	第 3 型	22～29m²		√				√			
1963	第 4 型			√				√		√	
1966～1969	第 5 型	21～33m²		√				√		√	
1969～1975	第 6 型	3.25m²/人		√				√		√	
70 年代	双塔式	47～55m²		√				√		√	
70 年代	H 型	51m²		√				√		√	
80 年代	新长型	44～85m²		√				√		√	
80 年代	Y 型第 1 型	40m²		√				√			
80 年代	Y 型第 2 型	52～66m²		√		√		√		√	
1984	Y 型第 3 型	48～67m²		√		√		√		√	
1984	Y 型第 4 型	48～75m²		√		√				√	
1982	十字型第 3 型	52～56m²	√	√	√	√	√			√	
1984	居屋新塔式	42～52m²	√	√	√	√		√		√	
1985	居屋新十字型	46～74m²	√	√	√	√			√		
1990	和谐 1 型	56～78m²	√	√		√		√	√		√
	和谐 2 型 Y 型	58～85m²	√	√		√		√	√		√
	和谐 3 型 Y 型	57～85m²	√	√	√	√	√	√	√		√

注：L——起居室，B——卧室，MB——主卧室，K——厨房，D——餐厅，V——阳台，RV——服务阳台，T——卫生间，S——储藏间。

资料来源：田东海．香港公共房屋设计的演进．世界建筑，1997（03）：94.

6.1.3 新加坡组屋发展

1960年，脱离了英国殖民地统治的新加坡成立了新加坡建屋发展局（HDB：Housing Development Board），全面负责新加坡公共住房规划建设，开始进行大规模、有计划的组屋（Public House）建设。❶ 1965年，新加坡开始通过建设新城来发展组屋。目前，新加坡大约有90%的人居住在由政府提供的组屋内，实现了为世人所熟知的“居者有其屋”花园城市。❷

新加坡住区模式的发展主要经过了“组团邻里中心”结构模式、“棋盘式”结构模式和21世纪模式三个发展阶段（李琳琳、李江，2008）。本文主要从建筑设计层面考察新加坡住宅组屋的套型设计的发展变化及其套内功能空间配置的变化。

1. 组屋设计演进

1960～1985年的25年中，HDB主要发展了1室到5室五种单元，另外还包括针对低收入阶层和适应住宅标准层设计变化的零室户、满足中等收入阶层的大HUDC单元。这些单元的设计主要考虑两方面因素：一方面是尽可能地降低住宅造价，以适应住户的购买力和保证政府补贴的合理性；另一方面，保持合理的居住水平，用有限的基金去实现最好的居住条件。

住宅单元设计的演进有两种趋势❸：

（1）单元面积不断增加，以满足申请公共房屋收入限制标准逐渐调高而不断增加的需求。住宅单元中一系列原型（prototype），即应急型、标准型、改进型、新生代型、模式“A”型和上述的简化型。3室单元和1室、2室单元都是在HDB建立时采用的套型，其中4室单元、5室单元、行政单元及HUDC型是在60年代末70年代初采用的。3室单元成为70年代初最普及的套型。80年代，4室单元取代了3室单元成为主导套型。各种单元的简化型在劳动力和建材涨价时采用（图6-14、图6-15）。

（2）设计不断改进，以更好的设施和平面布局满足居住水平不断提高的新需要。HDB从成立时就坚持每个单元应拥有独立厨房和卫生间的原则。

2. 功能空间的配置特点

对新加坡HDB各种住房单元原型（1～5室、行政型和HUDC型）的平面分析显示，新加坡组屋的功能空间的配置具有以下特点（表6-4）：

（1）新加坡组屋相比香港公共住宅功能空间类型较多，除拥有起居室、卧室、厨房、餐厅、阳台、卫生间等基本的功能空间外，还有储藏间、玄关、杂用间等功能空间。

（2）卧室是解决居住问题的最基本功能空间。卫生间和厨房在最早的套型设计中就已出现，各户独立设置，居住标准和居住条件较高。

（3）新加坡组屋的卫生间设置与厨房结合、进入卫生间要穿越厨房是新加坡组屋设计的特点。

---

❶ 在20世纪50年代，当时的殖民政府通过“新加坡改进信托基金”（SIT：Singapore Improvement Trust）开始启动高层住宅建设。

❷ 李琳琳，李江. 新加坡组屋区规划结构的演变及对我国的启示. 国际城市规划，2008（02）：109.

❸ 田东海. 公共住房政策：国际经验借鉴和中国现实选择. 北京清华大学出版社. 1998.01. p117.

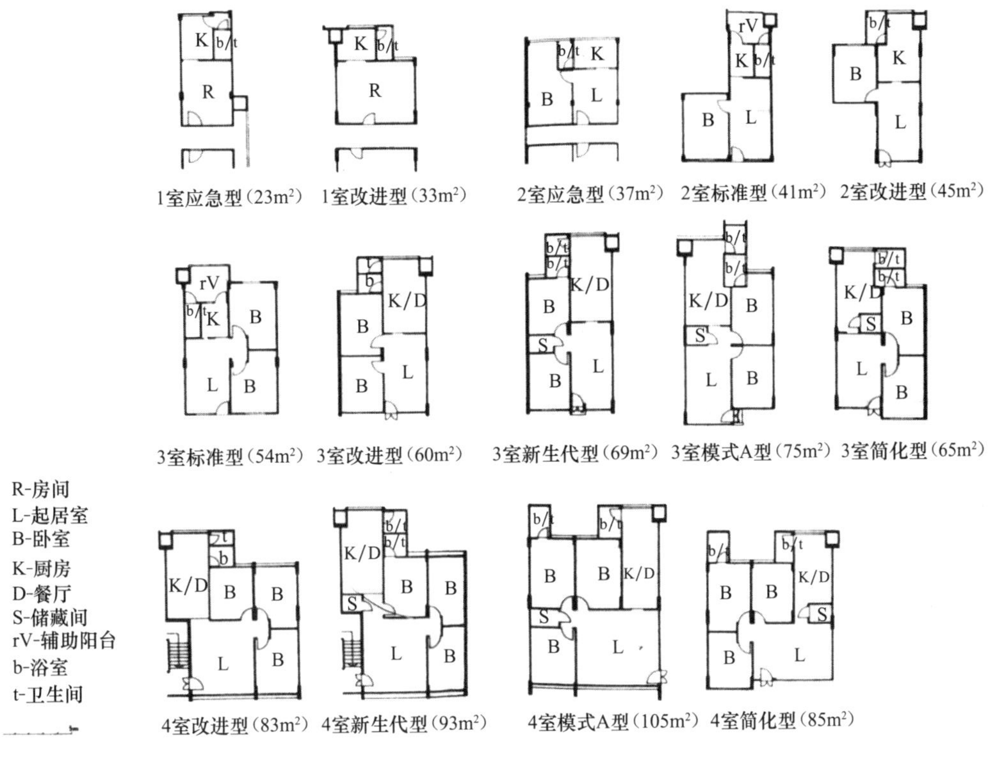

图 6-14　HDB 各种住房单元原型（1～4 室）

（图片来源：田东海．公共住房政策：国际经验借鉴和中国现实选择．北京清华大学出版社．1998.01. p117.）

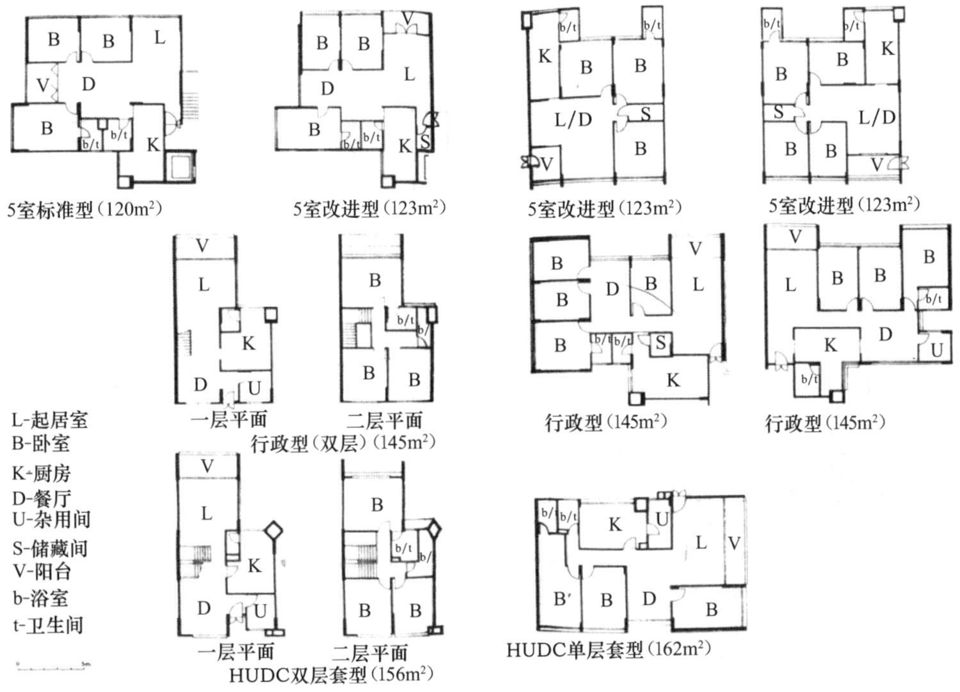

图 6-15　HDB 各种住房单元原型（5 室、行政型和 HUDC 型）

（图片来源：田东海．公共住房政策：国际经验借鉴和中国现实选择．北京清华大学出版社．1998.01. p118.）

（4）随着套型面积的增加，卫生间的数量相应增加。卫生间的洗浴、便器适当分离，满足设备同时使用而又互不干扰的要求，提高了卫生设施的使用效率和居住品质。

（5）4 室以下的套型基本不设阳台，有阳台也是辅助阳台，比较罕见。5 室以上，阳台才是重要的功能组成部分。

新加坡 HDB 各种住房单元功能空间配置 **表 6-4**

套型	套型名称	平均面积	功能空间													
			L	B	MB	K	K/D	D	V	RV	T	MT	S	ES	E	U
1 室	应急型	23		√		√				√	√					
	改进型	33		√		√					√					
2 室	应急型	37	√	√		√					√					
	标准型	41	√	√		√				√	√					
	改进型	45	√	√		√					√					
3 室	标准型	55	√	√	√	√				√	√					
	改进型	60	√	√	√		√				√					
	新生代型	69	√	√	√		√				√	√	√	√		
	模式（A）型	75	√	√	√		√				√	√	√	√		
	简化型	65	√	√	√		√				√	√	√	√		
4 室	改进型	83	√	√	√		√				√					
	新生代型	93	√	√	√		√				√		√			
	模式（A）型	105	√	√	√		√				√	√	√	√		
	简化型	85	√	√	√		√				√	√	√	√		
5 室	标准型	121	√	√	√	√		√	√		√	√	√		√	
	改进型 1	123	√	√	√	√		√	√		√	√	√		√	
	改进型 2	135	√	√	√	√		√	√		√	√	√	√	√	
	改进型 3	123	√	√	√	√		√	√		√	√	√	√	√	
行政型	跃层型 1	145	√	√	√	√		√	√		√	√			√	√
	单层型 1	145	√	√	√	√		√	√		√	√	√	√		
	单层型 2	145	√	√	√	√		√	√		√	√			√	√
HUDC 型	跃层型	156	√	√	√	√		√	√		√	√			√	√
	单层型	162	√	√	√	√		√	√		√	√				√

注：L——起居室，B——卧室，MB——主卧室，K——厨房，K/D——餐厨合一，D——餐厅，V——阳台，RV——服务阳台，T——卫生间，MT——主卧卫生间，S——储藏间，ES——进入式储藏间，E——玄关，U——杂用间。

资料来源：本研究整理。

6.2 我国城市住宅套型的发展历程

受具体的国情和时代经济发展水平的限制，我国住宅设计特别是住宅套型的发展有着自身独特的历程。回顾这一段历史，并把握这一发展过程中套型的不断变化背后隐含的根本因素是我们在以省地为目的的紧凑型住宅设计中所要研究的根本问题。

6.2.1 我国城市住宅套型的发展

1. 我国城市住宅的套型发展历程

彭致禧在《住宅小区建设指南》一书中认为，我国住宅套型模式的变化经历了“居室型”—“方厅型”—“起居型”的历史演变，并认为“这一演变反映了我国居住标准由低标准向中等标准发展提高的历史过程”（彭致禧，1999）。❶

1）所谓居室型（起卧合一型），套内主要空间以走道相联系，居室以满足家庭生理分室的基本要求为主，同时兼作各种起居之用。套型的特点是经济，但家庭成员之间相互干扰严重；由于以K值（居住面积系数）衡量套型设计的优劣，使得设计往往忽视对厨卫辅助空间尺度与功能的要求。

2）方厅型（餐寝分离型），流行于20世纪80年代前后。方厅（一般不小于$6m^2$）的出现使就餐从卧室中分离出来，并兼作部分起居活动之用。

3）起居型（起卧分离型），随着我国经济、社会、文化、生活水平的日益提高，信息时代的到来及大众传媒进入家庭，作为家庭团聚、社交娱乐场所的起居空间已成为现代家庭不可缺少的时尚需求，起卧分离成为改革开放后住宅发展的主要趋势。

周燕珉教授在《我国城市住宅套型设计及展趋势研究》一文中将我国城市住宅的套型发展划分为以下几个阶段❷：

1）新中国成立初期，解决人民的居住问题，使“居者有其屋”是当时重要的政治任务之一。但受到社会经济能力的限制，在城市建设速度跟不上的情况下，住宅常为多户合住，厨卫空间为几户共用。这个时代的居住目标仅仅是“一人一张床”。

2）20世纪六七十年代，受到自然灾害和“文革”的影响，城市住宅建设发展缓慢，到了后期有所缓解。这时，独门独户、满足家庭使用要求的小面积住宅已经成为多数人的希望。在多数新建住宅中，厨卫空间已为各户独立使用。

3）20世纪70年代末到80年代，改革开放在推动了我国经济发展的同时，也有效带动了城市住宅的建设。“一户一套房”成为这时的居住目标。住宅面积比起以往有所增加，但出于节地的考虑，在套型设计的面宽和进深标准上，有着严格的控制。住宅中的空间配置基本能满足当时人们的生活需要，部分套型出现了独立小方厅（即餐厅），初步做到了“餐寝分离”。

4）20世纪90年代，我国进入经济高速发展时期，人民的生活水平已经有了明显的提高，对于居住水平的要求也进一步提高。由于住宅依然作为部门和企业物质福利加以分配，相关部门对设计和建设标准的控制仍然很严格。但为满足当时的居住要求，套型面积又有所扩大，各功能空间也作了相应调整，起居室开始独立出来，做到了“居寝分离”。

5）1998年，我国开始全面推行商品房政策，城市住宅的形式大为改观。居住者的需求得到进一步重视，各功能空间的配置随之完善，“一人一间房”是这个时期的居住目标。

❶ 彭致禧. 住宅小区建设指南. 上海：同济大学出版社，1999：237.

❷ 周燕珉等. 住宅精细化设计. 北京：中国建筑工业出版社，2008：2.

随着住宅市场竞争的需要，套型设计也丰富起来。[1]

6）2003 年以来，住宅的商品化特征越发明显，套型设计呈现多样化的趋势。从“健康住宅”、“绿色住宅”、“生态住宅”到“亲情住宅”、“另类住宅”、“第二居”，新概念层出不穷，居住的舒适性、健康性和文化性受到普遍关注。但是，套型设计也出现了消费超前的倾向，单户住宅的面积开始迅速增加，追求大套型和豪宅。

以上六个阶段的住宅典型套型概括为合住型、居室型、方厅型、起居型、安居型、舒适型六种类型（图 6-16）。[2]

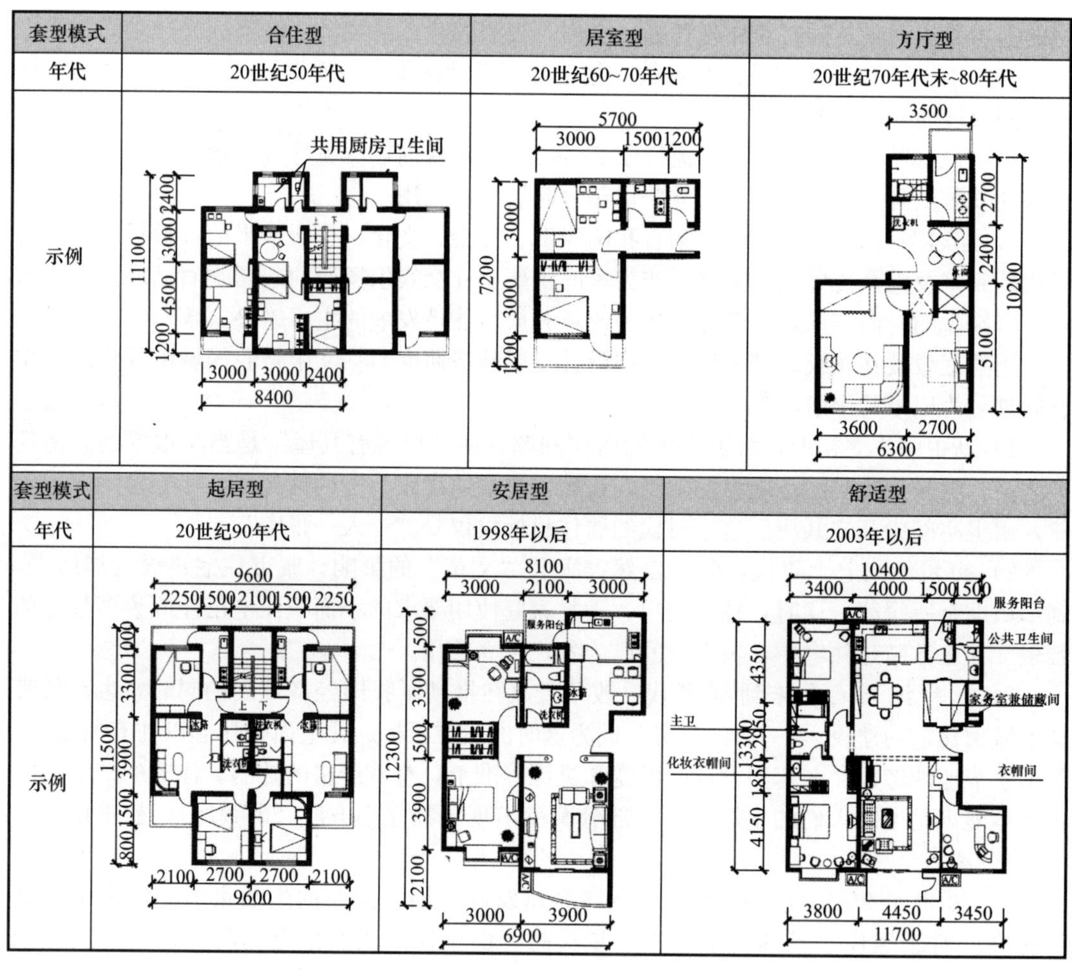

图 6-16　我国城市住宅套型发展的历程

（图片来源：周燕珉．我国城市住宅套型设计发展趋势研究，p3-4）

2. 我国城市住宅功能空间配置的特点

周燕岷教授将我国住宅发展过程中出现的套型归纳为六种类型。以此为基础，总结各类型套型的功能配置状况，对于我们认识住宅的根本属性具有重要的意义（表 6-5）。

---

[1] 周燕珉等．住宅精细化设计．北京：中国建筑工业出版社，2008：3-4.

[2] 同上，p3-4。

我国不同阶段城市住宅功能空间配置 表6-5

功能空间	住宅类型					
	合住型	居室型	方厅型	起居型	安居型	舒适型
起居室			√	√	√	√
双人卧室	√	√	√	√	√	√
单人卧室	√			√	√	√
厨房		√	√	√	√	√
餐厅			√		√	√
生活阳台	√	√		√	√	√
工作阳台			√	√	√	√
贮藏室			√		√	√
进入式衣帽间						√
玄关						√
干湿分离					√	√
卫生间		√	√	√	√	√
主卧卫生间						√

资料来源：本研究整理。

1）卧室空间是解决人最基本的生理需求的功能空间，它构成住宅的主题，也是住宅之所以存在的根本原因。❶

2）卫生间和厨房在早期的使用中受“合理设计、不合理使用”的影响，两个功能空间都为合用，带来的居住品质低下问题突出；对于住宅的衡量，从早期“间”的概念走向“套”的概念，卫生间和厨房开始独立出现在住宅的套型中。

3）起居厅、餐厅等空间是在住宅标准和人们的生活水平不断提高的过程中发展起来的，这是对居住品质的进一步提高的必然要求。显然，这类空间并不是住宅最根本的空间，而有着非必要的属性。

4）储藏空间、玄关、主卧卫生间等功能空间是在面积标准足够宽裕，人们的经济水平足以接受类似的标准后逐渐出现在住宅中的。

6.2.2 上海城市住宅套型模式的发展历程

上海住宅，特别是1949年后的上海住宅，可以说是中国住宅发展的活化石。这里累积了中国现代住宅的几乎所有形式。不管是改革开放后的黄金期还是“文化大革命”的萧条期，上海一直没有停止对住宅设计与实践的探索，自身发展积淀了丰富的成果和经验。

上海在50年中走过的住宅发展之路同时又是中小套型住宅的发展之路。若以今日的标准衡量，上海的住宅发展就是一部中小套型住宅的发展历程。往日住宅设计中积累的宝

❶ 按马斯洛的理论，个体成长发展的内在力量是动机，而动机是由多种不同性质的需要所组成，各种需要之间，有先后顺序与高低层次之分，每一层次的需要与满足，将决定个体人格发展的境界或程度。马斯洛认为，人类的需要层次由低到高分别是：①生理需求；②安全需求，③社交需求；④尊重需求；⑤自我实现。其中生理上的需要是人们最原始、最基本的需要，如吃饭、穿衣、住宅、医疗等。若不满足，则有生命危险。这就是说，它是最强烈的不可避免的最底层需要，也是推动人们行动的强大动力。

贵经验与成果是今日住宅设计可借鉴的重要基石。

早期，住宅标准由国家统一制定，上海的住宅标准与国家统一。上海住宅具有我国住宅发展的共同特点，同时，受自身的地理位置、气候的影响以及人们的生活方式的影响，在住宅的套型设计中又有着自己的个性特点。

1. 上海住宅的发展阶段

李振宇教授在《城市・住宅・城市——柏林与上海住宅建筑发展比较》❶ 一书中将上海住宅的发展分为四个时期：①重建和初创（20 世纪 50 年代）：工人新村的兴起；②发展与徘徊（20 世纪 60 年代和 70 年代）："文化大革命"，发展大停滞；③探索与改革（20 世纪 80 年代）：改革开放的开始；④机遇和大发展（20 世纪 90 年代至今）：浦东开发和房地产市场的开放。

陈先毅将自 20 世纪 50 年代以来上海的住宅发展以住宅的分配方式来划分，认为上海的住宅发展经历了：①计划经济体制下的发展阶段（1950～1980 年）；②商品化试点阶段（1980～1994 年）；③计划体制和商品经济并行的双轨阶段（1994～1999 年）；④市场化的发展阶段（1999～2004 年）。❷

王鹏博士按上海住宅面积标准的发展将上海住宅的发展分为 5 个阶段：①建设标准波动期（1949～1959 年）；②低标准建设时期（1960～1974 年）；③建设标准提高期（1975～1988 年）；④过渡期（1980～1996 年）；⑤市场化时期（1998 年至今）。❸

2. 上海住宅套型发展

刘波将 20 世纪 50 年代以来上海住宅套型的演变主要划分为如下几个阶段：①起步阶段（1950～1959 年）：这一时期上海住宅建设的主要任务是满足大量工人的基本居住要求，户型内空间以寝卧为主，多户共用厨房、卫生间。②滞缓阶段（1960～1976 年）：此阶段户内空间仍以寝卧为主，多户共用厨房、卫生间，甚至取消户内卫生间。1975 年以后略有好转，恢复独门独户。③充实提高阶段（1977～2000 年）：通过住房商品化改革，至 2000 年基本解决了上海居民的住房难问题。户型内部空间中厅、厨、卫、阳台等公共空间不断受到重视，90 年代末一度流行"大厅小卧"的设计风格。④多元化阶段（2001 年至今）：上海住房完全商品化，住宅消费群体构成日益复杂，户型设计日趋多元化。户型内部空间进一步细化，除卧室、厅、厨卫、阳台等传统空间以外还增加了储藏室、客房、阳光室、客卫、书房等空间。❹ 本文在此基础上将上海住宅套型的发展分为以下几个阶段：

（1）改革开放前

新中国成立初期，鉴于有限的经济条件，住宅设计的指导思想是"先改善，后提高"，其平面结构并不以完整的套型为基本单元，而是以卧室为最基本的居住功能空间进行设计。❺ 1952 年首批设计的 2 万户住宅，即"52-1 型"，住宅南侧为卧室，而北部则设厨房、

❶ 李振宇. 城市・住宅・城市：柏林与上海住宅建筑发展比较（1949-2002）. 南京：东南大学出版社，2004：33-80.

❷ 陈先毅. 城市政府住宅发展政策研究——以上海为例 [D]. 上海：华东师范大学，2006：112-117.

❸ 王鹏. 上海市低收入家庭居住问题研究 [D]. 上海：同济大学，2007：77-80.

❹ 刘波. 上海住宅户型 50 年发展演变分析. 民营科技，2007（03）.

❺ 王鹏. 上海市低收入家庭居住问题研究 [D]. 上海：同济大学，2007：87.

卫生间等辅助设施，除端套户型为一室半户外，中间各套住宅皆为一室户住宅，卫生间和厨房集中设于一楼，供整个单元住户共用（图 6-17）。

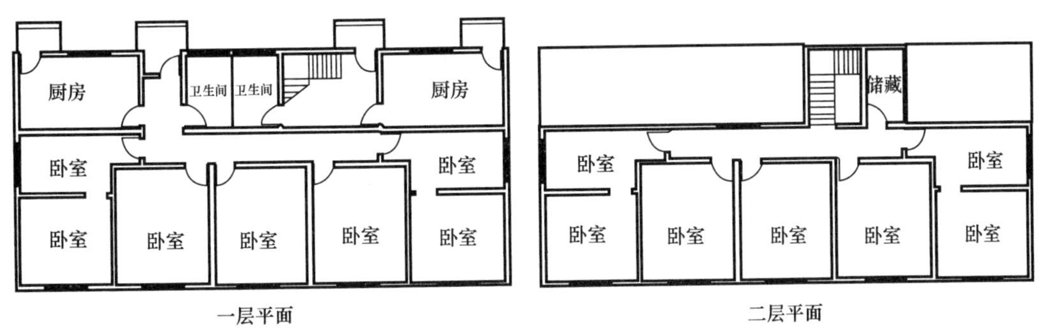

图 6-17　（曹杨新村）52-1 型住宅

（图片来源：王鹏．上海市低收入家庭居住问题研究．2007：87）

从 1954 年开始，住宅标准提高了，设计了内廊单元式住宅作为上海住宅的主要类型，南面为居室，北面为厨房和卫生间，2～3 户合用。[1]

1956 年的住宅设计，每个单元是 3 个 2 室户或者 2 个 3 室户，1 个 2 室户，建筑层数由 2 层提高到 3 层、4 层。[2]

1959 年国民经济大发展推动了上海的住宅建设，设计人员创作了 9 种类型住宅，除了内廊式外，还设计了外廊式、跃廊式。体形上打破了以往一字形的单调感，设计出蝴蝶式、凹凸式、踏步式等住宅单体。户型主要是 2 室户与 3 室户（图 6-18）。[3] 住宅设计开始注意房间面积的大、中、小搭配，而且每层均设了厨房和卫生间。

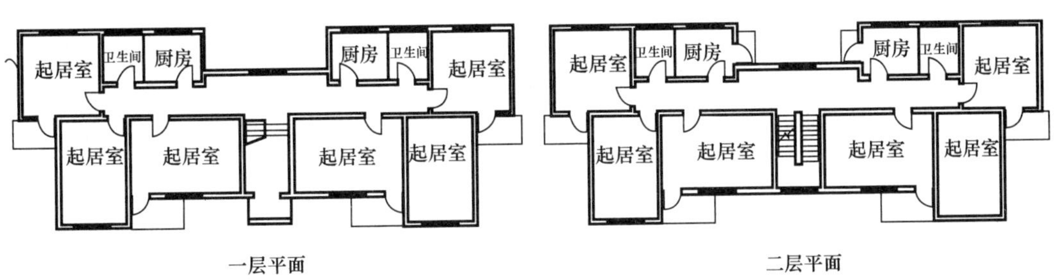

图 6-18　蝴蝶式住宅（1959 年）

（图片来源：王鹏．上海市低收入家庭居住问题研究，2007：87）

20 世纪 60 年代开始由于国民经济困难时期的到来，住房标准有所降低，除了造价控制得很低以外，在平面上也有所体现，1964 年设计的“64-3 型”住宅中，共用的厨房、卫生间面积被压缩得很小，而一些 1966 建设的住宅往往只设公共厨房，而不在单元内设卫生间（图 6-19）。[4]

---

[1] 《上海住宅（1949-1990）》编辑部．上海住宅（1949-1990）．上海：上海科学普及出版社，1993：56.

[2] 同上。

[3] 同上。

[4] 王鹏．上海市低收入家庭居住问题研究 [D]．上海：同济大学，2007：88.

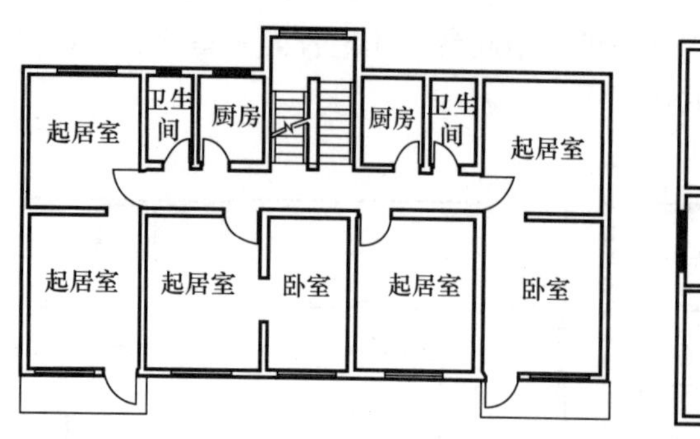

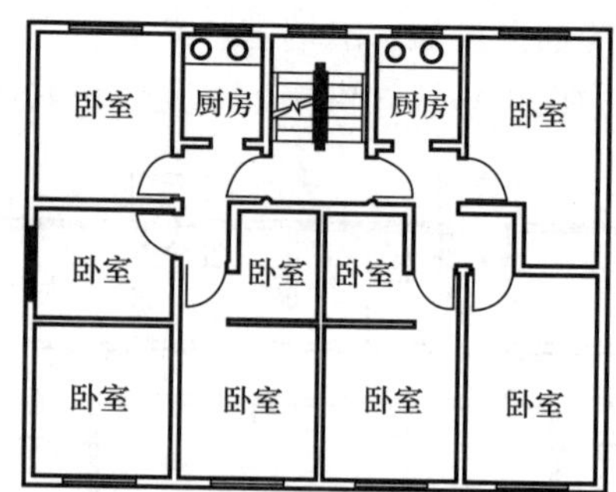

图 6-19　64-3 型（1964 年）（左）和华东住宅设计交流住宅（1966 年）（右）
（图片来源：王鹏. 上海市低收入家庭居住问题研究，2007：87）

图 6-20　番瓜弄住宅套型（1963 年）
（图片来源：《上海住宅（1949-1990）》编辑部. 上海住宅（1949-1990）. 1993：56）

住宅建设在强调“合理设计不合理分配”的指导思想下，户型设计不能适应近期分配的需要，造成了 2 户、3 户合用厨房和卫生间的现象。1963 年番瓜弄住宅套型就出现了这样的情况（图 6-20）。

20 世纪 70 年代中期开始，住房建设的标准开始有了略微的回升，建筑面积定额每户增到 42m²，住宅平面设计逐步向独门独户发展。1974 年设计的“74-1 型”住宅户型出现了多样化的倾向，一些套型有了数量更多的房间，厨房开始变大，除灶具外还可以较紧张地摆放下一张餐桌，卫生间为两户共用。1975 年设计的“75-1 型”住宅的标准进一步提高，每套住宅都有了独用的厨房和卫生间，厨房面积略微放大，包括了餐厅的功能，住户通过厨房进入主要房间，节约了交通所需的面积（图 6-21）。❶

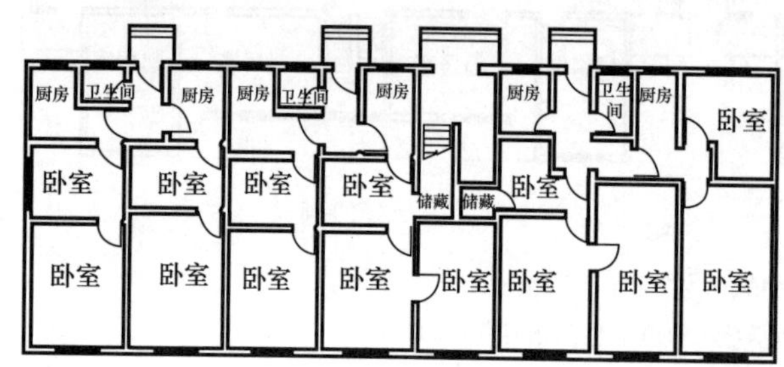

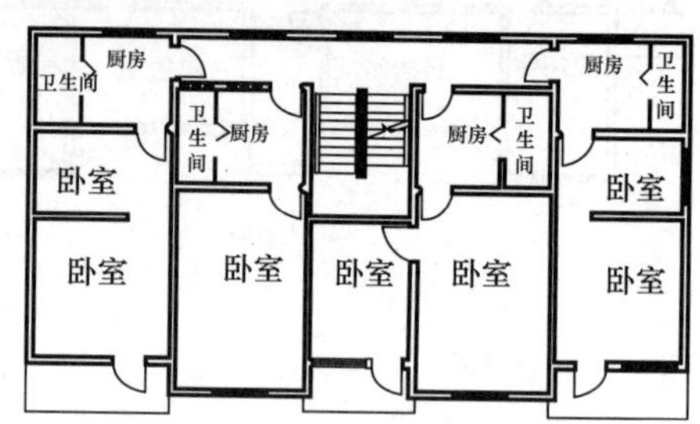

图 6-21　74-1 型（1974 年）（左）和 75-1 型（1975 年）（右）
（图片来源：王鹏. 上海市低收入家庭居住问题研究. 2007：88）

（2）改革开放后

20 世纪 80 年代初，上海的户均住宅面积指标提高到了 45～50m² 左右，这一条件保证了住宅的成套化建设。设计人员进一步解放思想，设计了宝钢点状平面，嘉定桃园新村的宝塔形、彩带形、蝴蝶形、曲尺形平面，解决西晒问题的锯齿形平面。

❶ 王鹏. 上海市低收入家庭居住问题研究 [D]. 上海：同济大学，2007：88.

1978年曲阳新村的一梯两户大进深户型，利用中部的开间设置了一个“小方厅”，其功能最主要是用作餐厅，避免了就餐产生的废物和气味对居室内部的影响，这时的“厅”实际上只在交通空间的基础上略微放大，能容纳的活动有限，而且采光和通风的条件都不理想（图6-22）。

1985年推出的“沪住-5型”住宅，标准层单元内四套住宅的户型分别为三室一厅、两室一厅和两套一室一厅。1987年的改进型“新沪住-5型”又增大了三室一厅所占的比例，相应地减少了一室一厅所占的比例（图6-23）。

与将不同使用功能的房间截然分开的方法不同，稍早一些设计的“沪住-12型”住宅则体现出另外一种设计思路，其对功能空间的分隔表现出更大的灵活性（图6-24左）。❶

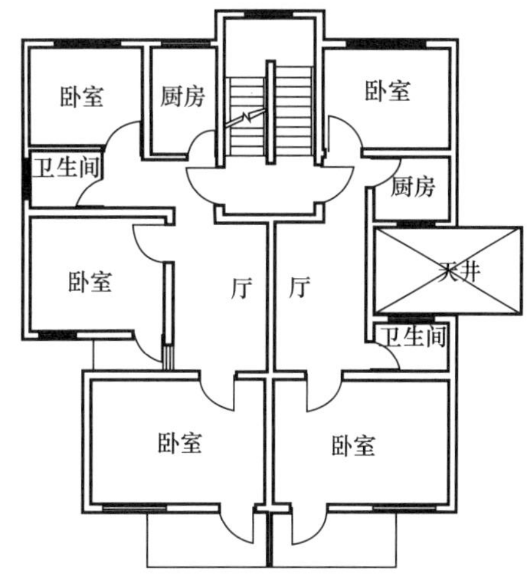

图6-22　曲阳新村多层住宅（1978年）
（图片来源：王鹏．上海市低收入家庭居住问题研究，2007：90）

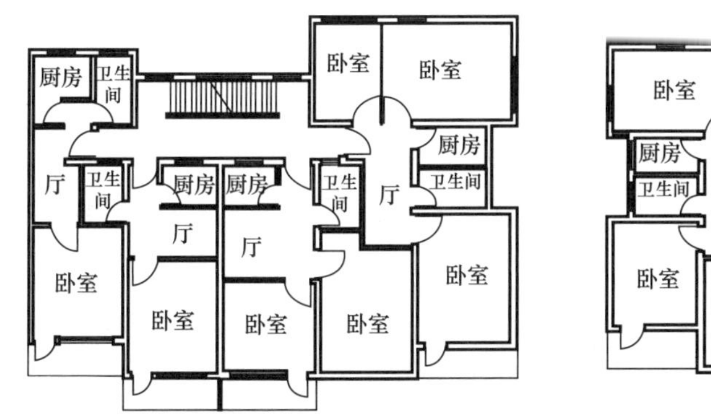

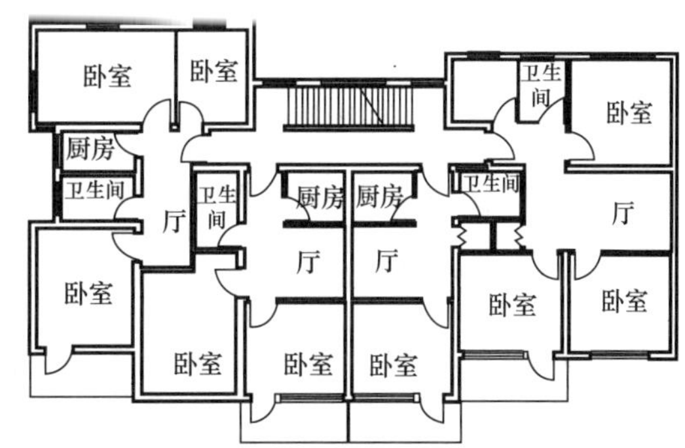

图6-23　沪住-5型（1985年）（左）和新沪住-5型（1987年）（右）
（图片来源：王鹏．上海市低收入家庭居住问题研究．2007：89）

（3）住宅市场化时期

20世纪90年代中期以后，在商品住宅成为住房供应主体的条件下，房型设计的趋势则义无反顾地走上了更加倾向于“舒适化”的道路。90年代中期开始，由于商品住宅逐渐成为住房市场供应的主体，主流的住宅户型发生了由“经济型”向“舒适型”的转变。“厅”的变化仍然是这一时期左右户型格局的最为重要的因素。由早期的“横厅型”向“直厅型”转化是此阶段住宅设计的突出特点，“三林苑”A型住宅的“L”形厅可以认为是这一转变的过渡型代表（图6-24右）。此后，新的户型结构很快地迈向了成熟，1996年设计的莲浦花苑月季座的户型（图6-25左）就已经形成目前主流的直厅式房型的经典结

❶　与20世纪80年代公房住宅设计多样化的发展趋势不同，普通商品住宅的主流户型结构反而趋向于单一化，由于“单元直厅式住宅”为市场普遍看好和接受，自然就成为了绝大部分商品住宅的基本模型。这种直厅式的结构在很多方面具有优势：其很好地实现了室内的“动”、“静”分区，“洁”、“污”分区，“公共”、“私密”分区，房间通风、采光良好，“厅”空间的视觉感受开畅，能够很好地满足起居和礼仪活动的需要。

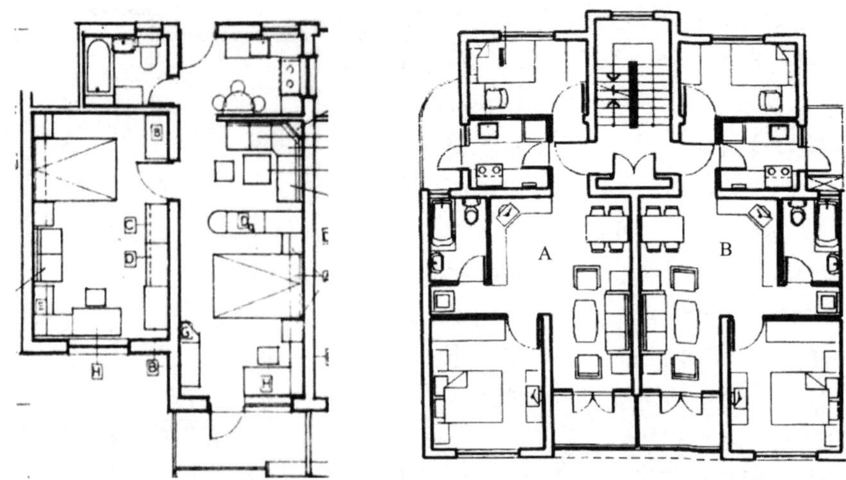

图 6-24　新沪住-12 型（1989 年）（左）和三林苑小区 A 型住宅（1994 年）（右）

（图片来源：王鹏. 上海市低收入家庭居住问题研究. 2007：90）

构："厅"的位置进一步前移，其主要活动区不再位于套型的中部，而是移到了南侧靠窗的位置，相应的交通流线也不再穿过客厅，在随后的几年里"厅"的尺度快速放大，其功能定位也不再仅仅是摆放家居、提供基本的起居活动条件的空间，而是扩大为一种追求舒适的、具有展示性和礼仪性的复合意图的空间。

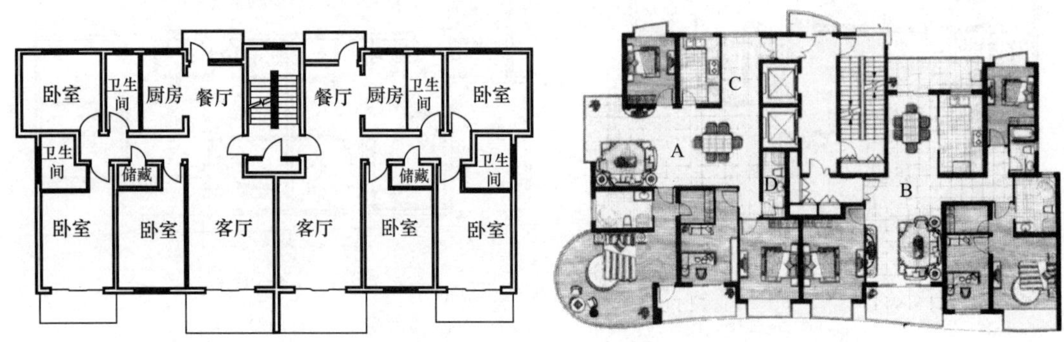

图 6-25　莲浦花苑月季座（2003 年）（左）；中凯城市之光（1996 年）（右）

（图片来源：王鹏. 上海市低收入家庭居住问题研究. 2007：89；

上海方方房产工作室. 上海房地产市场房型报告. 2004：32）

1998 年住宅完全市场化后，套型面积大幅度增加，同时，套型的功能空间的配置更加多样（图 6-25 右）。

（4）新政后（2005 年～）

2005 年，随着新旧"国八条"和"国六条"等一系列住宅政策的颁布，预示着我国的住宅建设步入了宏观调控阶段，市场住宅套型面积和功能空间的配置逐步回归理性（图 6-26）。新政后的住宅设计的发展和影响尚需时间方能看得清楚。

3. 功能空间的配置特点

上海住宅套型的发展和香港的公房住宅的发展颇为相似，纵观上海住宅套型的发展和套型功能空间配置的变化，上海有着自身的特点并为我们研究今天的住宅设计提供了宝贵的经验（表 6-6）。

图 6-26　万科新里程（2008 年）

（图片来源：http://sh.focus.cn/group/photo.php?group_id=114768-album_id=110-q_bedroom-2/2000 0 2）

（1）受地方地理、气候特点的影响以及对住宅通风的重要性的考量，上海的住宅多采用以一部楼梯（或加电梯）服务多户套型的单元式为主的组合方式。

（2）上海地区对抗震设防要求相对较低，在结构方面的限制相对较少。由此带来了套型设计中灵活自由的优势，曾经出现过丰富的套型模式，对于丰富住宅的套型设计具有重要的作用。

（3）上海早期住宅中功能空间类型较少，对空间功能不作过多明确的规定，多数套型只有卧室，同时兼具起居功能，随后的住宅中起居室、卧室、厨房、餐厅、阳台、卫生间、储藏间等基本的功能空间才开始基本具备。随着经济的发展，住宅标准的提高，主卧卫生间、储藏间、进入式储藏间、干湿分离等空间出现，居住品质明显提高。

（4）卧室是最基本的功能空间，开始只是解决基本的就寝问题；卫生间、厨房等功能空间在早期的公共住宅中集中设置，各户公用，标准条件较低。独立起居、厨房、餐厅空间的出现相对较晚。

（5）随着套型面积的增加，卫生间的数量相应增加。卫生间的洗浴、便器、洗脸盆、洗衣机等功能不分离，卫生设施集中，起到增大空间的作用。

上海不同阶段城市住宅套型功能空间配置比较　　　　**表 6-6**

年份	套型名称	功能空间														
		L	B	MB	PK	K	K/D	D	V	RV	T	MT	PT	S	ES	D/W
1952	52-1 型		√		√								√			
1959	蝴蝶型		√		√				√				√			
1963	番瓜弄		√		√								√			
1964	64-3 型	√	√		√				√				√			

续表

年份	套型名称	功能空间														
		L	B	MB	PK	K	K/D	D	V	RV	T	MT	PT	S	ES	D/W
1966	华东交流住宅	√	√		√											
1974	74-1 型		√			√							√			
1975	75-1 型		√			√			√		√					
1978	曲阳新村	√	√			√			√		√					
1985	沪住-5 型	√	√			√			√		√					
1987	新沪住-5 型	√	√			√			√		√					
1989	沪住-12 型	√	√			√			√		√					
1994	三林苑 A 型	√	√	√		√			√		√			√		
1996	莲浦花苑	√	√	√		√		√	√	√	√	√			√	
2003	中凯城市	√	√	√		√		√	√	√	√	√		√		√
2008	万科新里程	√	√	√			√		√	√	√	√				

注：L——起居室，B——卧室，MB——主卧室，P K——公用厨房，K——厨房，K/D——餐厨合一，D——餐厅，V——阳台，RV——服务阳台，T——卫生间，MT——主卧卫生间，PT——公用卫生间，S——储藏间，ES——进入式储藏间，D/W——干湿分离。

资料来源：本研究整理。

4. 上海住宅的发展与借鉴

上海住宅的发展呈现以下几个特点：

（1）多层走向高层

新中国成立初期，限于经济发展的约束和住宅建设技术的水平相对较低，为解决当时大量城市人口的居住条件的改善问题，上海以发展 5～6 层的多层住宅为主，就是现在被称作“老工房”的这批住宅，为解决上海普通民众的居住问题发挥了重要的作用。

随着经济的发展，市区人口的剧增，住宅用地问题的矛盾越来越突出，早在 20 世纪 70 年代，上海就尝试发展高层住宅解决人多地少的矛盾。改革开放后，特别是 1998 年后，上海住宅走向完全的市场化，土地实行招拍挂，土地的价值以前所未有的高度体现出来，在相同的用地情况下，提高住宅建筑的容积率成为适应这一发展形势的主要选择，上海的住宅建设由多层走向高层化的发展。

（2）住宅形式变化

1）多层住宅：多元走向单一

在计划经济时代，初期的住宅设计受面积标准和经济水平的限制，住宅的户型相对单一；进入 20 世纪 80 年代，上海的户均住宅面积指标提高到了 45～50m^2 左右，为设计提供了更多可以发挥的空间，宝塔型、彩带型、蝴蝶型、曲尺型、锯齿型等多种形式的住宅平面同时出现，为居民提供了更多选择的同时，极大地丰富了城市形象；进入市场化后，以追求利益最大化和收益的稳定为主要目标的商品住宅的开发，往往由于某种形式的住宅为市场普遍看好和接受就成为了绝大部分商品住宅模仿的原型，反而导致了普通商品住宅的主流套型结构趋向于单一化。

2）高层住宅：长廊走向短廊

为解决高层住宅由于公共部分面积大所带来的高层住宅的得房率低下的问题，上海高层住宅的外形在 20 世纪 70 年代以廊式住宅为主（图 6-27）。

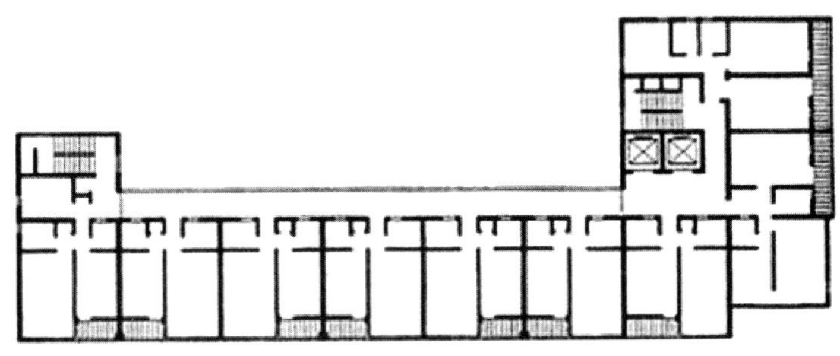

图 6-27　上海 20 世纪 70 年代某单外廊住宅平面

（图片来源：吕俊华，彼得・罗，张杰．中国现代城市住宅（1840-2000）．2003：181）

在进入 20 世纪 80 年代以后，点式、塔式高层住宅因其投影面积较小，在满足基本的日照卫生要求的同时利于节约住宅用地等特点而成为这一时期的主流（图 6-28）。

图 6-28　上海 20 世纪 80 年代点式、塔式住宅平面

（图片来源：上海市建设委员会．上海八十年代高层建筑．1991：199）

但点式和塔式住宅日照条件不均、通风效果差的弊端也逐渐显露，到 90 年代以后，板式住宅进深小、通风好的特点决定了其成为上海住宅的主流。住宅的面积指标越来越大，空间越来越多，通过增加套型使用空间的面积降低公共部分的分摊面积借以提高住宅的得房率是这一时期的主导（图 6-29）。

图 6-29　上海 20 世纪 90 年代经济适用房住宅平面

（图片来源：全威提供，2006）

在“国六条”等新政的面积指标控制下，一梯两户的板式住宅布局因其得房率低下，将退出住宅市场，取而代之的是在有限建筑面积条件下可以较好地降低分摊面积的一梯多户或廊道式住宅类型。

6.3 紧凑型集合住宅设计策略

我国住宅发展的大部分阶段走的都是一条以中小套型为主的发展道路，对于在小面积条件下设计住宅已经积累了丰富的经验。在以省地为根本目的的紧凑型住宅设计中应该重新认识住宅的各功能空间的根本含义，并在重新定位的基础上借鉴这些宝贵的经验。在现有套型基础上所作的改进和创新是紧凑型住宅设计中的一条很重要的途径。

6.3.1 紧凑型集合住宅设计策略

从以往的大套型大面积走向紧凑、合理的面积标准的住宅基本设计的策略中很重要的一条是在现有相对比较成熟的户型平面基础上，压缩面宽与进深、合并功能相近的空间、控制建筑面积，从而满足相应的面积标准要求。

1. 压缩功能空间的进深与面宽

通过研究人体家居活动所需基本尺度要求及满足家居生活需求的家具的摆放所需的最小尺寸，考虑住宅中承担社交活动的功能空间多由住宅内部转向外部的公共服务设施（如会友、宴请等活动多在家庭外部的公共餐厅、酒吧进行）的生活方式的变化以及科技进步带来了家电产品的小型化（如超薄电视、液晶电视）等特点，合理压缩起居、餐厨、休息等空间的进深与面宽，减少功能空间的使用面积，从而在整体上压缩住宅套型的建筑面积。

2. 功能空间集约化设计

在满足通行、安全疏散等基本要求的条件下，减少单元入口门厅面积，合理布置公共走廊、楼电梯间，减少交通空间所占面积，降低公用面积分摊；在满足户内隔声要求的前提下，采用新型结构形式和轻质墙体材料，缩小结构尺寸；通过将用水房间、用水设备集中设置，减少管道井数量及尺寸等集约化的方法可增加使用面积，从而达到减少套型所需建筑面积的目的。

3. 分解公共部分建筑面积

在多层住宅中，楼梯占公共面积的主要部分，将楼梯下部空间作为对层高要求不高的储藏、卫生等空间，将楼梯间的面积分解到使用面积中，通过减少公共部分建筑面积达到降低套型建筑面积的目的（图 6-30）。

4. 功能空间复合使用

在有限的面积条件下，宜将功能相似、相近的空间复合使用，采用灵活分隔的方法，提高空间的使用效率，如：通过适当简化起居空间家居布置，减小家具尺寸；使用方便移动的餐桌椅和小尺寸桌椅，合并起居厅与餐厅空间，提高起居厅的使用效率等。

5. 卫生空间功能分离

将卫生空间洗浴与便器功能分离，满足不同功能同时使用的要求，提高使用效率和使

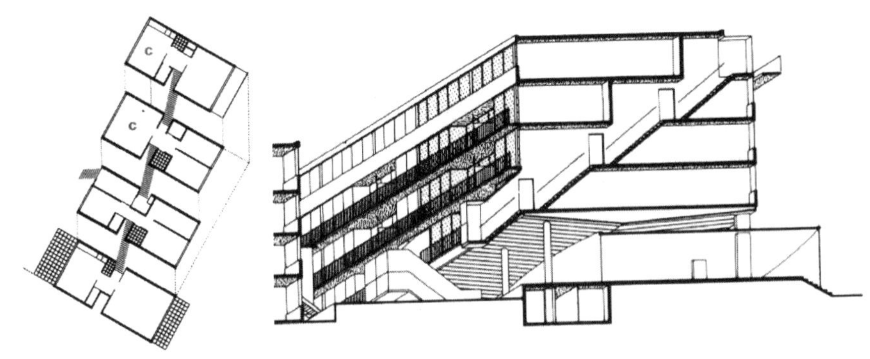

图 6-30　荷兰 Amsterdam-Nord 住宅剖面

（图片来源：Friedrike Schneider. Floor Plan Manual Housing. 2004：155）

用的舒适性；对于独立便器空间，可考虑与洗衣空间合用，设置折叠式熨衣、烘干等设备，增加贮藏空间，提高空间的使用效率；独立洗浴间应设贮藏空间，方便洗浴用品的取放，提高使用舒适性；卫生间、便器间的门采用外开门、推拉门或折叠门，节约使用空间的同时兼顾老年人的使用安全性（图 6-31 左）。

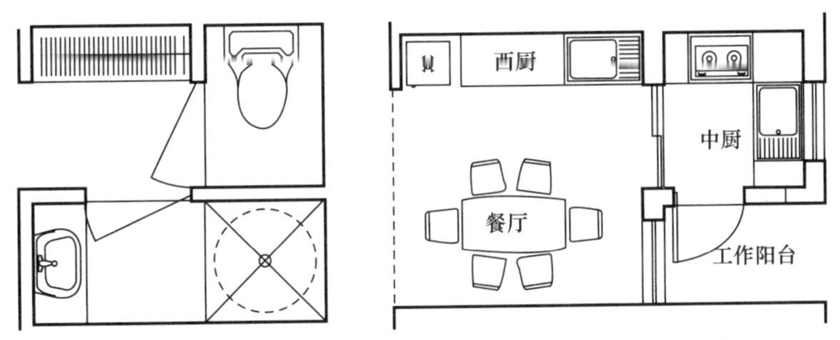

图 6-31　卫生空间功能分离（左）和中西厨设置（右）

（图片来源：本研究整理）

6. 厨房设备紧凑布置

厨房选择占用空间少的设备，或将设备在竖向空间布置。设置双厨（中西厨房），将油烟大的中厨用门隔开并对外开窗，西厨则用作餐前准备、冷餐制作及微波炉、电饭煲的操作，与餐厅合并，并向起居室开放，使厨、餐、起居空间连续，互借，扩大空间感，提高空间的使用效率（图 6-31 右）。❶

7. 增加储藏空间

针对不同类型的储物尺寸，设置不同规格大小的储藏空间，提高储藏空间的利用率；充分利用竖向空间，将入口、走廊的上部空间设计为贮藏空间，增加储藏可能性，保持使用空间的整洁完整，提高生活居住品质。

8. 利用尽端单元

尽端单元具有采光面多的优越条件，可将端单元设计为小套型，增加端单元户数，以提高楼、电梯的使用率，降低公摊的公共交通面积，增加住宅总套数，提高住区套密度（周燕珉，2008）。

---

❶ 周燕珉. 厨卫设计更趋人性化. 建设科技（半月刊），2004，13：51.

9. 飘窗的运用

飘窗和转角凸窗能增加室内的有效使用面积，使一些尺寸较小的房间能够更好地满足使用要求，同时使得房间的采光面和视野面加大。在平面设计中，能够在减少面宽，加大进深的同时，保证房间的采光。

6.3.2 紧凑型集合住宅设计借鉴

国外许多发达国家的国情虽与我国不同，但在住宅设计中的创新思路和方法却对我们的住宅设计有着重要的借鉴意义。学习他们在住宅设计中的创新的思考方法对于拓展以“紧凑居住”为核心的省地型住宅的设计思路和解决设计中所遇到的一些矛盾和问题具有重要的意义。同时，国外在住宅设计中的一些新颖的理念和灵活的手法可以进一步提升我们对住宅空间的认识，推动紧凑型住宅的设计实践。

1. 单外廊平面（the corridor plan）

单外廊式住宅曾是我国 20 世纪 70 年代普遍采用的形式，其最大的优点就是由于多户同层使得公摊面积小，得房率比较高。但由于朝向走廊的房间受外廊人流的视线干扰，特别是在上海地区，由于噪声干扰及通风不畅等原因，一度被边缘化。如针对外廊式平面的主要问题稍作调整，在外廊与建筑主体之间留出一定的空间（图 6-32），减小外廊视线的干扰，增加通风的可能，缓解单外廊平面所存在的问题，仍可发挥这种平面类型的优势。在上海地区，尚可在外廊外侧采用玻璃、百叶等遮挡措施，阻隔外界的噪声及视线的干扰，抵挡冬日寒风的侵袭，提高使用的舒适性（图 6-33）。

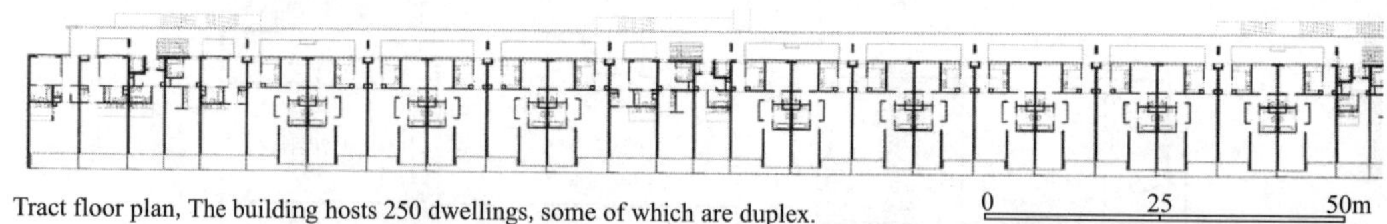
Tract floor plan, The building hosts 250 dwellings, some of which are duplex.

图 6-32 the beam resaidential block 平面（Vienna Autria）
（图片来源：Carls Broto. New Housing Concept：12）

图 6-33 the beam resaidential block 外立面（Vienna Autria）
（图片来源：顾航宇，2007）

2. 环路平面（the circle plan）

环路平面是将住宅中私密性要求较高的空间（卫生间）或设备管线集中的厨房、卫浴空间作为住宅的中心，其他功能空间围绕其布置，空间之间不作非常明确的分隔与划分，各功能空间复合使用，空间之间可以互借融合，整体空间显得开敞通透；在较小的空间中，路径的多选择性带来使用功能的多样性，使用者还可根据使用要求，在不同的时间、季节针对不同的功能使用要求进行适当的分隔（图 6-34）。上海的冬、夏季气候特征分明，使得居住空间的保温和通风要求的侧重不同，所以上海的中小套型住宅设计应重视住宅内部空间灵活分割、可分可合的可能，满足冬季封闭保温、夏季开敞通风的不同要求，增加居住的舒适性。同时，对于降低住宅的日常能耗也具有重要的作用。

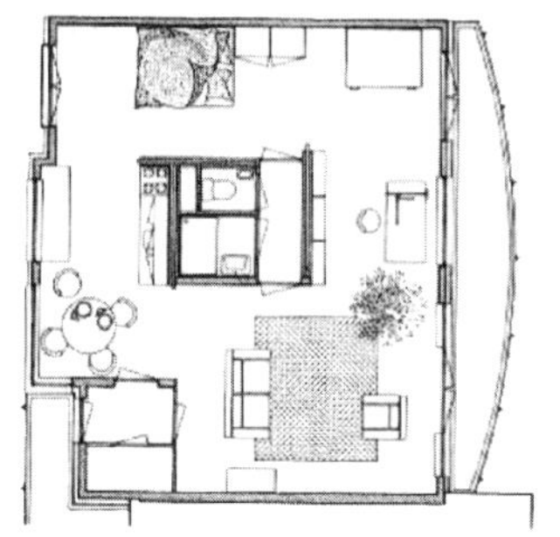
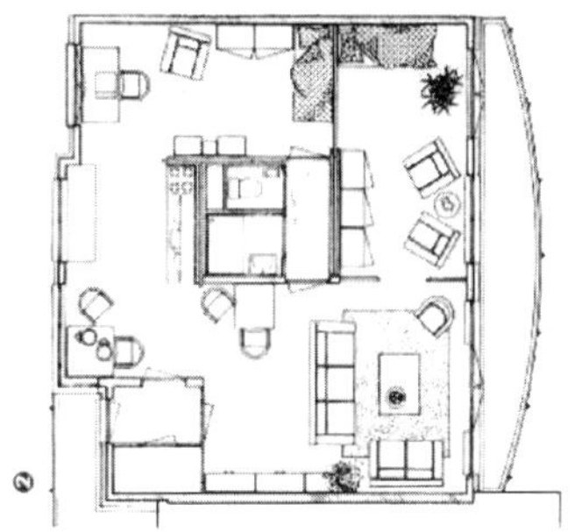

图 6-34　荷兰阿姆斯特丹 Dapperbunt Wagnenastrasse 住宅平面
（图片来源：Friedrike Schneider. Floor Plan Manual Housing. 2004：86）

3. 可变空间（the flexible floor plan）

集合住宅所提供的大量平均统一、模数化的居住空间与其满足不同规模与组成的家庭变化以及生活要求的目的构成一个矛盾体，所以集合住宅在多大程度上平衡这一矛盾是衡量设计成功与否的重要标准。Steven Holl 设计的福冈住宅（Fukuoka Housing）为这一矛盾的解决提供了新的思路，该住宅将室内的墙体设计为可以其一边或两边为轴转动的部件，各部件可在转动的过程中互相组合、分隔、围合生成各种大小不同的功能空间。这种变化产生的各种可能性也就为满足不同的居住者的不同使用要求提供了可能，在一定的程度上解决了集合住宅中一般性要求与特殊性要求之间的矛盾（图 6-35）。

4. 中性空间（the neutral-function space）

面对不确定的使用者和不同的使用要求，采用与可变空间反向的思维方式，各空间平均对待，不作功能划分，实现空间的无属性，以不变的平面应对万变的使用要求，在某种情况下也不失为一种解决问题的方案（图 6-36 左）。如在对上海的“丁克家庭”❶ 及“空巢家庭”❷ 的调查与研究中发现，由于家庭结构组成（两人组成）的原因，多数居民希望居住空间（主要是卧室）的功能和面积能够对称设置，不做主、次卧室的区别，方便生活起居的同时体现家庭成员的家庭地位的平等关系（梁旭、黄一如，2005；陈凌，2005）。上海中小套型住宅的设计，如重视类似空间（卧室、书房）的设计对于降低套型建筑面积具有重要的作用，同时可增加功能空间使用的灵活性与可能性。

图 6-35　日本 fukuoka 住宅平面局部
（图片来源：Friedrike Schneider. Floor Plan Manual Housing. 2004：157）

❶ 梁旭，黄一如. 城市“丁克家庭”居住问题初探. 建筑学报，2005，10：44-46.

❷ 陈凌. 上海地区空巢家庭居住问题研究［D］. 上海：同济大学，2005.

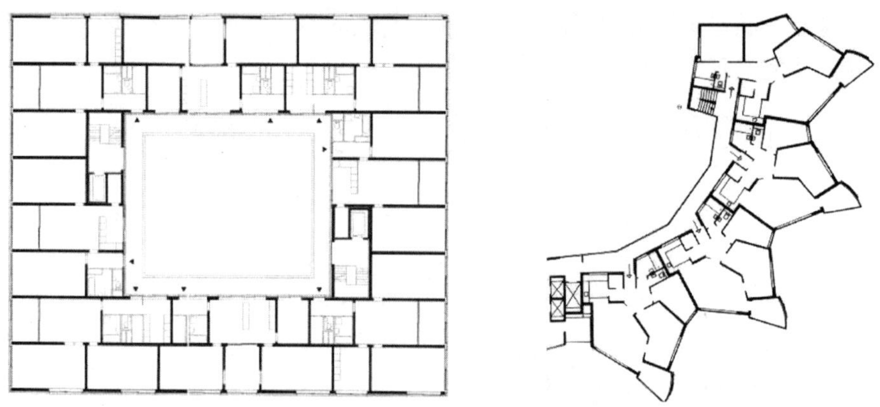

图 6-36 阿姆斯特丹 KNMS-and-Java-Eiland（左）和斯图加特“Romeo und Julia”（右）
（图片来源：Friedrike Schneider. Floor Plan Manual Housing. 2004：132，211）

5. 有机平面（the organic floor plan）

有机平面的设计是将各功能空间的入口尽量靠近入户公共空间，户型平面中的交通空间的面积被分解到各个房间中，将非必要的交通面积做到最小，增加使用空间的面积，同时突破住宅空间一定是矩形的思维定式，对于不规则的建设用地，通过发挥设计的优势，充分利用规划用地，提高用地的套密度与容积率，达到节能省地的目的（图 6-36 右）。

以上介绍的几种设计方法并不都适应上海的住宅设计实践，但这些例子说明住宅的设计尚有许多的空间可以探索，隐藏在设计形态表面之下的创新思维方式才是真正值得学习借鉴之所在。只有设计理念和方法的创新才是中小套型住宅在有限的面积条件下，居住品质不“倒退”，生活质量不降低的重要保证。

6.4 紧凑型住宅设计实践

6.4.1 适应青年人群的紧凑居住设计实践

松江某国际青年城，就是针对特定青年人群的居住需求而开发的项目，是对于紧凑居住问题的一些研究成果的实践应用。

1. 项目概况

该青年城基地位于松江区新桥镇镇中心地块，周边交通较为便利，自然水系流经小区，形成丰富的水景观，周边交通便利，距莘庄地铁 10 分钟车程，5 分钟可抵达沪杭高速公路。西邻镇内主要干道中心路，南邻规划中的洪家河沿河景观带，北面是新建的小区道路，东面与原有住宅区相邻。基地占地面积约 59577m^2，地块呈矩形（图 6-37）。

2. 总体布局

住区总体布局分为三块，西侧靠中心路区域为商业/公寓酒店区，1～3 层局部主要为青年城配套的商业及活动设施，包括五星级巴士站、青年健身俱乐部（1000m^2）、ATM 取款机、洗衣店、24 小时便利店等，3～9 层主要为公寓酒店，并在建筑地下层设有专为

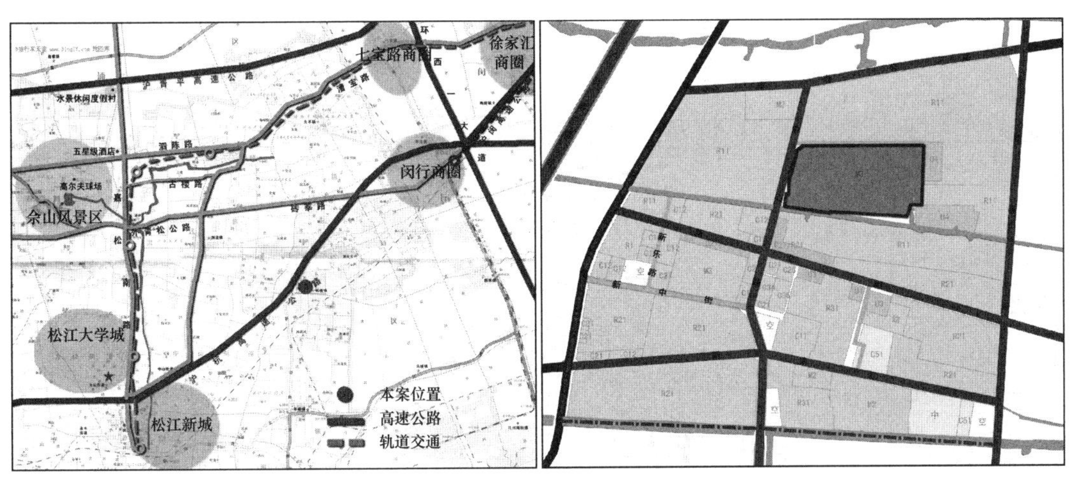

图 6-37　松江某青年城区位及周边状况

（图片来源：本研究整理）

商业服务的地下停车库。南侧沿洪家河为两排 14 层小高层区，房型以比较紧凑的小户型为主，北侧及东侧为 4 层的多层青年排屋区，房型设计新颖实用（图 6-38）。

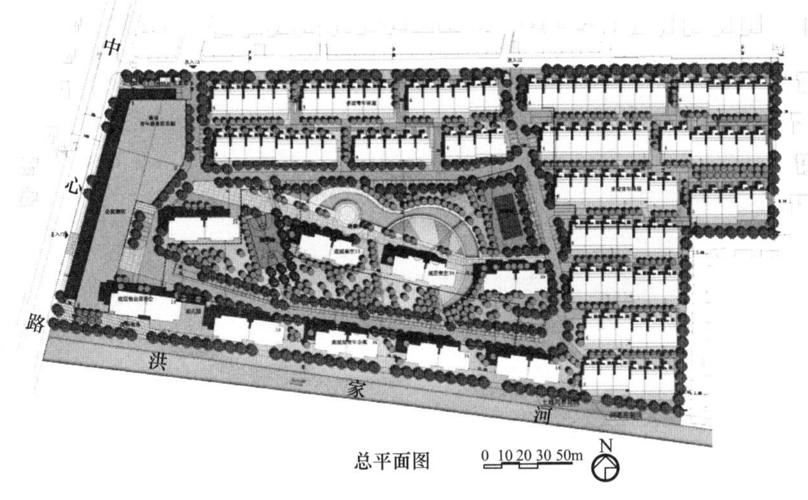

图 6-38　住区总平面图

（图片来源：本研究整理）

3. 建筑设计

该住区主要面向城市青年人群，住区住宅类型分为 14 层小高层住宅和多层高密度排屋住宅两类，针对不同的建筑类型，设计中也采取了不同的设计策略。

（1）多层排屋

住区内的多层排屋面积相对较大，设计中通过弱化支撑体系的限制以及降低公共部分建筑面积的方法实现使用的灵活性与使用空间的高效率（图 6-39）。

1）异形柱框架结构

多层住宅采用异形柱框架结构，在保证功能空间的完整性的同时，带来居住空间使用

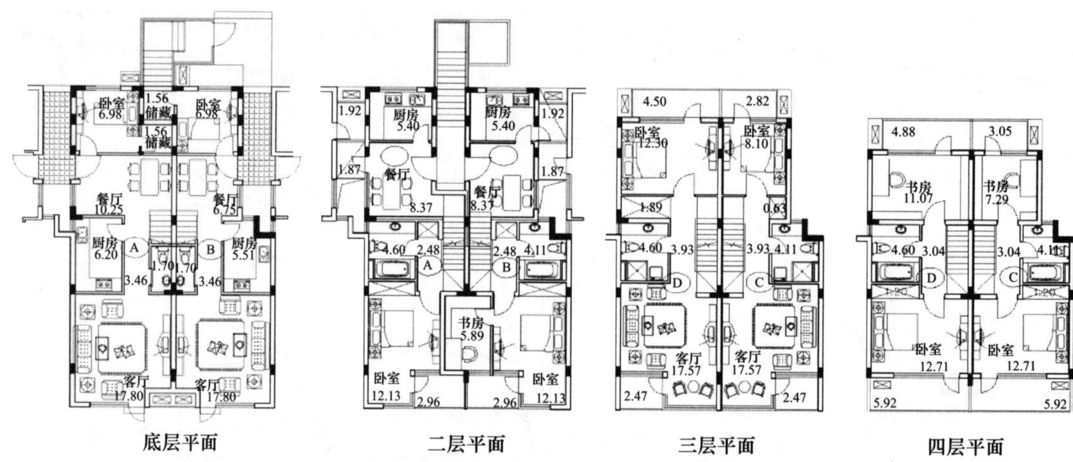

图 6-39　多层住宅套型平面

（图片来源：本研究整理）

的灵活性，减少墙体对使用空间的限制与隔断，各功能空间之间互借、通透、融合，在有限的面积条件下创造开敞、灵活、通透的空间品质。

2）使用面积系数

考虑到多层建筑楼梯是公共分摊面积的主要部分，设计中将楼梯的面积分解，充分利用楼梯间下部空间用作卫生间、储藏等对空间要求相对较低的功能以及跃层式的套型，实现使用面积的最大化（表 6-7）。

多层住宅套型面积指标　　**表 6-7**

名称	套型	套内使用面积（m^2）	套内建筑面积（m^2）	套型建筑面积（m^2）	公摊面积（m^2）	使用面积系数（%）
A	两室两厅两卫	71.15	85.59	86.93	1.34	
B	两室半两厅两卫	72.37	84.51	85.84	1.33	83.07
C	三室两厅两卫	93.53	108.03	114.10	6.07	82.73
D	三室两厅两卫	107.17	121.66	128.50	6.84	

注：使用面积系数指标准层使用面积系数。表中套型建筑面积指标为方案阶段的统计结果。套型建筑面积未计入保温层面积，阳台按投影面积计入；套内建筑面积去除套型外公共交通面积，阳台按投影面积计入；得房率未计入住区其他公用设施分摊面积，只在整栋建筑内公共面积分摊平衡计算。

资料来源：本研究整理。

3）多功能房

利用楼梯间的面宽，在部分套型（B 套型）中设置多功能房，该空间与同侧的卧室空间可分可合。分则可在日后的使用中，根据居住者不同的使用要求用作书房、婴儿房、工作间、储衣间、娱乐室等多种功能；合则可大幅度增加卧室的使用空间，极大地提升卧室空间的使用舒适性和套型的整体品质。

（2）高层住宅

住区的高层住宅以小于 $90m^2$ 的紧凑型中小套型为主（表 6-8）。为发挥住区总体规划中集中景观绿地在高层住宅北侧的特点，高层住宅套型中的端单元套型将起居、用餐等公共部分空间放在套型的北侧（图 6-40）。

高层住宅套型面积指标　　**表 6-8**

名称	套型	套内使用面积（m²）	套内建筑面积（m²）	套型建筑面积（m²）	公摊面积（m²）	K 值
A1	一室户	31.81	37.85	43.84	5.99	
B1	两室半厅一卫	46.20	65.23	75.55	10.32	86.3%
C1	三室两厅一卫	68.44	78.93	91.42	12.49	
A2	一室户	32.69	37.23	42.87	5.64	
B2	两室两厅一卫	59.23	68.32	78.66	10.34	86.9%
B3	两室两厅一卫	59.19	68.56	78.94	10.38	

注：表中套型建筑面积指标为方案阶段的统计结果。套型建筑面积未计入保温层面积，阳台按投影面积计入；套内建筑面积去除套型外公共交通面积，阳台按投影面积计入；得房率为标准层内公共面积分摊计算的结果。

资料来源：本研究整理。

在高层住宅的设计中，实现紧凑居住的策略主要有：

1）餐厅与起居厅合并

根据套型的规模进行适当的功能空间的合并，对于 B1、B2、B3 等中套型住宅（2 个居室以上）仅将餐厅与起居厅合并，对于 A1、A2 等小套型住宅（1 个居室）则将卧室与起居厅合并（图 6-40）。

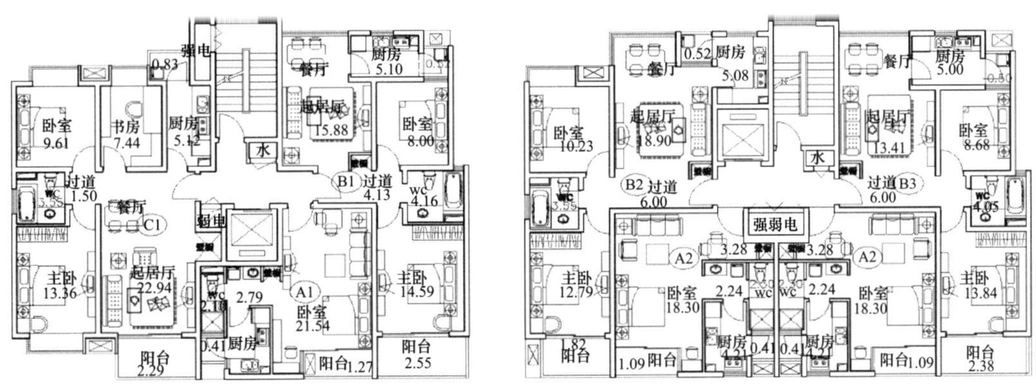

图 6-40　高层住宅标准层套型平面

（图片来源：本研究整理）

2）卧室与起居空间

考虑到如 A1、A2 等小套型多作为青年单身或结婚过渡之用的实际使用要求，住宅不作卧室与起居空间的功能分隔，住户完全可根据自己的需要进行简单的软质装修的空间划分，提高空间的使用效率，保证起居空间具有较为充裕的自然采光。同时，不作建筑空间的分隔也可增加小面积条件下住宅空间的开敞，有利于通风和室内空气环境的提升。

3）厨、卫、浴空间集中设置

A1、A2 等小套型住宅的厨、卫、浴空间集中设置，保证设备管线的集中，减少管道空间的面积占用，合理地提高套内使用空间面积。

4）压缩功能空间面宽

对于 B1、B2、B3 中套型住宅，适当压缩起居空间的面宽，适应家电趋向轻、薄的特点，保证卧室空间的合理面宽，也即保证套型内核心空间的品质不降低。

5）卫、浴分离

A1、A2 等小套型住宅的卫、浴空间分离，满足该空间在早、晚使用高峰时段多人同时使用的要求，功能互不干扰，提高空间和洁具的利用效率。

6.4.2 2008 年社会保障型住宅竞赛设计

为贯彻落实《国务院关于解决城市低收入家庭住房困难的若干意见》（国办发［2007］24 号）的通知精神，切实解决城市低收入家庭的住房困难，中国建筑学会从 2008 年 2 月 15 日开始，在全国范围内开展了全国保障性住房设计方案竞赛，竞赛于 2008 年 8 月 30 日结束。

作者参与了这次竞赛设计，在以往积累的研究成果的基础上，认真研究设计竞赛任务书，形成了“以持续可居性为核心的经济适用房设计策略”和“以广泛适应性为核心的廉租房设计策略”，并获得竞赛二等奖。在竞赛设计中主要应用了本研究形成的一些策略和方法，对社会保障型住房的设计进行了有益的尝试。

1. 套型设计策略

竞赛任务书要求参赛方案的套型设计以解决低收入家庭的居住困难问题为基础，并充分考虑代际关系和居住行为、住宅使用功能与空间的组合，以满足低收入家庭的基本居住生活需求为前提，严格控制面积标准，套型建筑面积要求廉租房设计面积控制在 $50m^2$ 以内，经济适用房设计面积控制在 $60m^2$ 左右，套型建筑面积中包括建筑的公摊面积。设计中，考虑到我国南北方地区差异所带来的居住习惯的不同以及研究成果是在上海这样一个南方城市，我们将南方地区作为方案存在的区域基本限制条件。

在套内空间有限的情况下，独立居室在数量上历时性变化的可能性是决定经济适用房套型使用可持续的关键因素。在方案设计中，回归居住问题的本质，将就寝空间作为设计的核心和出发点，充分考虑住宅套型对家庭结构变化的适应性，通过仔细推敲开间、进深尺寸以及开窗位置，设置可灵活分隔的大开间结构，采用多种空间分隔方式，餐起合一，中西厨分离，卫生间干湿分离等方式，既增加了有限空间的通透性，又保证了各项使用功能的基本舒适性，通过精细化和净尺寸模数化的设计方式，建立起与住宅产业化之间的桥梁（图 6-41）。

（1）大开间

设计采用 6.0m×8.8m 的大空间构成套型的基本平面空间，大开间结构内部采用可移动隔墙和家具进行空间的划分和分割，以形成多种空间分隔方式；同时，通过仔细推敲开间、进深尺寸以及开窗位置等方式，既增加了有限空间的通透性，又保证了各项使用功能的基本舒适性。在满足户内隔声要求的前提下，采用新型结构形式和轻质墙体材料，减少结构占用尺寸面积（图 6-42）。

（2）净尺寸模数

引入净尺寸模数的概念，即设计以 3M 为基本模数，实现室内净使用空间的模数化。使用净尺寸模数，可以相对容易地实现住宅室内设计中各界面平面和空间分割的统一和对应；家具的选择和摆放更加合理，增强家具使用的适应性；也可减少装修时建筑材料在房间的边角部位的裁剪所造成的不必要浪费。

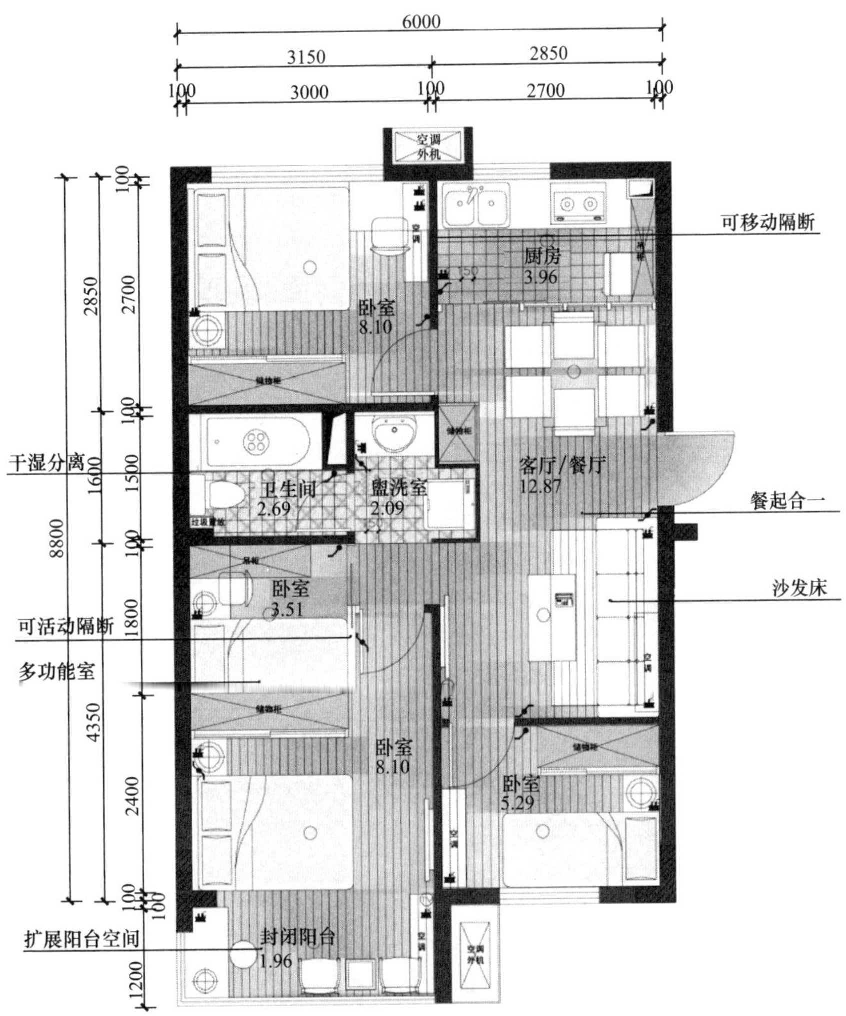

图 6-41　套型平面
（图片来源：本研究整理）

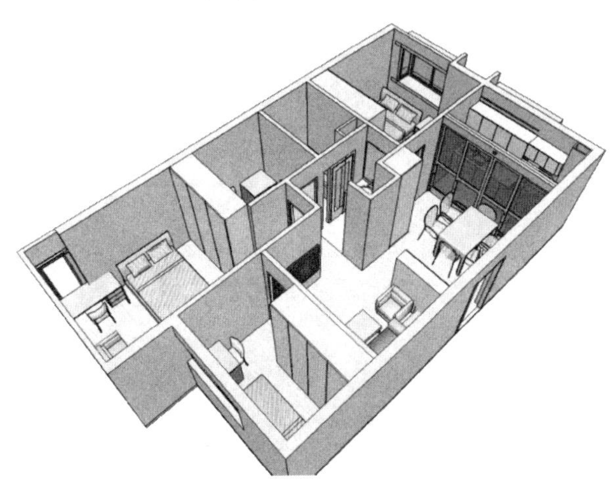

图 6-42　大开间
（图片来源：本研究整理）

（3）就寝空间

以就寝空间为设计的核心，即以“床”作为基本单元，以居室数量的多种可能性变化满足经济适用房使用家庭的人口结构和成员数量的变化。在有限的面积条件下，提供尽可能多的就寝方式以适应家庭结构的变化，住宅套型可根据经济适用房家庭的自身状况，满足 1～7 人的不同家庭的基本居住要求（图 6-43）。

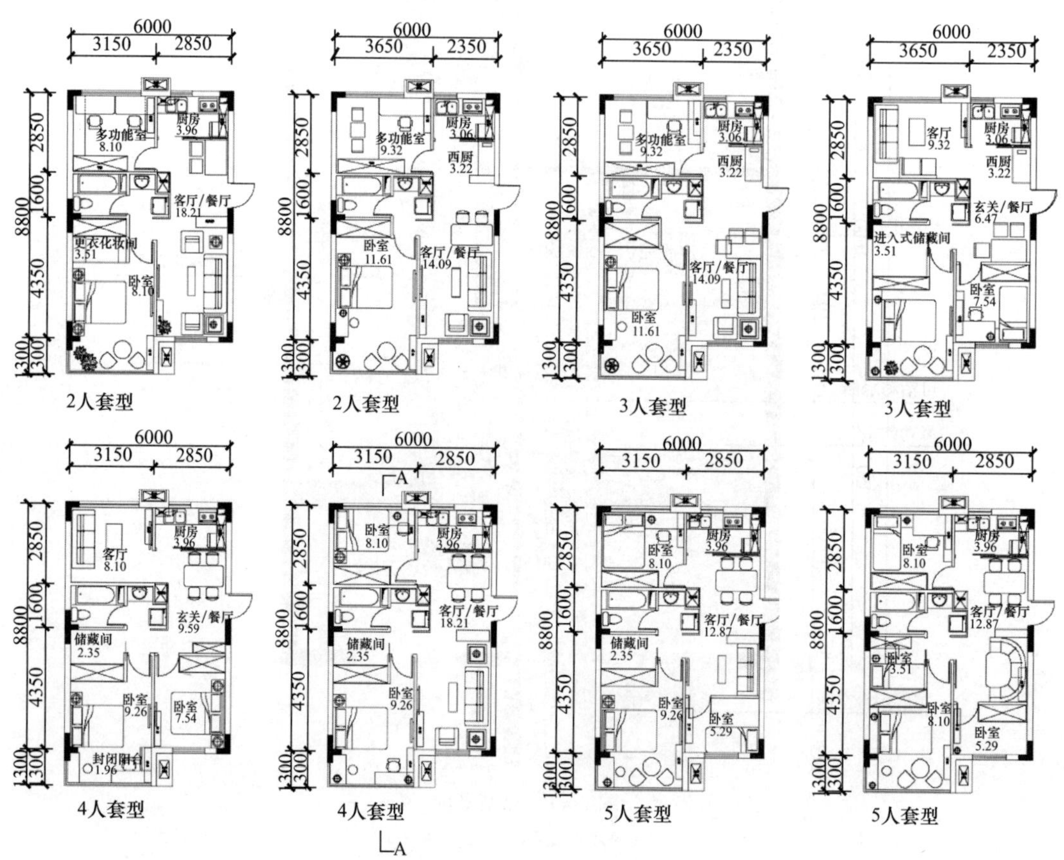

图 6-43　基本住宅的平面变化

（图片来源：本研究整理）

（4）卫生间干湿分离

将卫生间盥洗功能与洗浴、便器功能分离，满足不同功能同时使用的要求，提高空间的使用效率，实现使用的便捷高效；将盥洗与洗衣空间合用，洗衣机上可以设置折叠式熨衣、烘干等设备，并增设贮藏空间，提高空间的使用效率。

（5）精细化设计

只有精心设计套内各个空间，并考虑适应未来装修的可能性，才能在小面积条件下，实现套内空间使用的基本舒适性要求。如设计中考虑电源开关、插座的布置位置和布置方式，灯具的布置位置，避免装修时有过多的修改，带来日后使用的不便；精心考虑空调机位的设置位置，满足空调外机摆放的可能性的同时，考虑方便空调外机的安装和维修，并结合住宅外立面设计综合考虑，提高住宅的品质。

(6) 餐起合一

在有限的面积条件下，将功能相似、相近的空间复合使用，采用灵活分隔的方法，是提高空间的使用效率的重要手段。本设计将餐厅与起居室功能合并，空间之间可以互借融合，整体空间显得开敞通透。通过简化起居空间的家居布置，使用简单的沙发床，减小起居空间的占用面积，实现起居空间的多功能利用。

(7) 移动隔断

将室内厨房左侧墙体和卫生间右侧墙体设计为可以移动的部件，各部件可在移动的过程中互相组合、分隔、围合生成各种大小不同的功能空间。这种变化产生的各种可能性也就为满足不同的居住者的不同使用要求提供了可能，在一定的程度上解决了集合住宅中一般性要求与特殊性要求之间的矛盾。

(8) 多功能室

在卫生间与南侧卧室之间设置多功能房，多功能房与南侧卧室之间用可移动的家具（衣橱）进行分割，同时，多功能房右侧设置可南北向移动的活动墙体，与活动衣橱一起围合形成不同使用功能的空间：小卧室、进入式储藏间、书房、婴儿房等多功能空间；在家庭人口较少时，则可取消多功能房，与南侧卧室合并，形成较大的就寝空间，作为主卧室或双人卧室。

(9) 中、西厨分离

考虑设置双厨（中西厨房）的可能，用户可根据生活习惯和自身的需要，进行简单的适当的分割，形成中、西厨的格局：将油烟大的中厨用门隔开并对外开窗；西厨则用作餐前准备、冷餐制作及微波炉、电饭煲的操作，与餐厅合并，并向起居室（客厅）开放，使厨、餐、起居空间连续，互借，扩大空间感，提高空间的使用效率（图 6-44）。

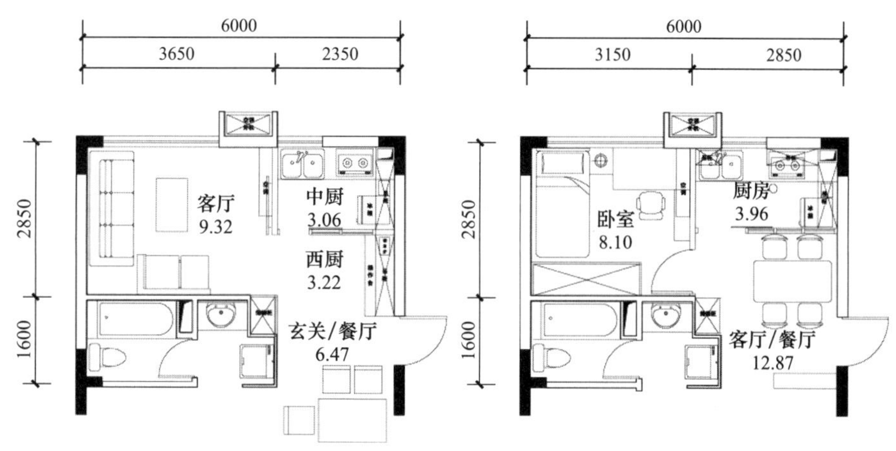

图 6-44　中、西厨房

（图片来源：本研究整理）

(10) 增加储藏空间

针对不同类型的储物尺寸，设置不同规格大小的储藏空间，提高储藏空间的利用率；充分利用竖向空间，将入口、走廊的上部空间设计为贮藏空间，增加储藏的可能性，保持使用空间的整洁完整，提高生活居住品质。

2. 住宅组合平面设计

（1）组合平面设计

在比较了单元式、单外廊式和短外廊式各类型住宅平面组合布局所形成的公共部分面积指标的基础上，最终选用短外廊式组合形式作为套型组合的主要方式。如此形成的套型公共部分建筑面积最小，套型使用面积系数最高（图 6-45）。

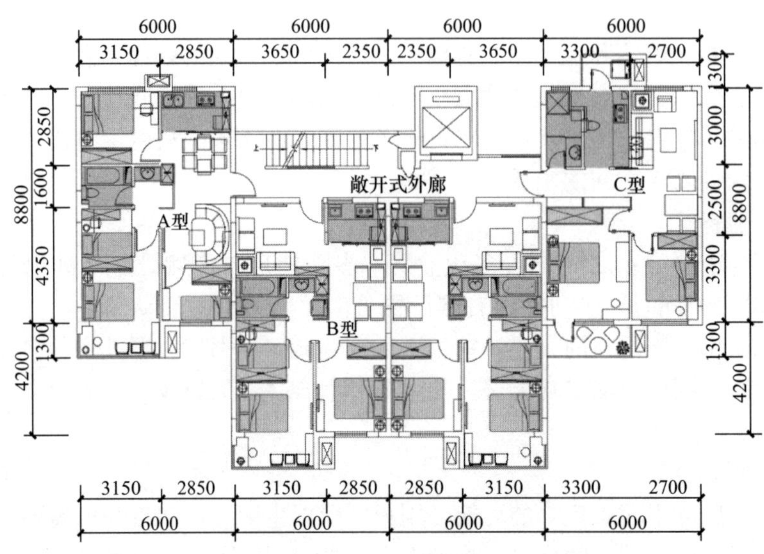

图 6-45　住宅组合平面

（图片来源：本研究整理）

以短外廊式交通组织套型平面，套型总建筑面积 254.08m²，总使用面积 206.37m²，公摊面积 21.94m²，使用面积系数 80.06%，K 值为 91.4%。由于进入方式和阳台位置的不同，套型组合形成了 A、B、C 三种形式，几种形式的套型建筑面积均控制在 60m² 左右（60.85～62.32m²）（表 6-9）。

套型面积指标　　　　**表 6-9**

套型	套内使用面积	套内建筑面积	套型建筑面积	分摊面积	K 值
A 型	51.54m²	59.15m²	64.74m²	5.59m²	
B 型	51.74m²	57.90m²	63.38m²	5.47m²	91.4%
C 型	51.35m²	57.17m²	62.58m²	5.41m²	

资料来源：本研究整理。

（2）公共空间设计

在满足通行、安全疏散等基本要求的条件下，减少单元入口门厅面积，合理布置公共走廊、楼电梯间，减少交通空间所占面积，是降低公用面积分摊以提高住宅使用面积的重要策略。

此次的公共部分走廊的设计，靠近电梯一侧的走廊保证净宽 1.5m，满足残疾人和轮椅通行的要求，而且与电梯联系紧密，方便使用轮椅的残疾人的通行；反方向一侧的走廊宽度则缩小到满足规范要求的通行宽度，以尽量减少交通部分的建筑面积。

考虑到住宅在南方地区的背景，冬季气候相对温和，将公共部分设计为开敞式外廊，如此可以 1/2 计入建筑面积，大幅度降低公共部分的建筑面积。只在靠近住户入口处设置玻璃隔断，减弱冬季北风对入口区域的影响。

同时，考虑到带电梯住宅的楼梯使用频率相对较低的实际情况，将楼梯设计为单跑楼梯，满足规范的基本要求和垂直疏散的要求，由此可减小一个楼梯平台的面积，用作水、电等的设备管井（图 6-46）。

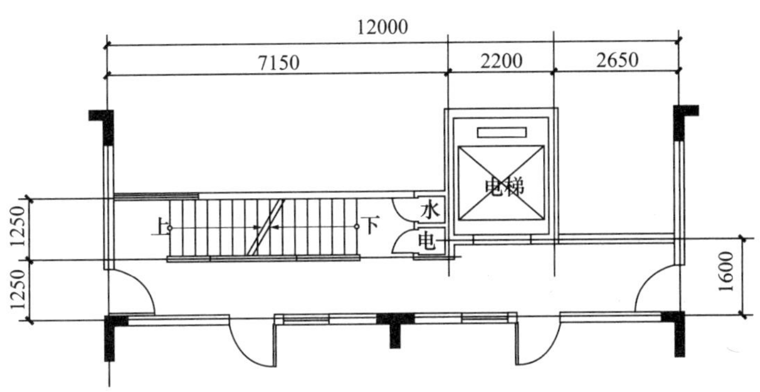

图 6-46　公共空间设计

（图片来源：本研究整理）

3. 其他

（1）层高设计

考虑到经济适用房各个功能房间的使用面积均较小的实际情况，在设计中，将建筑层高设定为 2.7m。减去大板结构厚度及装修面材厚度，住宅内层高仍可保持 2.5m 左右，满足规范要求的同时，也节约了建筑材料，可降低建筑造价，达到节能节地的目的（图 6-47 左）。

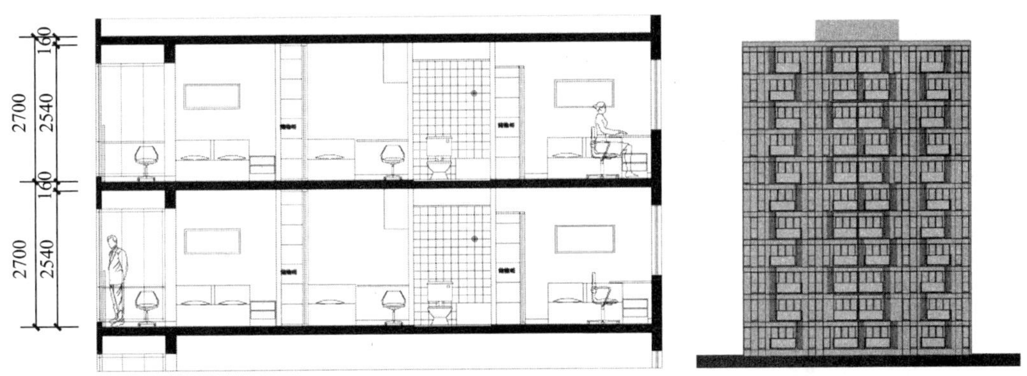

图 6-47　剖面设计（左）；立面构件模块化（右）

（图片来源：本研究整理）

（2）立面设计

在设计中，将住宅立面的各组成部分：阳台、外墙板、窗户、空调百叶、阳台栏杆等构件模块化，各构件可根据各层平面功能布置的不同自由组合，形成丰富的立面效果（图 6-47 右）。

社会保障性住宅主要包括面向最低收入家庭的廉租房和面向中低收入家庭的经济适用房两大部分。设计中应注意两类住宅使用者的不同所带来的对居住空间的要求的不同：经济适用房的使用者对住宅拥有长久的处置权，多数家庭会在其中度过相当长的一段时间，设计应以“持续可居”为出发点，满足在居住期间家庭人口结构和居住方式的变化；对廉租房住宅的使用者而言，其只拥有住宅的使用权，随着廉租房的准入和退出机制的不断完善，廉租房住宅的根本特点在于其要满足不断流动的家庭的不同需求，因而也决定了廉租房的设计应以“广泛适应”的可变性来满足不同住户的不同需求为其主要出发点。

6.5 紧凑住宅套型设计的关键问题

6.5.1 功能空间的选择与配置

1. 紧凑型住宅的功能空间配置

紧凑型住宅的功能空间配置应根据套型的大小、不同使用者的要求进行合理的配置，不同类型的住宅应当进行不同的功能空间的配置，以此保证套型基本的使用舒适性（表 6-10）。

中小套型住宅的功能空间配置 **表 6-10**

功能	一室户型	二室户型	三室户型
起居室	●	●	●
双人卧室	●	●	●
单人卧室	—	●	●
厨房	●	●	●
餐厅	★	★	●
生活阳台	★	●	●
工作阳台	◆	★	●
储藏室	★	★	●
进入式衣帽间	◆	◆	★
玄关	◆	◆	★
洗衣间	◆	◆	◆
干湿分离	◆	★	●
阳光室	◆	★	★

注：●—必备功能、★—宜设功能、◆—可选功能
资料来源：本研究整理。

2. 住宅可复合功能空间

紧凑型住宅的功能空间配置应根据套型的大小、不同使用者的要求进行合理的配置，不同类型的住宅应当进行不同的功能空间的配置，以此保证套型的基本使用舒适性（表 6-11）。

住宅可复合功能空间 **表 6-11**

功能空间	起居室	卧室	厨房	餐厅	玄关	生活阳台	工作阳台	阳光室
起居室		●		●	●	●		●
卧室	●					●		●

续表

功能空间	起居室	卧室	厨房	餐厅	玄关	生活阳台	工作阳台	阳光室
厨房				●			●	
餐厅	●		●		●		●	
玄关	●			●				
生活阳台	●	●						●
工作阳台			●	●				
阳光室	●	●				●		

资料来源：本研究整理。

6.5.2　紧凑型住宅的设计策略

1. 单元式与短外廊式

我国住宅大体走过了 20 世纪 70 年代前以廊式住宅为主，80 年代以点式、塔式住宅为主，到 90 年代以板式单元住宅为主的发展历程。紧凑型住宅在一定的面积指标控制下，一梯两户的板式住宅平面得房率低、经济性相对较差且在实践中操行具有一定的困难，而单外廊式或短廊式的平面布局因其可在同样建筑面积条件下较好地降低分摊面积、相应增加户内使用面积的优点，可能会逐渐成为以小套型为主的紧凑型住宅平面组合的主要形式。

2. 必要空间与非必要空间

兼顾地理、气候特点，设计满足基本居住要求及舒适性要求的住宅是上海住宅设计长久以来探索的主要问题。在面积标准较低的时代，居住空间一直作为住宅空间的本质而存在，居住（就寝）空间构成了住宅套型的必要空间，即住宅是为了满足人的基本生理需求（休息），而厅（起居厅和餐厅）等外延空间则是随着经济的发展、生活水平和居住标准的提高发展起来的，它们构成了住宅套型中的非必要空间。紧凑型住宅的设计应把握这一特点，在功能空间的配置中进行适当的取舍。

3. 核心空间与非核心空间

住宅中厨房与卫生间的品质决定了套型的品质，作为住宅中的核心空间，厨房和卫生间的设置是居住水平的重要体现。中小套型住宅在有限的面积条件下应合理设置功能空间中核心空间（卧室、卫生间、厨房）的进深与面宽，保证户型的使用舒适性；非核心空间（起居厅、餐厅、书房、玄关、阳台等）的面积则可根据家庭结构的变化（家庭构成以核心家庭为主）和技术进步（设备变轻、薄、小）的特点要求进一步压缩、合并。紧凑型住宅设计应以合理而恰当的面积标准及精心的设计提升厨房和卫生间等核心空间的品质，这也是设计中应当首要考虑的问题；而厅（起居厅和餐厅）和储藏等非核心空间则可在经济水平、居住面积标准进一步提高的前提下进行深入探讨。

4. 精细化设计

厨房、卫生间是住宅中功能最复杂，设备最多，技术密集度最高，尺度要求最精密的空间，也是体现住宅质量和使用性能的关键部位。厨房与卫生间的设计应充分发挥上海人的居住智慧——“螺蛳壳里做道场”，在有限的面积空间中，经济合理地利用空间，保证中小套型住宅居住舒适性不降低。

5. 慎用跃层式住宅

面积相对较小是紧凑居住的前提，套型之间的组合多采用一梯多户的模式，将面积相对较小的套型放在组合平面的南侧，以减少对其他套型的遮挡。在实践中，往往多将南侧套型设计为跃层式以进一步减小南侧套型的面宽。这样就会带来套型的套内楼梯要占用相当面积的问题，在套型面积有限的条件下，其他功能空间的面积就要缩小，住宅的基本居住品质可能会受到较大的影响。

6. 建立住宅使用说明书

中小套型住宅的建筑设计深度应达到一定要求，如各功能空间的家居布置，厨房、卫生空间设备的摆放，储藏空间的位置、尺寸等，空间的功能和使用要求、空间分割和装修的注意事项等应在设计中予以注明。可考虑设置住宅使用说明书，告知用户住宅的基本设计构想和使用建议，为住户日后的生活使用提供参考，以保证设计意图的贯彻和居住品质的提升。

7. 住宅全装修

住宅的产业化、全装修发展受经济条件、开发模式和居住观念等诸多因素的影响，上海住宅的产业化、全装修一直走在全国的前列，上海的中小套型住宅建设应以此为基础，大力推广实行“土建装修一体化”，通过住宅全装修，落实户型设计意图，合理使用空间，满足小面积条件下基本舒适性的要求。

6.6 本章小结

紧凑型住宅的设计是实现住宅建设节能省地的重要技术支撑环节。只有通过精心的设计带来紧凑居住的生活品质的不降低甚至居住品质的提升，并为广大住宅的使用者真正体会与接受，节能省地的概念才能通过技术的支撑落实到实践层面，这一措施才能取得应用的成效并使住宅的设计回归住宅的本质。

紧凑居住带来的居住面积标准的控制并不意味着生活品质和居住标准降低、住宅建设和发展重新走回市场化前的模式和套路，而是对以发展经济合理的中小套型为主导的住宅政策这一核心的回归及指导原则的明确，也是对建筑师使命的呼唤，促使建筑师借经济的增长、技术水平的提高和住宅产业化之利，以更多的时间和精力做好紧凑型住宅的创新，拓展住宅设计的新空间。

上海现代住宅的百年历程，特别是近50年来针对上海人多地少的情况，住宅由多层高密度向高层高密度的发展中，积累了丰富的住宅设计、建设的经验和成果。紧凑型住宅的设计应以此为基础，结合地区经济的发展水平和居民生活习惯的要求，学习借鉴国外住宅设计的创新理念，推动上海中小套型住宅的设计由“速度规模型”转向“质量效益型”。[1]

在现有市场认可的居住模式的基础上，探讨紧凑型住宅的实际策略，是“国六条”等新政的“9070”标准后住宅设计的主要工作。本论文认为，循序渐进地对基于紧凑理念的住宅设计进行研究与实践，是推动我国大量人口居住问题的改善和住宅设计水平提高的主要途径。

---

[1] 住宅设计标准应用指南编委会. 上海市工程建设规范：住宅设计标准应用指南. 上海：上海大学出版社，2007：7.

第7章　省地型住宅规范适应性问题及环境品质构建

高层住宅正日益成为城市解决人口与土地之间矛盾的重要手段，在既有的省地措施和策略的成果上实现城市居住用地的节约、集约利用以及在这一过程中实现节约指标衡量手段的量化，套密度概念的引入是重要的策略之一。套密度的提升所带来的住区整体居住人口的增加以及在容积率规定条件下实现套密度的提升所采取的降低套均建筑面积的做法，会为住区外部环境及室内空间的品质带来一定的影响。这些问题的妥善、合理解决是省地型住宅建设推进的重要动力和根本前提。

以节能省地为目的的紧凑居住模式，在节约土地的同时必然会带来居住空间品质的变化。住区人口密度的变化和紧凑型套型面积标准给住宅套内空间设计带来的新的要求，也对既有规范提出了新的问题

现行建筑设计规范客观上具有全面性、严谨性、科学性和统一性的特征。同时，也有一定的滞后性和笼统性，不能及时适应工程建设项目和国家政策的一系列发展变化，特别是进入市场经济以后形成的新特点、新问题，使得我国现行建筑设计规范存在诸多不足之处。❶

协调现有规范与省地型住宅的关系，探讨以现代计算机技术为支撑的住区环境的建设及以住宅性能评价标准，以住宅的全装修为起点，最终走向以住宅产业化为支撑的住宅品质的塑造，是本章研究的主要内容。

7.1　省地型住宅规范适应性问题

7.1.1　规范与住宅规范

1. 规范问题概述

规范是对于某一工程作业或者行为进行定性的信息规定，主要是因为无法精准定量地形成标准，所以被称为规范。❷

我国标准划分为国家标准、行业标准、地方标准和企业标准四级。国家标准及行业标准又分为强制性与推荐性两种，如现行《住宅建筑规范》（GB 50368—2005）及《住宅设计规范》（GB 50096—1999）（2003 年版）即均为国家强制性标准。❸

---

❶ 李星魁. 住宅建筑设计规范研究 [D]. 天津：天津大学，2006：5.

❷ http://baike.baidu.com/view/113045.htm

❸ 李星魁. 住宅建筑设计规范研究 [D]. 天津：天津大学，2006：3.

从规范编制的结构及形态上来说，设计规范主要有“技术规定型”和“性能规定型”（Performance-Based）两种。“技术规定型”规范是相对于20世纪80年代在世界上一些发达国家率先发起研究并逐步编制实施的“性能规定型”规范而言。我国现行建筑设计规范均为“技术规定型”规范，也被形象地称为“处方式”或“菜单式”设计规范。设计人在采用这些规范时需要做的就是“照方抓药”。这无疑节约了设计人员大量的时间，但也不可避免地限制了设计人员的创造性和能动性。同时，一旦遇到规范中没有明确规定的问题，设计人员就会显得无所适从。[1] 这与规范的制定过程和规范自身的特点相关：

规范是指导、约束、监督设计完成的重要标准和依据，但同时规范和设计实践又相辅相成。规范来源于设计实践，又高于设计，是设计实践的归纳和总结。通过设计实践的总结，调整规范的条文限定，在提高规范的可操作性与实践指导作用的同时又不限制住宅设计的创新，对于为设计提供更多的创作空间具有重要的作用。

规范制定的过程由于相对严密、谨慎，同时也会有一定时间的讨论和编写，所以规范持续稳定地作用于设计实践的需求，面对外界条件的变化，总是具有一定的滞后性，特别是面对全新的政策要求和设计实践时，可能会出现较多的不相适应的情况。此时，就需要通过设计实践，对规范中出现的不相适应的问题进行研究，为下一轮的相关规范的修订编写提供一定的理论参考。

2. 相关住宅设计规范

本文主要针对住宅相关规范中对紧凑型住区规划及住宅套型设计产生作用和影响的规范，这些规范包括：

（1）《城市居住区规划设计规范》（GB 50180—1993）（2002年版）

（2）《上海市城市规划管理技术规定（土地使用 建筑管理）》（2007年修订版）

（3）上海市工程建设规范《住宅设计标准》（DGJ 08—20—2007/J10090—2007）

（4）《住宅建筑规范》（GB 50368—2005）

（5）《住宅设计规范》（GB 50096—1999）（2003年版）

（6）上海市工程建设规范《城市居住地区和居住区公共服务设施设置标准》（DGJ 08—55—2006/J10768—2006）

通过提高住区套密度达到住宅建设省地的做法，势必会在住区规划与住宅套型设计两个层面带来相关规范的不相适应的问题。显然，这些问题与矛盾的解决超出了论文的能力范畴，故本论文只是将不相适应的相关规范一一引出，以期引起对这一问题的重视。只有在规范层面解决了实践与设计之间的矛盾和不相适应的问题，以节能省地为根本的新理念和新政策的推行才会切实可行，有据可依。探讨规范中不相适应部分的问题，也可解放由此带给设计人员的束缚，更好地实践省地住宅的规划与设计。

7.1.2 规划层面相关规范探讨

住区的套密度的增加将导致住区总户数及总人口数的增加，按原有规范的人均指标计

[1] 李星魁. 住宅建筑设计规范研究［D］. 天津：天津大学，2006：4.

算，则需要更多的公共服务配套设施、公共绿地面积、停车位（机动、非机动）等空间资源，将造成住区用地构成方面的较大变化。由此带来的许多问题需要相关管理部门对各项因素的协调、平衡，在既有用地条件下，将其维持在一种新的平衡中。

1. 住区停车问题

（1）住区停车相关规范

1）《城市居住区规划设计规范》（GB 50180—2002）：

8.0.6.2 居住区内地面停车率（居住区内居民汽车的停车位数量与居住户数的比例）不宜超过 10%。

2）《上海市城市规划管理技术规定》：

第五十七条　新建建筑基地的停车配置，应符合交通设计及停车库（场）设置标准等有关规定。新建居住建筑基地，位于中心城地区的，汽车停车率应不小于 0.6 辆/户，其中浦西内环线以内地区，应视周边地区配套情况适当增加，郊区汽车停车率应高于中心城地区 20%。

3）上海市工程建设规范《城市居住地区和居住区公共服务设施设置标准》（DGJ 08—55—2006）：

3.2.9 充分考虑居民小汽车和自行车发展变化的趋势，妥善安排街坊内停车设施。停车设施应充分利用地下空间设置。根据中心城居住用地紧张的实际情况，将小汽车和自行车标准分为内环线内和内环线外两种，其中小汽车的停车率标准如表 7-1 所示。

住宅小汽车停车率标准　　　　**表 7-1**

类别	内环线以内（%）	内环线以外（%）
一类住宅	≥70	≥100
二类住宅	≥50	≥70
三类住宅	≥30	≥40

注：一类住宅指每户建筑面积大于 $150m^2$；二类住宅指每户建筑面积 $100～150m^2$；三类住宅指每户建筑面积小于 $100m^2$。

资料来源：上海市工程建设规范《城市居住地区和居住区公共服务设施设置标准》（DGJ 08—55—2006）p18。

（2）住区面临的问题

1）住区户数同比情况下大幅度增加，相应停车位数量会增加，带来住区建设成本的上升。[1]

2）停车面积增加，势必对绿化和公共活动场地带来影响，其面积就可能要减少，降低小区的整体品质和环境质量。[2]

3）住区主要停车方式

目前多数社区的停车方式主要分为路面停车、地面停车场、半地下（底层架空）停车、多层停车库和坡道式地下停车库等几类，每种停车方式都有自己的优缺点和适用范围（表 7-2）。

[1] 以上海为例，《上海市城市规划管理技术规定（土地使用、建筑管理）》中规定中心城地区住区汽车停车率应不小于 0.54 辆/户，郊区需按 0.65 辆/户配建地下停车位，以每个地下车库 12 万元综合成本和每个地面停车位 $12.5m^2$ 面积计算，每增加一户将会增加 6 万元的车库成本，增加了消费者购买小户型产品的成本。万科设计部. 小户型住宅设计的探索与研讨. 2006：3.

[2] 许建和. 住区停车问题分析及对策. 建筑学报，2004（04）：58.

住区主要停车方式比较　　表 7-2

方式	路边停车	地面停车场	半地下停车	多层停车库	坡道式地下停车库
指标	15～18m²/台	20～24m²/台			30～35m²/台
优点	•充分利用住区道路空间资源，占地空间小； •建设费用很少； •存、取车方便	•建设限制少； •建设费用低； •利于集中管理	•坡道占地面积少； •自然通风和采光，节约能耗，内部环境好	•土地集约使用； •汽车集中停放，集中管理； •开敞式设计，节约通风、采光设备； •利于改善住区环境	•节约用地； •地面空间对其制约性小； •地面可开辟绿地和室外活动用地，改善住区环境； •尾气不对住区空气造成污染
缺点	•降低住区道路通行能力； •道路周围环境景观的恶化； •尾气对住区空气环境有一定的污染； •给其他居民的生活和出行造成不便； •受住区道路用地指标限制，停车空间开辟有限	•占地面积大，土地利用率低； •车门到住宅门的直达均好性（停车位到住户门之间的距离差）； •居民存、取车费时，汽车和人的出行易受不良气候的影响	•停车空间有限，和住宅的结构体不能很好地结合； •住区地面层不可避免一部分的人车混流； •尾气直接进入住区，对住区空气有一定的污染	•直达均好性较差，服务半径偏大； •车库的垂直交通安全性要求高，层数不宜过多（不超过5层）； •车库造型单调； •车辆噪声和废气对住区环境造成污染	•造价高； •工期长； •室内环境质量有待提高； •防灾减灾的技术措施要求高； •室内照明、送风能耗大； •使用效率受服务半径的直接影响
适用范围	•未考虑停车问题且小汽车拥有率小于30%的多层住区； •临时停车空间（访客停车）和辅助性停车	•未考虑停车问题的住区进行改造的一种措施； •辅助性停车	•适用于多层住区且住区汽车拥有率小于30%	•适用于用地紧张的市中心地段	•服务半径一般控制在150m以内为宜

资料来源：许建和. 住区停车问题分析及对策. 建筑学报，2004（04）：58-59.

（3）停车问题的探讨

1）分层次、分类型设置停车率指标

对于上海这样的高密度、停车问题严峻的城市，应根据住区的类型和居住人群的不同而设置不同的停车标准。如对于普通商品房住区，应按国家和地方标准配置停车率。社会保障型住宅人群可不考虑家庭停车位而只考虑访客的停车；对于经济适用房，可参考普通住区要求适当降低停车标准；而对于回迁安置房这一类人群为主的住区，则适当考虑高于以上两类住区标准，在符合现实条件的同时，体现社会资源配置和使用的公平性。❶

2）设计适度超前

半地下（底层架空）停车和地下停车库在设计时适度超前，留出足够的层高，为其将来的复式停车改造留下空间，在设计时还应考虑预留为增加的车容量设置的出入口及道路。❷

3）城市公共交通的引入

城市公共交通（轨道交通、公共汽车交通）环绕或进入住区，有利于降低住区的小汽车拥有率，缓解停车压力。结合我国国情，城市交通问题解决的根本出路还在于发展公共

❶ 2008年上海《关于加强本市保障性住房项目规划管理的若干意见》[沪规法（2008）756号] 对保障性住房项目的停车标准作出了新的规定：保障性住房项目应根据中低收入家庭的实际需求及房型设计合理配置停车位，非机动车位应当按照标准配置，机动车泊位可适当减少，一般按照中心城内0.3辆/户，中心城外0.4辆/户标准配置，确因场地限制，无法满足机动车停车位设置标准的，可根据基地情况，由规划、交通部门按有关规定核定车位比例。

❷ 许建和. 住区停车问题分析及对策. 建筑学报，2004（04）：60.

交通，使大部分居民以公共交通工具为主要的出行方式，控制住区汽车拥有率，使住区停车和城市交通良性循环。

2. 建筑布局与朝向

（1）相关规范

上海市工程建设规范《住宅设计标准》（DGJ 08—20—2007/J10090—2007）：

4.1.4 小套、中套至少应该有一个，大套至少应有两个，居住空间向南或南偏东 35°至南偏西 35°。在特殊情况下，其朝向可为南偏东 45°至南偏西 45°。

上海地区建筑朝向与住宅的分配方式有着密切的联系。在新中国成立前，许多建筑并没有朝向要求，各类石库门住宅的朝向在照顾主要朝向的同时也和用地与道路的方向相关。建筑布局因形就势，形态活泼，朝向多样。

新中国成立后，由于住宅的非商品属性，住宅由国家统一分配，为了强调社会的公平性，同时也为了避免分配中的不平衡，住宅的本身品质就要求具有相同的属性，即住宅的共性特征的要求大于住宅的个性要求，所有住宅的属性的均一性就导致了住宅的朝向也具有同一性，即朝向同一个方向。这与现在的“配套商品房”因为其分配方式的原因，也要求住宅单体具有比较平均的统一性相似，除了人在日常生活中对于阳光日照的生理需求外，更多地是为了避免分配物品的不同质所带来的分配中的不必要的麻烦。

（2）住区建筑布局

住宅商品化时期，住宅以质论价、一房一价为住宅打破南向一统天下的格局，为多种朝向并存提供了可能。住宅完全可以在节地的前提下对朝向有较多的突破。本着朝向好、价高，朝向差、价低的原则，也可适应不同的居住需求（如对日照要求不高的青年人群和不同价格承受人群的需求）。现代技术的发展，如外遮阳节能技术的应用，为解决非主要朝向的住宅的日照问题提供了有利的技术支撑。所以，住宅朝向的突破将可能成为必然。

1）对于内环线以内的新建居住小区，在满足冬至日连续满窗有效日照不少于 1h 的情况下，内环线以内的新建小区，不作建筑朝向的限制；外环以外的新建小区适当放宽对住宅朝向不超过南偏东或偏西 45°的要求，缩小日照间距，节约土地，给规划设计更多的自由，以期更好地利用土地。

2）不同于普通商品房住区以“效率和价值”为衡量标准，社会保障型住宅为主的社区的规划，要强调住宅的公平性，在住宅的规划设计中要考虑住宅的朝向、日照条件、外部环境品质的同质性，以避免居住品质的不均带来处于弱势地位的居住者产生受到“社会不平等”对待的观念。

3. 绿化问题

（1）相关规范要求

1）《城市居住区规划设计规范》（GB 50180—2002）：

7.0.2.3　绿地率：新区建设不应低于 30%；旧区改造不宜低于 25%。

7.0.5　居住区内公共绿地的总指标，应根据居住人口规模分别达到：组团不少于 0.5m²/人，小区（含组团）不少于 1m²/人，居住区（含小区与组团）不少于 1.5m²/人，并应根据居住区规划组织结构类型统一安排、灵活使用。旧区改造可酌情降低，但不得低于相应指标的 50%。

2）上海市工程建设规范《城市居住地区和居住区公共服务设施设置标准》（DGJ 08—

55—2006)：

3.2.8　居住区绿地率应不小于35%，公共绿地（集中绿地）面积应不小于总用地的10%，并有合理的服务半径。人均公共绿地不低于3m²。

（2）设计策略

1）由于住区的总户数和居住总人口数的增加，按原有的人均指标计算绿地需相应增加绿地面积，与停车率的矛盾凸显，不利于省地。适当放宽绿化率的要求有利于使住区规划布局更为紧凑，节约土地资源。❶

2）住区的高密度特点使得居住环境的可用绿化面积较少，由此易造成居住环境品质的降低。如将地面设施（变配电用房等）设置在地下，尽可能增加地面可绿化的面积，可提高住区外部空间的环境品质。

3）规划设计中，对区域内生物的生存环境进行规划，与绿化和绿地系统结合，形成住区自身较为完整的生态通道，并将中心绿地生态系统与周边生态系统相连，设置供小动物通行的通道，形成相对完整的生态系统，减少了住区建设对原有场地和区域生态环境的影响和干扰。❷

4）拓展绿化的空间和形式，重视屋顶绿化、墙面立体绿化的作用。应该注意的问题是覆土厚度及其长期荷载等。

4. 公共服务配套设施

（1）相关规范要求

1）《城市居住区规划设计规范》(GB 50180—2002)：

6.0.3　居住区配套公建的项目，应符合本规范附录A第A.0.6条规定。配建指标，应以表6.0.3规定的千人总指标和分类指标控制。

2）上海市工程建设规范《城市居住地区和居住区公共服务设施设置标准》(DGJ 08—55—2006)：

1.0.8　居住区公共服务设施用地（不计公共绿地）占居住区总用地面积的百分比为14%～22%。

4.0.1　居住地区公共服务设施总建筑面积千人指标为655～695m²，人均建筑面积0.7m²；总用地面积千人指标为1100～1355m²，人均用地面积1.1～1.4m²。

4.0.1　居住区公共服务设施总建筑面积千人指标为3160～3182m²（不含小汽车和自行车地下停车库建筑面积），人均建筑面积3.2m²；总用地面积千人指标为8456～8930m²，人均用地面积8.5～8.9m²（含公共绿地面积）。

（2）设施的构成（公共设施设计）

在集合住宅中，共同拥有的生活服务设施比独立住宅更为方便。在发挥集合住宅的特

---

❶　2008年上海《关于加强本市保障性住房项目规划管理的若干意见》[沪规法（2008）756号]就对中心城范围内保障性住房的绿地率适当放宽。意见规定：中心城范围内的保障性住房项目，基地内绿地按标准配置确有困难的，绿地率可适当降低，但应根据控制性详细规划在附近地区内综合平衡；位于郊区外环线附近的新建保障性住房项目，按标准配置绿化确有困难的，征得绿化管理部门同意，绿地率可适当降低，但不得低于25%。

❷　确保小生态环境：绿化的目的不能只是进行栽种，而是应该在该处创造出一个小的生态环境。绿化对于昆虫和小鸟来说，是创造出一个新的生存环境，通过这样的绿化而产生的小生态环境，对于住宅来说才是重要的。[日]彰国社. 集合住宅实用设计指南. 刘东卫，马俊，张泉译. 北京：中国建筑工业出版社，2001：117.

性上公共设施的设计具有十分重要的作用。[1]

集合住宅的规模和周边环境不同，所需要的公共设施也不同。虽然设施设计按住栋、街区和住宅区分级设置，但在设施设计时，要考虑管理方式和管理者方面的要求。为了达到设施良好运营的目的，还要与运营方式等方面的结合。[2]

---

❶　一般来说把游戏场、公园、绿地等所谓的住宅区中所必需的外部空间、停车场、自行车停放空间为主的公共空间和管理所需设施用房看成为公共设施来考虑。一方面，集合住宅的公共设施中，不仅包括能丰富人们生活的、具有附加价值的设施，另一方面，在人们具有多样化的价值观与生活方式的今天，其中的体育健身和文化活动性设施也成为生活中非常重要的一部分。[日] 彰国社. 集合住宅实用设计指南. 刘东卫，马俊，张泉译. 北京：中国建筑工业出版社，2001：80.

❷　生活行为与公共设施：

种类		生活设施	服务距离	设置位置	步行路	注意事项
商业设施		店铺、超市、导购处等	500m	• 满足地区的商业设施分布上的要求，形成一处中心性的场所 • 在设置两处以上的中心性场所的情况下，要预测购物流线，合理安排好购物人流线与步行人流线之间的关系 • 导购处和露天市场等设置上，要在管理方面进行研究，保证所需的用地	一般步行路以上的路	在商业设施前，设置购物者使用的步行拱廊和广场
大型超市、中等店铺等集中形成的中心商业设施			800m			
公共服务设施、社区设施、集会所		管理处、行政机构、派出所、邮局、银行、服务处、集会所、文化馆、图书馆、儿童馆等	800m	• 设置在使用方便的场所 • 在考虑服务巡回车和移动图书馆等情况下，要安排其服务所需的场所	一般步行路	在与步行路的连接部分，原则上要设置广场
医疗设施		诊疗所、牙科诊疗所等	800m	• 设置在使用方便，并且避开噪声和视线干扰的场所		
儿童设施		托儿所、幼儿园等	300m	• 设置在能安全方便地到达，并且安静的场所 • 要注意到托儿所在上学时的使用的方便性	一般步行路	特别是要保证来往人流线的安全
小学		小学、中学等	500m	• 设置在能安全方便地上学，且作为该地区社区的中心的地点 • 学校运动场可以开放，作为运动广场与地区的其他广场要有有机的联系 • 设置在既保证具有良好的环境，又能避免对周围住宅与设施的噪声和沙尘的危害的场所 • 为了避免噪声和沙尘的危害，在周围要设置绿化带	干线步行路	特别要保证包括所属地区的上学流线
中学			800m			
交通设施	车站	近郊轻轨和地铁站、公交车站	1500m		干线步行路	设置站前广场
	公交站点		400m	• 设置在使用方便的场所 • 与中心性设施和其他生活设施的流线相联系	一般步行路	保证上下车的空间 要考虑候车棚的设置
小品性设施		路灯、广告牌、指示牌、电话亭前	—	• 设置在使用方便的场所 • 与各种流线相关联	—	要考虑其细部做法
其他		停车场、自行车存放处、体育馆、娱乐设施等上述种类的生活设施	—	—	—	—

资料来源：[日] 彰国社. 集合住宅实用设计指南. 刘东卫，马俊，张泉译. 北京：中国建筑工业出版社，2001：80.

（3）策略思考

1）省地型住区户数的增加，会引起公建配套设施面积的增加，市政配套由于多按户计费，建设成本也会上扬，增加每个套型住宅的建设成本。同时，紧凑型住宅在户型设计上压缩户内公共活动空间之后，大量的社会活动将转移到住区公共设施里面进行，因而有必要提供合理的公共服务配套设施面积。对商业等公共服务设施则可适当增大现在的规划千人指标，适应居民将诸如聚会、宴请等偶发性室内功能疏解到住区的公共服务部分的生活变化要求。

生活方式的改变带来对公共设施使用的变化，家庭人口结构的改变将带来居住人群中适学儿童人数的变化，其对教育等设施需求的变化需要在调查研究的基础上予以明确。

2）重视社会保障型住区公共服务设施的配置标准与规模。对于以社会保障型住宅为主的住区，住户的居住面积远不及普通商品房的居住标准，但是其居住品质必须保持在一定的基本水平之上，可以通过完善公共配套设施来提高居住的品质。与低收入者生活最为密切的因素主要有商业、医疗、教育、交通等。在配建的社会保障型住宅建筑设计中，要将住宅空间和公共服务空间有机结合。

此类住区住宅居住面积标准较低，许多必要的家庭活动如访客接待、聚会、聚餐等活动由于居住空间的局促而不易展开。增加住区公共空间中接待、会客等功能的设置，使他们在完成会客、接待等功能的同时也有利于增加与社会接触的机会，更多地融于社会生活中。

7.1.3 建筑层面相关设计规范探讨

1. 功能空间

（1）相关规范

1）中华人民共和国国家标准《住宅建筑规范》（GB 50386—2005）：

5.1.1 每套住宅应设卧室、起居室（厅）、厨房和卫生间等基本空间。

2）《住宅设计规范》（GB 50096—1999）（2003 年版）：

3.1.2 普通住宅套型分为四类，其居住空间个数和使用面积不宜小于表 7-3（规范中表 3.1.2）的规定。

套型分类 **表 7-3**

套型	居住空间数（个）	使用面积（m^2）
一类	2	34
二类	3	45
三类	3	56
四类	4	68

资料来源：《住宅设计规范》（GB 50096—1999）（2003 年版）p3。

3）上海市工程建设规范《住宅设计标准》（DGJ 08—20—2007/J10090—2007）：

4.1.1 住宅应按套型设计，并应有卧室、起居室、厨房、卫生间、储藏室或壁橱、阳台或阳光室等基本空间。

（2）问题探讨

在紧凑型住宅特别是中小套户型的设计中，由于面积的限制，各功能空间复合使用的情况非常普遍，而且也是必要的和可行的。《住宅设计规范》规定的严格的空间划分，在有限的面积条件下，增加了套型设计的难度，同时也限制了设计的创造性。

在多层住宅设计中，减少建筑间距，提高容积率，为控制建筑面积，有时采用退台的手法，所创造的适宜人且不计面积的露台，却有可能因没有规范规定的阳台而难以通过审查。

2. 卧室

（1）相关规范

1）《住宅设计规范》（GB 50096—1999）（2003年版）：

3.2.1 卧室之间不应穿越，卧室应有直接采光、自然通风，其使用面积不宜小于下列规定：双人卧室为10m^2；单人卧室为6m2；兼起居的卧室为12m^2。

2）上海市工程建设规范《住宅设计标准》（DGJ 08—20—2007/J10090—2007）：

4.2.1 卧室的使用面积不应小于下列规定：主卧室12m^2；双人卧室10m^2；单人卧室6m^2。

4.2.2 主卧室的短边轴线宽度，小套、中套不宜小于3.30～3.60m。

4.3.3 起居室的短边轴线宽度，小套、中套不宜小于3.60m，大套不宜小于3.90m。

（2）问题探讨

这些条例规定了卧室的最小使用面积，卧室、起居室的最小面宽，使得面宽设计缺乏足够的弹性来控制户型面积；生活方式的改变，使卧室的功能更趋简单，对面积的要求在降低（如有观看电视的需求，现在电视正在向轻、薄方向发展，对于空间的要求也越来越小），适当放宽对功能空间的面宽限制，会给建筑师更多的设计空间。

3. 厨房、卫生间

（1）相关规范

1）《住宅设计规范》（GB 50096—1999）（2003年版）：

3.3.2 厨房应有直接采光、自然通风，并宜布置在套内近入口处。

2）上海市工程建设规范《住宅设计标准》（DGJ 08—20—2007/J10090—2007）：

4.4.2 低层、多层住宅的厨房应有直接采光、自然通风。中高层、高层住宅的厨房应有直接采光、自然通风或开向公共外廊的窗户，但不得开向前室或楼梯间。

4.5.2 卫生间宜有直接采光、自然通风；有多个卫生间时，至少应有一间有直接采光、自然通风；无通风窗口的卫生间应有通风换气措施。

（2）问题探讨

在紧凑套型的设计中，对住宅各类用房全明和卧室起居室最小面宽的设计要求，常常导致住宅单体形状复杂，不仅严重限制立面设计效果，更会导致体形系数增大，不利于保温节能，与国家倡导的住宅节能设计要求冲突。形体复杂还很可能导致小高层建筑抗震超限，针对超限高层的结构抗震设防设计将增加结构设计难度和建造成本。

为争取更多采光面，设计中可将卫生间等空间置于住宅进深的中部，卫生间可不要求直接采光，但应有有效的通风换气措施。

4. 贮藏空间

（1）相关规范

上海市工程建设规范《住宅设计标准》（DGJ 08—20—2007/J10090—2007）：

4.6.1 小套、中套住宅应有壁橱，净深不宜小于0.60m，净宽不宜小于0.80m，大套住宅应有储藏室，使用面积不小于 1.5m^2。

(2) 问题探讨

在实际的户型设计中，尤其是全装修户型设计中，合理设计分散的储藏空间往往更有效率，更实用，更利于控制户型建筑面积。足够的储藏空间面积是居住空间的整洁、居住舒适性的重要保证，在日本套型中贮藏面积占套型总面积的比例约为 11%～14%。❶

5. 体形系数

(1) 相关规范

《夏热冬冷地区居住建筑节能设计标准》(JGJ 134—2001)：

4.0.3 条式建筑物的体形系数不应超过 0.35，点式建筑物的体形系数不应超过 0.40。

(2) 问题探讨

规范规定的体形系数要求对高度较低、层数较少的住宅的设计，具有一定难度，指标较容易突破；在住宅高度较高、层数较多时，以上体形系数的要求已不具有约束作用；小套型住宅设计易带来拼接凹凸过多，难以满足建筑体形系数的要求。❷

应根据住宅建筑的类型及住宅高度的不同分别规定住宅建筑的体形系数，这样有利于给建筑师的设计创作留出适当的空间，同时保证建筑体形系数规定的可行性及有效性。

探讨规范下规划层面和建筑层面一些省地型住宅建设和设计不相适应的问题，显然本文无法给出最终的答案，这已经超出作者的能力之外，也非学术的讨论所能解决的。主要目的在于引起对这些问题的关注和探讨，特别是建筑层面的一些问题，很多问题其实在设计中已经有所反映，只是这种不相适应并不突出。本文只是将这些问题集中进行归纳，便于讨论。

7.2 省地型住宅外部环境构建

提高住区套密度和降低住宅面积标准将会在规划层面给住区的外部环境带来一定的影响。如何缓解或者减弱这些影响，本论文以为可以凭借基于计算机技术的环境模拟技术在规划设计阶段就预知住区未来建成环境的基本品质，并在规划中及时地进行修改和调整，避免住区的室外出现较为明显的环境问题。

7.2.1 环境模拟技术概述及其应用

1. 环境模拟技术 VR (Vision Reaction)

20 世纪 90 年代以来，世界各国越来越重视环境保护。有些国家把环境保护的手段纳入了产品设计和生产的最初环节，于是环境模拟型技术和环境协调型技术便应运而生。❸

❶ [日] 彰国社. 集合住宅实用设计指南. 刘东卫，马俊，张泉译. 北京：中国建筑工业出版社，2001：112.

❷ 冯华晟. 住宅体系系数研究. 第六届中国城市住宅研讨会论文集：永续·和谐——快速城镇化背景下的住宅与人居环境建设. 北京：中国城市出版社，2007：414.

❸ 武海逢. 环境模拟技术与环境协调技术. 中国人口、环境与资源，1992 (02)：68.

环境模拟技术 VR（Vision Reaction）是对人工现实感、假想现实感加以遥控的总称❶，主要是利用计算机创造实际上无法体验的模拟环境。❷ 研究各种自然环境及诱发环境的人工再现技术和在模拟环境下的试验技术。

2. 计算机模拟建筑物理环境

对建筑方案建立数学和物理模型，通过计算机进行求解，用量化和可视化手段加以描述，通过模拟计算这些指标参数，就可获得用以评价环境优劣的重要数据。❸ 目前已有多项物理环境指标可用计算机模拟（表 7-4）。

计算机可模拟住区建筑物理环境指标　　　　**表 7-4**

物理环境	相关指标	对应计算机模拟
热环境	空气温度 空气湿度 风速 热岛强度 通风换气次数	风环境模拟
	建筑能耗	能耗模拟
光环境	采光照度 日照时间	采光模拟 日照模拟
声环境	噪声	声学模拟
室内空气环境	有害物浓度 空气龄	风环境模拟
视觉环境	视觉景观环境影响 居民环境心理感受 视觉景观资源价值	地理信息系统 视觉遮挡（View Shed）分析

资料来源：胡文斌，吴小卫，孟庆林．小区规划与设计中建筑物理环境的计算机模拟．广东工木与建筑，2005（2）：33；邹经宇，何捷，李文景，周家明．多尺度的跨学科环境模拟与可持续城市规划和绿色建筑设计支持．2006 中国科协年会 9.2 分会场——人居环境与宜居城市论文集．2006：101.

建筑物理环境的计算机模拟分析需要多学科的共同协作，即规划师、建筑师和其他专业设计人员密切配合，充分利用当地气候资源来改善人居环境并与自然环境和谐统一。从某种意义上说，建筑物理环境的计算机模拟有利于在建筑行业内形成协同设计的理念，并用科学化和数量化的手段作出衡量。❹

3. 环境模拟技术的多尺度应用

环境模拟技术可以运用于区域、城市、街区、建筑乃至住宅套型等各个不同层面和尺度的风环境、大气环境、热环境、噪声环境和视觉环境等多个领域、学科的环境模拟。采集与模拟的环境信息，系统将以递归分析进行多因素的敏感性评价（Sensitivity Test），分析不同环境参数下的人体舒适性反应、环境心理反应和环境使用行为、资源消耗和冲击

❶ 武海逢．环境模拟技术与环境协调技术．中国人口、环境与资源，1992（02）：68.

❷ 同上。

❸ 胡文斌，吴小卫，孟庆林．小区规划与设计中建筑物理环境的计算机模拟．广东土木与建筑，2005（2）：33.

❹ 胡文斌，吴小卫，孟庆林．小区规划与设计中建筑物理环境的计算机模拟．广东土木与建筑，2005（2）：33.

以及不同状况下各环境因素对舒适性的影响权重❶（表 7-5）。

环境模拟技术的多尺度应用　　表 7-5

	建筑	街区	城区	城市	区域
风环境					
大气环境					
光环境					
热环境					
噪声环境					
视觉环境					

资料来源：邹经宇，何捷，李文景，周家明. 多尺度的跨学科环境模拟与可持续城市规划和绿色建筑设计支持. 2006 中国科协年会 9.2 分会场——人居环境与宜居城市论文集. 2006：98.

由于城市规划与建筑设计学科的综合性以及应用领域的广泛性，科学化与程序化的决策支持模型具备以下的优势❷：

（1）利于克服目前规划中由于设计人员知识面不够导致的决策系统性偏差以及长期缺乏科学支持工具而形成的过于倚重主观判断的习惯。

（2）构建从宏观区域到微观建筑连续尺度层系空间中环境资源管理和人居环境舒适之间的动态平衡和层系尺度下规划设计操作的连贯性。

7.2.2 住区环境计算机模拟技术

1. 大气模拟与城市微气象分析

城市发展直接影响着城市气象条件，进而影响空气质量和大气环境，可通过科学、合理的规划布局改善人气环境。城市对局地气象条件以及污染物扩散的影响主要有：①建筑物对气流有摩擦阻力作用、阻止作用；②城区风速明显低于周围郊区。❸

城市发展对大气环境产生的影响主要有以下几个方面：①通风能力不断降低；②热岛强度增加；③能见度降低。❹

科学、客观、系统地研究城市规划对气象及大气环境的影响，并对其影响进行定性和定量的评估，是提高和改善人居环境的需要，也有助于城市的健康、可持续发展。大气模

❶ 邹经宇，何捷，李文景，周家明. 多尺度的跨学科环境模拟与可持续城市规划和绿色建筑设计支持. 2006 中国科协年会 9.2 分会场——人居环境与宜居城市论文集. 2006：98.

❷ 同上，p104。

❸ 汪光焘，王晓云，苗世光，蒋维循，郭文利，季崇萍，陈鲜艳. 城市规划大气环境影响多尺度评估技术体系的研究与应用. 中国科学 D 辑：地球科学，2005，35（增刊Ⅰ）：145.

❹ 研究表明在排放量一定的情况下，污染物浓度与风速大小成反比。城区通风能力的降低会使人气污染的浓度成倍地增加。城市热岛将使人气污染加重：除了对城市整体气候的影响外，在较小范围内，例如街道居民小区广场等建筑设施附近的局地气候变化也应引起重视，街道的宽度和走向、街道两侧及附近的建筑物的形式、高度间隔等会影响街道的通风。在街道小区规划中要避免小风时气流不畅引起的交通尾气污染，还要避免强风时，高层建筑间狭管风引起人的不舒适感。城市中无植被的广场空地也会形成特定的微气候。因此，从城市整体规划到街道、小区以及单个建筑设施的设计，都将对城市生态环境和局地气候有所影响，进而影响到城市的大气环境。汪光焘，王晓云，苗世光，蒋维循，郭文利，季崇萍，陈鲜艳. 城市规划大气环境影响多尺度评估技术体系的研究与应用. 中国科学 D 辑：地球科学，2005，35（增刊Ⅰ）：146.

拟与城市微气象分析是利用超级计算机计算城市对区域气候的影响，提供城市形态的气象影响及城市环境问题（如污染源扩散、城市热岛等）成因以及城市微气象表现，通过多尺度的城市人居环境模拟，在规划设计前期对相关问题作出预测与处理。❶

（1）城市规划大气环境影响多尺度数值模拟系统的建立

大气模拟与城市微气象分析可以针对城市下垫层的多尺度非均匀特征，建立城市尺度、小区尺度和建筑单体尺度3个模式构成的模拟系统❷（表7-6）。

城市大气多尺度数值模拟系统尺度模式　　表7-6

	城市尺度模式		小区尺度模式	单体尺度模式
特征网格距（m）	4000	500	10	1-2

资料来源：汪光焘，王晓云，苗世光，蒋维循，郭文利，季崇萍，陈鲜艳. 城市规划大气环境影响多尺度评估技术体系的研究与应用. 中国科学D辑：地球科学，2005，35（增刊Ⅰ）：147.

1）城市尺度模拟分系统：该模式可供200km×200km区域范围和45km×45km范围使用，网格距可变，水平格距小至0.54～4.0km可分辨，是一个具有诊断和预报功能的城市数值模拟系统。❸

2）小区尺度模拟分系统：该模式具有三维非静力高分辨特性。除考虑空气动力学作用外，还引入了作为城市特征的街区建筑物布局及其高度、朝向和对短波辐射的遮蔽以及不同地表利用类型等特征影响，用强迫-恢复法计算地面温度，同时加入了污染物平流扩散方程。模式适用于约1km×1km或2km×2km区域范围，网格距可变，水平格距小至10m可分辨。❹

3）街道单体建筑物尺度模拟分系统：该模式用来模拟由城市建筑物单体或其他典型构造的建筑物构成的实际街区中的气流结构，进而为计算污染物的扩散提供有效的气流场数据。模式模拟的水平格距分辨率可达2～5m，垂直格距分辨率最小可达1m。❺

（2）评估指标体系

在此基础上，建立城市规划大气环境影响多尺度评估指标体系可以提供一个科学、可操作的评估手段，能对城市规划建设对气象条件及大气环境带来的影响有效地进行多层次、多因素的综合评估。❻

评估体系把城市规划、气象条件、大气环境归结成一个层次体系，由目标层、影响层、指标层3个层次构成。❼针对不同的城市空间尺度，有着不同的侧重和评价指标（图7-1）。

1）城市尺度评估指标：从环境气象条件和污染物扩散两个方面，确定热岛强度、混

❶ 邹经宇，何捷，李文景，周家明. 多尺度的跨学科环境模拟与可持续城市规划和绿色建筑设计支持. 2006中国科协年会9.2分会场——人居环境与宜居城市论文集. 2006：98.

❷ 汪光焘，王晓云，苗世光，蒋维循，郭文利，季崇萍，陈鲜艳. 城市规划大气环境影响多尺度评估技术体系的研究与应用. 中国科学D辑：地球科学，2005，35（增刊Ⅰ）：147.

❸ 同上，p147。

❹ 同上，p148。

❺ 同上。

❻ 同上。

❼ 同上，p149。

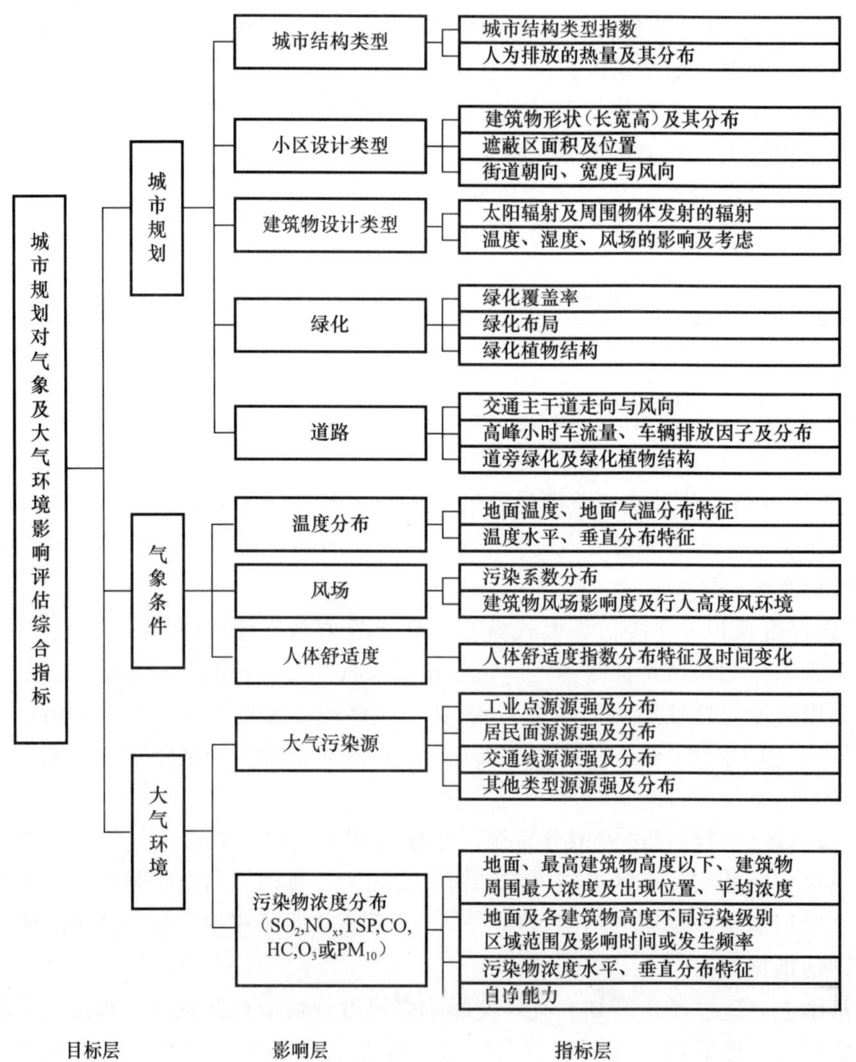

图 7-1　城市规划对气象条件及大气环境影响评估指标体系

（图片来源：汪光焘，王晓云，苗世光，蒋维循，郭文利，季崇萍，陈鲜艳．城市规划大气环境影响多尺度评估技术体系的研究与应用．中国科学 D 辑：地球科学，2005，35（增刊Ⅰ）：150）

合层高度、逆温层持续时间、小风区分布、自净时间等 5 个评估分指标，将以上分指标进行加权，获得城市尺度的综合评估指标。❶

2）小区尺度评估指标：充分考虑环境气象条件和污染物扩散等对人类活动的影响，确定人体舒适度、行人舒适度、地面污染物浓度、最高建筑高度以下污染物浓度、建筑物表面污染物浓度、自净时间等 6 个评估分指标，将以上各个分指标进行加权，获得小区尺度的综合评估指标。❷

3）单体尺度评估指标：从环境气象条件和污染物扩散两个方面，确定建筑物对风场

---

❶ 汪光焘，王晓云，苗世光，蒋维循，郭文利，季崇萍，陈鲜艳．城市规划大气环境影响多尺度评估技术体系的研究与应用．中国科学 D 辑：地球科学，2005，35（增刊Ⅰ）：149.

❷ 同上。

影响度、建筑物表面污染物浓度、污染物总量等 3 个评估分指标，将以上各个分指标进行加权，获得单体尺度的综合评估指标。❶

2. 风环境与计算流体动力学（CFD）模拟技术

创造良好的风环境，减少自然环境对人的伤害，提高人们的生活质量以及充分利用自然通风，有效节约能源，是住区风环境设计的焦点。为了解决这一问题，主要的研究方法有风洞模型试验、计算机数值模拟和水流模拟风环境。但风洞模型试验和水流模拟风环境费用高、周期长，尤其在规划设计阶段，建筑和环境布局不断调整，用实验方法来确定最优方案是不现实的，计算机模拟建筑物的流场则显示出巨大的潜力。❷

建筑风环境的模拟依赖于流体力学（CFD）的相关计算理论和方法，它将空间划分为若干网格，用一套控制方程描述每个网格内相关变量的相互关系，通过联立方程迭代求解相关变量，如空气温度、湿度、风速、有害物浓度等。其主要步骤是：先建立模拟对象的几何模型，再在相关软件中描述求解问题（如边界条件、网格划分、求解过程的迭代控制等），最后用可视化手段（箭头和等高线）描述流场的各种指标参数（图 7-2）❸。

风环境模拟的主要作用：

（1）在规划设计中，住区风环境模拟的作用主要表现在：设计良好风环境品质的建筑能有效地降低建筑能耗。通过计算机模拟技术，在规划设计阶段可以直观地获得住区建成后外部风环境状况，并及时调整，达到住区外部风环境的最优化解决方案。

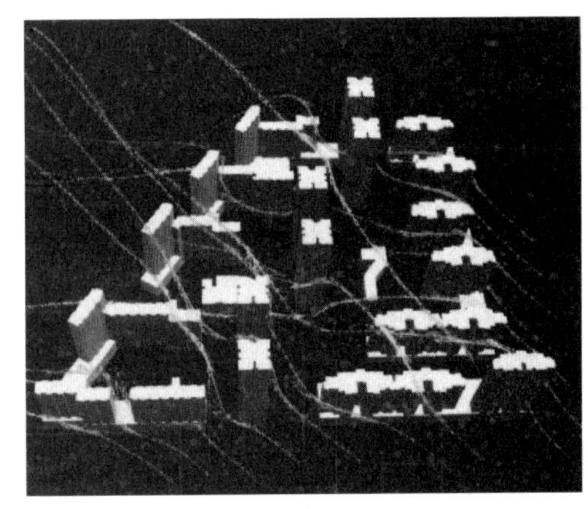

图 7-2　某住区通风流线分析

（图片来源：叶青，卜增文．本土、低耗、精细——中国绿色建筑的设计策略．建筑学报，2006，11：16）

如笔者参与的某住区项目，基地偏向西南方，当地 11 月至 2 月多北风和西北风，3 月至 8 月盛行东南风，9 月、10 月常吹北风和东北风。在规划初期，利用风环境分析软件 Air-Pak 进行计算机数值模拟，对多个方案进行比较，选择最有利于夏季通风、冬季保温，可形成良好风环境的总平面布局。通过夏季、冬季风环境的工况模拟，比较方案 A、B 之间室外风环境的差异，在冬冷夏热地区节能所需的措施的矛盾之间寻求一个平衡，作为方案比较取舍的标准（图 7-3）。

---

❶ 汪光焘，王晓云，苗世光，蒋维循，郭文利，季崇萍，陈鲜艳．城市规划大气环境影响多尺度评估技术体系的研究与应用．中国科学 D 辑：地球科学，2005，35（增刊Ⅰ）：149.

❷ 风环境模拟的着眼点可以是整体规划方案或每个房间的设计，对于小区、建筑单体和房间这些几何尺寸跨度较大的模拟对象，限于目前 PC 计算机的性能，尚无法一次性在软件中同时建立大至小区、小至门窗细部构造的研究对象，因此采用分阶段模拟，可保证计算精度，又可减少计算量，其技术路线是把模拟分成以下 3 个阶段：①针对小区的大环境，模拟后获得主导风向下小区内 1.5m 高度处主要活动场所和出入口的风速、温度分布、弱风区（风速小于 1.0m/s）分布和主要单体周围的风压分布；②针对户型的风环境，模拟后获得户型内主要活动区域的风速、温湿度和有害物浓度分布；③针对房间的小环境，模拟后获得房间遮阳构件对通风的影响、通风换气次数和准静风区（风速小于 0.5m/s）分布等。各阶段通过相关的边界条件组合成完整的模拟，保证了模拟精度。此外，采用 CFD 软件，链接相关公式可计算得出其他指标，如衡量小区热岛强度的 WBGT 指标和热舒适度的 PMV 指标。

❸ 胡文斌，吴小卫，孟庆林．小区规划与设计中建筑物理环境的计算机模拟．广东土木与建筑，2005（2）：33.

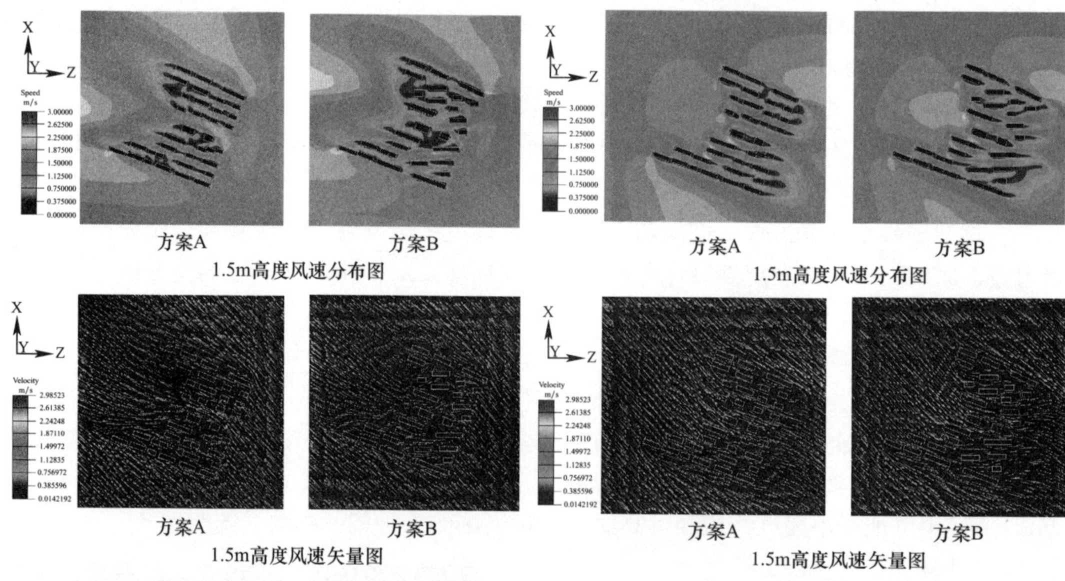

图 7-3　方案比较——夏季工况模拟（左）、冬季工况模拟（右）

（图片来源：本研究整理）

（2）良好的风环境不仅意味着在冬季盛行风风速太大时不会在小区内出现人们举步维艰的情况，还应该是在炎热夏季能利于室内自然通风的进行，即避免在过多的地方形成旋涡和死角。❶

随着风速的增大人们会逐渐感到不舒适，通过试验中对行人举止的观察得到风速与不舒适性之间的关系如表 7-7 所示。❷

风速与舒适性关系　　**表 7-7**

风速	行为影响	人的感觉
$V<5$m/s		舒适
5m/s$<V<$10m/s	开始感觉不舒适	不舒适，行动受影响
10m/s$<V<$15m/s	影响动作	很不舒适，行动受严重影响
15m/s$<V<$20m/s	影响步履控制	不能忍受
$V>$20m/s		危险

资料来源：唐毅，孟庆林．广州高层住宅小区风环境模拟分析．西安建筑科技大学学报：自然科学版，2001，33（4）：353.

（3）户型分隔、洞口位置和外窗布置：结合室内风速分布和通风换气次数，合理分隔房间和设置可开启外窗，使房间尽可能利用自然通风降低空调能耗，提高室内空气质量。❸

（4）在主体建筑布局已经确定的情况下，通过在建筑周边设置绿化带、防风林、挡风墙等措施也能改善人居环境。对于建筑内部，其自然通风主要有单侧单开口通风、单侧双开口通风、双侧穿越式通风、烟囱效应拔风、风压热压混合通风等形式，设计时具体形式可根据当地气候特点、建筑结构特点等来选择。❹

❶ 宋江，周景石．风环境的模拟与其在设计中的运用．建筑节能，2008，36（206）：8.

❷ 同上，p7。

❸ 胡文斌，吴小卫，孟庆林．小区规划与设计中建筑物理环境的计算机模拟．广东土木与建筑，2005（2）：34.

❹ 宋江，周景石．风环境的模拟与其在设计中的运用．建筑节能，2008，36（206）：8.

显然，风对高层住区的外部环境的影响比多层住区要大得多，而且也更加复杂。通过住区风环境模拟，直观地获知未来住区中风对住区外部环境的影响，并通过设计的调整来及时地避免不利影响的出现，风环境模拟技术的作用在以高层为主的住区中相比多层住区更加明显。

3. 光环境模拟技术

光环境模拟技术是以计算机模拟天然采光质量（包括日照、天光、建筑立面及地面反光等直接和间接的光源）的空间和时间分布，优化建筑内部及外部空间的设计，改善人居环境品质，减少人工照明能耗（图 7-4）。❶

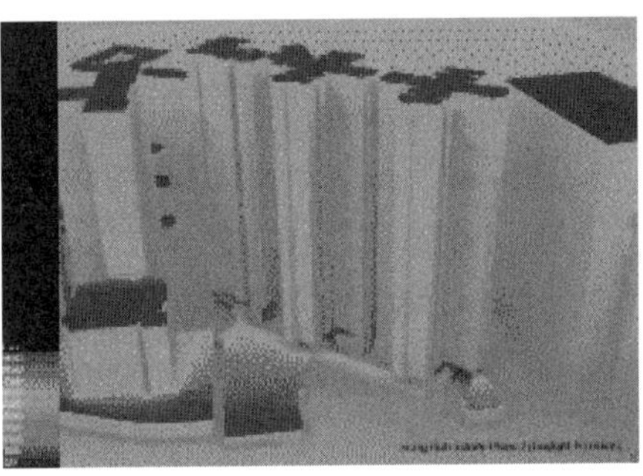

图 7-4 公共房屋组群设计的日照模拟

（图片来源：邹经宇，何捷，李文景，周家明. 多尺度的跨学科环境模拟与可持续城市规划和绿色建筑设计支持. 2006 中国科协年会 9.2 分会场——人居环境与宜居城市论文集. 2006：99）

其在规划设计中的主要作用在于：①检查相邻建筑物的阴影遮挡情况；②分析自身的日影遮蔽；③建筑物外墙、窗口和室内测试平面全年各节气的日照时间计算；④建筑遮阳板的设计；⑤室内日照及日影分析。❷

高层与多层住宅的日照标准的不同，是高层住区分析引入日照的重要原因。多层住宅以日照间距，即建筑之间的距离来进行日照标准的控制，而高层住宅是以日照时数来进行日照标准的控制。由此，对高层住宅的日照分析要复杂得多，此时，计算机模拟技术就可发挥其优势，在规划阶段就可以通过计算机模拟非常快速而且精确地知道高层住宅每一栋楼乃至每户住宅在建成后的日照状况，可以避免无法满足日照标准的住户的出现。

4. 热环境模拟

热环境模拟是利用计算机技术模拟建成后住区的热环境状况，其主要作用在于：对建筑立面、开放空间及城市下垫面进行基于计算机模拟和遥感信息的受热分析。对于建筑物进行热交换模拟，优化设计以增进散热效果，减少能耗（图 7-5）；于城市尺度上记录和分析热岛现象与地表覆盖及建筑物的关系，支持城市热环境管理，通过城市规划与设计有效地减低热岛效应所带来的影响，增进人居舒适性。❸

以高层为主的住区由于建筑之间的阻挡作用，其热效应比多层住宅更为复杂。高层住宅的布局多比较灵活，热反射所带来的楼栋之间外立面热辐射的差别会很大。通过热环境

❶ 邹经宇，何捷，李文景，周家明. 多尺度的跨学科环境模拟与可持续城市规划和绿色建筑设计支持. 2006 中国科协年会 9.2 分会场——人居环境与宜居城市论文集. 2006：99.

❷ 胡文斌，吴小卫，孟庆林. 小区规划与设计中建筑物理环境的计算机模拟. 广东土木与建筑，2005 (2)：34.

❸ 邹经宇，何捷，李文景，周家明. 多尺度的跨学科环境模拟与可持续城市规划和绿色建筑设计支持. 2006 中国科协年会 9.2 分会场——人居环境与宜居城市论文集. 2006：99.

图 7-5　高层住宅间立面热辐射模拟图（左）；每户节能优化分析（右）

（图片来源：邹经宇，何捷，李文景，周家明. 多尺度的跨学科环境模拟与可持续城市规划和绿色建筑设计支持. 2006 中国科协年会 9.2 分会场——人居环境与宜居城市论文集. 2006：100）

模拟，在规划阶段即可以掌握未来住区住宅建成后外立面的热辐射状况，及时调整布局，避免个别楼栋外立面热环境不利的极端状况的出现。

5. 噪声环境模拟

噪声环境模拟是模拟建筑及组群平面和立面噪声分布，评估不同频率噪声的影响范围，同时以噪声地图模拟大范围城市道路交通噪声对楼宇立面的影响及空间分布，进而以科学化手段评估不同设计（如噪声屏障设施）缓和措施的效能，继而量化城市规划改善成效（图 7-6、图 7-7）。❶

噪声环境模拟的主要作用在于：

（1）住宅区域环境噪声模拟，帮助建筑师预测建成后的声环境效果。

（2）通过对建筑规划设计方案的模拟分析，可得出项目规划后的声环境效果。

（3）对不同降噪方案的模拟分析，可得出性价比最优的降噪方案。

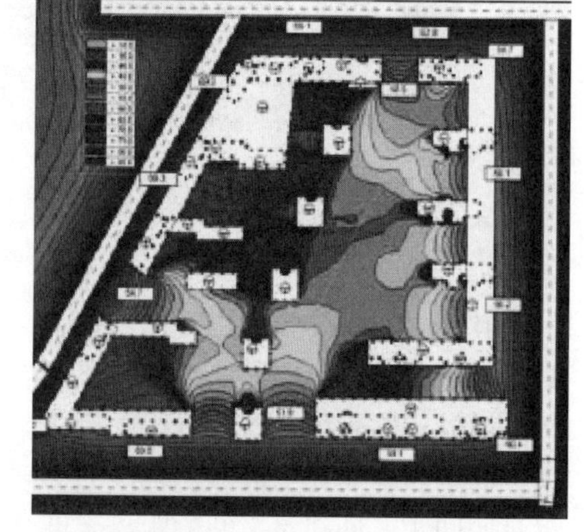

图 7-6　住区声压级分析（白天）

（图片来源：叶青，卜增文. 本土、低耗、精细——中国绿色建筑的设计策略. 建筑学报，2006（11）：16）

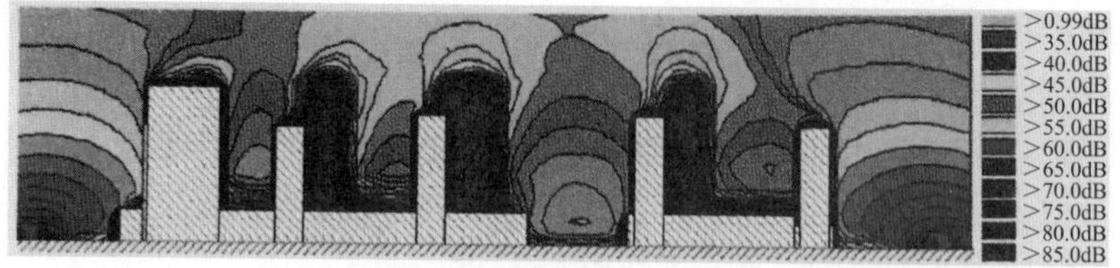

图 7-7　住区沿路建筑夜间剖面声压级（dB（A））分布图

（图片来源：叶青，卜增文. 本土、低耗、精细——中国绿色建筑的设计策略 . 建筑学报，2006（11）：16）

以高层为主的高密度住区的住宅布局与多层住宅的均质布局方式会有很大的不同。噪声对高层住区特别是沿街高层住宅的影响更为明显，同时，噪声在住区内部高层之间的反射、干扰

❶ 邹经宇，何捷，李文景，周家明. 多尺度的跨学科环境模拟与可持续城市规划和绿色建筑设计支持. 2006 中国科协年会 9.2 分会场——人居环境与宜居城市论文集. 2006：98.

情况也会比较复杂。因此，对高层为主的住区的噪声环境模拟就显得非常必要，只有借助模拟技术在规划设计阶段对未来住区的噪声环境进行预测，尽可能规避不利因素的一些布局。

6. 视觉可持续分析

视觉可持续分析是基于地理信息系统和视觉遮挡（View Shed）分析，模拟评估城市建设对视觉景观环境的影响以及居民的环境心理感受，判断城市视觉景观资源的价值，对城市环境的视觉景观资源管理提供科学化的支持（图 7-8）。❶

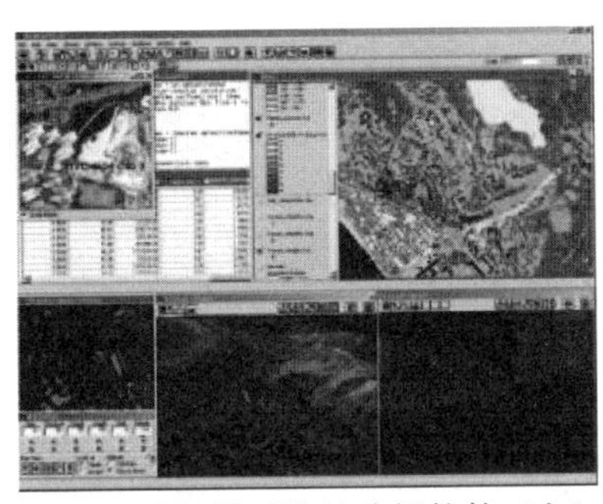

图 7-8　基于 GIS 的视觉可持续分析软件（左）；公共空间视觉开放性的可视化三维表面图（右）
（图片来源：邹经宇，何捷，李文景，周家明．多尺度的跨学科环境模拟与可持续城市规划和绿色建筑设计支持．2006 中国科协年会 9.2 分会场——人居环境与宜居城市论文集，2006：101）

高层住宅对住区外部视觉环境品质的影响将会非常明显，高层住区的视觉可持续分析就显得非常必要，通过视觉可持续分析，避免极端不利的影响的出现。

7.2.3　基于环境模拟技术的住区外部环境品质构建策略

从基于区域层面的大气环境模拟到住区层面的风环境、热环境以及针对高层住区的视觉可持续分析，各种计算机模拟技术关注的问题各有侧重，每个方法有不同的诉求，同时还有矛盾的地方，其结果显然没有最优解，而只能求得次优解。因此，在规划阶段的模拟过程中，如何根据模拟结果在各个技术要求之间形成一种平衡，是这些模拟技术运用的关键。

1. 协同（synergism）策略

建筑物理环境的计算机模拟分析需要多学科的共同协作，即规划建筑师和其他专业设计人员密切配合，充分利用当地气候资源来改善人居环境并与自然环境和谐统一。❷ 其核心目标是提高规划和设计的生态质量，在模拟分析过程中，要特别强调全局观念，先以小区整体为研究对象，从小区的走向、各种体形建筑的布置及其间距控制等方面出发，做好小区规划，给单体的自然通风、采光、日照和节能创造良好的外部条件。对于细节设计中的共同设计目标，需要各专业人员多次协商以获得最佳结果。❸

2. 整体（integrated）策略

室外环境的模拟设计分析，应具有从单体到区域连续尺度的整体概念。❹ 每一个区域

❶ 邹经宇，何捷，李文景，周家明．多尺度的跨学科环境模拟与可持续城市规划和绿色建筑设计支持．2006 中国科协年会 9.2 分会场——人居环境与宜居城市论文集．2006：100.

❷ 胡文斌，吴小卫，孟庆林．小区规划与设计中建筑物理环境的计算机模拟．广东土木与建筑，2005（2）：33.

❸ 同上，p35。

❹ 邹经宇．走向下一阶段的人文城市——看深圳与香港十年的住宅发展与期许．住区，2007（04）：6.

是由若干城市尺度的地块组成的，而每个城市又不能脱离其所在区域大环境的基本条件，即在这一系列的从区域、城市、城区、街区直到单体的尺度范围中，各因素相互影响、相互作用构成了住区外部环境的重要特点（图 7-9）。

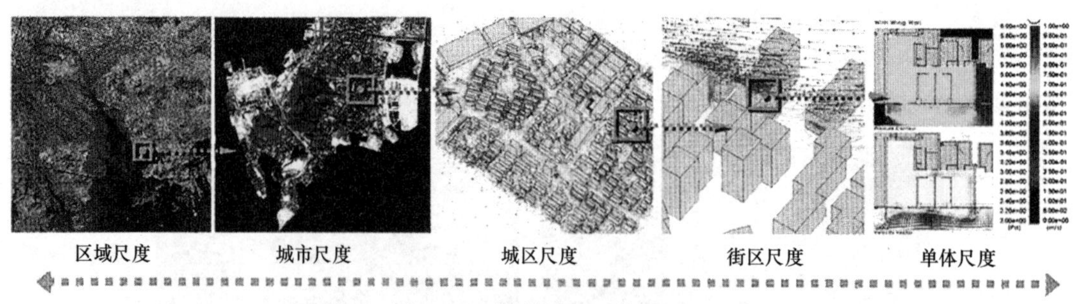

图 7-9　环境设计的整体观念

（图片来源：邹经宇. 走向下一阶段的人文城市——看深圳与香港十年的住宅发展与期许. 住区，2007（04）：6）

3. 平衡（balance）策略

在住区规划设计的过程中，关键是冬、夏季所需环境品质的要求的不同：在夏季，提高风速，增加风穿越住区的可能，减少阳光的照射，达到通风降温的目的；又要考虑冬季建筑的保温要求，降低风速，增加外部环境的舒适性。在这一矛盾中，风环境模拟技术为方案寻求矛盾两极之间的一个平衡，比较取舍、精确量化提供了技术支持，使得这一策略的实现成为可能。

7.3　省地住宅室内适居品质构建

对住宅室内居住品质产生直接影响的因素主要包括两部分内容：面积标准与空间品质（设备、设计的合理与材料），两者的共同作用对居住品质产生影响。面积标准是居住品质的重要前提，只有在一定的量的保证下，空间品质才成为重要因素。也就是说，在不同的面积标准条件下，两者的作用是不同的。

在面积较小的情况下，面积标准的作用就比较明显，而空间品质则显得比较次要。在面积达到一定的标准后，面积就不再是影响居住品质的主要要素，相反，空间品质则成为主要的影响要素。前者关注是住宅的“量”的层面，后者是“质”的层面。

住宅室内居住品质的构建将是一个长期而漫长的过程。经过新中国成立后仅 60 年的发展，我国正从关注住宅的“量”的阶段走向对“质”的关注的阶段。本文认为，真正实现住宅品质的提升，特别是在紧凑居住模式下的住宅品质的提升，住宅的建设将经历以下几个途径，逐步实现品质的全面提升：①住宅的性能评价；②住宅全装修设计；③住宅产业化的发展。

7.3.1　住宅性能评价

《住宅与房地产词典》对“住宅性能”（House Performance）的解释为：“住宅满足人们居住、生活和社会活动需要的特性和功能。住宅的性能及其发展水平，集中体现了人类社会的进步和社会生产力水平，并与不同时期人们的设计思想、规划水平、施工能力、建筑材料、地理环境、文化习俗及社会经济条件等有着密切的关系……住宅性能是住宅品质的综合反映。"[1]

住宅性能评价（Performance Evaluation of House）是指依据一套指标体系或评价方法，对住宅的功能与特性作出定性或定量的客观评价。[2]

1. 各国住宅评价制度

住宅性能认定制度在国外开展较早，有的国家已作为法律实施。法国1948年就制定了建筑新技术、新产品评价认定（审定）制度，对建筑中使用的新部品和新技术进行认定。此后，该制度逐步扩展到整个欧洲。1960年法国、比利时、西班牙、荷兰、葡萄牙等国建立了欧洲联合会建筑技术审定书制度（UEATC）。日本在调查了法国、英国、美国的制度后，于1974年推行工业化住宅性能认定制度，在1999年6月推出"促进确保住宅品质等有关法律"，2000年，日本住宅性能表示基准和评价方法发布，正式实施了性能认定表示制度。[3]各国的评价制度之间互有借鉴，但多是根据本国的国情，通过评价项目来引导住宅建设的不同的侧重和导向，[4]同时也形成了各自的特点：

（1）日本、美国和欧洲部分经济较发达的国家，住宅建设的高潮期已经基本过去，其住宅的质量、功能、设备水平都已经发展到较高水平，并保持相对稳定，相对来讲更加注重通过提高住宅的技术含量，实现居住品质的提升和可持续发展。

（2）我国的住宅性能评价制度借鉴日本的成分比较大，和日本有许多相似的地方，但又根据我国的情况进行了调整，增加了住宅套型、用地与规划、建筑造型、绿地景观，以及公共服务设施等项目。这些评价项目是当前我国在住宅建设中所关心的比较集中的问题，是居民心中评判住宅整体性能好坏的重要标准，因此，房间的规模、景观和设施等也包含在评定项目中。

（3）各国住宅性能评价的不同在于住宅性能评价的侧重点不同。

评价的时段不同（设计、施工、建成、使用不同时期），强调的住宅性能不同，定性

[1] 李梅．中外住宅性能评价指标的对比研究［D］．哈尔滨：哈尔滨工业大学，2006：8．

[2] 同上。

[3] 黑龙江省住宅建设与管理专家委员会．中外住宅性能评价的对比．李桂文，李梅执笔．2005．（http://news.sina.com.cn/o/2005-03-30/14145507383s.shtml）

[4] 各国住宅评价制度及评价项目

国家	日本	美国	法国	欧共体	中国
评价制度	住宅性能表示制度	住宅建筑用后评估	住宅性能评价制度	产品指令制度	住宅性能评定指标体系
年代				1985年	2004年版
评价项目	1．结构安全性 2．防火安全性 3．耐久性能 4．日常维护管理 5．保温隔热性能 6．空气环境性能 7．采光、照明性能 8．隔声性能 9．高龄者生活对应性能	1．规划设计 2．景观布置 3．步行区 4．住宅平面的灵活布置 5．建造质量 6．色彩运用 7．住宅内部空间的使用 8．住宅群体关系	1．配管 2．电器设备 3．室内噪声 4．制冷 5．屋面和外装修的维修费用 6．采暖和供热水费用 7．通到住宅的道路（任选项）	1．结构抗力与稳定 2．防火安全 3．卫生、健康与环境 4．使用安全 5．噪声防护 6．保温节能	1．适用性能的评定 2．环境性能的评定 3．经济性能的评定 4．安全性能的评定 5．耐久性能的评定

资料来源：黑龙江省住宅建设与管理专家委员会．中外住宅性能评价的对比．李桂文，李梅执笔．2005．（http://news.sina.com.cn/o/2005-03-30/14145507383s.shtml）

和定量评价的比例分配不同。这是由于各国的住宅发展水平不同、主要的住宅形式不同、对住宅的需求不同以及对住宅性能的认识不同所造成的。我国的住宅性能评定指标体系的侧重点也必然随着时间和这些因素的变化不断调整。

（4）各国住宅性能评价的共同点是对住宅的节能要求和住宅舒适性的重视。

能源危机使住宅节能成为全世界的共同话题和研究重点，同样在各国住宅性能评价中无一例外地都列入相关的评价项目。我国在住宅经济性能评价中也将节能、节地、节水、节材划分为 4 个子项 26 个分项进行评定。对住宅舒适性的重视，包括评价项目中对空气、声、光、热的控制，同时还考虑到特殊人群的使用，如老年人适应性设计或无障碍设计，这些都是在住宅中“以人为本”的具体体现。

2. 我国“住宅性能认定指标体系”

我国住宅性能认定制度的起步较晚，但在借鉴国外现行制度的基础上，在较短时间内取得了长足的进步。❶

我国的性能认定将住宅的综合质量，即工程质量、功能质量和环境质量等诸多因素归纳为五个方面来评审：适用性能、安全性能、耐久性能、环境性能和经济性能，❷ 其中又细分为 23 项 380 余条内容，是一个科学、完整、全面和公正的住宅性能评价的指标体系。❸

根据综合性能高低，将住宅分为 A、B 两个级别：A 级住宅为执行了现行国家标准且性能好的住宅；B 级住宅为执行了现行国家强制性标准，但性能达不到 A 级的住宅。

A 级住宅根据得分多少和能否达到规定的关键指标，由低到高又分为 1A、2A、3A 三等：1A 级住宅（600～720 分）；2A 级住宅（720～850 分）；3A 级住宅（大于 850 分满足★要求）。标志为 A、AA、AAA。1A 级性能认定是面向中、低收入家庭的经济适用型住宅；2A 性能的住宅是面向中、高收入家庭的商品住宅；3A 级住宅则是提供给高收入家庭的功能齐全、舒适度高的商品住宅。

---

❶ 我国住宅性能认定制度的发展：1993 年翻译了日本工业化住宅性能评定标准，开始研究国外的住宅性能认定制度。1996 年“住宅性能认定制度研究”被列为国家科技攻关项目“2000 年小康型城乡住宅科技产业工程”第二批滚动课题，2000 年完成并通过科技部鉴定。1998 年原建设部成立住宅产业化办公室，内设住宅性能认定处，开始筹备建立住宅性能认定制度，国办发［1999］72 号文要求：“重视住宅评定工作，通过定性和定量相结合的方法，制定住宅性能评定标准和认定办法，逐步建立科学、公正、公平的住宅性能评价体系。”1999 年 4 月 29 日，原建设部颁发建住房［1999］114 号文件《商品住宅性能认定管理办法》，决定从当年 7 月 1 日起在全国试行住宅性能认定制度。同年，原建设部以建标［1999］308 号文将《住宅性能评定技术标准》列入了工程建设国家标准制订、修订计划。1999 年下半年，原建设部住宅产业化办公室编制了《商品住宅性能评定方法和指标体系》供试行时采用。与此同时，原建设部与日本国际协力事业机构（JICA）的第三期合作项目《中日住宅性能与部品认证制度合作研究》于 2001 年 12 月 1 日启动，2004 年 11 月 30 日结束。在总结《商品住宅性能评定方法和指标体系》试行经验的基础上，从 2002 年开始，原建设部住宅产业化促进中心和中国建筑科学研究院等单位正式开始了标准的起草工作，于 2004 年 9 月形成了征求意见稿。2004 年 9 月 15 日建设部标定司发出通知，面向全国征集对《住宅性能评定技术标准》（征求意见稿）的意见。在充分吸取各地意见的基础上，2004 年 11 月底形成了送审稿，2004 年 12 月 13 日至 14 日，原建设部在北京召开了《住宅性能评定技术标准》审查会。根据审查意见，2005 年 1 月形成了报批稿。2005 年 11 月 30 日发布，2006 年 3 月 1 日实施。

❷ 中华人民共和国住房和城乡建设部. 中华人民共和国国家标准：建设部住宅性能评定技术标准. 北京：中国建筑工业出版社，2005：2.

❸ ①住宅适用性能（residential building applicability）：由住宅建筑本身和内部设备设施配置所决定的适合用户使用的性能。②住宅安全性能（residential building safety，security）：住宅建筑、结构、构造、设备、设施和材料等不形成危害人身安全并有利于用户躲避灾害的性能。③住宅耐久性能（residential building durability）：住宅建筑工程和设备设施在一定年限内保证正常安全使用的性能。④住宅环境性能（residential building environment）：由住宅周围人工和自然环境所营造的外部居住条件。⑤住宅经济性能（residential building economy）：在住宅建造和使用过程中，节省和降低资源消耗的性能。

3. 住宅性能认定程序

我国住宅性能认定程序主要包括以下几个步骤[1]：

（1）申请：开发企业在住宅竣工后，向商品住宅性能认定委员会提出书面申请，并提供相关材料，包括申请表、竣工图及全套技术材料、原材料产品设备合格证书、试验检测报告、隐蔽工程和质量检验记录、竣工报告和验收单、住宅性能检测结果单等。

（2）评审：住宅性能认定委员会根据申请材料进行审核，对符合条件的提交评审委员会评审。

（3）审批：评审委员会根据一定方法和指标进行评审，提出评审等级，报认定委员会审批。

（4）公布：认定委员会对评审委员会的结果进行审批后，报相关行政主管部门公布。

我国的住宅性能评价研究工作与国外相比晚了近半个世纪，相关标准和制度的研究还处于探索阶段。将住宅评价制度引入设计领域，会对住宅设计的导向和促进、提升住宅的居住品质，特别是对于紧凑型居住模式下的住宅套型的设计和住宅品质的提升起到重要作用。

7.3.2 住宅的装配式装修

住宅装修模式的演化过程就是运用科学技术，加速改造传统住宅装修模式的过程。它是一个循序渐进的历史性发展过程，在不同的发展阶段要有不同的发展目标和发展策略。[2]

住宅装修一次到位及装配式住宅装修是使我国住宅装修从传统生产方式走向更为先进的生产方式需要进一步解决的课题。住宅装修一次到位是在我国现实社会生产条件以及现有住宅建造形式和技术发展程度下，能够在一定程度上解决现在普遍的离散化的自行装修带来的各种问题，在现阶段可行和必行的权宜之计[3]；装配式住宅装修是在社会经济发展、科技进步、技术革新、社会生产进一步协调发展的前提下，未来住宅装修的必然发展趋势，它不仅能够消除现行装修模式中的各种问题和弊端，而且是对现场生产施工的传统住宅装修方式的一种革命性变化，具有极强的优势。[4]

1. 住宅装修一次到位（全装修）

装修一次到位是指房屋交付使用前，所有功能空间的固定面全部铺装或粉刷完成，厨房和卫生间的基本设备全部安装完成，简称全装修住宅。[5]

1998年底，在全国范围内停止了住房实物分配制度，要求采取各种有效措施克服居民自行装修住房存在的弊端。为了解决自行装修带来的问题，建设主管部门陆续出台了有关住宅装修一次到位的政策，开始了住宅的建造和装修一体化进程。

2002年5月21日，原建设部住宅产业化促进中心公布了《商品住宅装修一次到位实施细则》（试行稿），7月19日，又以建住房（2002）190号文，发出了关于印发《商品住宅装修一次到位实施导则》的通知和《商品住宅装修一次到位实施导则》。[6] 导则规定，商

---

[1] 毕建玲．我国住宅产业化研究．重庆：重庆大学，2003：37.

[2] 胡沈健．住宅装修产业化模式研究．上海：同济大学，2006：87.

[3] 王英华．住宅全装修产业化体系及项目管理研究［D］．南京：南京林业大学，2005：6.

[4] 国外发达国家的住宅一般都是成品房，即交给客户的住房包含了室内装修部分，没有“住宅全装修”及“住宅全装修产业化”的概念。因为住宅室内装修一直是作为住宅产业的组成部分，因而住宅全装修产业的发展与住宅产业化的发展是同步的。见：王英华．住宅全装修产业化体系及项目管理研究［D］．南京：南京林业大学，2005：6.

[5] 上海市住宅发展局．上海市新建住宅全装修管理手册．2003：2.

[6] 李南．我国住宅装修发展状况研究与道路探索［D］．重庆：重庆大学，2003：50.

品住宅装修必须达到购买者入住时可使用的标准，从装修入手，整合提高住宅的品质，达到相应等级的舒适程度。[1]

---

❶ ①住宅功能空间推荐标准

标准		设备名称					
	室内空间等级	电视插口	电话	空调专用线	热水器专用线	电源插座	信息插口
主卧室	普通住宅	1	1	√		3 组	1
	中高级住宅	1	1	√		4 组	
	高级住宅	1	1	√		5 组	
双人卧室	普通住宅			√		2 组	
	中高级住宅	1	1	√		3 组	
	高级住宅	1	1	√		4 组	
单人卧室	普通住宅			√		2 组	1
	中高级住宅		1	√		3 组	11
	高级住宅	1	1	√		3 组	1
起居室	普通住宅	1	1	√		4 组	
	中高级住宅	1	1	√		5 组	
	高级住宅	1	1	√		6 组	
厨房	普通住宅					3 组	
	中高级住宅					4 组	
	高级住宅	1	1		√	5 组	
卫生间	普通住宅					3 组（含洗衣机插座）	
	中高级住宅				√	4 组	
	高级住宅		1		√	5 组	
餐厅	中高级住宅					1 组	
	高级住宅	1	1	√		2 组	
书房	中高级住宅		1	√		3 组	
	高级住宅		1	√		4 组	
其余设备	给水设备	用水量 200～300 升/(人·日) 热水管道系统					
	采暖通风	散热器（空调机）北方地区采暖如用电					
	电器设备	电表 5（20）A-10（40）A（特殊设备选型用电量，设计定）负荷 6000W 以上					

注：卫生间中不含整体浴室。

资料来源：上海市住宅发展局．上海市新建住宅全装修管理手册．2003：12.

②住宅功能空间推荐标准（厨房、卫生间部分）

空间		设施配置标准
厨房	普通住宅	灶台、调理台、洗池台、吊柜、冰箱位、吸油烟机（操作面延长线≥2400mm）、吸顶灯（防水、防尘型），配置厨房电器插座 3 组
	中高级住宅	灶台、调理台、洗池台、搁置台、吊柜、冰箱位、吸油烟机（操作面延长线≥2700mm）、消毒柜、微波炉位、厨房电器插座 4 组、吸顶灯（防水、防尘型）
	高级住宅	灶台（带烤箱）、调理台、洗池台、洗碗机、搁置台、吊柜、冰箱位、吸油烟机（操作面延长线≥3000mm）、微波炉位、电话和电视插口、厨房电器插座 5 组、吸顶灯（防水、防尘型）
卫生间	普通住宅	淋浴、洗面盆、坐便器、镜（箱）、洗衣机位、自然换气（风道）吸风机、电剃须等电器插座 3 组、吸顶灯（防水型）、镜灯
	中高级住宅	浴盆（1.5m）和淋浴器、（蒸汽房）洗面化妆台、化妆镜、洗衣机位、坐便器（2 个）、排风扇（风道）吹风机、电剃须等电器插座 4 组、电话（挂墙式分机）接口
	高级住宅	浴盆（水按摩）和淋浴器、（蒸汽房）洗面化妆台、化妆镜、洗衣机位、坐便器（2 个）、净身器、换气扇、红外线灯、吹风机、电剃须等电器插座 5 组、电话接口、吸顶灯、镜灯

注：卫生间中不含整体浴室。

资料来源：上海市住宅发展局．上海市新建住宅全装修管理手册．2003：13.

2002年7月19日上海市人民政府批准了《上海市住宅产业现代化发展“十五”计划》，提出要积极推进上海新建住宅全装修的建设，明确2002年实施3万套，2003年实施10万套，到2005年上海新建住宅基本实现全装修。❶

推行住宅装修一次到位（全装修）的根本目的在于：逐步取消毛坯房，直接向消费者提供全装修成品房；规范装修市场，促使住宅装修生产从无序走向有序。坚持技术创新和可持续发展的原则，贯彻节能、节水、节材和环保方针，鼓励开发住宅装修新材料、新部品，带动相关产业发展，提高效率，缩短工期，保证质量，降低造价。❷

推行住宅装修一次到位（全装修）的四个重要环节❸：①楼盘前期定位准确，满足不同购房群体的需求和条件；②设计根据前期定位的要求，与策划同期进行，保证了目标客户的装修要求和档次；③施工的精细程度高，工程的管理水平要求高；④后期的装修质保要与楼盘物业相匹配。

2. 住宅全装修模式

目前住宅全装修模式是从开发商操作层面上划分的，分为全装修和菜单式装修两种模式：全装修是指房产开发企业按照统一的装修设计、装修材料和设备配置，提供统一标准的装修；菜单式装修是指房产开发企业提供由不同的装修设计、装修材料和设备配置组成的成套方案，供消费者选定后，统一装修。❹

3. 装配式住宅装修

住宅装修一次到位只是在现实条件下解决离散化装修的途径之一，它仍然受传统的住宅建造模式和传统的手工生产、现场施工的装修模式的限制，仍然有大量工作需要在施工现场进行，不能从根本上解决住宅装修中存在的所有问题。要想从根本上解决这些问题，必须寻求建立在技术革新、体制进步基础上的新型住宅装修模式——装配式住宅装修。❺

（1）装配式住宅装修

装配式住宅装修就是将进行装修的产品、部件标准化，使生产过程集约化，实现工程高度组织化，用工厂化的机械生产代替传统的人工劳动，使生产与组织形成一体化的住宅装修生产、组织过程。❻ 它不仅是住宅装修的施工过程，同时包含它的设计、部件生产、现场装配的整个过程。❼ 装配式住宅装修实际上是住宅装修的产业化形式。❽

---

❶ 上海市住宅发展局．上海市新建住宅全装修管理手册．2003：2.

❷ 同上，p12。

❸ 胡沈健．住宅装修产业化模式研究［D］．上海：同济大学，2006：130-132.

❹ 菜单式全装修可以划分为三种：①套餐式：开发商根据不同的房型统一装修房间，按照相同的装修标准、设计风格进行装修。这种模式的特点是运作方便，可以更大程度地利用集团采购、装配化等规模化的优点。缺点是客户可选择的范围小，采用这种装修模式的楼盘需要定位一定的客户群。这种装修模式是产业化装修模式中基本的做法。②点菜式：开发商根据户型制作出若干套样板间或设计方案，由客户根据开发商提供的样板间或设计方案，从风格、价位、材料、颜色等多方面进行选择。对于客户所提供装修项目，由客户根据自己的喜好和价位承受能力选择其中的装修项目。③自助式：根据客户的要求增加或改变装修项目的内容，但客户的要求需要限制在开发商可以执行的范围内。这种模式的优点是体现了客户自己的特点和爱好，满足客户个性化、多元化的需求。见：胡沈健．住宅装修产业化模式研究［D］．上海：同济大学，2006：154.

❺ 李南．我国住宅装修发展状况研究与道路探索［D］．重庆：重庆大学，2003：66.

❻ 胡沈健．住宅装修产业化模式研究［D］．上海：同济大学，2006：130-132.

❼ 李南．我国住宅装修发展状况研究与道路探索［D］．重庆：重庆大学，2003：66.

❽ 胡沈健．住宅装修产业化模式研究［D］．上海：同济大学，2006：130.

（2）装配式住宅装修的优点

装配式的住宅装修意味着新设计、新建材、新的施工工艺，整个住宅装修业的新概念和新的生产方式。装配式住宅装修体系既是技术支撑体系，它涉及住宅装修的各个方面、各个工序，形成完整的技术体系，又是生产组织体系，从设计规划、生产施工、材料供配、经济核算、性能评价等方面，运用系统方法，形成完整的生产发展过程，求得高速、高质和高效。与传统住宅装修模式相比，装配式住宅装修具有很强的优势，对社会生活和经济发展都具有极其重要的意义。[1]

住宅全装修可以保证住宅设计意图的完整贯彻，对于面积紧凑的省地型住宅的居住品质的提升具有重要的作用。住宅全装修相比现在的毛坯房和粗装修，极大地提升了住宅的空间品质，还减少了不必要的资源和材料的浪费以及对环境的污染。以装配式装修为目标的住宅装修产业将是节能省地型住宅的重要走向，也是其在有限的面积条件下居住品质提升的重要保障。

7.3.3 住宅产业化

住宅产业的概念最早于1968年出自日本通产省，是在许多行业和工业企业对住宅市场产生浓厚兴趣的背景下提出来的，其范围是指标准产业分类的各个产业领域中与住宅有关的各行业的综合。[2]

1. 住宅产业化

（1）住宅产业化的概念

住宅产业化，是住宅产业现代化的简称，就是将住宅生产和经营纳入社会化大生产范畴，用工业化的生产方式生产住宅，使住宅产品的开发系列化、生产工业化、技术集约化、销售配套化，从而降低成本，提高住宅生产效率与品质，解决居民的住房问题。[3]

（2）住宅产业化的内容

住宅产业化的概念包含了几方面的内容[4]：

1）住宅产业化首先归结为一种趋势，一种改革过程，去除不适应当前住宅产业客观发展需要、具有阻碍性的不合理因素，吸纳、渗透和融入符合市场经济发展的合理性因素，而且这种过程是运动变化的。

2）住宅产业化经历了如住宅的启动、运行、调配等程序和环节。启动主要是指人、财、物的投入；运行应是整个住宅过程，这里指狭义的建造环节和程序；调配属于住宅过程的延伸环节。

3）住宅产业化的实现受到住宅自身规律和市场运行规律的双重作用。

---

[1] 装配式住宅装修具有的优点及其意义体现在以下几个方面：①装配式住宅装修能够有效提高劳动生产率；②装配式住宅装修可提高住宅装修的速度和质量，装修产品的质量稳定；③装配式住宅装修消除了对结构的破坏，保证了住宅的安全性；④装配式住宅装修避免了装修引起的环境污染；⑤装配式住宅装修大大降低了施工噪声，解决了施工扰民问题；⑥装配式住宅装修改善了施工现场的环境条件；⑦装配式住宅装修优化了资源与能源的合理利用；⑧以人为本的设计，使装配式住宅装修能够实现装修的多样化和个性化。

[2] 王英华．住宅全装修产业化体系及项目管理研究［D］．南京：南京林业大学，2005：5．

[3] 毕建玲．我国住宅产业化研究［D］．重庆：重庆大学，2003：17．

[4] 胡沈健．住宅装修产业化模式研究［D］．上海：同济大学，2006：23．

4）住宅产业化的目的是实现效益的最大化。

（3）住宅产业化的标志

住宅产业化的标志可以理解为三点[1]：

1）商品化：技术达到成熟（具备技术可行性、工程可行性和经济可行性），可以以商品形态提供给客户，是一个产品创新的过程。

2）市场化：具有市场需求，具备价格竞争力，可以获得效益，是一个需求创新、开拓市场、创造需求和供给的过程。

3）规模化：具有大批量生产、销售和售后服务能力，可以可靠、稳定、低风险地进行大批量生产，是一个管理创新、组织规模生产、创造利润的过程。

（4）住宅产业化的优点[2]

1）住宅产业化将会实现社会资源节约，这主要体现在能源、水源和材料节约方面。以材料为例，工业化集中生产的方式，降低了建筑主材的消耗，装配化施工的方式，降低了建筑辅材的损耗。

2）住宅产业化能够减少施工对环境造成的污染。现场装配施工相较传统的施工方式，极大程度减少了建筑垃圾的产生、建筑污水的排放、建筑噪声的干扰、有害气体及粉尘的排放。

3）产业化住宅能够提高住宅的质量和性能。

4）住宅产业化以后，住宅的建造效率能够得到大幅度的提升。通过预制生产和装配式生产方式可大幅度缩短建造周期，减少现场施工及管理人员数量。

2. 住宅产业化发展阶段

胡沈健根据罗斯托的经济“起飞”阶段理论，将住宅产业的发展过程也概括为四个阶段：准备时期、初步发展时期、快速发展时期和成熟时期（图 7-10）。[3]

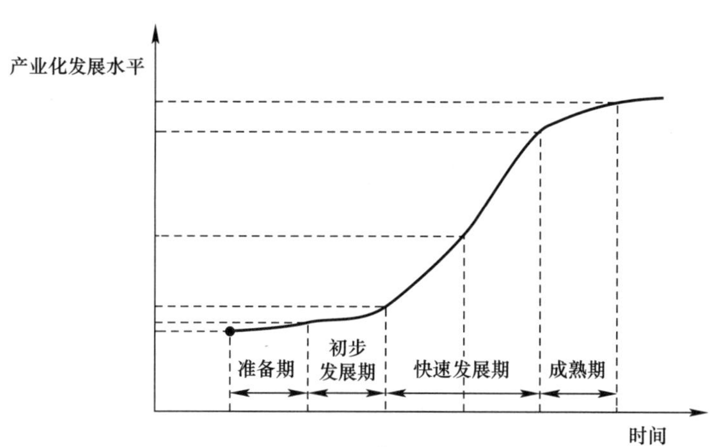

图 7-10 住宅产业发展进程示意

（图片来源：胡沈健．住宅装修产业化模式研究．2006：88）

---

[1] 胡沈健．住宅装修产业化模式研究［D］．上海：同济大学，2006：p23.

[2] http://www.chinahouse.gov.cn/cyfz16/1640724.htm（2008-07-28）住宅产业化好处真不少.

[3] 胡沈健．住宅装修产业化模式研究［D］．上海：同济大学，2006：88.

（1）准备期：进行住宅产业化的基础建设、组织、策略、技术和标准的研究和示范、技术改造与技术引进等。此时住宅产业化的产品尚未形成，住宅产业发展尚处于酝酿时期。

（2）初步发展期：此时住宅产业标准基本形成，部分新型建材和装饰材料、技术引进项目初步完成，生产线投入使用并生产出产品，住宅产业化的规格产品已经产生，部分地区和企业开始大规模地进行住宅装修及部品的生产，整个住宅产业进入一个新的发展时期。

（3）快速发展期：住宅产业的系列化产品形成，技术发展成熟，新产品不断涌现，产品规模化生产格局形成，工业化住宅装修产品和部品进入大规模推广应用时期。整个住宅产业的面貌焕然一新。

（4）成熟期：成熟阶段住宅产业化的技术与产品发展成熟，发展速度放缓，住宅产业进入稳定发展期。

3. 我国的住宅产业化框架

我国住宅产业化的提出有其社会、经济方面的大背景，一方面是我国住房体制改革从计划经济的福利分房走向社会主义市场经济下的商品住宅，另一方面是继 1997 年之后，我国国民经济以住房作为新的经济增长点，并以此扩大内需、刺激消费，拉动国民经济的增长。❶

1994 年国家“九五”科技计划“国家 2000 年城乡小康型住宅科技产业示范工程”中首次系统地提出了中国住宅产业化工作的技术框架。1999 年，国务院办公厅下发《关于推进住宅产业现代化　提高住宅质量的若干意见》，明确提出了住宅产业现代化的发展方向。为贯彻落实文件精神，原国家建设部提出从以下五个方面构筑我国住宅产业化框架体系：

（1）建立完善住宅技术保障体系，做好基础技术和关键技术的研究，完善住宅建设配套技术法规，推广先进适用成套技术。

（2）建立完善住宅建筑体系。建筑体系是推进住宅产业化的基础，其目的是要根据各地资源、经济、社会发展水平等状况，研究选择综合效益好的住宅建筑体系，推广应用，不断提高。

（3）建立完善住宅技术部品体系。结合发达国家先进经验，逐步淘汰落后的部品，对新部品、新技术组织开展认定工作，发布标识，积极推广应用，加快住宅技术、部品的更新换代，提高住宅品质。

（4）建立完善住宅质量保障体系。彻底解决困扰居民的各类住宅质量问题。

（5）建立完善住宅性能认定体系。住宅性能认定是对住宅质量的综合评价，包括对住宅规划、设计施工、住宅配套技术及住宅内部等多方面进行质量检验，是促进住宅技术进步，推进住宅产业现代化，提高住宅质量的有效手段和途径。

我国的住宅产业化工作起步较晚，还处于初级发展阶段，住宅产业化体系尚未健全，住宅产业主体尚未完全从其他行业中分离出来，我国住宅产业化的道路还很长，大量的基础性工作等待我们去实践，需要做的工作还很多，任务还很繁重。❷ 但实现住宅的产业化

---

❶ http://www.bbcer.com/special/001001/2830/（2008-07-28）我国住宅产业化的发展途径.

❷ 毕建玲. 我国住宅产业化研究［D］. 重庆：重庆大学，2003：17.

是我国住宅发展的重要目标。这一目标的实现对形成我国住宅的高品质供应和满足在有限资源条件下我国住宅建设的节能省地要求具有双重的作用。住宅产业化目前在我国所处的阶段及其在整合社会各种资源的过程中的困难和所需的时间，决定了这是我国构建高品质住宅的一项长期而远景的策略目标。

“发展节能省地型住宅的目标，是战略层面的问题，推进住宅产业化工作，应该说是战术层面的问题。我们要通过推进住宅产业现代化，达到发展节能省地型住宅的目标。”❶

7.4　居住品质构建策略

我国住宅建设正飞速发展，由“数量型”转向“质量型”，由“粗放型”转向“集约型”，这是现代住区的规划与建筑设计可借以依托的社会背景。在我国人多地少的现实条件下，解决大量人口的居住问题的现代集合住宅从“多层高密度”走向“高层高密度”将成为现实的必然选择，这构成了我国住区的规划与建筑设计所要面对的现实课题。现代技术的发展，特别是计算机技术的发展，则为一直以来以设计者的经验和直觉为基础的规划设计和建筑设计提供了可以依赖的技术条件，是我们在以“紧凑居住”为核心理念，以省地建设为实现手段，以舒适型住宅解决大量人口的居住问题为目标的住宅建设过程中，可以依托的必然策略（表 7-8）。

紧凑居住适居环境构建策略　　**表 7-8**

层面尺度		物理环境	技术策略	设计策略
区域层面			大气模拟	
规划层面	热环境	空气温度 空气湿度 热岛强度 通风换气次数	风环境模拟	被动低能耗策略
		风速	风环境模拟	平衡策略
		建筑能耗	能耗模拟	
	光环境	采光照度 日照时间	采光模拟 日照模拟	协同设计策略
	声环境	噪声	声学模拟	整体策略
	室内空气环境	有害物浓度 空气龄	风环境模拟	
建筑层面		基本舒适度要求	住宅性能评价	近期策略
	适居性问题	舒适型住宅	全装修	中期策略
		高品质住宅	住宅产业化	远期策略

资料来源：本研究整理。

❶ http://www.chinahouse.gov.cn/xnrd3/3a198.htm（2008-07-28）童悦仲访谈：我国住宅产业化的工作重点.

7.5 本章小结

本章是对上海住宅在紧凑居住条件下，对于相关规范的适应性问题和住宅的室内外环境影响的简要分析，并对应对这些问题的相关策略进行初步探讨。

以紧凑居住模式为核心的省地型住宅在节约土地、住区外部环境与住宅套内空间紧凑并存的同时，必然会对住宅居住舒适性与居住品质造成一定的影响。现代计算机模拟技术的发展为这一问题的解决提供了重要的途径。

以计算机模拟技术为平台的住区室外环境模拟技术，可以使人在住区规划的设计阶段，就直观地了解未来建成住区的外部环境品质，包括住区的风环境、声环境、热环境、光环境及视觉可持续问题等。针对高密度居住给住区外部环境带来的问题，在设计的初始阶段就可根据计算机的计算结果进行一定程度的调整，在高密度住区的规划设计实现紧凑布局的同时，满足住区外部环境品质的基本要求，保证空间布局紧凑的同时享有较高的外部环境品质。

实现住宅的紧凑居住，需要住宅提供基本生活空间，达到合理的套型建筑面积标准，保证一定的生活品质，这是一个需要不断努力、循序渐进的过程。在现有住宅使用评价标准的基础上，逐步走向全装修和装配式装修的模式，直至实现住宅的产业化发展，将是基于紧凑居住理念的省地型住宅发展的必然之路，也是紧凑型住宅内部空间的居住品质可以跟随时代发展而发展的基本保证。

第8章 结　论

本论文是对上海省地型住宅在现实条件下的应对策略的初步研究。论文首先回顾了国内外关于节约用地、住宅省地问题的研究成果，在大量文献阅读和研究归纳的基础上，提出将住区套密度作为住宅省地问题的研究核心，通过对随机抽取的上海若干住区基础数据的整理，并在统计分析的基础上，研究住区套密度与其相关影响因素之间的关系，提出将住区套密度作为衡量住宅省地标准的观点，通过数学模型建立了套密度结合容积率的“R&T”双控体系和住区毛套密度与净套密度之间的数学关系，针对影响住区套密度主要因素的分析研究，探讨实现紧凑居住条件下住区的套均建筑面积参考标准和住宅设计策略，并针对在紧凑居住条件下住宅的内、外环境出现的问题作了初步分析，相对完整地构建了上海住宅的省地策略。最终论文形成以下主要结论：

结论一：住区套密度作为衡量住宅省地的重要标准，是实现住宅省地控制和标准衡量的核心和重要方法。

住宅的省地问题是一个相对的概念，套密度反映的是单位居住用地上住宅的套数构成，住区套密度的提高就是在同样面积的居住用地上建设更多的成套住宅单元，在相同条件下，意味着比相对的低套密度住区节约土地，套密度的大小直接反映用地的多少和不同套密度条件下的相对节约程度。套密度的差值直接反映了住区节地率的问题，套密度越大，节地效率越高，套密度与节地率成正比。套密度是衡量住宅省地程度的重要指标。

结论二：套密度结合容积率的“R&T”双控体系，是通过套密度和容积率在城市和住区不同层面，进行住宅供应结构和省地目标控制的有效手段。

套密度结合容积率的“R&T”控制方法，以单位居住用地上住宅套数为根本标准，在满足节能省地的根本前提要求下，不对住宅的建筑面积标准做过多的规定，使其成为隐性要素，可以给建筑师留出更多创作空间，增加设计的自由度。可以给开发企业更多的自主选择，企业可以根据市场要求选择、确定住宅套型的面积标准，避免住区套型的单一化。

该控制方法可以为地方政府和规划管理部门制定合理的套密度指标提供参考依据，而且套密度指标可以直接反映一个住区的节地效率，对于住宅节地问题衡量指标的量化具有重要的意义。

通过套密度结合容积率的“R&T”控制方法，可以在从宏观的区域层面到中观的城市层面以及微观的住区层面相当广泛的范围内应用，实现在区域、城市和居住区各个层面对居住用地的开发控制，具有广泛的适用性。

结论三：住区套均建筑面积是影响住区套密度的重要因素，合理的面积标准控制对于住宅的节能省地具有重要的意义。

住区容积率、住区用地面积和住宅套均建筑面积是决定住区套密度的三项主要因素。

住区容积率、住区用地面积对于给定的地块来说是不变因素，住宅套均建筑面积是可变因素；控制合理的住区套均建筑面积，可以显著提高住区套密度，降低住宅单元的平均套型面积标准对于住宅的节能省地具有重要的意义。

结论四：住宅的精细化设计和功能空间的合理取舍是实现住宅在紧凑面积条件下基本舒适性要求的重要支撑。

论文归纳了日本、中国香港、新加坡和上海的住宅套型的发展，探讨其共性特点，总结出了住宅功能空间中的必要空间与非必要空间、核心空间与非核心空间的重要概念，为住宅设计的功能取舍提供了理论依据；同时，总结了既有的住宅套型设计策略和方法，借鉴国外集合住宅设计中新的思路，提出了通过精细化设计实现紧凑面积条件下住宅的基本舒适性要求的策略。

结论五：紧凑居住对住宅室、内外环境品质的影响需要借助新的技术手段和住宅政策的支持逐步解决。

在有限的土地资源条件下，以“紧凑居住”为核心理念的省地型住宅的发展是我国住宅政策的主要导向，也是我国在现实条件下社会发展的必然选择。在紧凑的前提下以高层高密度方式解决居住问题，必然会带来住区在规划层面的居住环境容量的增加，造成对住区的外部环境品质的影响以及在建筑层面的居住空间的压缩和居住面积标准的降低所带来的室内居住空间的舒适性的降低。大气模拟与城市微气象分析与评估、风环境（CFD）模拟技术、光环境模拟技术、热环境模拟、噪声环境模拟和视觉可持续分析等现代计算机模拟技术的进步和住宅性能评价、住宅全装修、住宅产业化等社会产业的进步所带来的制度创新可为这些问题在一定程度上的解决提供技术平台与制度保障。

参 考 文 献

1. 外文专著

[1] American Planning Association. Planning and Urban Design Standards. New Jersey: John Wiley & Sons, Inc., Hoboken, 2006.

[2] Amos Rapoport. House Form and Culture. New York: Prentice-Hall, 1969.

[3] Andrew Golland & Ron Blake. Housing Development: Theory, Process and Practice. London and New York, Routledge Taylor & Francis Group, 2004.

[4] B. Sullivan. Living in Hong Kong: A Topological Study of Living Patterns in Small Flats. The Urban Sciene and the History of the Future. Proceedings of ACSA European Conference, ACSA, 1994.

[5] Barbara Miller Lane. Housing and Dwelling: Perspectives on Modern Domestic Architecture. London and New York: Routledge Taylor & Francis Group, 2006.

[6] Bennett L. Hecht, JD, CPA. Developing affordable housing: a practical guide for nonprofit organization (second edition). New Jersey: John Wiley & Sons, Inc., Hoboken, 1999.

[7] Brian Lund. Understanding Housing Policy. Social Policy Association, 2006.

[8] Chris Holmes. A New Vision for Housing. London and New York, Routledge, 2006.

[9] Christian Schittich. In Detail High-Density Housing. Berlin: Publishing For Architecture, 2004.

[10] Clare Melhuish & Pierre d'Avoine. Housey Housey: A Pattern Book of Ideal Homes. London: Black Dog Publishing, 2006.

[11] Colin Duly. The House of Mankind. Thames & Hudson, 1999.

[12] David Clapham. The Meaning of Housing: A Pathways Approach. Great Britain: The Policy Press, 2006.

[13] Doug A. Timmer, D. Stanley Eitzen, Katnryn D. Talley. Paths to Homelessness: Extreme Poverty and the Urban Housing Crisis. Westview Press, 1994.

[14] Friedrike Schneider. Floor Plan Manual Housing: Third Revised and Expanded Edition. Germany, Birkhäuser, 2004.

[15] Fulong Wu, Jiang Xu, Anthony Gar-on Yeh. Urban Development in Post-Reform China: State, Market, and Space. London and New York, Routledge Taylor & Francis Group, 2007.

[16] Georges Binder. Sky High Living Contemporary High-rise Apartment and Mixed-use Buildings. mages Publishing, 2003.

[17] Graham Towers. An Introduction to Urban Housing Design: At Home in the City. Architectural Press, 2005.

[18] Graham Towers. Shelter is not enough: Transforming Muiti-storey Housing. Great Britain: The Policy Press. 2000: 3.

[19] Inaki Abalos. The Good Life: A Guided Visit to the Houses of Mordernity. Ingoprint, SA, Bacelona, 2001.

[20] Javier Mozas，Aurura Fernandez Per. density：New Collection Housing. a+t Ediciones，2006.
[21] Julie M Lawson. Critical Realism and Housing Research. London and New York，Routledge Taylor & Francis Group，2006.
[22] Karl Teige，translated and introduced by Eric Dluhosch. The Minimum Dwelling. MIT，2002.
[23] Keith Jacobs，Jim Kemeny，Tony Manzi. Social Constructionism in Housing Research. Ashgate，2004.
[24] Kent W. Colton. Housing in the Twenty-first Century-Achieving Common Ground. Harvard University Wertheim Publication Committee，2003.
[25] Leon A. Frechette. Accessible Housing. United States of America：McGraw-Hill，1996.
[26] Merriam-Webster' s Tenth New Collegiate Dictionary. MERRIM-WEBSTER INC. Springfield，Massachusetts，U. S. A.
[27] Michael J. Crosbie. Multi-Family Housing. Australia：The Images Publishing Group Pty Ltd，2003.
[28] MVRDV. FARMAX：Excursionson Density. 010 publishers，Rotterdam，1998.
[29] MVRDV. KM3：Excursionson Capacity. Actar，2005.
[30] Nick Gallent，Mark Tewdwr-Jones. Decent Homes for All：Planning Evolving Role in Housing Provision. London and New York，Routledge Taylor & Francis Group，2007.
[31] Norbert Schomenauer. 6000 Years of Housing：Revised and Expanded Edition. W. W. Norton & Company，2000.
[32] Nulala Rooney. At Home with Density. Hong Kong University Press，2003.
[33] Orville F. Grimes，Jr. Site. Housing for Low-Income Urban Families. Baltimore And London：The Johnson Hopkins University Press，1976.
[34] Paul Jenkins，Harry Smith，Ya ping Wang. Planning and Housing in the Rapidly Urbanising World. London and New York，Routledge Taylor & Francis Group，2007.
[35] Peter Boelhouwer，John Doling，Marja Elsinga. Home Ownership：Getting In ，Getting From，Getting Out. DUP Science，2005.
[36] Peter King. A Social Philosophy of Housing. Ashgate，2003.
[37] Peter King. Private Dweling：Contemplating the Use of Housing. London and New York，Routledge Taylor & Francis Group，2004.
[38] Peter Malpass，Liz Cairncross. Building on the Past：Vision of Housing Futures，Great Britain：The Policy Press，2006.
[39] Peter Somerville & Nigel Sprigings. Housing and Social Policy：Contemporary Themes and Critical Perspectives. London and New York，Routledge Taylor & Francis Group，2005.
[40] Rachel G. Bratt，Chester Hartman，Chester Meyerson. Critical Perspectives on Housing. Philadelphia：Temple University Press，19866.
[41] Rachel G. Bratt，Michael E. Stone，Chester Hartman. A Right to Housing：Foundation for a New Social Agenda. Philadelphia：Temple University Press，2006.
[42] Ray Forrest & James Lee. Housing and Social Change：East-west Perspectives. London and New York，Routledge Taylor & Francis Group，2003.
[43] Ricardo Garcia-Mira，David L. Uzzell，J. Eulogio Real，José Romay. Housing，Space and Quality of Life. Ashgate，2005.
[44] Richard Groves，Alan Murie & Christopher Atson. Housing and the New Welfare State：Perspective from East Asia and Europe. Ashgate，2007.

[45] Richard Untermann & Robert Small. Site Planning for Cluster Housing. New York: Van Nostrand Reinhold Company, 1977.

[46] Ricky Burdett, Deyan Sudjc. The Endless City. Phaidon, 2007.

[47] Robert Bruegmann. Sprawl: a Compact History. Chicago & London, Chicago University Prea, 2005.

[48] Robert Chandler, John Clancy, David Dixon, Joan Goody, Geoffrey Wooding, with Jean Lawrence, Building Type Basics for Housing. New Jersey: John Wiley & Sons, Inc., Hoboken. 2004.

[49] Robert Gifford. The Consequences of Living in High-Rise Building, Architecture Science Review, 50. 1, mar. 2007.

[50] Roger Sherwood. Modern Housing Prototypes. Cambridge, Massachusetts and London, England, Harvard University Press.

[51] Sally Lewis. Front to Back: A design Agenda for Urban Housing. Architectural Press, 2005.

[52] Sam Davis. The Form of Housing. New York: Van Nostrand Reinhold Company, 1977.

[53] Stephen Willats. Beyond the Plan: The Transformation of Personal Space in Housing. Great Britain: Wiley-Academy, 2001.

[54] The Building Center of Japan. A Quick Look at Housing in Japan (4th edition). Japan: The Building Center of Japan, 1998.

[55] Witold Rybczynski. Home: A Short Story of an Idea. United States of America. Viking Penguin Books, 1997.

[56] Wolfgang Forster. Housing in the 20th and 21st Centuries, Prestel, 2006.

[57] Ya Ping Wang. Urban Poverty: Housing and Social Change in China. London and New York, Routledge Taylor & Francis Group, 2004.

2. 中文专著

[1] 百通集团. 现代建筑集成——集合住宅，沈阳：辽宁科学技术出版社，2001.

[2] 陈劲松. 公共住房浪潮——国际模式与中国安居工程的对比研究. 北京：机械工业出版社，2006.

[3] 董国良，张亦周. 节地城市发展模式——JD 模式与可持续发展城市论. 深圳维时公司建筑与城市研究中心，北京：中国建筑工业出版社，2006.

[4] 华揽洪. 重建中国：城市规划三十年（1949-1979）. 李颖译，华重民编校. 北京：生活、读书、新知三联书店，2006.

[5] 黄一如，陈秉钊等. 城市住宅可持续发展若干问题的调查研究. 北京：科学出版社，2004.

[6] 黄一如. 现代居住环境的探索与实践. 北京：中国建筑工业出版社，2002.

[7] 贾耀才. 新住宅平面设计. 北京：中国建筑工业出版社，1997.

[8] 建设部住宅产业化促进中心. 国家康居示范工程建设节能省地型住宅技术要点. 2005.

[9] 李剑阁，王新洲. 中国房改现状与前景. 北京：中国发展出版社，2007.

[10] 李振宇. 城市·住宅·城市：柏林与上海住宅建筑发展比较（1949-2002）. 南京：东南大学出版社，2004.

[11] 吕俊华，彼得·罗，张杰. 中国现代城市住宅（1840-2000）. 北京：清华大学出版社，2003.

[12] 论文集编委会. 21 世纪中国城市住宅建设——内地·香港 21 世纪中国城市住宅建设研讨论文集，北京：中国建筑工业出版社，2003.

[13] 罗小未. 外国近现代建筑史（第二版）. 北京：中国建筑工业出版社，2004.

[14] 彭致禧. 住宅小区建设指南. 上海：同济大学出版社，1999.

[15] 上海房地产志编撰委员会. 上海房地产志. 上海：上海社会科学技术出版社，1999.
[16] 上海市建设委员会. 上海八十年代高层建筑. 上海：上海科学技术文献出版社，1991.
[17] 上海市住宅产业协会. 上海优秀住宅——第三届上海优秀住宅评选获奖作品集. 上海：新华出版社，2004.
[18] 上海市住宅发展局编. 上海优秀住宅——第二届上海优秀住宅评选获奖作品集. 上海：东方出版中心，2002.
[19] 上海市住宅发展局. 上海优秀住宅——第一届上海优秀住宅评选获奖作品集. 上海：东方出版中心，2000.
[20] 上海住宅（1949-1990）编辑部. 上海住宅（1949-1990）. 上海：上海科学普及出版社，1993.
[21] 田东海. 住房政策：国际经验借鉴和中国现实选择. 北京：清华大学出版社，1998.
[22] 田野. 转型期中国城市不同阶层混合居住研究. 北京：中国建筑工业出版社，2008.
[23] 万科企业股份有限公司. 人宅相扶和谐共生：城市中低收入人群居住解决方案获奖作品集. 广州：广东旅游出版社，2007.
[24] 夏俊，阴山. 居住改变中国. 北京：清华大学出版社，2006.
[25] 现代设计集团. 华东建筑设计研究院有限公司作品选——住宅建筑. 上海：同济大学出版社，2005.
[26] 杨小东. 普适住宅：针对每个人的通用居住构想. 北京：机械工业出版社，2007.
[27] 张京祥. 西方城市规划思想史纲. 南京：东南大学出版社，2005.
[28] 张愈. 经济适用房纵横谈. 西安：陕西人民出版社，2002.
[29] 郑杰. 最新住宅·公寓设计实例集. 重庆：重庆大学出版社，1992.
[30] 中国建筑学会，中国城市住宅问题研究会. 中国城市住宅问题：中国城市住宅问题学术讨论会论文集. 北京，1984.
[31] 周燕珉，邵玉石. 商品住宅厨卫空间设计. 北京：中国建筑工业出版社，1999.
[32] 周燕珉. 现代住宅设计大全（卫生空间卷）. 北京：中国建筑业出版社，1995.
[33] 周燕珉等. 住宅精细化设计. 北京：中国建筑工业出版社，2008.
[34] 住宅设计标准应用指南编委会. 上海市工程建设规范：住宅设计标准应用指南. 上海：上海大学出版社，2007.
[35] 邹明武，郭建波. 人居风暴：探索国际文明居住标准. 深圳：海天出版社，1999.

3. 外文译著

[1] [德] 彼得·法勒. 住宅平面：1920—1990年住宅的发展线索. 王瑾，庄伟译. 李振宇校. 北京：中国建筑工业出版社，2002.
[2] [法] 勒·柯布西耶. 走向新建筑. 陈志华译. 2004.
[3] [法] 让·欧仁阿韦尔. 居住与住房. 齐淑琴译. 北京：商务印书馆，1996.
[4] [法] 伊冯娜卡斯泰兰. 家庭. 陈森，陈蓉译. 北京：商务印书馆，2001.
[5] [荷] 根特城市研究小组. 城市状态：当代大都市的空间、社区和本质. 北京：中国水利水电出版社、知识产权出版社出版，2006.
[6] [加] 大卫·切尔. 家庭生活的社会学. 彭铟旎译. 北京：中华书局，2005.
[7] [加] 简·雅各布斯. 美国大城市的死与生. 金衡山译. 南京：译林出版社，2005.
[8] [美] C·亚历山大，H·戴维斯，J·马丁内斯，D·科纳. 住宅制造. 高灵英，李静斌，葛素娟译. 北京：知识产权出版社，2002.
[9] [美] 查尔斯·李普森. 诚实做学问：从大一到教授. 郜元宝，李小杰译. 上海：华东师范大学出

版社，2006.
[10] [美] 莱昂纳多·J·霍珀. 景观建筑绘图标准. 约翰·威利父子出版公司，安徽科技出版社，2007：218.
[11] [美] 史蒂文·法代. 密度设计——住宅开发的新趋势（原书第二版）. 张蕾，林杰文译. 北京：北京城市节奏科技发展有限公司，2008.
[12] [日] 城市集合住宅研究会. 世界城市住宅小区设计（日本卷）. 洪再生，袁逸倩译，高履泰校. 北京：中国建筑工业出版社，2001.
[13] [日] 谷口沉邦等. 高层·超高层集合住宅. 覃力，马景忠译. 北京：中国建筑工业出版社，2001.
[14] [日] 清田育男. 低层集合住宅. 牛青山译. 北京：中国建筑工业出版社，2004.
[15] [日] 日本建筑学会. 建筑设计资料集成（居住篇）. 深圳：雷尼国际出版有限公司，2003.
[16] [日] 日本建筑学会. 建筑设计资料集成（综合篇）. 北京：中国建筑工业出版社，2003.
[17] [日] 石氏克彦. 多层集合住宅. 张丽丽译. 北京：中国建筑工业出版社，2001.
[18] [日] 松村秀一，田边新一. 日本住宅开发项目（HJ）课题组，21世纪型住宅模式. 陈滨，范悦译. 北京：机械工业出版社，2006.
[19] [日] 小泉信一. 集合住宅小区. 王宝刚，张泉译. 北京：北京中国建筑工业出版社，2001.
[20] [日] 原口秀昭. 世界20世纪经典住宅设计——空间构成的比较分析. 北京：中国建筑工业出版社，1997.
[21] [日] 彰国社. 集合住宅实用设计指南. 刘东卫，马俊，张泉译. 北京：中国建筑工业出版社，2001.
[22] [瑞士] W·博奥席耶，O·斯通诺霍. 勒·柯布西耶全集：第1卷（1910-1929）. 牛燕芳，程超译. 北京：中国建筑工业出版社，2005.
[23] [瑞士] W·博奥席耶，O·斯通诺霍. 勒·柯布西耶全集：第2卷（1929-1934）. 牛燕芳，程超译. 北京：中国建筑工业出版社，2005.
[24] [英] 埃比尼泽·霍华德. 明日的田园城市. 金经元译. 北京：商务印书馆，2002.
[25] [英] 大卫·路德林，尼古拉斯·福克. 营造21世纪的家园——可持续的城市邻里社区. 王健，单燕华译. 北京：中国建筑工业出版社，2005.
[26] [英] 格拉罕·陶尔. 城市住宅设计. 吴锦绣，鲍莉译. 南京：江苏科学技术出版社，2007.
[27] [英] 克利夫·芒福汀. 绿色尺度. 陈贞，高文艳译. 2004.
[28] [英] 詹克斯·迈克，伯顿·伊丽莎白，威廉姆斯·凯蒂. 紧缩城市：一种可持续发展的城市形态. 周玉鹏，龙洋，楚先锋译. 北京：中国建筑工业出版社，2004.

4. 中文期刊

[1] 白水. 国外部分国家或地区城市居民住房水平与住宅面积标准. 工程建设标准化，1995（04）：34-35.
[2] 白德懋. 住宅的层数和密度. 建筑学报，1984（03）：23-27.
[3] 蔡镇钰. 上海曲阳新村居住区的规划设计. 住宅科技，1986，66（01）：25-29.
[4] 曹伯慰，张志模，钱学中. 上海住宅建设的若干问题. 建筑学报，1981（07）：1-6.
[5] 陈伯庆. 长三角地区大力发展节地型住宅探索. 住宅科技，2005，295（02）：5-8.
[6] 陈华宁，陈明康. 上海城市发展高层住宅建筑的必要性. 时代建筑，1986（01）：41-43.
[7] 崔克摄. 住宅尺度与用地的关系. 建筑学报，1992，288（08）：14-17.
[8] 戴念慈. 如何加大住宅密度. 建筑学报，1989，251（07）：2-7.

[9] 邓明厚. 节约城市住宅用地的途径. 建筑学报，1983，178（06）：44-48.

[10] 董宏伟，王磊. 美国新城市主义指导下的公交导向发展：批判与反思. 国际城市规划，2008，102（02）：67-72.

[11] 方旦，王茂松. 上海市普陀区药水弄棚户区改建规划设计. 住宅科技，1986，66（01）：30-32.

[12] 国家建委建筑科学研究院调查研究室. 关于城市住宅层数问题的调查和意见. 建筑学报，1977，131（03）：14-15.

[13] 贺永，黄一如. 上海紧凑型住宅单元建筑面积指标探讨. 第六届中国城市住宅研讨会论文集：永续·和谐——快速城镇化背景下的住宅与人居环境建设，北京：中国城市出版社，2007：501-506.

[14] 胡庆庆. 北京新建住宅区经济效益综合分析. 建筑学报，1985，201（05）：21-25.

[15] 黄一如，陈志毅. 交通性与居住性的整合. 城市规划，2001，159（04）：32-36.

[16] 黄一如，陈志毅. 美国城郊社区规划发展中继起的五种代表性理念及形态. 建筑师，2001，97（07）：64-67.

[17] 黄一如，贺永，郭戈. 上海地区节能住宅规划与建筑设计探索——以崇明某小区为例. 智能与绿色建筑文集 3：第三届国际智能、绿色建筑与建筑节能大会论文集. 北京：中国建筑工业出版社，2007：81-91.

[18] 黄一如，贺永，郭戈. 始于"此时此地"的生态住区实践策略——以上海崇明节能住宅示范小区规划设计研究为例. 城市规划学刊，2008，178（06）：65-72.

[19] 黄一如，贺永. 以持续可居性为核心的经济适用房设计. 中国勘察设计，2008，196（12）：22-26.

[20] 黄一如，贺永. 以持续可居性为核心的经济适用房设计——2008 全国保障性住房设计方案竞赛回顾与思考. 2008 全国保障性住房设计高峰论坛报告文集. 2008：24-31.

[21] 黄一如，贺永. 住区套密度相关影响要素及其比较研究. 第七届中国城市住宅研讨会论文集：绿色建筑与人文环境——山地及地理资源有效利用下的住宅发展. 北京：中国城市出版社，2008：63-69.（会议特邀论文）.

[22] 黄一如，王鹏. 居住社区规划领域的新技术与新工具. 城市规划汇刊，2003，145（03）：34-36.

[23] 江殿理，沈坤. 关于上海发展高层住宅一些技术经济问题的初步探讨. 技术经济，1982（02）：44-60.

[24] 蒋碧涓. 上海高层住宅市场的现状与展望. 中国房地产，1996（09）：24-26.

[25] 今兹. 在住宅建设中进一步节约用地的探讨. 建筑学报，1975，123（03）：29-31.

[26] 今兹. 在住宅建设中进一步节约用地的探讨（续）. 建筑学报，1975，124（04）：28-32.

[27] 李德辉. 美国住宅建设中有关密度和层数的争论. 建筑学报，1982，169（09）：62-69.

[28] 李桂文. 解决城市住宅问题的新探索. 建筑学报，1987（09）：60-61.

[29] 李莲霞，曾蕙心，程维方. 上海宛南华侨新村. 建筑学报，1981，155（07）：71.

[30] 李琳琳，李江. 新加坡组屋区规划结构的演变及对我国的启示. 国外城市规划，2008，102（02）：109-112.

[31] 梁旭，黄一如. 城市"丁克家庭"居住问题初探. 建筑学报，2005（10）：44-46.

[32] 刘波. 上海住宅户型 50 年发展演变分析. 民营科技，2007（03）：155.

[33] 刘小都，孟岩，王辉. "城市填空"：一项给"城市空虚"重注活力的计划. 世界建筑，2007，206（08）：22-27.

[34] 罗爱芳. 高层为主：上海市区住宅发展展望. 上海城市建设学报，1999，8（1）：10-11.

[35] 钦关淦. 高层住宅对解决居住紧张问题的效果. 建筑施工，1982（01）：31-32.

[36] 钦关淦. 上海建造高层住宅利弊的综合分析. 住宅科技，1991，132（07）：6-8.

[37] 上海市房地局住宅建筑研究室课题小组. 上海新建高层住宅的调查. 城市房产住宅科技情报网. 城市房产住宅科技动态，1980（11）：3.

[38] 邵隆柏. 旧城市街坊改建的一个实例——上海明园新村. 建筑学报，1982，168 (08)：12-15.
[39] 沈继仁. 关于节约住宅建设用地的途径. 建筑学报，1979，125 (01)：49-54.
[40] 沈奎绪. 小面积多层高密度住宅. 建筑学报，1991，275 (07)：32-33.
[41] 田东海. 香港公共房屋设计的演进. 世界建筑，1997，93 (03)：92-94.
[42] 汪定曾，钱学中. 关于在上海建造高层住宅的一些看法. 建筑学报，1980，140 (04)：34-41.
[43] 吴政同. 上海中心城住宅发展战略. 住宅科技，1987，79 (02)：12-13.
[44] 徐景猷，颜望馥，何新权. 棚屋旧区呈新貌——上海明园新村的改建. 住宅科技，1981，10 (05)：7-8.
[45] 徐娟燕. 从"个人卫生间"到"住宅卫生间". 住宅科技，2006，316 (11)：19-22.
[46] 许福贵，许岚. 上海高层建筑发展的历史轨迹. 施工技术，1996 (11)：38.
[47] 许建和. 住区停车问题分析及对策. 建筑学报，2004，428 (04)：58-59.
[48] 薛钟灵. 住宅政策与住宅设计——比较欧洲与中国城市住宅政策与设计之关系（旅欧随笔之一). 建筑学报，1985，207 (11)：27-31.
[49] 严广超，严广乐，赵婕. 控制 解释——两个理想城市中高层建筑的两种角色. 南方建筑，2006 (11)：5-8.
[50] 叶晓健. 论日本集合住宅发展. 住区，2006，21 (03)：32-41.
[51] 玉置神伸. 日本住宅设计的发展. 邬天柱译. 建筑学报，1992，288 (08)：17-22.
[52] 张开济. "多层、高密度"大有可为——介绍两个住宅族群设计方案. 建筑学报，1989，251 (07)：6-10.
[53] 张开济."多层和高层之争. 建筑学报，1990，267 (11)：2-7.
[54] 张开济."香港模式"是北京住宅建设的发展方向吗?. 建筑学报，1998，361 (09)：37-39.
[55] 张开济. 改进住宅设计 节约建设用地. 建筑学报，1978，135 (03)：14-20.
[56] 张立新，贺永，黄一如. 上海中小套型住宅设计策略. 住宅科技，2007，329 (12)：24-29.
[57] 周勤. 城市的生命力和城市规划科学——读《美国大城市的死与生》. 世界建筑，1987，43 (05)：67-70.
[58] 周燕珉，李汉，张磊等. 个性源于可变. 建筑学报，2003，415 (03)：18-19.
[59] 周燕珉，林菊英. 节能省地型住宅设计探讨——"2006 全国节能省地型住宅设计竞赛"获奖作品评析. 世界建筑，2006，197 (11)：122-127.
[60] 周燕珉. 厨卫设计更趋人性化，建设科技（半月刊），2004，34 (13)：50-51.
[61] 朱亚新. 台阶式住宅与灵活户型. 建筑学报，1979，329 (03)：43-48.
[62] 邹颖，寒梅. 在梦想中探索人类未来的家园——评 MVRDV 的新书《KM3》. 建筑师，2007，129 (05)：61-66.

5. 学位论文

[1] 毕建玲. 我国住宅产业化研究 [D]. 重庆：重庆大学，2003.
[2] 陈飞. 建筑与气候——夏热冬冷地区建筑风环境研究 [D]. 上海：同济大学，2007.
[3] 陈凌. 上海地区空巢家庭居住问题研究 [D]. 上海：同济大学，2005.
[4] 陈先毅. 城市政府住宅发展政策研究——以上海为例 [D]. 上海：华东师范大学，2006.
[5] 程静洁. 上海青年住宅户内空间设计研究 [D]. 上海：同济大学，2008.
[6] 董良峰. 推进我国住宅产业化政策框架体系的构建及措施研究 [D]. 南京：南京林业大学，2006.
[7] 高山. 1949 年至 60 年代中期中国城市住宅发展研究 [D]. 南京：南京大学，2000.
[8] 高颖. 住宅产业化——住宅部品体系集成化技术及策略研究 [D]. 上海：同济大学，2006.

[9] 郭戈. 上海高层住宅适居性问题抽样调查报告 [D]. 上海：同济大学，2004.
[10] 洪雯. 已建成住区的更新完善研究——以上海建国以来建成的住区为例 [D]. 上海：同济大学，2005.
[11] 胡沈健. 住宅装修产业化模式研究 [D]. 上海：同济大学，2006.
[12] 胡圣磊. 上海城市福利性住宅发展和特点研究 [D]. 上海：同济大学，2005.
[13] 胡顺兵. 上海市住宅更新发展研究（1949-2002）[D]. 上海：同济大学，2003.
[14] 江璐. 集合住宅公共部位设计研究 [D]. 上海：同济大学，2008.
[15] 李梅. 中外住宅性能评价指标的对比研究 [D]. 哈尔滨：哈尔滨工业大学，2006.
[16] 李南. 我国住宅装修发展状况研究与道路探索 [D]. 重庆：重庆大学，2003.
[17] 李星魁. 住宅建筑设计规范研究 [D]. 天津：天津大学，2006.
[18] 刘勇. 上海市旧住宅区的更新改造与发展研究——以同济新村为例 [D]. 上海：同济大学，2001.
[19] 罗凌. 上海城市居住空间研究——以虹口区建设新村为例 [D]. 上海：复旦大学，2007.
[20] 孙建军. 上海高层建筑平面设计要素分析 [D]. 上海：同济大学，2007.
[21] 汪璞卿. 拥挤与间隙——高密度状态下的城市形态的研究 [D]. 合肥：合肥工业大学，2007.
[22] 王静. 城市住区中住宅环境评估体系指导作用研究 [D]. 北京：清华大学，2006.
[23] 王鹏. 上海市低收入家庭居住问题研究 [D]. 上海：同济大学，2007.
[24] 王英华. 住宅全装修产业化体系及项目管理研究 [D]. 南京：南京林业大学，2005.
[25] 杨磊. 城市青年住宅——小户型住宅设计初探 [D]. 西安：西安建筑科技大学，2004.
[26] 杨新和. 城市住区设计中的建筑容积率研究 [D]. 西安：西安建筑科技大学，2004.
[27] 姚栋. 老龄化趋势下特大城市老人居住问题研究 [D]. 上海：同济大学，2005.
[28] 曾媛. 发达地区大城市流动人口居住状况与规划对策 [D]. 重庆：重庆大学，2003.
[29] 钟敦字. 产业化促进与普通住宅设计策略 [D]. 重庆：重庆大学，2007.

6. 标准规范

[1] 城乡建设环境保护部. GBJ 96—86 住宅建筑设计规范.（已废止）.
[2] 上海市标准《住宅建筑设计标准》(DBJ 08—20—94)（已废止）.
[3] 上海市工程建设规范《住宅设计标准》(DGJ 08—20—2001)（已废止）.
[4] 上海市建筑建材业市场管理总站. DGJ 08—20—2007 上海市工程建设规范：住宅设计标准. 上海：上海市新闻出版局内部资料，2007.
[5] 中华人民共和国住房和城乡建设部. GB 50180—93 城市居住区规划设计规范. 北京：中国建筑工业出版社，2006.
[6] 中华人民共和国住房和城乡建设部. GB 50386—2005 住宅建筑规范. 北京：中国建筑工业出版社，2006.
[7] 中华人民共和国住房和城乡建设部. GB 50096—1999 住宅设计规范. 北京：中国建筑工业出版社，2006.
[8] 上海市城市规划管理.《上海市城市规划管理技术规定（土地使用 建筑管理)》(2007 年修订版)，2007.

7. 网络资源

[1] http://library.ust.hk/（香港科技大学图书馆）
[2] http://newhouse.sh.soufun.com（上海房地产门户——搜房网）
[3] http://sc.info.gov.hk/（GovHK 香港政府一站通）
[4] http://www.bzjsw.com/（标准技术网）
[5] http://www.chinachs.org.cn/（中国人居环境网）

[6] http://www.chinahouse.gov.cn/（住建部住宅产业化促进中心）

[7] http://www.cin.gov.cn/（中华人民共和国住房和城乡建设部）

[8] http://www.gov.cn/（中华人民共和国中央人民政府门户网站）

[9] http://www.library.sh.cn/（上海图书馆上海科学技术情报研究所）

[10] http://www.loushi-sh.com/（上海楼市）

[11] http://www.nsfc.gov.cn/（国务院办公厅）

[12] http://www.paper.edu.cn/journal.php（中国科技论文在线）

[13] http://www.sh.gov.cn/（中国上海）

[14] http://www.shfdz.gov.cn/（上海市房屋土地资源管理局）

[15] http://www.shtong.gov.cn/（上海市地方志办公室）

[16] http://www.spic.sh.cn/（上海市人口与发展研究中心）

[17] http://www.stats.gov.cn/（中华人民共和国国家统计局）

[18] http://www.stats-sh.gov.cn/（上海统计网）

[19] http://www.unhabitat.org/（UN-HABITAT）

[20] http://www.worldbank.org/（The World Bank）

附　　录

附录 1：上海住区套密度统计

序号	项目名称	区位	用地面积	建筑面积	容积率	绿化率	户数	套密度	停车位	户均车位	建成时间	套均面积	建筑类型	区域
1	三林苑	浦东	11.92	18.36	1.54		2092	176			1995	87.8	M	内外环间
2	银杏家园	卢湾	1.89	7.30	3.86	35	474	251			1999	154.0	H-11	内环
3	瑞虹新城-1	虹口	4.20	21.00	5.00	27.2	1717	409			1999	122.3	H-35	内环
4	上海大花园	杨浦	7.20	19.60	2.90	50	1595	222			2000	122.9	H-30	内环
5	黄浦新苑	黄浦	3.90	17.82	4.57	36.3	1264	324	224	0.18	2000	141.0	H-32	内环
6	东方巴黎 霞飞苑	徐汇	1.48	8.65	5.03	40	581	393			2000	148.9	H-33	内环
7	安居朝阳园	浦东	2.36	5.42	2.13	47	389	165	164	0.42	2001	139.3	H-18	内环
8	联洋花园 世纪苑	黄浦	1.26	7.50	5.95	31	520	413			2001	144.2	H-21	内环
9	中福城	普陀	3.36	4.56	1.36	41	428	127			2001	106.5	M	内外环间
10	万科 华尔兹花园	徐汇	6.33	10.85	1.71	35	773	122	340	0.44	2001	140.3	M+H	内外环间
11	虹康花苑	长宁	6.27	10.65	1.70	40	768	122			2001	138.6	M+H	内外环间
12	证大 国际水清木华公寓	长宁	5.43	16.00	2.95	45	1130	208	330	0.29	2002	141.6	H	内外环间
13	青之杰花园	浦东	7.37	15.94	2.16	55.5	1100	149	639	0.58	2002	144.9	H-11	内环
14	虹桥新城	徐汇	0.92	4.70	4.26	50	271	296	122	0.45	2002	173.4	H-21	内环

续表

序号	项目名称	区位	用地面积	建筑面积	容积率	绿化率	户数	套密度	停车位	户均车位	建成时间	套均面积	建筑类型	区域
15	住友昌盛新苑	浦东	2.75	4.09	1.49	43.9	296	108			2002	138.2	M+H	内外环间
16	金沙雅苑	普陀	5.80	9.50	1.64		857	148			2002	110.9	M+H	内外环间
17	锦绣江南家园	闵行	9.88	14.00	1.32	43	846	86	400	0.47	2002	165.5	M+H	外环以外
18	音乐广场	黄浦	2.46	7.38	3.00	35	440	179	200	0.45	2003	167.7	H	内环
19	复地雅园	徐汇	18.91	29.55	1.56	35	2200	116			2003	134.3	H-11	内外环间
20	上海领秀 爱建园	浦东	8.33	17.39	2.09	50.1	1084	130	604	0.56	2003	160.4	H-16	内外环间
21	金桥爱建园	浦东	4.40	10.00	2.27	45.78	638	145	390	0.61	2003	156.7	H-18	内外环间
22	昌里花园-3（现代映象）	徐汇	15.00	31.00	2.08	48	2500	167			2003	124.0	H-21	内外环间
23	盛大花园	普陀	2.55	10.55	3.59	45	654	256	350	0.54	2003	161.3	H-21	内外环间
24	康泰新城	宝山	23.00	35.00	1.48	41.5	3160	137			2003	110.8	M+H	内外环间
25	上海家园	浦东	0.97	3.50	3.60	62	366	376	425	1.16	2004	95.6	H	内环
26	海富花园	徐汇	1.26	5.40	4.30	43.8	380	303	212	0.56	2004	142.1	H	内环
27	尊园	黄浦	0.96	4.30	4.50	40	236	247	100	0.42	2004	182.2	H	内环
28	太阳都市花园	长宁	0.80	2.19	2.75	35	109	137	111	1.02	2004	200.9	H	内环
29	迎龙大厦	长宁	0.25	0.50	2.00	50	69	276	60	0.87	2004	72.5	H-11	内环
30	鸿丰香缇花园	宝山	14.13	22.60	1.60	46	2354	167	1300	0.55	2004	96.0	H-11	内外环间
31	瑞金尊邸	崇明	6.67	8.00	1.20	35	583	87			2004	137.2	H	外环以外
32	卢湾都市花园	徐汇	1.00	3.00	3.00	35	273	273	70	0.26	2004	109.9	H-11，H	内环
33	畅园公寓	徐汇	1.12	5.04	4.50	40	315	281	800	2.54	2004	160.0	H-11，H	内外环间
34	美岸栖庭	卢湾	3.00	9.00	3.00	52	786	262	216	0.27	2004	114.5	H-11+H	内环
35	徐汇苑二期	闸北	7.74	12.00	1.55	50	1128	146	2120	1.88	2004	106.4	H-14	内外环间
36	上海临汾名城二期（公园城市）	长宁	3.76	9.40	2.50	40.00	954	254	800	0.84	2004	98.5	H-28	外环以外
37	惠阳苑	长宁	1.97	8.98	4.56		576	292			2004	155.9	H-34	内环
38	徐汇 龙庭（鑫龙苑）	宝山	2.48	3.30	1.33	30	325	131	150	0.46	2004	101.5	M	内外环间

续表

序号	项目名称	区位	用地面积	建筑面积	容积率	绿化率	户数	套密度	停车位	户均车位	建成时间	套均面积	建筑类型	区域
39	金月湾小区	徐汇	2.18	3.86	1.77	35	402	184			2004	96.0	M	内外环间
40	古北 国际广场	金山	2.10	2.50	1.19	36	250	119			2004	100.0	M	外环以外
41	尚成春天（金浦苑）	普陀	5.85	8.82	1.51	53	736	126			2004	119.8	M+H	内外环间
42	住友嘉馨名园	嘉定	2.34	2.88	1.23		300	128	459	0.50	2004	96.0	M+H	外环以外
43	棕榈湾花园	金山	2.43	3.88	1.60	55.24	264	109			2004	147.0	M+H	外环以外
44	大华 愉景华庭	浦东	2.68	6.20	2.31	35	300	112	196	0.65	2005	206.7	H	内外环间
45	徐汇新湖云庭	徐汇	3.77	8.30	2.20	50	750	199	281	0.37	2005	110.7	H	内外环间
46	滨江兰庭	徐汇	1.37	3.70	2.70	45	270	197	100	0.37	2005	137.0	H	内外环间
47	盛大金磐花园	闵行	6.84	13.00	1.90	40	880	129		0.00	2005	147.7	H	外环以外
48	汇宁花园	徐汇	1.66	7.80	4.71	29	680	411	190	0.28	2005	114.7	H	内环
49	苏堤春晓名苑	徐汇	1.21	3.70	3.05	54.4	274	226	541	1.97	2005	135.0	H	内外环间
50	新红厦公寓	浦东	1.24	3.10	2.50	42	130	105	151	1.16	2005	238.5	H	内环
51	丽都新贵	浦东	3.36	9.68	2.88	50	405	120	506	1.25	2005	239.0	H	内环
52	协和城丽豪酒店式公寓	浦东	1.18	3.30	2.80	41	240	204		0.00	2005	137.5	H	内外环间
53	中凯城市之光三期	徐汇	0.21	1.20	5.70		96	456		0.00	2005	125.0	H	内环
54	耀江花园二期	徐汇	0.45	1.80	4.00	30	138	307	63	0.46	2005	130.4	H	内外环间
55	海上盛汇	虹口	4.00	10.00	2.50	51	710	178	360	0.51	2005	140.8	H	内外环间
56	长峰馨园	普陀	6.67	22.00	3.30	40	1263	189	640	0.51	2005	174.2	H	内环
57	白金府邸	闸北	0.50	1.50	3.00	35	135	270	80	0.59	2005	111.1	H	内环
58	凯欣豪园	静安	1.35	5.00	3.70	40	264	195	118	0.45	2005	189.4	H	内环
59	华升新苑	静安	1.38	4.10	2.97	30	219	159	220	1.00	2005	187.2	H	内环
60	富邑华庭	静安	8.75	24.50	2.80	48	1000	114	500	0.50	2005	245.0	H	内环
61	名门河滨花园	黄浦	3.25	13.00	4.00	30	900	277	450	0.50	2005	144.4	H	内环
62	圣莲大厦	黄浦	3.25	13.00	4.00	30	954	294	450	0.47	2005	136.3	H	内环
63	新湖明珠城	黄浦	1.75	7.00	4.00	40	572	327	300	0.52	2005	122.4	H	内环

续表

序号	项目名称	区位	用地面积	建筑面积	容积率	绿化率	户数	套密度	停车位	户均车位	建成时间	套均面积	建筑类型	区域
64	中星海上景庭	宝山	0.61	1.10	1.80	36	68	111	53	0.78	2005	161.8	H	外环以外
65	电影华苑	虹口	1.60	5.83	3.64	40	340	212	370	1.09	2005	171.5	H	内环
66	中邦风雅颂	长宁	3.14	9.63	3.07	43	510	163	178	0.35	2005	188.8	H	内外环间
67	明日星城	长宁	0.89	2.40	2.70	36	190	214	108	0.57	2005	126.3	H	内外环间
68	海上海新城	长宁	3.61	16.60	4.60	40	1400	388	500	0.36	2005	118.6	H	内环
69	宝地东花园	南汇	1.65	2.80	1.70	40	200	121	90	0.45	2005	140.0	H-11	外环以外
70	上海滩花园洋房	青浦	0.58	2.32	4.00	39	121	209	132	1.09	2005	191.7	H-11	外环以外
71	瑞达新苑	宝山	5.92	10.60	1.79	43	760	128	400	0.53	2005	139.5	H-11	内外环间
72	爱法小天地	松江	2.54	6.00	2.36	45	450	177	300	0.67	2005	133.3	H-11	外环以外
73	益都愉园（愚园公馆）	杨浦	8.65	19.90	2.30	45	869	100	263	0.30	2005	229.0	H-11	内环
74	上海滩花园一期	松江	0.32	0.51	1.60	35	49	154	260	5.31	2005	104.1	H-11	外环以外
75	华升新苑	普陀	8.14	14.00	1.72	50	1224	150	470	0.38	2005	114.4	H-11	内外环间
76	上海滩花园	浦东	2.72	4.63	1.70	45	301	111	222	0.74	2005	153.8	H-11	内外环间
77	碧云东方公寓	浦东	3.00	4.80	1.60	46.9	330	110	190	0.58	2005	145.5	H-11	内外环间
78	明园·小安桥	闸北	0.40	1.20	3.00	33	84	210	30	0.36	2005	142.9	H-11	内环
79	绿邑叠翠	闵行	2.14	3.00	1.40	30	300	140	150	0.50	2005	100.0	H-11	外环以外
80	宏润花园三期	宝山	5.50	12.00	2.18	40	876	159	400	0.46	2005	137.0	H-11	外环以外
81	东方明珠国际公寓	宝山	3.12	5.28	1.69	34	498	159		0.00	2005	106.0	H-11	内外环间
82	南林公寓	闵行	0.47	0.76	1.61	38	78	165	65	0.83	2005	97.4	H-11	外环以外
83	景明花园-3	闵行	8.24	14.00	1.70	42	1200	146		0.00	2005	116.7	H-11	内外环间
84	伦敦广场	闵行	6.67	12.00	1.80	40	700	105	500	0.71	2005	171.4	H-11	外环以外
85	圣美邸	闵行	0.48	0.58	1.20	47	84	174	150	1.79	2005	69.0	H-11	内外环间
86	三湘盛世花园	闵行	6.00	12.00	2.00	35	687	115	788	1.15	2005	174.7	H-11	外环以外
87	钟鼎豪园五期	浦东	1.82	4.00	2.20	37	330	182		0.00	2005	121.2	H-11	内外环间
88	广兰名苑	浦东	3.48	8.00	2.30	35	687	198	330	0.48	2005	116.4	H-11	内环
89	东方城市华庭	闸北	13.04	30.00	2.30	35	2800	215	2000	0.71	2005	107.1	H-11	内外环间

续表

序号	项目名称	区位	用地面积	建筑面积	容积率	绿化率	户数	套密度	停车位	户均车位	建成时间	套均面积	建筑类型	区域
90	瑞丰园	黄浦	0.38	1.10	2.93	20	59	157	53	0.90	2005	186.4	H-11	内环
91	九歌·上郡	青浦	2.80	7.00	2.50	54	770	275	450	0.58	2005	90.9	H-11	外环以外
92	上海风景	普陀	4.46	12.22	2.74	42	1379	309		0.00	2005	88.6	M+H-11	内环
93	云顶捷座二期	浦东	5.29	10.00	1.89	35	670	127	369	0.55	2005	149.3	H-11，H	内环
94	歌林春天馨园三期	虹口	0.27	0.67	2.50	38	64	239			2005	104.7	H-11	内外环间
95	亚馨苑	闵行	4.79	5.22	1.09	35	496	104	400	0.81	2005	105.2	H-8	外环以外
96	欣逸家园	松江	15.52	23.28	1.50	46	2328	150	1800	0.77	2005	100.0	H H-11	外环以外
97	星云苑	虹口	0.44	0.87	2.00	39	90	207	45	0.50	2005	96.7	H	内外环间
98	新江湾城建德国际公寓	杨浦	6.79	12.22	1.80	37	1046	154	500	0.48	2005	116.8	H-11	内外环间
99	东方城市花园二期	宝山	5.27	8.96	1.70	40	1088	206			2005	82.4	H-12	内外环间
100	上海临汾名城（翠临星园）	徐汇	1.70	6.30	3.70	35	600	352	200	0.33	2005	105.0	H-11，H	内环
101	古北 国际花园	浦东	31.25	50.00	1.60	50	3600	115	4750	1.32	2005	138.9	H-11，H	内外环间
102	共富鑫鑫花园	浦东	5.91	13.60	2.30	58	714	121	480	0.67	2005	190.5	H-11，H	内环
103	永汇新苑	松江	5.06	13.16	2.60	35	784	155	1000	1.28	2005	167.9	H-11+H	外环以外
104	徐汇龙庭	闸北	2.41	4.07	1.69	48	342	142	152	0.44	2005	119.1	H-11	内外环间
105	古北首席（湘府花园）	黄浦	2.86	14.20	4.97	27	1165	407			2005	121.9	H-24	内环
106	春江锦庐	杨浦	8.47	6.50	0.77	35.2	1015	120	807	0.80	2005	64.0	H-25	内环
107	广延二期	普陀	9.11	22.70	2.49	40.2	1630	179	810	0.50	2005	139.3	H-25	内外环间
108	成事高邸二期	杨浦	4.45	11.12	2.50	59.3	900	202	710	0.79	2005	123.6	H-27	内环
109	大华阳城美景四期		4.03	11.62	2.88	52	769	191	679	0.88	2005	151.1	H-28	内外环间
110	大华阳城书院五期	奉贤	3.13	3.75	1.20	41	348	111	132	0.38	2005	107.8	M	外环以外
111	江南星城	嘉定	1.42	1.85	1.30	42	122	86		0.00	2005	151.6	M	外环以外
112	中友嘉园	青浦	5.13	6.15	1.20	42	776	151	288	0.37	2005	79.3	M	外环以外
113	古北新城	宝山	2.24	3.81	1.70	40	342	153	1	0.00	2005	111.4	M	内外环间

续表

序号	项目名称	区位	用地面积	建筑面积	容积率	绿化率	户数	套密度	停车位	户均车位	建成时间	套均面积	建筑类型	区域
114	新梅淞南苑	松江	3.46	9.00	2.60	40	570	165	350	0.61	2005	157.9	M	外环以外
115	乾静园	松江	1.63	2.14	1.31	40	176	108	90	0.51	2005	121.6	M	外环以外
116	宝林春天苑-1	松江	5.45	6.00	1.10	45	690	127	200	0.29	2005	87.0	M	外环以外
117	大华阳城世家阳城六期	普陀	12.31	16.00	1.30	40	2000	163	200	0.10	2005	80.0	M	内外环间
118	枫庭丽苑-2	浦东	11.24	11.02	0.98	50	1217	108	1000	0.82	2005	90.6	M	内环
119	滨江雅苑-2	浦东	1.34	1.90	1.42	42.8	112	84	77	0.69	2005	169.6	M	内环
120	幸之苑二期	南汇	4.28	5.56	1.30	40	549	128	60	0.11	2005	101.3	M	外环以外
121	丰景湾名邸	浦东	3.67	4.40	1.20	40	508	139	53	0.10	2005	86.6	M	外环以外
122	虹桥花苑	浦东	0.88	1.40	1.60	37	167	191	167	1.00	2005	83.8	M	内环
123	祥瑞公寓	徐汇	2.26	4.00	1.77	35	340	150	115	0.34	2005	117.6	M	内外环间
124	爱盛家园	闵行	5.43	7.60	1.40	35	736	136	180	0.24	2005	103.3	M	外环以外
125	新青浦世纪苑	闵行	2.00	3.20	1.60	34	360	180	160	0.44	2005	88.9	M	内外环间
126	松云水苑	闵行	5.00	7.50	1.50	40	640	128	140	0.22	2005	117.2	M	内外环间
127	云润家园一期	虹口	0.25	0.28	1.10	35	25	98			2005	112.0	M	内外环间
128	水榭花堤	宝山	10.47	12.46	1.19	38	1006	96	670	0.67	2005	123.9	M	外环以外
129	禄德嘉苑	宝山	3.24	4.24	1.31	40.1	518	160	350	0.68	2005	81.9	M	内外环间
130	天星苑	长宁	1.78	3.20	1.80	45	181	102	160	0.88	2005	176.8	M	内环
131	三春汇秀苑	闵行	4.76	7.61	1.60	35	735	155			2005	103.5	M	外环以外
132	好世·鹿鸣苑（夏州花园北美经典）	南汇	4.28	5.56	1.30	40	549	128			2005	101.3	M	外环以外
133	吉富绅花园	南汇	12.75	17.60	1.38	40	1298	102	629	0.48	2005	135.6	M	外环以外
134	剑桥 馨苑	奉贤	14.29	18.00	1.26		1608	113			2005	111.9	M	外环以外
135	九城湖滨	闸北	1.84	3.50	1.90	40	300	163	400	1.33	2005	116.7	M，H-11	内外环间
136	湖畔天地	闸北	2.00	5.00	2.50	40	400	200	200	0.50	2005	125.0	M，H-11	内外环间
137	海岸景苑	闵行	13.91	16.00	1.15	41	1350	97	677	0.50	2005	118.5	M，H-11	内外环间

续表

序号	项目名称	区位	用地面积	建筑面积	容积率	绿化率	户数	套密度	停车位	户均车位	建成时间	套均面积	建筑类型	区域
138	迎春新苑	闵行	9.38	15.00	1.60	45	1160	124	380	0.33	2005	129.3	M，H-11	内外环间
139	夏阳金城	闵行	4.75	7.70	1.62	35	744	157	200	0.27	2005	103.5	M，H-11	外环以外
140	龙祥公寓二期	宝山	28.38	42.00	1.48	43	3678	130	680	0.18	2005	114.2	M，H-11	外环以外
141	大名公寓	闵行	3.16	5.37	1.70	40	424	134		0.00	2005	126.7	M，H-11	内外环间
142	祥和公寓	宝山	5.36	6.97	1.30	35	643	120		0.00	2005	108.4	M，H-11	外环以外
143	安康新村	宝山	4.79	6.99	1.46	40	939	196			2005	74.4	M+H	内外环间
144	丰舍（优盘）	宝山	4.61	7.00	1.52	35	600	130	300	0.50	2005	116.7	M+H	内外环间
145	贵峰苑	宝山	2.40	6.00	2.50	35	600	250	90	0.15	2005	100.0	M+H	内外环间
146	美兰湖颐景园	黄浦	1.59	5.24	3.30	50	387	244			2005	135.4	M+H	内环
147	贵峰苑	金山	12.44	13.68	1.10	50	1020	82			2005	134.1	M+H	外环以外
148	安康新村	南汇	10.67	15.58	1.46	43	1488	139			2005	104.7	M+H	外环以外
149	甬申金地城一期	闸北	4.00	10.00	2.50	42.5	907	227	454	0.50	2005	110.3	M+H	内外环间
150	金水苑	宝山	3.38	5.40	1.60	41	400	119	174	0.44	2005	135.0	M+H	内外环间
151	巴黎风情二期	宝山	5.17	9.30	1.80	40	736	142	189	0.26	2005	126.4	M+H	内外环间
152	康桥水都二期	杨浦	4.50	8.90	1.98	40	693	154			2005	128.4	M+H	内环
153	天馨花园八、九期	黄浦	1.59	5.24	3.30	50	387	244	370	0.96	2005	135.4	M+H	内环
154	金山豪庭	松江	8.13	13.00	1.60	32	800	98	505	0.63	2005	162.5	M+H	外环以外
155	绿洲康城	宝山	1.20	2.53	2.10	36	123	102	69	0.56	2005	205.7	M+H	内外环间
156	月夏·香樟林	宝山	7.86	11.00	1.40	40	811	103	602	0.74	2005	135.6	M+H	外环以外
157	保集 绿岛家园	奉贤	2.57	3.60	1.40	40	206	80	152	0.74	2005	174.8	M+H-11	外环以外
158	秀月花园	南汇	3.23	4.20	1.30	41	362	112	180	0.50	2005	116.0	M+H-11	外环以外
159	康庭苑	青浦	1.40	2.68	1.91	35	188	134	60	0.32	2005	142.6	M+H-11	外环以外
160	西部花苑六期	嘉定	5.33	8.00	1.50	35.1	700	131	314	0.45	2005	114.3	M+H-11	外环以外
161	金沙嘉苑	虹口	5.94	9.50	1.60	35	764	129	476	0.62	2005	124.3	M+H-11	内外环间
162	博泰景苑	嘉定	5.35	8.03	1.50	35	564	105	260	0.46	2005	142.4	M+H-11	外环以外
163	鸿达嘉苑	嘉定	2.77	3.80	1.37	40	336	121	171	0.51	2005	113.1	M+H-11	外环以外

续表

序号	项目名称	区位	用地面积	建筑面积	容积率	绿化率	户数	套密度	停车位	户均车位	建成时间	套均面积	建筑类型	区域
164	金域水岸苑	青浦	5.39	5.39	1.00	45	520	96		0.00	2005	103.7	M+H-11	外环以外
165	荣都公寓（东）	松江	4.27	5.55	1.30	35	528	124	700	1.33	2005	105.1	M+H-11	外环以外
166	紫东新苑	松江	22.50	27.00	1.20	35	1800	80	600	0.33	2005	150.0	M+H-11	外环以外
167	万里城 中环花苑	杨浦	2.94	7.15	2.43	35	580	197	200	0.34	2006	123.3	H	内外环间
168	城宁花园	长宁	1.29	3.20	2.48	40	254	197	128	0.50	2006	126.0	H	内环
169	汇峰鼎园	长宁	3.33	10.00	3.00	50	590	177	500	0.85	2006	169.5	H	内外环间
170	襄阳秋邸	普陀	11.67	28.00	2.40	43	2400	206	1000	0.42	2006	116.7	H	内外环间
171	徐汇优派	普陀	5.41	12.00	2.22	40	1000	185		0.00	2006	120.0	H	内外环间
172	山水国际	徐汇	5.00	20.00	4.00	35	1365	273	900	0.66	2006	146.5	H	内环
173	财富海景花园	徐汇	0.46	1.80	3.90	37	105	228	100	0.95	2006	171.4	H	内环
174	汤臣一品	徐汇	0.35	1.40	4.00	20	149	426	27	0.18	2006	94.0	H	内环
175	东方城市公寓二期	浦东	7.73	16.00	2.07	50	1036	134	751	0.72	2006	154.4	H	内环
176	御水豪庭	浦东	2.81	6.20	2.21	63.3	421	150	620	1.47	2006	147.3	H	内环
177	久阳滨江公寓	浦东	2.00	14.20	7.07	40	609	305	458	0.75	2006	233.2	H-44	内环
178	中远两湾城四期	浦东	2.58	6.20	2.40	45	330	128	300	0.91	2006	187.9	H	内环
179	十里都华	浦东	1.00	2.50	2.50	35	130	130	100	0.77	2006	192.3	H	内环
180	中城（富泉公寓）	浦东	0.66	2.30	3.50	23	240	365	100	0.42	2006	95.8	H	内环
181	天鼎大厦	虹口	1.86	3.90	2.10	38	407	219	130	0.32	2006	95.8	H-11+H	内外环间
182	金外滩花园	普陀	1.61	3.70	2.30	39	357	222	216	0.61	2006	103.6	H	内外环间
183	天赐公寓	普陀	4.71	16.35	3.47	50	1362	289		0.00	2006	120.0	H	内环
184	上海滩新昌城	普陀	2.41	7.00	2.90	37	400	166	370	0.93	2006	175.0	H	内环
185	老西门新苑	闸北	0.70	2.10	3.00	40	168	240	50	0.30	2006	125.0	H	内环
186	中虹明珠城	静安	1.22	2.47	2.03	35	224	184	150	0.67	2006	110.3	H	内环
187	大众金融大厦	宝山	0.59	1.30	2.20	36	117	198	60	0.51	2006	111.1	H	内外环间
188	瑞虹新城二期	黄浦	4.33	13.00	3.00	51.5	611	141		0.00	2006	212.8	H	内环
189	信通浦皓园	黄浦	0.24	1.04	4.30		144	595	47	0.33	2006	72.2	H	内环

续表

序号	项目名称	区位	用地面积	建筑面积	容积率	绿化率	户数	套密度	停车位	户均车位	建成时间	套均面积	建筑类型	区域
190	华谊星城	黄浦	3.33	10.00	3.00	35	600	180	330	0.55	2006	166.7	H	内环
191	陆家嘴中央公寓	黄浦	6.53	24.82	3.80	35	2134	327	800	0.37	2006	116.3	H	内环
192	广洋华景苑	虹口	1.32	5.00	3.80	35	331	252	108	0.33	2006	151.1	H	内环
193	锦绣满堂花园	长宁	15.60	39.00	2.50	60	1800	115	1000	0.56	2006	216.7	H	内外环间
194	香杉园	长宁	4.17	12.00	2.88	52	1000	240	628	0.63	2006	120.0	H	内外环间
195	阳明苑	长宁	0.64	4.10	6.40	32	226	353	180	0.80	2006	181.4	H	内环
196	新城海上名园	长宁	2.97	11.00	3.70	35	743	250	350	0.47	2006	148.0	H	内外环间
197	华府天地	杨浦	0.93	3.70	4.00	25	420	454	600	1.43	2006	88.1	H-25	内外环间
198	德玛公寓	虹口	11.90	25.00	2.10	38	1700	143	130	0.08	2006	147.1	H	内环
199	翠湖天地御苑	闵行	3.10	5.27	1.70	60	298	96	500	1.68	2006	176.8	H-22	内外环间
200	金诚花园	宝山	20.00	30.00	1.50	43	2560	128		0.00	2006	117.2	H，H-11	内外环间
201	丝路花语苑	奉贤	5.22	7.68	1.47	35	525	100	350	0.67	2006	146.3	H-11	外环以外
202	上海绿城三期	嘉定	1.78	3.30	1.85	35	180	101	126	0.70	2006	183.3	H-11	外环以外
203	海上海新城	松江	9.44	10.20	1.08	40	1092	116		0.00	2006	93.4	H-11	外环以外
204	汇丽花园二期	杨浦	3.01	5.75	1.91	43.6	674	224	267	0.40	2006	85.3	H-11	内外环间
205	北方佳苑	杨浦	7.31	12.42	1.70	48	1185	162	694	0.59	2006	104.8	H-11	内外环间
206	瑞金南苑	杨浦	1.09	2.50	2.29	35	208	191	157	0.75	2006	120.2	H-11	内环
207	瑞虹新城-2	杨浦	1.74	4.70	2.70	35	280	161	100	0.36	2006	167.9	H-11	内环
208	世茂滨江花园	杨浦	4.00	10.00	2.50	35	600	150	260	0.43	2006	166.7	H-11	内外环间
209	愚园公馆（益都愉园）	杨浦	3.50	7.00	2.00	35	600	171	117	0.20	2006	116.7	H-11	内外环间
210	海州·国际华园	松江	16.55	23.00	1.39	40	1980	120	1320	0.67	2006	116.2	H-11	外环以外
211	海尚佳园	松江	8.67	13.00	1.50	50	931	107		0.00	2006	139.6	H-11	外环以外
212	古北瑞仕花园	松江	6.67	12.00	1.80	30	800	120	500	0.63	2006	150.0	H-11	外环以外
213	金沙雅园四期	松江	2.78	5.00	1.80	60	500	180	350	0.70	2006	100.0	H-11	外环以外
214	万里·雅筑	普陀	8.50	17.00	2.00	46	1300	153		0.00	2006	130.8	H-11	内外环间
215	花园城三期	杨浦	0.89	1.78	2.00	35	178	200	285	1.60	2006	100.0	H-11	内外环间

续表

序号	项目名称	区位	用地面积	建筑面积	容积率	绿化率	户数	套密度	停车位	户均车位	建成时间	套均面积	建筑类型	区域
216	万里欣苑	浦东	4.44	5.42	1.22	40	473	106	306	0.65	2006	114.6	H-11	内外环间
217	紫逸佳苑	浦东	10.00	20.00	2.00	55	1002	100	1000	1.00	2006	199.6	H-11	内环
218	仁恒河滨花园	浦东	5.44	10.60	1.95	35.2	1202	221	525	0.44	2006	88.2	H-11	内外环间
219	古北国际花园	浦东	3.43	4.60	1.34	35	368	107	120	0.33	2006	125.0	H-11	内外环间
220	虹桥豪苑	浦东	1.77	2.85	1.61	45	397	224	379	0.95	2006	71.8	H-11	内外环间
221	怡福苑	闸北	2.66	4.50	1.69	36	342	128	152	0.44	2006	131.6	H-11	内外环间
222	名都城二期	闸北	23.53	40.00	1.70	48.6	3000	128	1200	0.40	2006	133.3	H-11	内外环间
223	经纬城市绿洲二期	浦东	6.24	10.30	1.65	40	1002	161	435	0.43	2006	102.8	H-11	内外环间
224	翡翠东森花园	浦东	3.83	6.90	1.80	35.2	404	105	236	0.58	2006	170.8	H-11	内外环间
225	上海梦想·雍景苑	浦东	3.15	3.84	1.22	42	404	128	191	0.47	2006	95.0	H-11	内外环间
226	紫罗兰家苑	徐汇	2.64	4.20	1.59	40	323	122	81	0.25	2006	130.0	H-11	内外环间
227	靖宇家园	闵行	2.22	4.00	1.80	43.7	292	131	292	1.00	2006	137.0	H-11	外环以外
228	达安·春之声花园	闵行	7.82	14.00	1.79	40	1061	136		0.00	2006	132.0	H-11	外环以外
229	中轩丽苑	宝山	4.79	6.80	1.42	43.3	568	119	230	0.40	2006	119.7	H-11	内外环间
230	阳光国际公寓	闵行	5.18	8.29	1.60	43	864	167	660	0.76	2006	95.9	H-11	外环以外
231	金色杉林	宝山	4.85	8.00	1.65	40	665	137	374	0.56	2006	120.3	H-11	内外环间
232	上南雅筑	宝山	5.00	8.00	1.60	50	756	151	260	0.34	2006	105.8	H-11	内外环间
233	碧云国际社区（晓园）	闵行	7.93	9.51	1.20	50	800	101	1300	1.63	2006	118.9	H-11	内外环间
234	翠临星园	闵行	3.75	9.37	2.50	35	821	219	374	0.46	2006	114.1	H-11	外环以外
235	上海临汾名城-公园城市	闵行	0.23	0.45	2.00	35	26	116	200	7.69	2006	173.1	H-11	内外环间
236	连城新苑	闵行	4.89	10.71	2.19	51	865	177	4000	4.62	2006	123.8	H-11	外环以外
237	阳辰美景	闵行	6.74	13.00	1.93	45	1000	148	600	0.60	2006	130.0	H-11	内外环间
238	品赏·碧云	闵行	3.10	5.27	1.70	60	298	96	700	2.35	2006	176.8	H-11	内外环间
239	华鑫公寓	浦东	8.34	12.59	1.51	35.45	856	103	610	0.71	2006	147.1	H-11	内外环间
240	万临家园	浦东	2.60	6.50	2.50	35.8	556	214	330	0.59	2006	116.9	H-11	内环

续表

序号	项目名称	区位	用地面积	建筑面积	容积率	绿化率	户数	套密度	停车位	户均车位	建成时间	套均面积	建筑类型	区域
241	新城尚景苑	浦东	0.75	1.48	1.[illegible]7	40	157	209	330	2.10	2006	94.3	H-11	内外环间
242	富浩河滨花园	浦东	10.00	14.00	1.[illegible]0	40	1016	102		0.00	2006	137.8	H-11	内外环间
243	新时代富嘉花园	浦东	6.67	10.00	1.50	60	600	90	400	0.67	2006	166.7	H-11	内外环间
244	丽晶博园	浦东	5.53	12.00	2.[illegible]7	50	900	163	500	0.56	2006	133.3	H-11	内环
245	同济华城	虹口	0.83	2.02	2.[illegible]2	35	203	243	75	0.37	2006	99.5	H-11	内外环间
246	名都古北	虹口	1.11	2.78	2.50	35	341	307	180	0.53	2006	81.5	H-11	内环
247	证大家园五期	杨浦	0.52	1.40	2.[illegible]0	30	121	233	50	0.41	2006	115.7	H-11	内环
248	翰城国际二期	杨浦	3.69	9.00	2.[illegible]4	41	902	245	387	0.43	2006	99.8	H-11	内外环间
249	未来域	杨浦	1.44	3.60	2.50	35.7	243	169	76	0.31	2006	148.1	H-11	内外环间
250	环球中央花园	普陀	5.87	8.81	1.50	45	718	122	200	0.28	2006	122.7	H-11	内外环间
251	凉城新苑	闸北	1.77	3.86	2.[illegible]8	55	393	222	70	0.18	2006	98.2	H-11	内外环间
252	欧洲豪庭	浦东	2.99	6.00	2.[illegible]1	37.9	389	130	246	0.63	2006	154.2	H-11	内环
253	泰鸿新苑	卢湾	1.24	3.98	3.[illegible]0	35	219	176	184	0.84	2006	181.7	H-11	内环
254	象源丽都二期	卢湾	0.21	0.73	3.[illegible]0	35	58	270	62	1.07	2006	125.9	H-11	内环
255	康悦亚洲花园	南汇	0.97	1.90	1.[illegible]5	35	109	112	74	0.68	2006	174.3	H-11	外环以外
256	清水蓝湾（龙汇公寓）	南汇	2.78	5.00	1.[illegible]0	55	500	180	130	0.26	2006	100.0	H-11	外环以外
257	九英里	嘉定	0.93	1.40	1.50	35	139	149	60	0.43	2006	100.7	H-11	外环以外
258	宝业馨康苑	宝山	6.29	9.00	1.[illegible]3	43	758	120	300	0.40	2006	118.7	H-11	外环以外
259	古北玛瑙园	宝山	4.24	8.47	2.[illegible]0	50	700	165	500	0.71	2006	121.0	H-11	外环以外
260	九英里	宝山	0.72	1.30	1.[illegible]0	36.5	94	130	35	0.37	2006	138.3	H-11	内外环间
261	宝宸共和家园	宝山	7.69	12.30	1.[illegible]0	48	1200	156	700	0.58	2006	102.5	H-11	内外环间
262	泰欣嘉园	宝山	4.35	8.00	1.[illegible]4	35	594	137	200	0.34	2006	134.7	H-11	内外环间
263	中星海上名门	宝山	2.98	5.52	1.[illegible]5	42.8	480	161	240	0.50	2006	115.0	H-11	外环以外
264	珠江香樟南园	松江	2.89	5.20	1.[illegible]0	46	420	145	266	0.63	2006	123.8	H-11	外环以外
265	星河世纪城三期	长宁	1.17	3.60	3.[illegible]8	38	189	162	118	0.62	2006	190.5	H-11	内外环间
266	悠和家园	嘉定	10.64	19.90	1.[illegible]7	42	1816	171	300	0.17	2006	109.6	H-11	外环以外

续表

序号	项目名称	区位	用地面积	建筑面积	容积率	绿化率	户数	套密度	停车位	户均车位	建成时间	套均面积	建筑类型	区域
267	吉联尚都	金山	9.23	18.00	1.95	40	1000	108	500	0.50	2006	180.0	H-11	外环以外
268	多摩园景	金山	7.11	8.53	1.20	52.8	657	92	551	0.84	2006	129.8	H-11	外环以外
269	千山花园	宝山	1.84	2.95	1.60	48	333	181	700	2.10	2006	88.6	H-11	内外环间
270	帝豪苑	宝山	16.25	31.20	1.92	46	2944	181	829	0.28	2006	106.0	H	内外环间
271	新昌里公寓	卢湾	3.25	13.00	4.00	40	616	190	693	1.13	2006	211.0	H	内环
272	东寅公寓	普陀	6.00	15.00	2.50	50	900	150	440	0.49	2006	166.7	H	内外环间
273	仁恒家园	闵行	3.75	9.37	2.50	35	821	219	374	0.46	2006	114.1	H-11，H	外环以外
274	成事高邸	徐汇	1.04	2.60	2.50	50	141	136	80	0.57	2006	184.4	H-11，H	内环
275	帝豪苑	徐汇	2.56	6.40	2.50	35	466	182	250	0.54	2006	137.3	H-11，H	内外环间
276	龙南公寓	徐汇	4.62	12.00	2.60	41	700	152	400	0.57	2006	171.4	H-11，H	内环
277	四季宜景园	浦东	23.50	47.00	2.00	50	2631	112	2013	0.77	2006	178.6	H-11，H	内环
278	安达家园	杨浦	7.63	17.10	2.24	48	1155	151	400	0.35	2006	148.1	H	内环
279	徐汇新干线	杨浦	6.83	17.00	2.49	35	1500	220	300	0.20	2006	113.3	H-11，H	内外环间
280	虹桥蒂梵尼	普陀	2.69	10.00	3.72	36	530	197		0.00	2006	188.7	H-11，H	内环
281	嘉骏香山苑	普陀	7.78	14.00	1.80	40	1100	141	270	0.25	2006	127.3	H-11，H	内外环间
282	四季绿城二期	闸北	3.18	7.00	2.20	35	717	225	300	0.42	2006	97.6	H-11，H	内外环间
283	中梅苑二期	闸北	2.00	6.40	3.20	31	394	197	100	0.25	2006	162.4	H-11，H	内环
284	逸仙华庭	松江	3.72	11.00	2.96	48	732	197	460	0.63	2006	150.3	H-11+H	外环以外
285	中海瀛台	金山	13.53	23.00	1.70	48.5	1700	126	406	0.24	2006	135.3	H-11+H	外环以外
286	阳光四季园	普陀	5.40	11.89	2.20	52	1120	207	710	0.63	2006	106.2	H-18	内外环间
287	嘉乐之春	虹口	0.70	3.50	5.00	25	162	231	75	0.46	2006	216.0	H-30	内外环间
288	三盛颐景园五期	徐汇	3.00	11.33	3.90	36	767	256			2006	147.7	H-31	内环
289	上海源花城	虹口	11.90	25.00	2.10	38	1700	143	130	0.08	2006	147.1	H-33	内环
290	紫金花园	浦东	23.57	70.00	2.97	70	3000	127	3000	1.00	2006	233.3	超高层	内环
291	九亭明珠苑三期	金山	6.20	6.20	1.00	40	540	87	332	0.61	2006	114.8	M	外环以外
292	枫桥丽舍	南汇	12.57	17.60	1.40	43	1365	109		0.00	2006	128.9	M	外环以外

续表

序号	项目名称	区位	用地面积	建筑面积	容积率	绿化率	户数	套密度	停车位	户均车位	建成时间	套均面积	建筑类型	区域
293	金铭福邸四期	南汇	13.33	20.00	1.50	44	1400	105	400	0.29	2006	142.9	M	外环以外
294	枫桦景苑	南汇	6.00	7.20	1.20	36	600	100	334	0.56	2006	120.0	M	外环以外
295	玫瑰 99（春申玫瑰苑 2）	嘉定	10.00	3.60	0.[illegible]7	41.6	316	32	384	1.22	2006	113.9	M＋H	外环以外
296	品家·都市星城	宝山	2.94	4.50	1.53	37	361	123	150	0.42	2006	124.7	M	内外环间
297	上海康城三期	宝山	0.99	1.38	1.40	40	126	128	51	0.40	2006	109.5	M	
298	俪园二期	松江	5.28	9.50	1.80	38.6	897	170	1200	1.34	2006	105.9	M＋H	外环以外
299	新凤凰城	杨浦	3.61	6.90	1.91	43.6	342	95	267	0.78	2006	201.8	M	内外环间
300	东珠苑	长宁	1.83	3.30	1.80	45	181	99	160	0.88	2006	182.3	M	内环
301	成亿宝盛家苑	长宁	0.57	0.86	1.50	45	54	94	54	1.00	2006	159.3	M	内外环间
302	凯德柏丽华庭	松江	15.03	26.00	1.73	46	2000	133	1300	0.65	2006	130.0	M	外环以外
303	新月翡翠园	松江	18.87	30.00	1.59	45	2248	119	1200	0.53	2006	133.5	M	外环以外
304	绿景世都	浦东	3.14	4.30	1.37	37	360	115	162	0.45	2006	119.4	M	内外环间
305	都市港湾	浦东	1.37	1.64	1.20	40	164	120	115	0.70	2006	100.0	M	外环以外
306	三岛龙洲苑	闸北	0.28	0.70	2.50	33	71	254		0.00	2006	98.6	M	内外环间
307	红菱苑	浦东	9.78	7.82	0.8[illegible]	60	575	59	300	0.52	2006	136.0	M	内外环间
308	品家都城星城	闵行	4.71	5.00	1.6[illegible]	45	500	106	200	0.40	2006	100.0	M	
309	名庭花苑	金山	2.09	2.09	1.00	36	184	88			2006	113.6	M	外环以外
310	金天地	闵行	1.86	2.75	1.20	35	210	113	134	0.64	2006	131.0	M	外环以外
311	森海豪庭	闵行	4.17	5.00	1.20	35	504	121	363	0.72	2006	99.2	M	外环以外
312	金地城一期	闵行	6.62	9.00	1.36	39.54	668	101		0.00	2006	134.7	M	外环以外
313	菱翔苑三期	宝山	3.28	4.30	1.31	40.1	352	107	195	0.55	2006	122.2	M	内外环间
314	宁怡苑	闵行	5.57	7.18	1.29	41.9	572	103	170	0.30	2006	125.5	M	外环以外
315	曹江公寓	金山	2.10	2.50	1.19	36	250	119	90	0.36	2006	100.0	M	外环以外
316	新理想花园	长宁	0.53	0.80	1.50	45	54	101	54	1.00	2006	148.1	M	内外环间
317	维罗纳贵都	徐汇	0.96	0.83	0.86		113	118			2006	73.5	M	内外环间

续表

序号	项目名称	区位	用地面积	建筑面积	容积率	绿化率	户数	套密度	停车位	户均车位	建成时间	套均面积	建筑类型	区域
318	欧丽风景（荣盛名邸二期）	浦东	3.27	3.92	1.20	40	472	144			2006	83.1	M	外环以外
319	华邦佳苑	奉贤	6.48	7.65	1.18	40	741	114	396	0.53	2006	103.2	M	外环以外
320	海天华庭（桂景苑）	金山	4.00	4.00	1.00		379	95			2006	105.5	M	外环以外
321	东苑米蓝城一期	宝山	0.99	1.38	1.40	40	126	128	51	0.40	2006	109.5	M	内外环间
322	剑桥・鑫苑	普陀	1.29	1.80	1.40	38	245	191		0.00	2006	73.5	M，H-11	内外环间
323	西郊河畔家园	浦东	2.43	3.40	1.40	35.1	197	81	150	0.76	2006	172.6	M，H-11	外环以外
324	今天花园	徐汇	12.73	14.00	1.10	37	1300	102	500	0.38	2006	107.7	M，H-11	内外环间
325	尚成春天・金浦苑	闵行	4.02	8.00	1.99	40	404	100	199	0.49	2006	198.0	M，H-11	内外环间
326	优盘（丰舍西苑）	闵行	2.66	4.25	1.60	40	300	113		0.00	2006	141.7	M，H-11	外环以外
327	康碧苑	宝山	7.25	10.00	1.38	49.27	1000	138		0.00	2006	100.0	M，H-11	内外环间
328	亭升苑	宝山	3.27	3.56	1.09	50	393	120	292	0.74	2006	90.6	M，H-11	外环以外
329	银光苑	宝山	13.85	18.00	1.30	38	1800	130	510	0.28	2006	100.0	M，H-11	内外环间
330	金榜家园	闵行	9.41	22.50	2.39	39	1818	193	864	0.48	2006	123.8	M，H-11	内外环间
331	东方丽都	闵行	10.00	12.80	1.28	40	1019	102	1000	0.98	2006	125.6	M，H-11	外环以外
332	万科・朗润园	宝山	6.69	11.70	1.75	37	1000	150	400	0.40	2006	117.0	M+H	内外环间
333	奥林匹克花园-2	徐汇	11.69	17.30	1.48	53	1702	146	1000	0.59	2006	101.6	M+H	内外环间
334	新南家园二期	松江	10.90	13.73	1.26	60	1173	108	573	0.49	2006	117.1	M+H	外环以外
335	玫瑰海湾	奉贤	10.83	13.00	1.20	40	1118	103	800	0.72	2006	116.3	M+H-11	外环以外
336	碧海云居	奉贤	3.58	4.30	1.20	35.2	438	122	248	0.57	2006	98.2	M+H-11	外环以外
337	华光紫荆苑	金山	5.83	7.00	1.20	40	562	96	500	0.89	2006	124.6	M+H-11	外环以外
338	汇佳新苑	金山	10.83	13.00	1.20	40	1000	92	500	0.50	2006	130.0	M+H-11	外环以外
339	美林小城	金山	1.56	1.87	1.20	44	148	95	515	3.48	2006	126.4	M+H-11	外环以外
340	沈默荷兰园二期	南汇	26.92	35.00	1.30	37	3000	111	1000	0.33	2006	116.7	M+H-11	外环以外
341	天台星城	南汇	4.38	7.80	1.78	41	538	123	324	0.60	2006	145.0	M+H-11	外环以外
342	新城枫景园	南汇	11.51	16.00	1.39	35	1360	118	680	0.50	2006	117.6	M+H-11	外环以外

续表

序号	项目名称	区位	用地面积	建筑面积	容积率	绿化率	户数	套密度	停车位	户均车位	建成时间	套均面积	建筑类型	区域
343	华亭荣园	嘉定	5.77	7.38	1.28	43.5	841	146		0.00	2006	87.8	M+H-11	外环以外
344	大江苑	松江	6.25	10.00	1.60	35.5	850	136	528	0.62	2006	117.6	M+H-11	外环以外
345	三湘四季花城	松江	9.03	14.00	1.55	40	1028	114	782	0.76	2006	136.2	M+H-11	外环以外
346	金丰蓝庭	松江	31.52	52.00	1.65	43	3000	95		0.00	2006	173.3	M+H-11	外环以外
347	海上明珠园	松江	8.74	7.87	0.90	49	662	76	1015	1.53	2006	118.9	M+H-11	外环以外
348	四季宜景园	金山	7.14	10.00	1.40	40	774	108	140	0.18	2006	129.2	M+H-11	外环以外
349	河畔雅居	黄浦	1.82	6.00	3.30	35	418	230	210	0.50	2006	143.5	M+H	内环
350	徐汇御苑	长宁	4.33	13.00	3.00	51	500	115	499	1.00	2007	260.0	H	内外环间
351	铂晶馆	徐汇	1.33	5.20	3.90	36.3	772	579	171	0.22	2007	67.4	H	内环
352	旭辉·新构想	徐汇	0.70	2.10	3.00	38	146	209	120	0.82	2007	143.8	H	内环
353	第九城市二期	浦东	1.76	3.70	2.10	35	264	150	168	0.64	2007	140.2	H	内外环间
354	仁恒河滨城二期	浦东	3.29	6.90	2.10	40	482	147	290	0.60	2007	143.2	H	内环
355	嘉杰国际广场	浦东	7.83	19.50	2.49	35	1000	128	716	0.72	2007	195.0	H	内环
356	溧阳华府（虹临家园）	浦东	9.60	24.00	2.50	60	1500	156		0.00	2007	160.0	H	内环
357	爱家豪庭	虹口	1.04	3.90	3.76	35	316	305	182	0.58	2007	123.4	H	内外环间
358	经典茂名	虹口	2.75	11.00	4.00	35	383	139	600	1.57	2007	287.2	H	内环
359	静安四季苑	虹口	3.01	11.00	3.65	37	679	225	512	0.75	2007	162.0	H	内环
360	远中风华城宝（远中风华园）	虹口	3.07	10.30	3.36	38	620	202	580	0.94	2007	166.1	H	内环
361	静安豪景	静安	0.65	1.49	2.30	15	90	139	132	1.47	2007	165.6	H	内环
362	淡水湾花园	静安	2.12	10.60	5.00		452	213	248	0.55	2007	234.5	H	内环
363	士林华苑	静安	2.12	5.30	2.50	40	430	203	404	0.94	2007	123.3	H	内环
364	恒阳花苑-海上花	静安	1.38	6.90	5.00	50	452	328	248	0.55	2007	152.7	H	内环
365	国际明佳城	卢湾	4.55	15.00	3.30	42	726	160	527	0.73	2007	206.6	H	内环
366	永新城	黄浦	3.47	9.53	2.75	37.6	724	209	505	0.70	2007	131.6	H	内环
367	盛景·福邸中星怡景花园	长宁	10.80	27.00	2.50	55	1964	182	1051	0.54	2007	137.5	H	内外环间

续表

序号	项目名称	区位	用地面积	建筑面积	容积率	绿化率	户数	套密度	停车位	户均车位	建成时间	套均面积	建筑类型	区域
368	黄浦华庭	长宁	3.95	10.00	2.53	40	700	177	450	0.64	2007	142.9	H	内外环间
369	黄浦丽园	杨浦	3.75	12.00	3.20	35	1465	391	200	0.14	2007	81.9	H	内环
370	太原邸	虹口	2.84	10.80	3.80	40	667	235	400	0.60	2007	161.9	H	内环
371	紫勋雍邸	松江	2.22	6.00	2.70	38	231	104	119	0.52	2007	259.7	H-11	外环以外
372	强生古北花园	松江	5.03	6.54	1.30	43	572	114	850	1.49	2007	114.3	H-11	外环以外
373	新沪东公寓	杨浦	3.95	7.50	1.90	35	500	127	200	0.40	2007	150.0	H-11	内外环间
374	旭园	长宁	4.72	12.00	2.54	45	674	143	337	0.50	2007	178.0	H-11	内外环间
375	天山河畔公寓	松江	6.88	11.00	1.60	35	927	135	600	0.65	2007	118.7	H-11	外环以外
376	古北国际广场	浦东	6.07	7.28	1.20	40	1056	174	769	0.73	2007	68.9	H-11	内外环间
377	建德国际公寓	浦东	0.14	0.21	1.48	38.5	20	141	500	25.00	2007	105.0	H-11	内外环间
378	河风丽景（元丰天山花园二期）	浦东	9.16	13.74	1.50	56	1730	189	955	0.55	2007	79.4	H-11	内外环间
379	城市经典花园四期	闵行	9.53	16.40	1.72	50	2083	218	1100	0.53	2007	78.7	H-11	外环以外
380	春江花悦园	宝山	4.00	8.40	2.10	50	700	175	500	0.71	2007	120.0	H-11	外环以外
381	中房樱桃苑	宝山	10.12	18.22	1.80	48	2001	198	308	0.15	2007	91.1	H-11	内外环间
382	三花现代城	闵行	0.76	1.13	1.48	40	87	114	64	0.74	2007	129.9	H-11	内外环间
383	航华新苑	闵行	3.79	5.82	1.54	35	593	157		0.00	2007	98.1	H-11	外环以外
384	东源名都	徐汇	4.94	8.74	1.77	35	831	168	460	0.55	2007	105.2	H-11	内环
385	绿地崴廉公寓	浦东	18.10	38.00	2.10	47	2500	138	1250	0.50	2007	152.0	H-11	内外环间
386	万科新里程	浦东	16.48	24.72	1.50	48.5	2236	136	2000	0.89	2007	110.6	H-11	内外环间
387	和欣国际花园	浦东	11.33	17.00	1.50	50	1600	141	1000	0.63	2007	106.3	H-11	内外环间
388	宝辰共和家园	南汇	3.60	5.00	1.39	36	482	134	213	0.44	2007	103.7	H-11	外环以外
389	徐汇临江豪园	南汇	11.88	23.04	1.94	40	2339	197	646	0.28	2007	98.5	H-11	外环以外
390	地杰国际城	嘉定	7.97	11.00	1.38	50	982	123	527	0.54	2007	112.0	H-11	外环以外
391	合生江湾国际公寓	宝山	6.18	11.00	1.78	55	1370	222	1200	0.88	2007	80.3	H-11	内外环间
392	慧芝湖花园	松江	2.50	7.00	2.80	35	756	302	262	0.35	2007	92.6	H-11	外环以外

续表

序号	项目名称	区位	用地面积	建筑面积	容积率	绿化率	户数	套密度	停车位	户均车位	建成时间	套均面积	建筑类型	区域
393	共富新家园（成亿宝盛家苑）	宝山	2.95	5.60	1.90	45	948	322	829	0.87	2007	59.1	H-11	内外环间
394	尚东国际名园	闵行	9.12	11.77	1.29	40.21	1207	132	1207	1.00	2007	97.5	H-11	外环以外
395	祁连欣苑	松江	31.52	52.00	1.65	44	3500	111			2007	148.6	H	外环以外
396	梧桐城邦-2	徐汇	2.76	8.00	2.90	40	490	178	300	0.61	2007	163.3	H-11，H	内外环间
397	共和欣苑	浦东	18.19	34.57	1.90	47	3598	198	720	0.20	2007	96.1	H-11，H	内外环间
398	大华阳城六期世家	杨浦	17.50	28.00	1.60	38.5	2000	114	1700	0.85	2007	140.0	H-11，H	内外环间
399	浩新龙麒苑	闸北	5.17	13.75	2.66	50	1252	242	800	0.64	2007	109.8	H-11，H	内外环间
400	摩卡小城（开心公寓）	浦东	4.04	6.50	1.61	59.68	540	134	414	0.77	2007	120.4	H-11，H	内环
401	文荟峯景（文景苑）	松江	15.63	25.00	1.60	58	2000	128	350	0.18	2007	125.0	H-11+H	外环以外
402	春申景城	黄浦	2.69	9.30	3.46	40	360	134	190	0.53	2007	258.3	H-11+H	内环
403	柏丽华庭	黄浦	3.95	12.00	3.04	45	548	139	450	0.82	2007	219.0	H-11+H	内环
404	水清年华花园	宝山	5.22	7.46	1.43	43	1016	195		0.00	2007	73.4	M	内外环间
405	龙威茗庭	浦东	10.17	11.59	1.14	50	1122	110			2007	103.3	M	内外环间
406	中邦城市	宝山	2.54	3.60	1.42	35	378	149		0.00	2007	95.2	M	内外环间
407	澳丽映象	闵行	5.00	9.00	1.80	40	770	154	410	0.53	2007	116.9	M，H-11	外环以外
408	华泽新苑	闵行	7.63	12.20	1.60	40	1186	156		0.00	2007	102.9	M，H-11	外环以外
409	夏朵 小城（绿岛方洲）	闵行	37.31	50.00	1.34	40	3200	86		0.00	2007	156.3	M，H-11	外环以外
410	三湘四季花城	徐汇	1.51	3.60	2.38	35	169	112	135	0.80	2007	213.0	M，H-11，H	内环
411	绿洲香岛花园	闵行	7.19	12.00	1.67	37	860	120	860	1.00	2007	139.5	M，H-11，H	外环以外
412	春申府邸	宝山	9.49	15.00	1.58	40	1118	118			2007	134.2	M+H	内外环间
413	日月华城	嘉定	18.23	29.16	1.60	40	2656	146			2007	109.8	M+H-11	外环以外
414	金色西郊城二期	宝山	4.97	7.60	1.53	42	500	101	1	0.00	2007	152.0	M+H	内外环间
415	万科假日风景五期（春申万科城）	奉贤	54.17	65.00	1.20	40	5157	95	3703	0.72	2007	126.0	M+H-11	外环以外
416	嘉城（雅颂湾）	卢湾	0.39	1.40	3.60	35	68	175	83	1.22	2007	205.9	M+H-11	内环

续表

序号	项目名称	区位	用地面积	建筑面积	容积率	绿化率	户数	套密度	停车位	户均车位	建成时间	套均面积	建筑类型	区域
417	绿地南桥新苑二期	嘉定	3.02	5.40	1.79	40	339	112	273	0.81	2007	159.3	M+H-11	外环以外
418	安亭上品（龙安佳苑）	松江	21.77	27.00	1.24	60	2124	98	1391	0.65	2007	127.1	M+H-11	外环以外
419	奥林匹克花园二期	闸北	4.00	10.00	2.50	42	900	225	450	0.50	2007	111.1	M+H-11	内外环间
420	枣庄路 555 号	宝山	10.58	11.22	1.06	42	1219	115	610	0.50	2008	92.0	H-11	外环以外
421	万科四季花城	松江	3.64	5.78	1.59	49	460	127	300	0.65	2008	125.7	M	外环以外
422	兴日家园	浦东	15.17	22.00	1.45	56	1208	80	1040	0.86	2008	182.1	M，H-11	内外环间
423	上海春天	徐汇	2.15	3.67	1.70	40	216	100	152	0.70		169.9	H	内外环间
424	景泰花园	闵行	2.20	3.74	1.70	47	332	151				112.7	H-11～12	内外环间
425	永业公寓-1	普陀	5.74	19.16	3.34	50.3	1638	285				117.0	H-15	内外环间
426	浦江名邸		57.67	48.88	0.85	11.3	5780	100				84.6	H-18	内外环间
427	四季园	闵行	3.85	6.97	1.81		836	217	638	0.76		83.4	H-18	内外环间
428	东方城市花园（1）	卢湾	2.18	7.00	3.21	43	476	218	178	0.37		147.1	H-32	内环
429	康健新城	虹口	3.82	16.81	4.40	33	649	170	420			259.0	H-32	内环
430	九歌上郡	普陀	2.70	10.45	3.77	50	700	259	254	0.36		149.3	H-33	内外环间
431	新古北国际社区	徐汇	1.94	9.00	4.64	45	567	292	230	0.41		158.7	H-33	内环
432	金汇豪庭	闵行	1.80	2.16	1.20	42	216	120				100.0	M	外环以外
433	华业翠都		12.21	15.87	1.30	45	1830	150	915	0.50		86.7	M	外环以外
434	新梅共和城	浦东	0.84	1.60	1.90	50	132	157	68	0.52		121.2	M，H-11	内外环间
435	歌林春天馨园	闸北	3.56	8.38	2.10	38.5	620	174				135.2	M+H	内外环间
436	上实 御景园	闸北	15.00	30.00	2.00	40	2500	167				120.0	M+H	内外环间
437	岭南雅苑	浦东	4.80	11.56	2.22	40	747	156	364	0.49		154.8	M+H	内外环间
438	宜仕怡家	宝山	6.46	9.00	1.39		842	130				106.9	M+H	内外环间
439	万兆家园	徐汇	2.39	5.70	2.07	42	461	193	118	0.26		123.6	M+H	内外环间
440	大华莱茵华庭	浦东	2.40	4.30	1.79	48.5	346	144				124.3	M+H	外环以外
441	佳运公寓	浦东	13.50	27.00	2.00	48	1591	118	680	0.43		169.7	M+H	内环

续表

序号	项目名称	区位	用地面积	建筑面积	容积率	绿化率	户数	套密度	停车位	户均车位	建成时间	套均面积	建筑类型	区域
442	阳城苑	闵行	24.00	30.00	1.25		2350	98				127.7	M+H	外环以外
443	明日新苑	嘉定	8.98	11.60	1.29	39	1086	121				106.8	M+H	外环以外

注：①表中各项指标单位：用地面积（hm^2）；建筑面积（万 m^2）；套密度（户/hm^2）；停车位（辆）；户均车辆（辆/户）。②M：多层；H：高层；H-11：高层-层数；M+H：多层、高层混合。

资料来源：

1. 上海市住宅发展局．上海优秀住宅——第一届上海优秀住宅评选获奖作品集．上海：东方出版中心，2000：7.
2. 上海市住宅发展局．上海优秀住宅——第二届上海优秀住宅评选获奖作品集．上海：东方出版中心，2002.
3. 上海市住宅产业协会．上海优秀住宅——第三届上海优秀住宅评选获奖作品集．上海：新华出版社，2004.
4. 现代设计集团丛书，华东建筑设计研究院有限公司作品选——住宅建筑，上海，同济大学出版社，2005：3.
5. http://www.loushi-sh.com/bk/map-pudong-01.asp? qkic=63(上海楼市)
6. http://www.shfdz.gov.cn/wygl/yxxq(上海市房地局)

附录 2：日本住区套密度统计

序号	项目名称	区位	用地面积	建筑面积	容积率	绿化率	户数	套密度	停车位	建成时间	建筑类型
1	ARDEA NUEVO		3.23	5.87	1.82		405	125	405	1992	H-9
2	FH-南品川		0.07	0.12	1.47		19	271		2000	M-4
3	FORM-1st		0.15	0.49	3.20		12	80		1975	M-5
4	MATSUSHIIRO		1.30	1.00	0.77		121	93	121	1993	M
5	M-PORT 住宅		0.10	0.05	0.53		16	168	17	1992	M
6	NEXT-21		0.15	0.46	2.69		18	120		1993	M-6
7	NEXUS-11		0.29	0.42	1.45		28	97	23	1991	M-5
8	QUAD		0.02	0.04			4	233		1990	M-4
9	U 形花园		0.38	0.59	1.54		48	126		1985	M-6
10	阿尔泰横滨		0.67	2.80	4.18						
11	埃尔沙 55		1.85	7.58	3.40		650	351		1998	H-55
12	柏木城市住宅		0.15		2.00		23	153		1986	M

续表

序号	项目名称	区位	用地面积	建筑面积	容积率	绿化率	户数	套密度	停车位	建成时间	建筑类型
13	保田洼第一小区		1.12		0.79		110	98		1991	M
14	北砂 5 丁目小区		9.41	18.26	1.94		2781	295		1976	H-14
15	北野洛乡会旅馆		0.05	0.12	1.96		12	240		1996	M-5
16	本牧花园城 F 栋		0.36	0.71	1.99		77	216		1988	H-11
17	冰室公寓		0.02	0.04	1.98		18	947		1987	M
18	伯鲁可尼鲁南大泽 5-11		0.49	0.69	1.41		45	92		1989	M-5
19	伯鲁可尼鲁南大泽 5-6		1.92	2.84	1.48		208	108		1990	H-10
20	薄野第三住宅区		1.30	1.69	1.30		136	105		1982	M-5
21	草坪公园塔楼		0.36	3.23	5.98		252	700		2001	H-25
22	城市生活的百合木大街东		0.84	1.29	1.54		154	184		1988	M-5
23	川崎河原町高层住宅		13.70	25.34	1.85		3618	264		1974	H-14
24	茨城县长町公寓		0.35	0.47	1.34		48	137		1999	M-4
25	茨城县滑川公寓		0.26	0.58	0.56		72	277		1998	M-4
26	茨城县营松代公寓		1.31	0.03	0.02		121	92		1993	M-6
27	大阪府营东大阪吉田住宅		2.18	2.90	1.33		426	195	166	1991	h-11
28	大阪小型公寓		0.18	0.44	1.97		28	156		1987	M
29	大川端居住城 21		6.40	15.38	2.40		2500	391		1993	H-37
30	大金大阪工作室		0.18	0.31	1.72		20	111		1988	M-4
31	第二大地建筑		0.20	0.14	0.70		15	75	20	1994	M
32	东京都临海台场地区		5.30				1200	226		1996	H-33
33	东云运河住宅-A		0.92	5.06	3.88		410	445		2003	H-14
34	东云运河住宅-B		0.71	3.47	3.60		290	410		2003	H-14
35	弗列舍尔清实野		1.64	1.31	0.80		130	79			M-5
36	纲町花园公寓		1.41	2.81	2.00		147	105		1971	H-19
37	高岛平集合住宅		0.03	0.17	5.00		14	424	0	1992	M
38	高规阿武山 1 号街		1.54	1.51	0.98		147	95		1989	M-5
39	葛西绿城 4-9 号楼		0.20	0.40	1.99		32	159		1983	H-8

续表

序号	项目名称	区位	用地面积	建筑面积	容积率	绿化率	户数	套密度	停车位	建成时间	建筑类型
40	公团上目黑住宅		0.55		1.50		98	178		1986	M
41	广岛基町高层住宅		8.98	22.10	2.46		3008	335		1975	H-20
42	广岛基町公寓		8.10		2.42		1554	192		1972	H-20
43	海岸 AUTO-B		0.06	0.28	5.12		20	364		1997	H-11
44	吉田公寓		0.40	0.60	1.52		53	133		1999	M
45	今井新市区 C 区		0.97	1.35	1.39		121	125		1998	M-6
46	克斯特米勒锦缎之滨		2.90				514	177		1993	H-26
47	拉比林斯		0.09				22	250			M
48	铃木野第三住宅		1.30		1.30		136	105		1982	M
49	六甲岛		23.00				4000	174		1993	H-41
50	六甲集合住宅-1		0.18	0.18	0.96		18	100		1983	M
51	六甲集合住宅-2		0.59	0.90	1.53		30	51	52	1993	M
52	六甲集合住宅-3		1.17	2.42	2.06		174	149		1999	H-10
53	芦屋浜高层住宅		24.12	30.87	1.28		3381	140		1979	H-29
54	绿园都市住宅		0.10	0.27	2.70		16	160	14	1992	M
55	芒草野第三社区		1.30	1.69	1.30		136	105		1982	M
56	木场公园三好小区		0.51		1.21		90	176		1982	M
57	幕张海湾城帕蒂奥斯 6 号街		0.69	1.53	2.22		118	171		1995	M-6
58	幕张西班牙庭园-3		0.56	1.38	2.44		114	204		1995	M-6
59	幕张西班牙庭园-4		0.56	1.35	1.94		110	196		1995	M-7
60	幕张园林塔楼		1.45	3.17	2.19		226	156		2003	H-32
61	南沙天空城		1.19	3.62	3.03		262	219		1988	H-28
62	尼崎金乐寺		0.40	0.48	1.21		71	178		1998	M-4
63	品川 V 塔楼		0.96	9.26	9.67		650	677		2003	H-43
64	平成多米拉		0.05	0.29	3.76		34	630		1998	H-10
65	岐阜县营住宅-HIGH TOWN		3.46	3.79	1.09		430	124		2000	H-10

续表

序号	项目名称	区位	用地面积	建筑面积	容积率	绿化率	户数	套密度	停车位	建成时间	建筑类型
66	塞雷娜别墅		0.07		3.00		25	338		1971	M
67	上高田集合住宅		0.09	0.16	1.43		29	330		1995	M-4
68	上水本街地产		2.63	2.68	1.02		280	107		1983	M-5
69	上新庄宇宙大楼		0.04	0.07	1.98		22	595		1998	M-5
70	舍拉维阿东山台 4 号街		0.73	0.63	0.86		50	68		1985	M-6
71	石神井公园住宅		0.13	0.18	1.38		17	131	17	1992	M
72	松代公寓		1.31		0.59		121	92		1991	M
73	天王洲之塔		1.10	8.52	6.91		403	366		1995	H-33
74	同润代官山公寓		0.82	7.72	9.41		400	488		1993	H-33
75	同润会江户川公寓		0.68				260	382		1934	M-6
76	尾之杜住宅		1.34	1.99	1.49		242	181		1982	H-12
77	西长崛公寓		0.18	0.44			28	157		1987	M-5
78	西长崛共同住宅		0.36	1.62	4.46		263	731		1958	H-11
79	西葛西公寓		0.03	0.06	1.60		10	345		2000	M-4
80	西户山塔群		1.80		3.64		576	320		1988	H-25
81	西妻公寓		0.84		0.68		75	89		1991	M
82	西特努布北千住 30		1.73				489	283		1990	H-30
83	西早稻田街区 1		1.74				319	183		1993	H-31
84	小人国住宅		0.18	0.44	2.46		28	157		1987	M-5
85	新川崎花园城 G 栋		1.10	2.75	2.50		229	208		1987	H-30
86	新蒲田 3 丁目		0.13	0.27	1.98		48	359		1988	M-5
87	熊本 M 港		0.10	0.17	1.74		16	168		1992	M-5
88	熊本市营新地组团 A		4.50	2.30	0.51		276	61	190	1991	M
89	熊本市营新地组团 C		1.30	1.80	1.38		180	138	180	1993	M
90	熊本县营保田洼第一社区		1.12	0.88	0.78		110	98		1991	M-5
91	熊本营龙蛇平住宅		0.85	0.65	0.77		88	104		1994	M-5
92	旭町住宅		0.13		1.32		25	192			M

续表

序号	项目名称	区位	用地面积	建筑面积	容积率	绿化率	户数	套密度	停车位	建成时间	建筑类型
93	樱宫 RIVER CITY 居住城		4.60	12.50	2.70		1100	239		1992	H-41
94	樱台庭院式乡村住宅		0.49	0.39	0.80		40	82		1970	M-6
95	樱台中庭住宅		0.49		0.81		40	82		1970	M
96	中丸町集合住宅		0.07	0.37	5.44		74	1088	10	1991	H-13
97	中银蜂巢塔楼		0.04	0.31	7.00		140	3167			H-13
98	住吉市区住宅		5.95	9.05	1.52		1521	255		1968	H-11
99	筑波樱花小区		1.19	1.27	1.06		159	134		1985	M-5

注：①表中各项指标单位：用地面积（hm^2）；建筑面积（万 m^2）；套密度（户/hm^2）；停车位（辆）；户均车辆（辆/户）。②M：多层；H：高层；H-11：高层-层数。

资料来源：

[日] 城市集合住宅研究会. 世界城市住宅小区设计（日本卷）. 洪再生，袁逸倩译. 高履泰校. 北京：中国建筑工业出版社，2001.
[日] 谷口汎邦等. 高层·超高层集合住宅. 覃力，马景忠译. 北京：中国建筑工业出版社，2001.
[日] 清田育男. 低层集合住宅. 牛青山译. 北京：中国建筑工业出版社，2004.
[日] 日本建筑学会. 建筑设计资料集成（居住篇）. 深圳：雷尼国际出版有限公司，2003.
[日] 日本建筑学会. 建筑设计资料集成（综合篇）. 北京：中国建筑工业出版社，2003.
[日] 石氏克彦. 多层集合住宅. 张丽丽译. 北京：中国建筑工业出版社，2001.
[日] 松村秀一，田边新一. 日本住宅开发项目（HJ）课题组，21 世纪型住宅模式. 陈滨，范悦译. 北京：机械工业出版社，2006.
[日] 小泉信一. 集合住宅小区. 王宝刚，张泉译. 北京：北京中国建筑工业出版社，2001.
[日] 原口秀昭. 世界 20 世纪经典住宅设计——空间构成的比较分析. 北京：中国建筑工业出版社，1997.
[日] 彰国社. 集合住宅实用设计指南. 刘东卫，马俊，张泉译. 北京：中国建筑工业出版社，2001.
[日] 彰国社. 集合住宅实用设计指南. 刘东卫，马俊，张泉译. 北京：中国建筑工业出版社，2001.

附录 3：一室套型住宅功能空间使用面积统计

序号	起居室	餐厅	卧室	厨房	阳台 1	阳台 2	储藏	卫生间 1	卫生间 2	套内建筑面积	套型建筑面积	使用面积系数
1	9.76		9.45	4.34	1.72	0.78		2.31		28.36	33.94	0.84

续表

序号	起居室	餐厅	卧室	厨房	阳台 1	阳台 2	储藏	卫生间 1	卫生间 2	套内建筑面积	套型建筑面积	使用面积系数
2	17.51			2.85	2			3.48		25.84	32.8	0.79
3	12.95		10.86	2.84	2.54			2.54		31.73	37.96	0.84
4	17.71		12.4	5.92	1.93			5.31		43.27	52.12	0.83
5	14.92		9	3.38	0.53			3.08		30.91	36.5	0.85
6	11.16		9	3.38	0.53			3.08		27.15	31.98	0.85
7	11.16		8.85	3.38	0.55			3.08		27.02	31.76	0.85
8	15.99		9.27	4.67	1.63			4.32		35.88	44.15	0.81
9	16.65	7.45	13.33	4.8	1.04	0.8	1.49	4.29		49.85	59.59	0.84
10	22		14.62	7.56	1.6	1.8	3.06	5.76		56.4	68.32	0.83
11	9.92	9.58	11.63	5.2	2.17	0.96		2.73		42.19	49.78	0.85
12	12.74		11.57	4.64	1.96		0.59	4.91		36.41	45.26	0.80
13	12.58		12.4	5.12	2.38	1.12	0.6	3.83		38.03	49.32	0.77
14	10.1		8.36	3.65	1.46			2.87		26.44	33.03	0.80
15	13.65		10.4	4.48	1.36			3.49		33.38	42.58	0.78
16	16.2	4.79	16.02	5.5	3.88	3.19		4.4		53.98	60.99	0.89
17	13.73		12.07	4.61	1.32	1.03	0.5	3.98		37.24	44.98	0.83
18	13.9		12.07	4.77	1.32	1.62	0.48	4		38.16	47.49	0.80
19	13.04		9.27	4.21	1.59	1.37		2.65		32.13	42.83	0.75
20	26	10.92	14.06	9.25	2.55			7.98		70.76	89.88	0.79
21		2.51	19.8	2.3	1.76			3.24		29.61	36.66	0.81
22	16.91	6.74	16.08	3.8	1.76			3.4		48.69	59.04	0.82
23	18.02		13.11	6.21	2.55	1.03		4.28		45.2	55.37	0.82
24	10.93		6.79	4.21	1.52			2.06		25.51	33.12	0.77
25	13.78	7.85	13.13	5.09	2.21			4.09		46.15	52.69	0.88
26	9.33		12.12	4.32	1.09	0.41	0.39	4.84		32.5	37.28	0.87
27	19.12		15.16	6.69	1.71	1.31		6.73		50.72	69.14	0.73
28	14.2	9.69	12.16	6.17	1.52			6.32		50.06	65.34	0.77

续表

序号	起居室	餐厅	卧室	厨房	阳台 1	阳台 2	储藏	卫生间 1	卫生间 2	套内建筑面积	套型建筑面积	使用面积系数
29	23.64		13.21	5.7	2.15	1.09	0.97	4.4		51.16	64.49	0.79
30	14.34	6.43	15.35	8.88	2.3			4.85		52.15	63.52	0.82
31	25.53		14.6	6.5	2.73			4.62		53.98	68.41	0.79
32	14.76	6.2	12.34	5.09	2.25			5.91		46.55	53.25	0.87
33	9.97		7.74	4.46	1.81			2.69		26.67	36.77	0.73
34	14.8		12.48	5.44	2.03	1.58		4.03		40.36	50.15	0.80
35	9.8		11.18	4.08	1.43	0.45		4.12		31.06	36.15	0.86
36	6.44		11.2	4.62	2.1			3.6		27.96	39.13	0.71
37	8.62		11.2	4.88	2.18			3.64		30.52	36.09	0.85
38	9.35		7.56	3.88	0.55			1.88		23.22	27.94	0.83
39	9.35		7.56	1.9	0.55			1.9		21.26	25.24	0.84
40	15.68	7.58	13.3	4.8	3.14			5.06		49.56	62.29	0.80
41	11.1	9.25	11.47	5.89	2.36	2.14		4.96		47.17	57.62	0.82
42	13.51		12.32	4.86	3.8		0.76	4.65		39.9	51	0.78
43	17.74	11.96	16.63	4.22	2.32	2.08	1.79	2.9		59.64	80.7	0.74
44	12.3	9.22	13.31	4.75	3	1.54	0.57	4.31		49	59.74	0.82
45	8.76		7.73	5.67	1.44			2.64		26.24	36.7	0.71
46	10.4	3.23	11.94	4.68	2.75		0.6	4.32		37.92	47.63	0.80
47	10.43	4.07	11.49	4.58	2.53			3.94		37.04	46.22	0.80
48	18.98		13.06	6.21	2.45		1.22	4.28		46.2	55	0.84
49	15.02		14.31	6.1	3.18		0.55	5.28		44.44	55.34	0.80
50		2.51	18.57	2.34	1.49			3.16		28.07	36.11	0.78
51	14.76	3.17	12.34	5.1	2.44		0.29	5.91		44.01	53.42	0.82
52	13.36	12.31	12.58	5.13	2.67			4.05		50.1	60.82	0.82
53	17.6	14.21	14.34	5.51	2.67	0.8		4.37		59.5	70.41	0.85
54	16.69	9.08	11.5	3.51	2.48	1.04		6.27		50.57	69.47	0.73
55	21.38		12.98	5.98	6.24	5.15		4.61		56.34	67.34	0.84

续表

序号	起居室	餐厅	卧室	厨房	阳台 1	阳台 2	储藏	卫生间 1	卫生间 2	套内建筑面积	套型建筑面积	使用面积系数
56	18.4	12.96	15.48	6.2	3.4	1.5	2.4	4.37	5	69.71	82.11	0.85
57	10.62	3.34	12.63	5.54	2.29		0.6	4.2		39.22	49.28	0.80
58	15.36	6.02	12.06	4.23	3.42	0.95		4.35		46.39	61.62	0.75
59	16.31		11.51	4.64	2.03	1.23		4.02		39.74	50.08	0.79
60			23.07	4.05			0.82	4.32		32.26	44.19	0.73
61			14.61	2.32	1.45			2.03		20.41	28.97	0.70
62			19.76	2.64	1.88			2.16		26.44	33.63	0.79
63			17.36	2.29	1.14			1.59		22.38	29.3	0.76
64			16.77	2.76	1.14			1.85		22.52	26	0.87
65			18.65	3.44	2.94			3.04		28.07	35.6	0.79
66	12.96		8.7	3.94	1.91			3.04		30.55	37.98	0.80
67			11.1	5.81	2.93			2.56		22.4	27.69	0.81
68			16.49	3.24	2.93			4.72		27.38	30.74	0.89
69			13.26	8.58	2.95			3.26		28.05	31.9	0.88
70			19.4	3.61	2.91			3.23		29.15	38.13	0.76
71			14.1	3.59	2.78			3.23		23.7	30.16	0.79
72	34.78	8.14	15.18	3.96	3.04			4.04		69.14	81.09	0.85
73	14.86	5.33	11.9	5.75				6.6		44.44	54.5	0.82
74	15.72		8.56	4.06	2.37	0.75		3.17		34.63	41.3	0.84
75	14.62	7.03	10.54	5.32	2.1			3.04		42.65	52.87	0.81
76	17.75	9.74	13.6	4.87	2.98	1.38		4.2		54.52	67	0.81
77	18.45		14	5.02			1.66	3.6		42.73	59.7	0.72
78	23.4		12.89	4.63	2.25	0.86		3.64		47.67	59.64	0.80
79	16.91	9.19	16.08	3.92	1.76			3.4		51.26	59.07	0.87
80		4.06	19.78	2.3	1.76			3.4		31.3	37.3	0.84
81	8.27	7.25	9.66	2.85	1.8	0.63		2.52		32.98	40.1	0.82
82	9.79		13.2	2.8	1.72			2.32		29.83	39.56	0.75

续表

序号	起居室	餐厅	卧室	厨房	阳台 1	阳台 2	储藏	卫生间 1	卫生间 2	套内建筑面积	套型建筑面积	使用面积系数
83	14.54		10.06	4.13	1.81			3.09		33.63	41.41	0.81
84	14.27	4.1	13.16	5.12	2.92	2.92		3.61		46.1	52.95	0.87
85	12.24	7.92	13.6	4.75	4.65		0.78	6.44		50.38	62.91	0.80
86	24.15	8.06	11.57	4.44	2.65			2.91		53.78	63.14	0.85
87	18.13		15.19	5.27	2.32			4.92		45.83	59	0.78
88	14.4	8.48	11.56	7.2	5.57			3.74		50.95	59.37	0.86
89	12.2		11.4	2.47	1.79			3.23		31.09	38.7	0.80
90	9.83	4.21	12.26	2.63	1.95			2.31		33.19	39.81	0.83
91	8.41	5.66	10.27	3.05	1.51			2.73		31.63	40.67	0.78
92	8.41	5.66	10.27	3.05	1.51	1.24		2.73		32.87	41.16	0.80
93	9.4		13.76	5.11	3.51			4.28		36.06	47.84	0.75
94	9.35		7.56	1.9	0.5			1.9		21.21	25.57	0.83
95	15.79	6.32	14.83	5.24	0.91			4.24		47.33	63.29	0.75
96	18.85		13.85	5.26	3.22		0.78	4.75		46.71	58.09	0.80
97	19.43	5.9	11.2	5.31	2.96			2.9		47.7	60.27	0.79
98	17.76	5.38	13.48	4.66	2.11			4.18		47.57	58.3	0.82
99	13.91	6.35	14.24	3.56				3.84		41.9	54.35	0.77
100	21.38		13	5.97	6.42	4.73		4.61		56.11	67.34	0.83
平均		7.14	12.67	4.60	2.24	1.53	0.21	3.84	5.00			0.81

注：①功能空间使用面积：各功能使用空间墙体内表面所围合的水平投影面积之和。②套内使用面积：套内使用面积只计入功能空间（卧室、起居室、厨房、卫生间、餐厅、储藏室、壁橱等）的使用面积，不计入套内交通（过道、玄关）面积。对于不封闭的诸如客厅、餐厅等空间，以三面围合的方式计入。对于周边都为交通空间的餐厅和起居厅，则全部计入。③套内建筑面积：按外墙结构外表面及柱外沿或相邻界墙轴线所围合的水平投影面积计算（未计入保温层）。④使用面积系数：指①所述的套内使用面积与套内建筑面积之比。⑤套型建筑面积：指单套住房的建筑面积，由套内建筑面积和公共部分分摊建筑面积组成。⑥表中各项指标除使用系数外，其他各项指标均为（m^2）

资料来源：本研究整理。

附录 4：二室套型住宅功能空间使用面积统计

序号	起居室	餐厅	卧室 1	卧室 2	厨房	阳台 1	阳台 2	储藏	卫生间 1	卫生间 2	套内建筑面积	套型建筑面积	使用面积系数
1	16.87	7.98	14.49	11.1	4.95	2.54		1.19	4.13		63.25	81.84	0.77
2	11.85	3.58	11.19	9.73	3.83	1.8			3.09		45.07	60.48	0.75
3	32	10	19.98	19.98	6.66				6.6		95.22	117.13	0.81
4	14.61	7.98	15.32	13.95	9.42	4.38			4.13		69.79	87.77	0.80
5	18.51	5.13	14.31	15.32	4.47	3.61			5.53		66.88	86.56	0.77
6	14.1	7.52	12.51	9	3.84	1.99		2.18	4.58		55.72	74.83	0.74
7	15.54	7.27	12.87	9.76	5.1	2.74		0.64	4.26		58.18	73.47	0.79
8	16.87	12.2	13.31	9.36	4.94	2.59			2.53	3.46	65.26	87.01	0.75
9	17.27	4.24	14.08	10.1	5.04	1.77	2.82		3.15		58.47	75.28	0.78
10	23.53	7.5	11.72	18.67	7.24	3.27			5.93		77.86	97.69	0.80
11	16.87	3.68	14.31	10.1	5.24	3.1			4.8		58.1	76.36	0.76
12	18.06	7.56	15.32	13.3	6.05	2.43	2.86		3.84		69.42	85.98	0.81
13	20.43	4.95	10.93	17.3	5.91	2.86			5.44		67.82	87.18	0.78
14	22.16	13.11	12.33	12.3	5.28	3.51			4.69		73.38	93.09	0.79
15	17.79	5.31	10.28	14.87	4.46	2.53			5.51	2.16	62.91	82.12	0.77
16	16.87	5.85	15.59	13.11	5.11	2.37	2.49		4.59		65.98	84.65	0.78
17	23.07	6.46	14.87	10.95	5.22	3.66	2.69		3.49	3.27	73.68	94.73	0.78
18	19.01	3.89	8.45	17.81	5.24	3.29	1.36		5.31		64.36	85.32	0.75
19	15.24	5.53	12.3	11.2	6	1.9			4.31		56.48	76.75	0.74
20	19.01	7.77	14.82	16.84	7.96	2.9	1.32		6.25		76.87	99.32	0.77
21	23.53	6.06	18.67	11.72	7.24	3.27			6.09		76.58	97.69	0.78
22	16.84	5.14	13.55	10.8	5.48	2.87			4.85		59.53	78.81	0.76
23	12.63	5.33	14.17	14.71	5.31	2.03			4.01		58.19	76.74	0.76

续表

序号	起居室	餐厅	卧室 1	卧室 2	厨房	阳台 1	阳台 2	储藏	卫生间 1	卫生间 2	套内建筑面积	套型建筑面积	使用面积系数
24	10.27		12.96	10.36	5.93	2.19			3.68		45.39	59.05	0.77
25	15.78	6.48	11.09	8.45	4.22	2.44			3.71		52.17	68.22	0.76
26	13.04	6.3	13.04	11.76	5.46	1.59			3.01		54.2	76.22	0.71
27	19.79	6.71	14.31	12.3	6.28	2.11			4.03		65.53	83.92	0.78
28	15.57	6.25	9.73	11.2	5.51	1.98			4.02		54.26	75.43	0.72
29	11.85	3.58	11.2	9.73	3.84	1.8			3.09		45.09	59.85	0.75
30	19.79	6.76	14.31	12.3	6.23	2.11			4.02		65.52	85.01	0.77
31	10.28	8.81	13.95	9.36	6.97	1.56	1.65		4.77		57.35	74.71	0.77
32	9.88	3.22	10.1	10.1	4.65	1.98			4.04		43.97	58.57	0.75
33	10.28	8.81	13.95	9.36	6.97	2.07	1.65		4.77		57.86	74.86	0.77
34	12.84	6.37	15.32	14.33	5.13	2.21	2.3		3.72		62.22	84.02	0.74
35	12.67	6.37	15.21	14.71	5.13	2.21	2.3		3.91		62.51	83.84	0.75
36	18.06	9.17	14.31	14.03	6.53	1.71	2.21		3.86	4.26	74.14	95.03	0.78
37	16.87	7.98	14.42	11.11	4.95	2.54			4.13		62	83.95	0.74
38	15.78	6.48	11.69	8.45	4.22	1.93			3.71		52.26	67.33	0.78
39	14.32	5.7	14.31	12.21	4.57	2.21			3.65		56.97	75.17	0.76
40	15.92		13.55	11.43	8.89	3.11			4.49		57.39	80.94	0.71
41	17.34	5.83	15.79	11.2	5.18	1.96	1.2		5.54		64.04	86.64	0.74
42	12.53	4.28	14.87	14.87	5.92	2.01	2.38		6.25		63.11	87.93	0.72
43	20.13		13.55	11.43	7.37				5.14		57.62	82.01	0.70
44	8.79	8.22	15.44	12.27	8.74	1.26			3.3	4.68	62.7	87.51	0.72
45	14.34	5.32	14.35	11.43	6.33	1.33	1.49	2.3	4.22		61.11	85.51	0.71
46	17.33	7.39	15.79	11.21	5.18	1.22	1.96		5.51		65.59	86.57	0.76
47	19.2	9.8	15.64	14.62	6.31	2.8	2.33		5.68	6.84	83.22	105.25	0.79
48	13.08	5.46	13.4	9.61	4.67	2.42	1.36		3.63		53.63	72.1	0.74
49	10.25	8.75	15.06	11.34	5.51	1.96	2.47		3.14	2.72	61.2	83.46	0.73
50	13.08	5.4	14.41	10.54	4.24	2.39	1.56		3.63		55.25	76.29	0.72

续表

序号	起居室	餐厅	卧室 1	卧室 2	厨房	阳台 1	阳台 2	储藏	卫生间 1	卫生间 2	套内建筑面积	套型建筑面积	使用面积系数
51	16.84	7.23	14.28	11.06	6.68	1.27	2.04	0.79	4.64		64.83	82.64	0.78
52	16.92	6.94	13.46	12.51	5.46	2.47			3.76		61.52	83.88	0.73
53	13.65	10.93	14.49	10.27	3.81	2.53			3.6		59.28	84.65	0.70
54	17.19	11.08	12.97	10.63	3.8	2.53			2.93		61.13	84.7	0.72
55	13.16	8.34	9.96	8.01	3.09	2.08			2.59		47.23	65.92	0.72
56	15.86	8.46	11.92	11.93	9.32	1.94	2.53		3.49		65.45	85.95	0.76
57	15.9	5.65	11.92	12.91	8.04	1.7	2.53		4.91		63.56	85.68	0.74
58	14.26	8.98	10.51	8.61	3.07	2.05			2.37		49.85	68.61	0.73
59	17.6	11.08	12.97	10.63	3.8	2.53			2.93		61.54	84.71	0.73
60	14.05	11.5	13.31	9.15	3.88	2.53			3.2		57.62	81.42	0.71
61	15.86	8.46	11.92	11.93	9	2.53	1.94		3.49		65.13	85.95	0.76
62	15.86	8.02	12.91	11.92	8.02	1.7	2.53		4.91		65.87	85.68	0.77
63	16.25	10.29	12.3	9.89	3.81	2.54			3.2		58.28	81.39	0.72
64	16.8	8.88	9.52	11.22	8.7	3.78	3.57		7.37		69.84	99.25	0.70
65	20.4	4.34	18.07	12.02	9.65	3.25	2.97		5.22		75.92	98.86	0.77
66	16.8	8.88	11.22	9.52	8.7	2.26	3.57	2.86	7.15		70.96	101.25	0.70
67	20.98	8.35	13.33	12.4	5.93	3.6			6.84		71.43	93.49	0.76
68	11.28	3.75	13.71	12.12	5.74	2.17			5.12		53.89	72.88	0.74
69	11.42	4.64	13.71	13.31	5.54	3.12			4.47		56.21	79.22	0.71
70	16.63	4.17	13.31	8.27	5.4	2.5			4.58		54.86	76.81	0.71
71	11.55	8.05	12.64	9.41	4.93	0.63	2.97		2.97		53.15	68.84	0.77
72	15.2	3.76	11.84	7.75	3.3	2.57			3.23		47.65	62.36	0.76
73	12.12	4.5	12.12	8.27	5.13	1.97		0.63	3.12		47.86	61.28	0.78
74	19.8	5.56	22.95	15.83	6.38	2.89			5.75		79.16	105.35	0.75
75	17.66	2.64	16.65	10.28	5.38	2.86			4.91		60.38	80.87	0.75
76	16.87	11.2	15.14	9.36	4.94	2.02	2.29		3.46	2.53	67.81	87.98	0.77
77	14.53	6.43	11.77	11.67	5.42	0.76	1.99	1.79	4.31		58.67	75.95	0.77

续表

序号	起居室	餐厅	卧室1	卧室2	厨房	阳台1	阳台2	储藏	卫生间1	卫生间2	套内建筑面积	套型建筑面积	使用面积系数
78	21.88	7.22	15.07	12.03	6.05	2.27	2.19		3.84	3.47	74.02	101.06	0.73
79	16.68	11.08	12.97	10.63	3.8	2.53			2.93		60.62	84.71	0.72
80	21.89	8.09	15.07	12.3	6.05	2.52	2.53		3.84		72.29	101.95	0.71
81	19	4.54	17.81	8.45	5.24	3.04	1.62		5.31		65.01	86.25	0.75
82	14.21	5.52	13.12	11.07	4.96	1.61	2.23		4.37	4.75	61.84	78.52	0.79
83	14.44	3.28	13.12	12.71	5	2.56	1.87		3.75		56.73	68.46	0.83
84	11.18	5.05	11.47	11.15	3.02	2.24			3.02		47.13	65.85	0.72
85	17.6	8.58	14.83	13.33	5	0.85	1.09		4.31		65.59	88.51	0.74
86	12.8	4.9	9.38	8.64	4.13	1.13	2.02		2.88		45.88	61.53	0.75
87	17.55	4.26	13.16	11.04	6.08	4.52			2.84		59.45	78.39	0.76
88	20.14	5.66	14.31	12.61	4.8	4.32			3.46		65.3	86.52	0.75
89	12.65	10.6	14.41	12.59	8.94	4.05			2.79		66.03	88.05	0.75
90	19.6		15.32	13.95	9.42	4.38			4.13		66.8	87.77	0.76
91	18.51	5.13	14.31	13.64	4.44	3.61			5.53		65.17	87	0.75
92	16.92	6.94	13.46	12.51	5.46	2.5			3.76		61.55	83.88	0.73
93	12.65	12.35	14.41	12.59	8.94	4.05			2.79		67.78	88.05	0.77
94	17.79	5.43	9.27	7.07	4.02	3.34			3.15		50.07	68.52	0.73
95	20.19	5.52	12.3	11.2	5.13	3.26			2.8		60.4	78.34	0.77
96	13.47	9.1	13.04	10.38	4.02	2.69			3.15		55.85	79.61	0.70
97	21.22	11.48	12.73	11.2	5.83	2.84			4.8		70.1	88.45	0.79
98	9.61	5.9	10.28	8.27	4.08	2.24	1.33		3.2		44.91	63.32	0.71
99	18.85	6.79	14.72	11.29	6.13	0.97	1.59		5.24		65.58	88.12	0.74
100	15.52	5.22	13.55	10.8	5.48	3.13			4.83		58.53	78.72	0.74
平均	16.22	6.96	13.54	11.62	5.68	2.47	2.15	1.55	4.21	3.81	61.71	82.07	0.75

注：①功能空间使用面积：各功能使用空间墙体内表面所围合的水平投影面积之和。②套内使用面积：套内使用面积只计入功能空间（卧室、起居室、厨房、卫生间、餐厅、储藏室、壁橱等）的使用面积，不计入套内交通（过道、玄关）面积。对于不封闭的诸如客厅、餐厅等空间，以三面围合的方式计入。对于周边都为交通空间的餐厅和起居厅，则全部计入。③套内建筑面积：按外墙结构外表面及柱外沿或相邻界墙轴线所围合的水平投影面积计算（未计入保温层）。④使用面积系数：指①所述的套内使用面积与套内建筑面积之比。⑤套型建筑面积：指单套住房的建筑面积，由套内建筑面积和公共部分分摊建筑面积组成。⑥表中各项指标除使用面积系数外，其他指标均为（m^2）

资料来源：本研究整理。

附录 5：三室套型住宅功能空间使用面积统计

序号	起居室	餐厅	卧室 1	卧室 2	卧室 3	厨房	阳台 1	阳台 2	储藏	卫生间 1	卫生间 2	套内建筑面积	套型建筑面积	使用面积系数
1	18.06	7.87	14.05	14.05	13.95	5.81	2.86	0.89		6.81		84.35	115.94	0.73
2	14.26	10.76	12.3	16.33	7.26	7.91	2.65			7.91		79.38	103.16	0.77
3	22.81	5.31	15.32	11.17	6.82	6.25	3.36	0.82		5.24		77.1	100.15	0.77
4	22.81	8.34	13.04	16.75	12.3	7.01	0.9	5.11	2.46	2.46	5.93	97.11	124.98	0.78
5	19.43	10.45	17.07	15.06	12.59	8.55	3.06			6.97		93.18	120.29	0.77
6	19.43	5.67	16.76	14.75	12.59	6.79	0.68	3.07	5	6.97		91.71	119.47	0.77
7	18.06	9.03	17.07	14.05	13.95	8.37	2.86			6.81		90.2	117	0.77
8	23.21	7.42	14.31	17.12	11.57	6.95	1.5	2.43	1.4	4.77	6.51	97.19	124.7	0.78
9	22.09	12.85	14.31	15.63	14.49	8.55	2.22	5.07		4.67	7.37	107.25	144.94	0.74
10	21.89	5.67	16.69	12.52	13.95	6.05	2.31		2.87	6.61		88.56	119	0.74
11	16.42	7.11	16.69	10.28	9.67	7.53	2.95			5.71	6.44	82.8	116.73	0.71
12	14.53	9.11	11.2	11.2	4.58	6.61			2.07	2.9		62.2	86.88	0.72
13	18.61	4.25	12.15	17.34	9.74	5.77	4.97	1.55		4.02	3.91	82.31	106.35	0.77
14	18.66	6.68	12.07	10.03	10.88	5.06	2.24	2.13		3.99	3.25	74.99	101.88	0.74
15	17.53	4.65	15.32	11.29	10.93	6.98	2.38	3.05		4.02	6.6	82.75	112.66	0.73
16	15.54	5.76	11.56	10.02	8.5	6.6	2.41			3.52	3.64	67.55	86.67	0.78
17	19.25	7.23	16.76	8.45	7.99	5.13	2.78		0.99	2.53	3.84	74.95	100.35	0.75
18	28.19	5.75	21	16.98	14.62	8.5	2.08	4.29		4.76	7.48	113.65	144.42	0.79
19	20.7	12.85	16.33	13.4	18.06	10.93	4.43	1.78		11.22	5.44	115.14	149.56	0.77
20	17.91	5.39	13.6	12.58	5.53	5.13	4.24	1.24		3.85	3.6	73.07	101.38	0.72
21	17.89	5.51	14.49	9.36	5.32	5.13	3.68	3.23	1.73	4.49	3.7	74.53	108	0.69
22	18.32	4.32	14.39	11.47	9.52	6.16	1.1	3.47	2.47	6.25	4.18	81.65	114.47	0.71

续表

序号	起居室	餐厅	卧室 1	卧室 2	卧室 3	厨房	阳台 1	阳台 2	储藏	卫生间 1	卫生间 2	套内建筑面积	套型建筑面积	使用面积系数
23	13.68	12	10.86	13.31	8.71	5.69	5.17			3.31	2.94	75.67	111.88	0.68
24	20.7	4.95	10.18	8.45	15.22	6.29	1.81	2.84	2.84	6.13	4.53	83.94	114.08	0.74
25	26.27	8.15	13.89	8.27	12.3	6.75	2.33			4.62		82.58	108.24	0.76
26	23.26	4.86	8.27	11.3	13.81	9.87	2.75	2.37		3.46	4.58	84.53	121.24	0.70
27	21.62	8.86	15.47	9.92	9.7	8.07	2.73			4.26	2.48	83.11	104.84	0.79
28	22	5.66	3.42	12.4	13.33	6.14	3.43		0.94	4.1	4.14	75.56	111.49	0.68
29	12.88	3.1	7.67	10.93	12.51	5.91	2.3		0.77	3.2		59.27	83.94	0.71
30	27.87	19.54	21.42	22.07	15.84	8.3	2.66	5.06		6.12	6.32	135.2	178.51	0.76
31	12.02	5.46	13.6	7.84	8.84	4.62	2.97			4.48		59.83	84.04	0.71
32	18.4	3.24	13.31	9.27	7.62	5.31	5.09	3.54		4.58	3.84	74.2	103.82	0.71
33	24	9.18	16.78	12.12	12.58	8.51	1.84	4.04		2.93	2.89	94.87	132.69	0.71
34	14.02	3.1	10.47	10.93	12.91	5.41	2.23		0.65	3.92		63.64	88.38	0.72
35	17.34	3.54	13.85	9.36	9.22	5.24	2.46			4.08		65.09	88.09	0.74
36	22.39	5.46	16.66	14.37	11.81	4.72	2.14			3.56	4.4	85.51	112.61	0.76
37	20.86	3.06	10.02	12.49	14.84	5.68	2.48		2.32	2.84	5.92	80.51	111.93	0.72
38	14.68	10.14	16.06	13.95	14.34	5.99	2.03	2.62		4.03	3.78	87.62	114.19	0.77
39	14.49	9.98	15.97	14.1	14.24	5.99	2.01	2.67		3.78	3.61	86.84	115.2	0.75
40	26.16	15.47	16.62	23.76	24.5	8.2	5.25	3	0.87	7.5	7.14	138.47	174.8	0.79
41	22.58	11.44	12.79	16.05	11.51	5.41	8.02		2.04	4.45	5.72	100.01	126.58	0.79
42	18.2	6.45	14.28	9.99	12.25	4.9	1.05	2.94	1.06	5.42		76.54	96.74	0.79
43	13.65	11.59	14.49	10.27	10.5	3.81	2.52			3.6		70.43	84.65	0.83
44	21.1	5.98	13.04	9.19	7.04	6.48	1.82			4.17		68.82	101.19	0.68
45	14.92	6.01	12.51	8.55	14.19	5.32	4.34			4.23		70.07	95.86	0.73
46	15.8	8	10.93	12.51	9.67	5.13	4.95		1.56	4.34	4.31	77.2	113.1	0.68
47	20.32	6.14	15.79	12.51	12.51	4.36	2.7	1.54		4.07	5.25	85.19	114.39	0.74
48	10.55	8	15.07	12.51	12.51	6.59	4.81		3.37	4.36	4.15	81.92	116.16	0.71
49	20.32	6.4	15.79	12.51	12.51	4.36	1.54	2.7		4.07	5.25	85.45	111.91	0.76

续表

序号	起居室	餐厅	卧室1	卧室2	卧室3	厨房	阳台1	阳台2	储藏	卫生间1	卫生间2	套内建筑面积	套型建筑面积	使用面积系数
50	28.33	11.37	11.21	16.15	10.89	6.62	5.21			4.84	3.1	97.72	130.05	0.75
51	25.17	6.58	14.52	11.51	10.38	7	6.54			6.54	2.84	91.08	131.91	0.69
52	14.52	4.44	12.51	12.51	10.93	8.06	2.7			4.36	4.31	74.34	106.03	0.70
53	19.32	3.19	12.58	18.4	10.36	8.3	2.68	3.97	1.74	5.92	3.63	90.09	137.62	0.65
54	22.05	9.21	11.29	11.33	15.75	6.21	2.22	2.54	0.85	5.64	5.11	92.2	124.05	0.74
55	13.68	3.52	13.16	8.45	6.79	3.86	3	1.92	0.93	4.02	3.39	62.72	89.2	0.70
56	22.54	7.3	19.76	11.58	11.01	7.19	5.92			3.75	5.46	94.51	119.91	0.79
57	22.09	10.27	10.3	21.72	12	8.12	2.4	3.85	0.9	5.74	3.92	101.31	132.04	0.77
58	14.49	10.29	11.92	10.5	13.4	3.81	2.53			3.11		70.05	100.41	0.70
59	15.79	5.02	9.74	13.31	10.82	6.05	2.37			4.58	7.92	75.6	101.3	0.75
60	22.02	8.11	10.39	17.14	10.89	5.46	4.41			4.71	3.31	86.44	114.05	0.76
61	19.72	9.31	11.04	19.53	8.56	7.45	2.4	3.85	0.68	3.92	5.13	91.59	120.5	0.76
62	26.37	9.94	20.68	11.37	10.59	8.17	3.31	4.79		5.5	4.68	105.4	132.56	0.80
63	16.91	8.56	11.76	9.73	7.04	3.51	4.26		2.85	6.25		70.87	103.67	0.68
64	16.05	5.98	13.04	7.04	9.19	6.48	1.82	2.53		4.17		66.3	98.27	0.67
65	15.79	4.61	10.14	14.5	5.31	5.56	2.37			6.25		64.53	89.21	0.72
66	21.38	4.96	14.53	8.04	10.39	6.54	2.49			4.26		72.59	92.39	0.79
67	20.2	6.92	14.87	16	8.27	6.45	2.51			5.44	4.58	85.24	111.52	0.76
68	15.79	2.86	14.5	11.72	10.14	4.82	2.37			5.31	5.24	72.75	99.45	0.73
69	20.69	6.78	12.12	16.61	15.17	5.74	3.42			4.26	7.49	92.28	132.54	0.70
70	13.65	10.93	14.49	10.27	10.49	3.81	2.53			3.6		69.77	84.65	0.82
71	17.46	6.15	10.93	13.51	13	5.88	5.64	6.25	2.9	10.52		92.24	119.43	0.77
72	24.96	3.8	20.02	16.12	12.8	5.88	0.75	4.46		4.5	4.76	98.05	121.87	0.80
73	19.01	4.75	11.29	19.86	8.27	4.95	2.43		1.56	4.13	6.7	82.95	106.99	0.78
74	16.81	5.6	16.09	9.64	6.83	3.73	2.46			4.04	3.42	68.62	90.26	0.76
75	15.33	9.83	12.12	18.24	7.53	5.13	2.23			4.24	4.17	78.82	103.97	0.76
76	9.34	8.36	9.67	12.05	18.14	4.31	1.72		0.66	3.73	3.73	71.71	99.4	0.72

续表

序号	起居室	餐厅	卧室 1	卧室 2	卧室 3	厨房	阳台 1	阳台 2	储藏	卫生间 1	卫生间 2	套内建筑面积	套型建筑面积	使用面积系数
77	19.96	6.42	9.85	18.89	12.3	4.58	2.6			3.77	4.06	82.43	124.45	0.66
78	15.68	6.01	14.84	8.18	7.59	4.92	2.65			2.67	4.95	67.49	95.07	0.71
79	18.09	7.62	14.77	10.67	6.93	4.84	2.65			2.67	4.95	73.19	96.39	0.76
80	23.52	6.11	11.33	14.31	15.17	4.27	2.12			4.59	3.61	85.03	114.48	0.74
81	15.39	10.11	11.2	12.17	13.4	7.83	2.48		1.84	4.28	5.1	83.8	125.87	0.67
82	11.09	3.92	8.27	12.12	6.29	4.31	1.97		0.7	3.12		51.79	72.19	0.72
83	11.5	2.8	13.31	10.28	8.02	4.95	2.62		0.89	4.84	5.34	64.55	99.4	0.65
84	19	3.2	17.7	8.96	10.5	5.45	2.42			5.61		72.84	103.23	0.71
85	20.58	8.96	12.31	15.65	10.3	6.39	2.18			4.71		81.08	112.02	0.72
86	15.54	3.23	8.5	11.56	10.02	6.6	2.41			3.64	3.52	65.02	86.65	0.75
87	14.53	6.38	11.2	11.2	4.58	6.61	0.98		2.07	2.9		60.45	85.74	0.71
88	17.53	4.65	15.32	11.29	10.93	6.97	3.23	2.3		6.6	4.02	82.84	113.84	0.73
89	19.32	4.83	9.61	12.61	22.24	5.89	1.85	7.24	3.04	7.05	3.61	97.29	129.3	0.75
90	20.56	4.77	17.24	10.8	8.88	7.48	1.47	3.26		4.97	3.81	83.24	102.77	0.81
91	16.73	9.38	8.88	8.51	17.24	5.85	1.67	3.71		3.81	4.97	80.75	102.5	0.79
92	8.4	4.52	6.85	10.1	10.53	4.21	1.6			4.43		50.64	74.82	0.68
93	9.9	5.61	6.92	10.1	11.93	5.11	1.84			4.52		55.93	82.13	0.68
94	13.28	7.08	7.62	12.12	13.31	5.36	2.42			3.83		65.02	87	0.75
95	18.32	4.32	9.52	13.69	11.47	6.16	1.1	3.47	4.57	6.25	4.18	83.05	114.49	0.73
96	18.06	12.01	8.71	13.31	10.86	5.69	5.17			1.21	3.37	78.39	111.88	0.70
97	21.89	5.67	13.95	12.52	16.7	6.05	2.31		2.72	6.61		88.42	119	0.74
98	13.11	3.91	17.18	13.26	11.39	6.24	2.74	1.29	2.39	4.59	4.5	80.6	106.6	0.76
99	17.89	5.51	9.36	5.32	14.49	5.13	3.13	3.68	0.72	4.49	6.81	76.53	105.58	0.72
100	17.34	3.54	13.85	9.36	9.22	5.24	2.46			4.08		65.09	87.35	0.75
平均	18.42	6.97	13.19	12.63	11.29	6.10	2.81	3.18	1.87	4.71	4.67	81.19	109.86	0.74

注：①功能空间使用面积：各功能使用空间墙体内表面所围合的水平投影面积之和。②套内使用面积：套内使用面积只计入功能空间（卧室、起居室、厨房、卫生间、餐厅、储藏室、壁橱等）的使用面积，不计入套内交通（过道、玄关）面积。对于不封闭的诸如客厅、餐厅等空间，以三面围合的方式计入。对于周边都为交通空间的餐厅和起居厅，则全部计入。③套内建筑面积：按外墙结构外表面及柱外沿或相邻界墙轴线所围合的水平投影面积计算（未计入保温层）。④使用面积系数：指①所述的套内使用面积与套内建筑面积之比。⑤套型建筑面积：指单套住房的建筑面积，由套内建筑面积和公共部分分摊建筑面积组成。⑥表中各项指标除使用面积系数外，其他指标单位均为（m^2）

资料来源：本研究整理。

附录 6：上海老住区套密度统计

兴建时间	落成时间	项目名称	用地面积（ha）	总建筑面积（万 m²）	容积率	户数	套密度	套均建筑面积（m²）	建筑类型
1914		溧阳路 1156	4			40	10		
1921		华忻坊	1.3			226	174		
1928		静安别墅	2.35			183	78		
1929		第一平民住所	1.52			94	62		低层
1930	1931	第二平民住所	1.6			230	144		低层
1931	1931	第三平民住所	1.04	0.31	0.30	290	279		低层
1931		花园公寓	0.9			60	67		
1935	1935	其美路平民村	2.63			188	71		低层
1935	1935	普善路平民村	3.24	1.42	0.44	252	78		低层
1935	1935	大木桥路平民村	1.52	0.35	0.23	168	111		低层
1935	1935	中山路平民村	3.5	0.75	0.21	330	94		低层
1938		上方花园	2.66			68	26		
1940		陕南村	1.62			128	79		
1951	1952	曹扬一村	15	3.24	0.22	1002	67	32.3	低层
1952		同济新村	16.8	17.98	1.07	3286	196	56.2	多层
1952	1963	五角场-上炼新村	6.92	6.43	0.93	1387	200		多层
1954		建设新村	2.18			345	158	40-55	多层
1954	1976	庆宁寺-沪东新村	1.6	1.01	0.63	273	171		低层 13＋多层 5
1957		华侨公寓	0.18	0.41	2.28	35	194	118.2	中高层 7 幢
1962	1990	桃浦-上炼新村	32	15.2	0.48	2960	93		多层
1962		华侨新村	1.23	1.99	1.62	264	215	75.5	多层＋高层
1963	1965	蕃瓜弄	5.2	6.9	1.33	1964	378	34	多层 31 幢
1972	1978	明园村	3.69	5.04	1.37	1276	346		
1975	1977	漕溪北路	3.56	6.85	1.92	1070	301		6 幢 13 层＋3 幢 16 层
1979		明园新村	3.16	5.33	1.69	1323	419	38.25	

续表

兴建时间	落成时间	项目名称	用地面积（ha）	总建筑面积（万 m²）	容积率	户数	套密度	套均建筑面积（m²）	建筑类型
1979	1989	曲阳新村	73.24	103.71	1.42	17400	238		多层+高层
1984	1990	市民村	16.5	29.4	1.78	5000	303		多层 36 幢+高层 11 幢
1984	1991	久耕里	1.89	8.23	4.35	1380	730		多层 5 幢+高层 4 幢
1984		爱建公寓	1.39	1.73	1.24	180	129	96.62	15 层
1984	1985	雁荡大厦	0.3	2.43	8.10	197	657		25 层
1985		药水弄	10.6			4886	461		多层+高层
1986		梅园新村	3.07	4.31	1.40	912	297	44.86	多层 19 幢
1988		龙柏公寓	1.4	3.1	2.21	155	111	240	13 层
1990		启华大厦	0.12	1.02	8.50	42	350	102	24 层
1990		锦明公寓	0.76	6.78	8.92	168	221	170.6	28 层
1991	1992	康乐小区	8.72	11.88	1.36	2154	247		
1994	1995	三林苑	15	18	1.20	2000	133		多层 37 幢
2004		宝山顾村	108.3	160.26	1.48	12474	115		
2004		嘉定江桥	160.04	160.26	1.00	18084	113		多层 54.65%+小高层 45.36%
2005		闵行浦江镇 120-C	5.93	6.7	1.13	610	103		

资料来源：

吕俊华，彼得·罗，张杰. 中国现代城市住宅（1840-2000）. 北京：清华大学出版社，2003.

李莲霞，曾蕙心，程维方. 上海宛南华侨新村. 建筑学报，1981，155（07）：71.

方旦，王茂松. 上海市普陀区药水弄棚户区改建规划设计. 住宅科技，1986，66（01）：30-32.

蔡镇钰. 上海曲阳新村居住区的规划设计. 住宅科技，1986，66（01）：25-29.

上海住宅（1949-1990）编辑部. 上海住宅（1949-1990）. 上海：上海科学普及出版社，1993.

上海市建设委员会. 上海八十年代高层建筑. 上海：上海科学技术文献出版社，1991.

刘勇. 上海市旧住宅区的更新改造与发展研究——以同济新村为例［D］. 上海：同济大学，2001.

罗凌. 上海城市居住空间研究——以虹口区建设新村为例［D］. 上海：复旦大学，2007.

胡圣磊. 上海城市福利性住宅发展和特点研究［D］. 上海：同济大学，2005.

胡顺兵. 上海市住宅更新发展研究（1949-2002）：［D］. 上海：同济大学，2003.

邵隆柏. 旧城市街坊改建的一个实例——上海明园新村. 建筑学报，1982，168（08）：12-15.

徐景猷，颜望馥，何新权. 棚屋旧区呈新貌——上海明园新村的改建. 住宅科技，1981，10（05）：7-8.

http://www.shtong.gov.cn/node2/node2245/node75091/index.html（上海市地方志办公室）

注① 表中各项指标单位：用地面积（hm²）；总建筑面积（万 m²）；容积率（无）；户数（户）；套密度（户/hm²）；套均建筑面积（m²）

附录7：二室套型住宅建筑面积统计（2006年房交会）

序号	楼盘名称	开发企业	套型建筑面积（m^2）
1	新南家园二期	上海西渡房地产有限公司	91
2			100
3			94
4			92
5	中环花苑	上海中环投资开发（集团）有限公司	105.17
6			105.56
7			91.41
8	多摩园景·江南情	上海远景房地产开发有限公司	83.745
9	大华雅诗澜郡	大华集团	101.54
10	中远两湾璀璨天成	中远发展股份有限公司	120.9
11			118.92
12			109.83
13			99.4
14	申江新苑	上海南兴企业有限公司	91.17
15			121.63
16	首信银都碧瑶公寓	南侨房地产开发（上海）有限公司	87.96
17	德尚世嘉	上海众众九星置业发展有限公司	91.16
18	中环凯旋宫		96.36
19	中远两湾璀璨天成	中远发展股份有限公司	116.52
20			124.96
21			100.6
22			116.52
23			102.38
24	恒杰·丁香花园	上海恒杰房地产开发有限公司	112.33
25			114.11
26			111.52
27			112.89
28			102.81
29			95.04
30	荣盛名邸二期	上海万宇房地产（集团）有限公司	90
31			91
32			94
33			87
34			97
35			83
36			76
37			87
38			93
39			95
40			90

续表

序号	楼盘名称	开发企业	套型建筑面积（m^2）
41	合生江湾国际公寓	上海珠江投资有限公司	108.37
42			104.02
43	中房樱桃苑	上海中房置业股份有限公司	100
44	祥和星宇花园	上海祥和古浪房地产有限公司	99.58
45			105.92
46			112.56
47			112.41
48	新湖明珠城 3 期	上海新湖房地产开发有限公司	133.34
49			108.12
50			132.65
51			106.49
52			120.86
53	协合海琴花园	上海徐汇商建房地产有限公司	93
54			102
55	水韵花苑	昆山杉欣房产开发有限公司	88.56
56	艺泰安邦	上海刚泰职业有限公司	99.945
57	新水桥	上海龙杉置业有限公司	87
58			82
59	明园·森林都市	明园集团	93.18
60			87.24
61			97.45
62	瑞虹新城	上海瑞虹新城有限公司	117.86
63			93.9
64			93.99
65			98.99
66			94.45
67			99.05
68			94.38
69	山水景苑	上海昂立房地产开发有限公司	96
70			99
71	知雅汇	上海志成企业发展有限公司	98
72	锦绣满堂花园	上海隆宇企业发展有限公司	88
73			96
74			116
75	上海名门	上海中星（集团）有限公司	101.72
76			105.55
77			103.01
78			98.38
79	绿香洲岛	上海绿洲花园置业有限公司	126.25
80	三湘四季花城		92.05
81			105.7
82			98.87
83	兆成苑·天馨花园	上海凯通置业有限公司	81.87
84			85.73

续表

序号	楼盘名称	开发企业	套型建筑面积（m^2）
85	建德国际公寓		106.19
86			105.68
87	康桥水都2期	上海东方康桥房地产发展有限公司	74
88			72
89			76
90	地杰国际城		114
91			101
92			85
93			91
94			95
95			99
96			100
97	象源丽都（二期）	源恺集团	109.64
98	金沙雅苑	上海弘象置业有限公司	88.5
99			95.5
100			96.5
101			107.5
102			108
103			119.5
104	慧芝湖花园	上海国广房地产经营有限公司	90
105			113
106			91.15
107			100
108	宝山·福地苑	上海中远宝山置业有限公司	93.39
109			81.83
110			84.29
111			81.16
112	馨亭小区	上海馨亭置业有限公司	78.5
113			91.7
114			83.4
115			83.2
116	江桥九号	上海西部大众置业有限公司	72.8
117			75.7
118			77
119			74.7
120			76
121	江桥五号	上海瀛通双佳有限公司	66.6
122			63
123	明珠花园	上海瀛通双佳有限公司	78.71
124			84.18
125			89.8
126	百汇花园一期	上海百汇房地产开发有限公司	86.69
127			112.7
128			110.3
129			91.5
130	黄兴绿园	上海五方房地产有限公司	82.64

续表

序号	楼盘名称	开发企业	套型建筑面积（m^2）
131	江桥二号	上海西部大众置业有限公司	84.75
132			81.05
133			82.84
134			71.66
135			80.66
136			69.59
137			72.62
138			75.89

资料来源：根据2006年春季房交会收集的楼书资料整理。
注①：表中套型建筑面积单位（m^2）

附录8：图表索引

8.1 图录索引

8.2　表录索引

后　记

本书是在我申请博士学位论文《紧凑居住——高密度住区的量与质》基础上修订而成。在论文答辩结束后的几年时间里，一直纠结于是否要做大幅度的调整。最终我还是想将它以原始的面貌呈现给大家，一则真实地反映当时的所思所想，再者也是对自己博士阶段学习的总结。由于住宅发展的外部条件不断变化，住宅政策不断调整，同时由于个人学识和能力的限制，书中定会存在许多不足和不合时宜之处，还请各位读者批评指正。

在本书的结尾，首先要感谢我的导师黄一如教授。从硕士研究生开始就跟随导师从事专业学习和科研工作，导师的专业素养和对专业问题的把握令人钦佩。导师对待学生的宽容与大度，对待生活的积极与豁达，都让我受益终身。在此，对一直关心、教导和帮助我的导师黄一如教授表示深深的谢意。

其次，感谢周静敏教授拨冗为此书作序。在留校后跟随周静敏教授从事梯队的设计教学工作，周教授在住宅研究领域的眼界和对学术研究的投入让我深受感染，她对后学的无私帮助和热心指导也让我深深受益。

感谢中国建筑工业出版社徐纺编审和滕云飞编辑在本书出版过程中提供的无私帮助和为此付出的辛勤劳动。

感谢我的答辩评委蔡镇珏大师、陈华宁总建筑师、钱强教授、王伯伟教授和陈易教授对我论文的肯定和提出的宝贵意见；感谢李振宇教授、王伯伟教授和王方戟教授在论文开题环节对论文给予的指导；感谢两位盲审评阅专家对论文提出的中肯建议。

感谢王鹏博士、郭戈博士、张磊博士、冯华晟博士在博士学习期间和论文写作过程中给予的帮助；辛萧硕士、吴晓楠硕士和罗赛硕士所作的资料收集和整理工作形成了部分论文研究的基础；感谢贾君玲女士为论文所作的大量数据整理工作。在此向他们致以衷心的感谢。

感谢我的父母，他们对我的信心和关爱支持我不断前行；感谢我的爱人乐颖，在我博士学习期间承担起家庭的全部重担，让我得以安心地进行论文的写作；感谢女儿贺薇睿的理解，容忍我把大量的时间花在案头而不是陪她。没有她们的理解和支持，这本书的完成是难以想象的。

2015 年秋于同济